高效毁伤系统丛书

TARGET VULNERABILITY ASSESSMENT AND ITS APPLICATIONS

目标易损性评估及应用

李向东 周兰伟 纪杨子燚 ● 编著

北京理工大学出版社
BEIJING INSTITUTE OF TECHNOLOGY PRESS

版权专有　侵权必究

图书在版编目(CIP)数据

目标易损性评估及应用 / 李向东，周兰伟，纪杨子
燚编著 . -- 北京：北京理工大学出版社，2022.12
　　ISBN 978-7-5763-1913-2

　　Ⅰ. ①目… Ⅱ. ①李… ②周… ③纪… Ⅲ. ①战场-
目标管理 Ⅳ. ①E951.1

中国版本图书馆 CIP 数据核字(2022)第 233374 号

责任编辑：王玲玲　　文案编辑：王玲玲
责任校对：周瑞红　　责任印制：李志强

出版发行 / 北京理工大学出版社有限责任公司
社　　址 / 北京市丰台区四合庄路 6 号
邮　　编 / 100070
电　　话 /（010）68944439（学术售后服务热线）
网　　址 / http://www.bitpress.com.cn

版 印 次 / 2022 年 12 月第 1 版第 1 次印刷
印　　刷 / 三河市华骏印务包装有限公司
开　　本 / 710 mm×1000 mm　1/16
印　　张 / 27.25
字　　数 / 472 千字
定　　价 / 136.00 元

图书出现印装质量问题，请拨打售后服务热线，负责调换

《高效毁伤系统丛书》
编委会

名誉主编： 朵英贤　王泽山　王晓锋
主　　编： 陈鹏万
顾　　问： 焦清介　黄风雷
副 主 编： 刘　彦　黄广炎

编　　委（按姓氏笔画排序）

王亚斌　牛少华　冯　跃　任　慧
李向东　李国平　吴　成　汪德武
张　奇　张锡祥　邵自强　罗运军
周遵宁　庞思平　娄文忠　聂建新
柴春鹏　徐克虎　徐豫新　郭泽荣
隋　丽　谢　侃　薛　琨

丛书序

国防与国家的安全、民族的尊严和社会的发展息息相关。拥有前沿国防科技和尖端武器装备优势，是实现强军梦、强国梦、中国梦的基石。近年来，我国的国防科技和武器装备取得了跨越式发展，一批具有完全自主知识产权的原创性前沿国防科技成果，对我国乃至世界先进武器装备的研发产生了前所未有的战略性影响。

高效毁伤系统是以提高武器弹药对目标毁伤效能为宗旨的多学科综合性技术体系，是实施高效火力打击的关键技术。我国在含能材料、先进战斗部、智能探测、毁伤效应数值模拟与计算、毁伤效能评估技术等高效毁伤领域均取得了突破性进展。但目前国内该领域的理论体系相对薄弱，不利于高效毁伤技术的持续发展。因此，构建完整的理论体系逐渐成为开展国防学科建设、人才培养和武器装备研制与使用的共识。

《高效毁伤系统丛书》是一项服务于国防和军队现代化建设的大型科技出版工程，也是国内首套系统论述高效毁伤技术的学术丛书。本项目瞄准高效毁伤技术领域国家战略需求和学科发展方向，围绕武器系统智能化、高能火炸药、常规战斗部高效毁伤等领域的基础性、共性关键科学与技术问题进行学术成果转化。

丛书共分三辑，其中，第二辑共26分册，涉及武器系统设计与应用、高能火炸药与火工烟火、智能感知与控制、毁伤技术与弹药工程、爆炸冲击与安全防护等兵器学科方向。武器系统设计与应用方向主要涉及武器系统设计理论与方法，武器系统总体设计与技术集成，武器系统分析、仿真、试验与评估等；高能火炸药与火工烟火方向主要涉及高能化合物设计方法与合成化学、高能固体推进剂技术、火炸药安全性等；智能感知与控制方向主要涉及环境、目标信息感知与目标识别，武器的精确定位、导引与控制，瞬态信息处理与信息对抗，新原理、新体制探测与控制技术；毁伤技术与弹药工程方向主要涉及毁伤理论与方法、弹道理论与技术、弹药及战斗部技术、灵巧与智能弹药技术、新型毁伤理论与技术、毁伤效应及评估、毁伤威力仿真与试验；爆炸冲击与安全防护方向主要涉及爆轰理论、炸药能量输出结构、武器系统安全性评估与测试技术、安全事故数值模拟与仿真技术等。

  本项目是高效毁伤领域的重要知识载体，代表了我国国防科技自主创新能力的发展水平，对促进我国乃至全世界的国防科技工业应用、提升科技创新能力、"两个强国"建设具有重要意义；愿丛书出版能为我国高效毁伤技术的发展提供有力的理论支撑和技术支持，进一步推动高效毁伤技术领域科技协同创新，为促进高效毁伤技术的探索、推动尖端技术的驱动创新、推进高效毁伤技术的发展起到引领和指导作用。

《高效毁伤系统丛书》
编委会

前　言

目标易损性是指在战斗状态下，目标被发现并受到攻击而损伤的难易程度，包括战术易损性和结构易损性。目标易损性研究的目的是提高战场目标在弹药作用下的抗毁伤及生存能力。此外，目标易损性对武器弹药系统的论证、研制、效能评价、靶场验收、目标防护的设计与改进、战场指挥、火力规划与配置都具有非常重要的意义。

国外非常重视目标易损性的研究工作，很早就开始了相关的研究，如美国在目标易损性方面的研究已经经历了三个阶段：第二次世界大战结束之前为第一阶段，是该领域的初级阶段，该阶段主要以试验方法和手段进行易损性研究，为目标易损性研究提供了大量的基础数据，使人们对目标的毁伤机理和规律有了深入的认识；第二次世界大战结束到 20 世纪 60 年代末为第二阶段，该阶段主要探索和研究以理论分析、综合计算为主的易损性评估方法，并成立了弹药效能/目标生存能力联合技术协调组（JTCG），专门进行这方面的研究和协调工作；20 世纪 70 年代初期至今为第三个阶段，该阶段的特点是全面应用计算机模拟的方法进行目标易损性评估和计算，并实现了目标设计与易损性评估的无缝对接。其他发达国家，如英国、瑞典、德国等，也都开展了目标易损性的研究工作，并建立了各自的目标易损性评估体系，开发了评估软件。

国内自 20 世纪 80 年代开始开展目标易损性的研究工作，近几年受到国家和研究机构的重视，得到了快速发展。先后进行了装甲目标、巡航导弹、飞机、舰船、雷达、地面建筑、地下工事等典型目标的易损特性研究与评估，获得了一些试验数据，并建立了目标易损性评估理论和方法。为了科研和研究生教学的需要，本书在 2013 年出版的《目标易损性》的基础上编撰完成，主要修改完善了目标易损性评估方法和理论，增加了目标易损性的应用内容。

本书共分9章，1~8章主要分析目标的结构易损性，内容包括人员、飞机、车辆、战术导弹、舰船、建筑物等战场常见目标的结构特点、易损特性以及影响目标易损性的因素，各种毁伤手段作用下目标易损性的评估理论、方法和技术；第9章主要介绍目标易损性在弹药毁伤效能评估及火力规划、目标战场生存力设计、弹药战斗部设计、引战配合设计与优化、目标设计、生存力评估及防护等方面的应用。第1~3、5、6章由南京理工大学李向东撰写；第8、9章由南京理工大学周兰伟撰写；第4、7章由南京理工大学纪杨子燚撰写。

本书在编写过程中，参考了国内外相关文献资料，在此，对文献资料的原作者表示谢意。

由于作者水平有限，书中难免有不妥之处，望读者批评指正。

编著者

2022年3月

目 录

第 1 章　绪论 …………………………………………………………… 001
 1.1　目标易损性的概念 ………………………………………………… 002
 1.2　目标易损性的度量指标 …………………………………………… 004
 1.3　目标易损性研究的国内外发展动态及趋势 ……………………… 004
 1.4　目标易损性研究方法 ……………………………………………… 015
 1.5　目标易损性的应用及意义 ………………………………………… 016
 参考文献 …………………………………………………………………… 020

第 2 章　目标易损性评估理论 ………………………………………… 026
 2.1　弹药作用原理及毁伤元分析 ……………………………………… 027
 2.2　战场目标分析 ……………………………………………………… 032
 2.3　目标的功能及结构分析 …………………………………………… 034
 2.4　目标的毁伤及毁伤级别 …………………………………………… 036
 2.5　目标关键部件分析 ………………………………………………… 038
 2.6　部件的毁伤准则 …………………………………………………… 046
 2.7　目标的数字化描述 ………………………………………………… 054
 2.8　目标的易损性评估 ………………………………………………… 058
 参考文献 …………………………………………………………………… 060

第3章　人员目标易损性 …… 062
3.1　人员目标丧失战斗力概念及影响因素 …… 063
3.2　破片或枪弹对人员目标的杀伤机理 …… 064
3.3　冲击波对人员的杀伤机理 …… 071
3.4　人员目标丧失战斗力的准则 …… 077
3.5　破片或枪弹作用下人员易损性评估过程 …… 084
参考文献 …… 090

第4章　飞机目标易损性 …… 092
4.1　飞机构造 …… 093
4.2　飞机目标主要毁伤模式分析 …… 099
4.3　破片对飞机要害部件的毁伤 …… 103
4.4　飞机相对于动能侵彻体的易损性 …… 113
4.5　飞机相对动能侵彻体的易损性表征 …… 132
4.6　外部爆炸冲击波作用下飞机的易损性评估 …… 135
4.7　战斗部在目标内部爆炸时飞机的易损性评估 …… 138
参考文献 …… 140

第5章　车辆目标易损性 …… 142
5.1　车辆目标分析 …… 143
5.2　反车辆目标弹药 …… 150
5.3　装甲车辆目标的毁伤机理及毁伤级别 …… 153
5.4　反装甲弹药对装甲的侵彻能力 …… 159
5.5　靶后破片分布特性 …… 169
5.6　装甲车辆目标易损性的评估方法 …… 186
参考文献 …… 204

第6章　战术导弹易损性 …… 207
6.1　战术导弹结构及组成 …… 208
6.2　关键部件及失效模式 …… 214
6.3　战斗部在空气中爆炸形成冲击波的特性 …… 215
6.4　破片侵彻靶板的计算模型 …… 225
6.5　杆条侵彻机理 …… 234

6.6 爆炸冲击波和破片对导弹结构的毁伤 …………………………………… 237
6.7 引爆弹药的碰撞弹道 …………………………………………………… 241
6.8 子母弹药相对破片的易损性 …………………………………………… 248
参考文献 ………………………………………………………………………… 249

第7章 舰船目标易损性 ……………………………………………………… 253

7.1 典型舰船目标分析 ……………………………………………………… 254
7.2 反舰船弹药特性分析 …………………………………………………… 260
7.3 爆破战斗部水下爆炸载荷分析 ………………………………………… 263
7.4 舱室内爆炸载荷分析 …………………………………………………… 277
7.5 舰船目标毁伤级别及毁伤模式 ………………………………………… 281
7.6 舰船构件的毁伤 ………………………………………………………… 285
7.7 舰船整体毁伤判据 ……………………………………………………… 293
参考文献 ………………………………………………………………………… 300

第8章 建筑物的易损性 ……………………………………………………… 303

8.1 典型建筑物目标特性分析 ……………………………………………… 304
8.2 侵爆战斗部对建筑类介质的侵彻 ……………………………………… 315
8.3 战斗部在建筑类介质内的爆炸 ………………………………………… 321
8.4 建筑物构件在冲击波作用下的毁伤准则 ……………………………… 328
8.5 建筑物的易损性评估方法 ……………………………………………… 339
参考文献 ………………………………………………………………………… 354

第9章 目标易损性的应用 …………………………………………………… 357

9.1 杀伤爆破类弹药对地面装备目标毁伤效能评估 ……………………… 358
9.2 杀爆类弹药对空中目标的毁伤效能评估 ……………………………… 372
9.3 穿/破甲弹对装甲目标的毁伤效能评估 ………………………………… 377
9.4 侵爆类弹药对建筑物目标毁伤效能评估 ……………………………… 381
9.5 目标易损性在其他方面的应用 ………………………………………… 389
参考文献 ………………………………………………………………………… 406

第 1 章 绪 论

本章主要介绍目标易损性的概念及度量指标、目标易损性的研究方法、目标易损性的应用及意义,以及国内外发展动态。

1.1 目标易损性的概念

目标易损性是指在战斗状态下，目标被发现并受到攻击而损伤的难易程度，包括战术易损性和结构易损性[1]。

战术易损性是指目标被探测装置（如红外、雷达或其他探测器）探测到、被威胁物体（如动能弹丸、破片、冲击波、高能激光束等）命中的可能性，也称为目标的敏感性，可用 P_H 衡量，表示目标被毁伤元命中的概率。战术易损性与下列因素有关：目标的特性（例如：减小目标尺寸以减少被发现概率；高机动性，用于躲避对方威胁的攻击；采用无烟发动机，降低目标被敌方发现的概率）；对抗装置（用于防止被探测或欺骗导弹的电子对抗装置，以及用于压制跟踪雷达的反雷达导弹）；所运用的战术（例如利用地形、地势、气候条件等避免被探测）；此外，还与对方的探测、跟踪、打击以及战术运用等能力有关。

结构易损性是指目标被命中条件下，被毁伤元（如破片、冲击波、直接命中等）毁伤的可能性。结构易损性通常用 $P_{K/H}$ 度量，实际上是一种条件概率，指目标在命中条件下被毁伤的概率。结构易损性受以下因素影响：目标关键部件在经受某种毁伤元作用后能继续工作的能力（例如：直升机传动装置在失去润滑油后可持续工作 30 min）；可以避免和抑制对关键部位损伤的设计手段和装置，例如关键部件的冗余、防护以及合理的布置。

本书主要介绍分析目标的结构易损性,后文所讲易损性均指目标的结构易损性。

假设目标在敌对环境被毁伤的难易程度用毁伤概率 P_K 表示,其等于毁伤元击中目标概率(敏感性)P_H 和给定的一次命中后毁伤目标的概率(易损性)$P_{K/H}$ 的乘积,即

$$毁伤概率 = 敏感性 \times 易损性$$

或

$$P_K = P_H P_{K/H} \tag{1.1.1}$$

目标在敌对环境下能够生存的能力用生存概率 P_S 度量,则它与 P_K 的关系可由下式表示:

$$P_S = 1 - P_K = 1 - P_H P_{K/H} \tag{1.1.2}$$

可见,目标的易损性越高,其被毁伤的可能性越大,生存能力越低。为了提高目标的战场生存能力,可以从降低目标的敏感性和易损性两个方面实现,表1.1.1分别列出了降低目标敏感性和易损性的一些措施[2]。

表1.1.1 提高目标生存力的措施

降低敏感性	降低易损性
威胁告警	部件冗余和分离
干扰和欺骗	部件布置
信号减缩	被动损伤抑制
可放弃或牺牲的人员及装备	主动损伤抑制
威胁抑制	部件屏蔽
战术	部件消除

如表1.1.1所示,可通过使用被动告警系统降低目标的敏感性,被动告警系统可以告知目标的驾乘人员针对目标的威胁或朝向目标的跟踪系统的类型和位置;干扰和欺骗装置可阻止跟踪系统发现目标或向跟踪系统发送假的目标信号,如雷达干扰技术(箔条、红外干扰弹等)可以提供目标藏匿的屏障,或成为比目标更具有吸引力的诱饵;信号减缩或可见性减少(各种隐身技术)使目标更难被探测及跟踪;威胁抑制可以借助各种武器装备和伴随的支援火力破坏敌方的跟踪或拦截打击来袭威胁。此外,战斗部队可以采用适当的战术将目标暴露在威胁下的可能性降至最小,从而达到降低敏感性的目的,这种战术是通过利用地形或气象条件来隐蔽目标的。

可以通过部件冗余和分离、部件布置、被动损伤抑制、主动损伤抑制、部件屏蔽和部件消除六种措施降低目标的结构易损性。部件的冗余和分离就是用

多于一个部件完成同一个重要功能，并且必须将冗余部件有效地分开，目的是将单次击中使一个以上的冗余部件受损的概率减至最小。部件布置是指将关键和致命性部件的位置科学、合理地布置，使其受损伤的可能性和程度减至最小；被动或主动损伤抑制概念是通过被动防护或主动拦截减小部件的损伤效应来降低易损性的，通过非关键部件的遮挡来防止毁伤元素击中关键部件；部件消除是通过去除关键部件或用一个不太易损的部件代替关键部件，如舍弃备用油箱等。

1.2 目标易损性的度量指标

目标的结构、防护程度、部件安排以及遭遇的威胁不同，其易损性也不同，因此，需要一个度量指标来衡量目标易损性的高低。目前常用的目标易损性度量指标为目标毁伤概率和目标易损面积。目标在威胁作用下，其毁伤概率越大，或目标易损面积越大，则其易损性越高，越易损。

目标遭遇威胁类型不同，采用的易损性度量指标也不同。例如，若某种打击下只有击中目标时才能产生毁伤作用，则常用条件杀伤概率表示易损性，即目标在遭受单点随机打击后的杀伤概率 $P_{K/H}$。当毁伤由杀爆战斗部的近距爆炸效应引起时，易损性可用包络线（或包络面）表示。每根包络线（面）分别对应一定的杀伤概率 $P_{K/D}$，包络线离目标越近，表示该部位目标的易损性越高[3]。目标在激光威胁下的易损性可用在给定功率下，激光锁定照射目标一定时间时的杀伤概率 $P_{L/O}$ 度量。目标的易损面积 A_V 等于目标的呈现面积乘以命中目标条件下目标的毁伤概率，是一个加权累加面积。该面积越大，目标被毁伤的概率越高，表示目标越易损。通常用易损面积衡量动能毁伤元作用下目标的易损性，易损面积和毁伤概率可以相互转换。

1.3 目标易损性研究的国内外发展动态及趋势

1.3.1 国外易损性发展动态

国外很早就开始了目标易损性的研究，如美国在目标易损性方面的研究经历了三个阶段：第二次世界大战结束之前为第一阶段，是该领域的初级阶段；第二次世界大战结束到20世纪60年代末为第二阶段，并成立了专门的组织——弹药效能/目标生存能力联合技术协调组（JTCG），进行这方面的研究和协调工作；20世纪70年代初期至今，为第三个阶段，这个阶段的特点是大规模应用计算机进行模拟和计算[4]。

早期的研究主要从弹药的角度出发，通过对目标的射击试验，提高弹药的威力和效能。据史料记载，早在1860年就进行过线膛炮对地面防御甲板的射击试验。此后，各种穿甲威力试验纷至沓来。如1861年，对不同材料装甲板的射击试验；1862—1864年，用10.5 in① 口径火炮对模拟舰船目标进行实弹射击试验；1871年，对带有双层装甲的模拟舰船的射击试验；1872年，对军舰炮塔的射击试验[4]。20世纪，由于两次世界大战的刺激，这种研究更加广泛，各种各样高威力、高效能的新式武器弹药（如导弹、航空火箭弹、原子弹等）相继研制成功并投入使用。同时，一系列新发明（如坦克、飞机等）付诸军用。尤其在第二次世界大战期间，大量飞机在战争中丧失，人们意识到目标抗毁伤能力的研究非常重要。至此，这种研究出现了新的变化，开始从目标的角度研究其易损特性。

许多国家相继投入大量人力、物力进行目标易损性的研究工作。例如，美国在第二次世界大战后不久就制订了关于飞机易损性的研究计划，目的是研究飞机及其部件对各种弹药的易损性。该计划规模非常庞大，当时仅次于对核武器效应的研究，而居于第二位[5]。1947年，在阿伯丁试验场开展了三种质量的预制破片以三个不同速度从飞机（约152架B-25飞机）不同方位的射击试验[6]，约7 000发。次年，开展了一项名为"Thor计划"的研究，通过分析试验结果，得到不同情况下飞机各部件以及整体的易损性，并将成果应用于其他型号飞机的易损性分析。1970—1980年，美国空军开展了名为"飞机生存力测试与评估"（Test and Evaluation of Aircraft Survivability）的研究计划，对A-4攻击机、F-4战斗机、F-14战斗机、A-7攻击机等多型飞机开展了实弹毁伤试验[7,8]。同时，对其他各种战场目标也进行了大量的全尺寸实物射击试验。例如，1959年在加拿大进行了名为CAREDE的试验，利用400发反坦克弹药对装甲车辆（包括美国的M-47和M-48坦克）进行了实物射击试验；1963—1976年，又进行了各种各样的全尺寸试验，包括小口径成型装药战斗部对装

---

① 1 in = 2.54 cm。

甲输送车（1964 年，110 发）、杀爆弹对坦克（1971 年，228 发）、30 mm GAU-8 弹药对坦克（1975 年，153 发）、大口径动能弹丸对坦克（1976 年，6 发）的试验[9]。

这种基于试验手段的易损性研究方法，为目标易损性研究提供了大量的基础数据，使人们对目标的毁伤规律有了初步的认识。但是试验工程浩大，限制因素诸多，且费用极高。例如，M2/M3 步兵战车的毁伤试验，成本高达 75 万~100 万美元/发[9]，即使是发达国家，也较难承受如此巨额的研究费用。所以，一些发达国家开始探索和采用以理论分析、综合计算为主的新的易损性研究方法。特别是高速计算机的出现和快速发展，为这种易损性研究方法提供了必要的条件和可行性。

计算机模拟方法的特点是基于积累得到的丰富的试验、经验数据，根据目标、弹药及毁伤机理的内在规律，按照一定的数学模型模拟它们的特性[10]，然后计算目标在弹药作用下的易损性，这些计算机程序按功能主要分为四类：目标易损性分析前处理程序、终点效应计算程序、易损面积计算程序和综合程序。由于美国在该领域的研究开展最早，目前也最成熟，因此下面介绍美国的四类目标易损性评估程序。

1.3.1.1　目标易损性分析前处理程序

目标易损性分析前处理程序包括两类：目标建模程序和射线生成程序，这两类程序的典型代表为 BRL-CAD（Ballistic Research Laboratory's Computer Aided Design，弹道研究实验室的计算机辅助设计程序）和 FASTGEN（Fast Shotline Generator，射线快速生成工具）。

BRL-CAD 为开源的跨平台三维建模软件，其采用多层体系结构描述目标，如图 1.3.1 所示[11]。多层体系结构的顶层为目标，底层为构成目标的最基本单元——基本几何体（椭球体、立方体、圆柱体等），基本几何体通过布尔运算得到区域，区域组合称为部件，部件之间通过并联和串联的逻辑关系聚合成功能子系统，子系统结合构成目标系统，这种建模方法不仅简洁直观，也方便后期的目标毁伤树分析。应用 BRL-CAD 建立的坦克及内部部件如图 1.3.2 所示[12]。

自 1979 年诞生至今，随着计算机性能的逐渐发展，BRL-CAD 已成为美国三军标准易损性建模软件。图 1.3.3（a）所示为 20 世纪 80 年代的飞机目标模型，飞机各部分仅能用一些简单的几何体描述，图 1.3.3（b）为现在的飞机目标模型[13]，建模精细程度已大大提高。

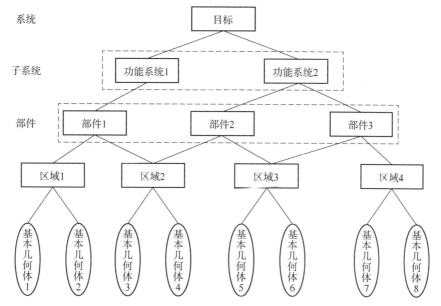

图 1.3.1　BRL-CAD 目标建模的多层体系结构

图 1.3.2　应用 BRL-CAD 建立的坦克外部和内部部件

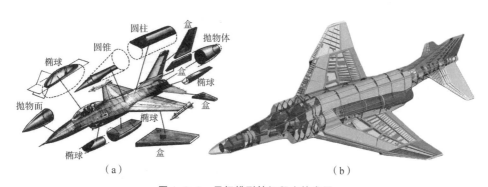

图 1.3.3　目标模型精细程度的发展

(a) 20 世纪 80 年代；(b) 现在

FASTGEN 程序用射线模拟破片或弹药运动轨迹及其侵彻过程,结合目标模型,可以生成目标射线形式的描述,得到射线的位置、每根射线贯穿的部件、射线和平面法线的夹角、内部部件之间的距离、沿射线方向部件的厚度等参数,并由此计算出每个视图方向的部件和目标的呈现面积,这些信息可输入易损面积计算程序。FASTGEN 5.0 以前的版本仅支持生成平行射线,目前已支持以多种模式生成射线,包括单瞄准点单射线、单瞄准点多射线、多瞄准点多射线、多炸点多射线等。图 1.3.4 所示为 FASTGEN 程序生成的模拟破片战斗部在目标外部爆炸时的射线[14]。

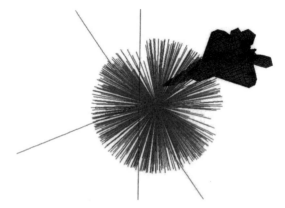

图 1.3.4　FASTGEN 程序生成的破片射线

1.3.1.2　终点效应计算程序

终点效应计算程序主要用于计算破片、枪弹、冲击波等毁伤元与目标或部件的相互作用过程,预测毁伤元和目标、部件作用后的状态,典型程序包括 FragPen(Fragment Penetration,破片侵彻)、FATEPEN(Fast Air Target Encounter Penetration Program,空中目标遭遇、侵彻、快速评估程序)、ProjPen(Projectile Penetration,弹丸侵彻)、ConWep(Conventional Weapon Effects Predictions,常规武器效能预测)。

FragPen 程序的功能是计算破片对靶板的侵彻,其核心计算方法为 Thor 侵彻方程[15]。程序的输入参数包括破片特性(材料、尺寸、形状)、目标特性(材料、密度、厚度)、破片入射条件(撞击速度、破片入射角),计算输出得到破片对靶板的穿透情况、剩余破片特性(质量、形状、速度)、靶后崩落碎片特性(质量、形状、速度)和靶板穿孔尺寸。

FATEPEN 程序由 JTCG 开发[16],用于预测破片/长杆弹穿透靶板之后的形变、质量损失、速度损失、弹道变化以及翻滚程度等参量,并可计算靶后二次破片分布场。图 1.3.5(a)和图 1.3.5(b)所示分别为试验和 FATEPEN 程序计算得到长杆弹侵彻靶板后的弹道偏转及破片撞靶形成的靶后破片。由于 FragPen 程序仅考虑破片入射角的变化,而 FATEPEN 程序考虑侵彻体姿态(俯仰、偏航、滚转)的变化;在高速阶段,FATEPEN 程序计算精度远高于 FragPen 程序[17],因此目前 FATEPEN 程序已逐步替代 FragPen 程序成为美国三军计算侵彻效应的标准程序[18],并被集成在各类易损性分析软件中。

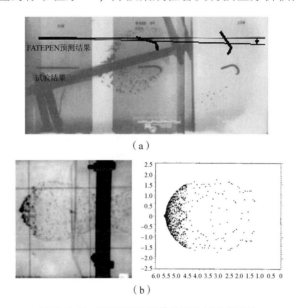

图 1.3.5　FATEPEN 计算结果和试验的对比
(a)长杆弹侵彻靶板后的弹道偏转;(b)破片撞靶形成的靶后破片

ProjPen 程序的功能与 FATEPEN 程序的类似,考虑的毁伤元主要为枪弹。

ConWep 是计算常规武器毁伤效能的程序集[19],计算不同类型的炸药和弹药产生的毁伤效能,其功能包括计算爆炸冲击波载荷、破片对混凝土和钢材的侵彻深度、混凝土墙体在冲击波作用下的破裂和飞散、弹丸对岩石和土壤的侵彻、岩土中爆炸形成的爆坑。空气中爆炸程序模块的计算结果包括自由场的入射冲击波压力、地面爆炸的入射和反射冲击波压力;岩土中爆炸的冲击波峰值压力、隧道内爆炸的冲击波压力,以及部分泄出结构内爆炸产生的准静态压力。

1.3.1.3　易损面积计算程序

这类程序用于计算部件和整个目标在毁伤元作用下的毁伤概率和易损面

积。单枚破片或动能侵彻体作用下目标的易损面积计算流程如图 1.3.6 所示[20]。首先沿攻击方向生成网格，详细方法如图 1.3.7 所示[21]，将目标投影到垂直攻击方向的平面内，在投影平面内均匀划分网格，每个网格内生成一条射线，每根射线的位置在单元格内随机且相互平行。对于任一网格，根据该网格内射线贯穿的部件号、沿射线方向部件的厚度、材料和角度等信息，利用侵彻方程计算得到侵彻体穿透部件后的剩余速度和质量，循环计算每个部件直至破片穿透所有部件或破片无法穿透部件。每个部件的毁伤概率通过侵彻体穿透部件时的速度和质量求出，则破片命中该网格时，目标的毁伤概率可根据生存法则得到，网格对应的易损面积等于网格的面积乘以网格对应的毁伤概率，目标的易损面积即为所有网格的易损面积之和，易损面积详细的计算方法见本书后续章节。典型的易损面积计算程序有 COVART[13]（Computation of Vulnerable Area Tool，易损面积计算工具）和 MUVES[22]（Modular UNIX-based Vulnerability Estimation Suite，模块化易损性评估套件）等。

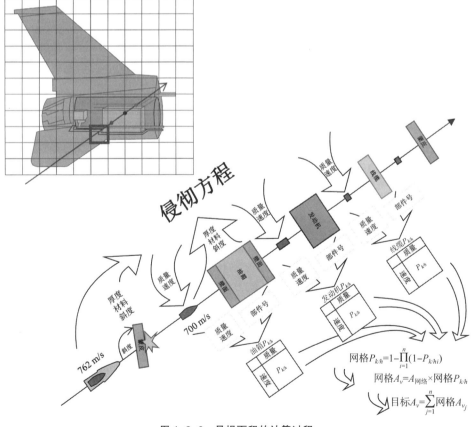

图 1.3.6 易损面积的计算过程

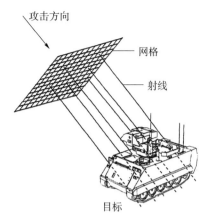

图 1.3.7　网格射线的生成方法

COVART 诞生于 1973 年，原名为易损面积和修复时间的计算（Computation of Vulnerable Areas and Repair Time），从诞生至今，美国军方一直为其开发并植入新功能[18]。早期 COVART 仅具有单一的易损面积计算功能，模型和射线信息需从其他程序中导入[2]，目前，软件已集成 BRL-CAD、FASTGEN、FATEPEN 等组件，能根据部件毁伤准则和毁伤树得到目标及其部件的毁伤概率和易损面积，可用于评估飞机和地面车辆的易损性。图 1.3.8 所示为 COVART 计算得到的 F-4E 战斗机某方向的毁伤概率云图。

图 1.3.8　COVART 计算得到的 F-4E 战斗机的毁伤概率云图

MUVES 软件由美国陆军研究实验室（ARL）于 20 世纪 80 年代开发，是第一个具有模块化框架的易损性评估软件。由于其模块化特性，许多优秀的易损性评估代码/模块，例如：用于生成随机破片场的 SAFE 程序[22]、评估侵彻引起的冲击振动对车辆部件损伤的计算模块[23]、精细化的人员易损性评估模型 ORCA[24]，不断被移植进 MUVES 中，软件功能愈趋强大。软件的评估结果界面如图 1.3.9 所示。2013 年，美国陆军弹道实验室（BRL）全新开发的 MUVES S3 开始投入使用，其被 BRL 称为 "下一代易损性/杀伤力（Vulnerability/Lethality）评估软件平台"。软件的特点包括[25]：①能够评估多弹药以先后次序作用集群目标时，对每个目标的毁伤；②能考虑目标的毁伤程度随时间的变化；③能够模拟更复杂的毁伤情况，例如装甲车主动防护系统与弹药的相互作用、毁伤元多次命中陶瓷复合装甲等。

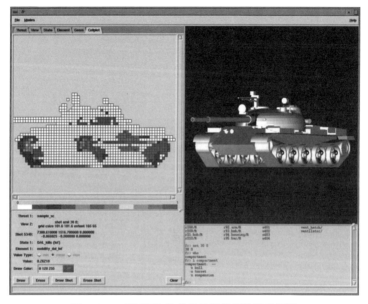

图 1.3.9 MUVES 软件的易损性评估结果界面

1.3.1.4 综合程序

除上述单独的程序外，也有许多将上述三类程序整合的易损性评估平台，这类程序有 AJEM[26]（Advanced Joint Effectiveness Model，高级联合效能模型）和 VTK[27]（The Vulnerability Toolkit，易损性工具包）等。

AJEM 软件采用 BRL-CAD 模块进行目标建模，FATEPEN 模块计算侵彻毁伤，核心的易损性/杀伤力计算模块为 MUVES[28]。AJEM 软件具有随机分析、自定义毁伤树函数、弹目交会可视化（图 1.3.10）等功能，比 COVART 更强大，因此美军发布的《联合弹药效能手册》（JMEM）中已使用 AJEM 代替 COVART 计算目标的易损面积[17]。

VTK 为 "一站式" 易损性分析软件套装[29]，其具体组成如图 1.3.11 所

第 1 章 绪论

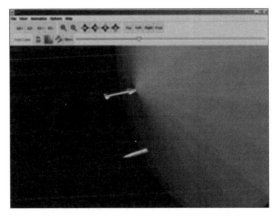

图 1.3.10 AJEM 的弹目交会可视化模块

示。软件可评估的目标类型包括固定翼飞机、旋翼飞机、地面装备、小型舰船、轨道飞行器等，支持的毁伤元及弹药类型包括枪弹（穿甲子弹、穿燃弹、高爆弹）、破片、聚能射流等。

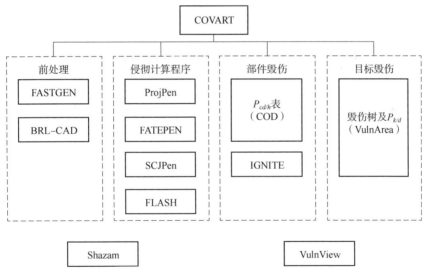

图 1.3.11 VTK 软件组成[27]

除美国外，其他发达国家也非常重视目标易损性的研究工作。英国开发了空中目标易损性评估软件 INTAVAL（Integrated Air Target Vulnerability Assessment Library，空中目标易损性综合评估库）[30]，程序采用射线描述破片的飞散，能够评估战斗部破片、子弹侵彻和战斗部内、外爆炸对目标的毁伤。此外，英国国防部使用 SURVIVE 软件[31]评估单艘舰船在水上和水下弹药、毁伤元（半穿甲战斗部、爆炸冲击波、破片、聚能射流等）及后续影响（冲击振动、船体鞭状运动）作用下的易损性以及受多次打击产生的累积损伤。SURVIVE 软件建立的典型舰船内部设备布局如图 1.3.12 所示。

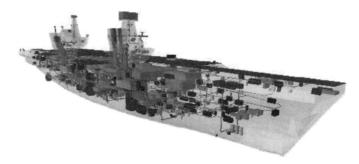

图 1.3.12　SURVIVE 软件建立的典型舰船内部设备布局图

瑞典在 20 世纪 80 年代已开发多款易损性评估程序[32]，包括评估空中目标易损性的 LMPL1、评估地面轻型装甲目标易损性的 Verksam、评估地面装甲目标易损性的 APAS 等。目前瑞典主流的易损性评估程序为 AVAL[33]（Assessment of Vulnerability And Lethality，易损性与杀伤力评估），由瑞典国防装备局（FMV）开发，该软件涵盖了目标易损性分析、战斗部威力评估等技术领域，适用的战斗部包括破片战斗部、动能弹、穿甲弹等，适用的目标包括舰艇、坦克、飞机等。

其他比较典型的易损性评估软件包括德国的 UniVeMo[34]、荷兰的 TARVIC 软件[35]、加拿大的 SLAMS[19]、澳大利亚的 CVAM/XVAM[19]、法国的 Pleiades/A[36]等。总体来说，虽然这些国家易损性研究的体系化程度和水平不如美国，但也各有特色，适应本国的国防发展。

1.3.2　国内目标易损性研究动态

国内从 20 世纪 80 年代开始开展目标易损性的研究工作，经过持续和系统的研究工作，逐步建立和完善了目标易损性评估理论[37]，提出了一些易损性评估的新方法，如基于 BP 神经网络技术的易损性分析方法[38]、射击线技术和 Monte Carlo 随机模拟方法[39]、基于模糊随机理论的易损性评估方法[40]等。进行了装甲目标[41]、巡航导弹[42]、飞机[43,44]、舰船[40,45]、雷达[46]、地面建筑[47,48]、地下工事[49]等典型目标的易损特性研究与评估。

装甲车辆的易损性研究方面，以性能降低程度为依据，构建了主战坦克各功能子系统的功能毁伤树图；开发了典型反坦克弹药对主战坦克目标易损性分析仿真系统，得到了主战坦克整体毁伤概率随打击速度、打击方位角等参数的变化规律。导弹的易损性研究方面，建立了部件水平的巡航导弹易损性分析模型，并对破片战斗部打击下某巡航导弹目标的易损性进行了分析与毁伤评估。舰船的易损性研究方面，结合毁伤树、随机过程、模糊度、经验层次法、马尔科夫链等系统工程技术，建立了基于模糊随机理论的舰船易损性评估模型，并评估与分析了多型舰船在不同武器毁伤环境下的易损性。建筑物的易损性研究方面，研究了典型钢筋混凝土框架结构在侵爆弹多次打击下的易损性以及累积毁伤。针对建筑物的结构毁伤和功能毁伤特点，提出了构件毁伤到结构毁伤的目标等效思想，进而结合建筑物结构的侵爆破坏特性，建立了侵爆弹多次作用下对建筑物的累积毁伤评估准则。相关研究成果为反坦克、反导、反舰以及反地下深层目标的弹药战斗部设计提供了重要的参考依据。此外，还进行了目标及其等效靶[50-52]、目标关键部件的毁伤试验研究[53-56]，获得了一些易损性试验数据，这些工作推进了国内目标易损性学科的向前发展。国内许多单位也开发了针对不同目标的易损性评估软件及平台，可以快速地评估目标的易损性，但开发的软件系统都互相独立，并没有形成统一的标准和接口，不利于推广使用，因此易损性系统标准开发方面还需要进一步的探索。

1.3.3　目标易损性研究的发展趋势

战场上新型毁伤手段和目标的出现为目标易损性的研究注入了新的内容，主要表现在如下几个方面：①各种探测、制导、控制等电子元器件或系统的毁伤机理及准则的研究；②新的威胁手段和毁伤元（如电磁、微波、激光等）作用下目标易损性分析方法、理论以及相关的试验和测试技术研究；③多毁伤元共同或耦合作用下目标或部件的毁伤研究；④新型目标（如无人机、高超声速飞行器等）和集群目标的易损性评估理论和方法研究；⑤高精度目标易损性评估的计算机模拟与仿真技术的研究。

随着计算机性能和软件技术的发展，易损性分析软件未来的发展趋势主要表现在如下几个方面[57]：①为提高计算速度，软件平台实现大规模并行计算；②在目标易损性计算时引入实时的计算流体力学（CFD）和有限元（FEA）计算；③保留现存的易损性分析程序，提取其中已得到反复验证的关键模块，形成独立的计算模块进行维护和开发，并植入后续新开发的软件平台。

1.4　目标易损性研究方法

目标易损性研究方法可归纳为三种：试验、理论分析和计算机模拟方法。

试验方法是指以模拟试验、实物靶场试验、真实战场试验等手段为主获取目标易损性数据的方法[58]。早期的易损性研究主要采用这种方法获得真实的目标易损性数据，其优点是适用性强、效果直观、反映真实情况，但其成本高、研究周期长。

理论分析方法是指通过理论分析、综合计算、战例统计、专家评估等软手段进行目标易损性评估[59-67]，其本质是一种经验方法，基于现有数据或理论推算出某种情况下目标的易损性。该方法的优点是评估高效，但精度低，并且需要大量数据作为基础。

计算机模拟方法是以计算机模拟为主的研究方法，首先建立目标易损性评估模型[68-71]，然后编制计算机仿真代码对目标易损性进行评估[72-74]。从 20 世纪 70 年代末期开始，易损性的研究趋于采用此类方法。其优点是可考虑的因素全面、成本较低，如果试验基础强，计算结果能在很大程度上反映真实情况，评估周期短，但评估结果受评估模型的精度影响较大。

目标易损性研究中，三种方法相互补充和完善。试验方法一般用于验证和修正理论或数值计算结果；对于如承力部件等结构简单的部件的毁伤，其物理过程简单，可以力学理论为基础，采用理论及数值计算相结合的方法研究其毁伤；有些毁伤问题，物理过程比较复杂，影响因素多，试验成本高，有的甚至无法试验，如人员的毁伤，易燃/易爆部件的引燃、引爆问题，昂贵或高价值部件、目标的毁伤问题，可采用数值计算的方法研究。

1.5 目标易损性的应用及意义

最早的易损性研究主要目的是提高目标在弹药作用下的抗毁伤能力及生存能力。随着目标易损性研究的不断深入，研究成果在诸多领域得到广泛应用，如弹药的论证、研制、效能评价、靶场验收及目标生存力设计与评估、目标防护的设计与改进等。另外，目标易损性研究对战场指挥、弹药使用、各种战场目标的操纵和保护都具有非常重要的意义。如图 1.5.1 所示，目标易损性应用范围可大致分为三个方面：从目标的角度，可用于分析目标生存力及优化设计目标的防护结构；从弹药的角度，可以指导战斗部设计及优化引战配合；从战场应用的角度，可以评估弹药的毁伤效能，并进行火力规划等。

目标生存力及目标防护设计方面，可以在目标设计的早期阶段，应用目标易损性评估理论和方法，评估不同布局设计时目标的易损性，寻找最佳的部件

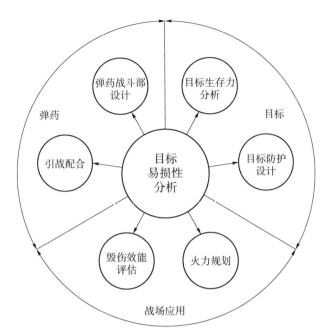

图 1.5.1 目标易损性应用范围示意图

布局;在目标防护设计方面,评估目标不同位置增加防护时,目标易损性的降低程度,为目标的防护设计提供依据。例如,前文提及的 SURVIVE 软件提供了舰船结构及布局优化的功能,通过在关键部位加装装甲、部件冗余等措施来降低舰船的易损性。图 1.5.2 所示为优化部件布局,并采取部件冗余措施前后,某舰船在水面弹药打击下的易损区域[31](图中方形区域),评估结果能为舰船的后续设计提供指导。

(a) (b)

图 1.5.2 某舰船在水面弹药打击下的易损区域
(a) 优化前;(b) 优化后

战斗部设计方面,通过改变战斗部的参数,如炸药参数、战斗部结构参数或者破片参数,结合战斗部打击目标的易损性,评估战斗部参数对其毁伤能力的影响,以此为依据进行战斗部设计或优化。例如,美国开发的 TurboPK 软件[75]除具有易损性评估的功能外,还附带战斗部参数设计优化功能。图 1.5.3(a)所示为 TurboPK 程序得到的破片式战斗部在某轻型装甲车顶部不同位置爆炸时目标的毁伤概率（点的位置对应战斗部爆炸位置，颜色对应对目标的毁伤概率），图 1.5.3（b）所示为该战斗部壳体厚度与目标毁伤概率的关系，该结果可为战斗部结构优化提供参考。

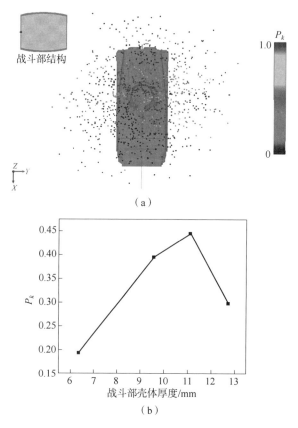

图 1.5.3　TurboPK 程序的计算结果
（a）破片式战斗部对某轻型装甲车的毁伤概率；（b）战斗部壳体厚度与目标毁伤概率的关系

毁伤效能评估方面，根据目标的易损性，结合弹药的命中精度，可以评估弹药对目标的毁伤效能；针对某种目标，可以评估不同类型弹药或同类弹药命中目标不同位置对其毁伤能力的影响，为战场弹药使用及火力配置提供指导。一些国家常常将目标易损性和毁伤效能评估的功能集中在同一个软件平台中，既可评估目标易损性，又可进行毁伤效能评估，称为易损性/杀伤力工具，如 1.3 节中提及的 UniVeMo 和 AVAL 等。图 1.5.4 所示为这类易损性/杀伤力工具的功能模块、子模型及分析流程，功能模块包括交会模块、易损面积计算模块、单次交战模块；子模型包括目标模型、弹道生成、射线生成等，这些子模型可作为独立的软件模块使用。

第1章 绪论

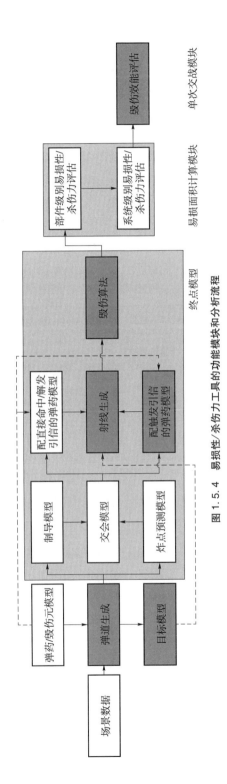

图 1.5.4 易损性/杀伤力工具的功能模块和分析流程

参 考 文 献

[1] Reinard B E. Target vulnerability to air defense weapons [D]. Monterey CA: Naval Postgraduate School, 1984.

[2] Ball R E. The fundamentals of aircraft combat survivability: analysis and design, 2nd Edition [M]. New York: American Institute of Aeronautics and Astronautics, 2003.

[3] Celmins A. Possibilistic vulnerability measures [R]. Aberdeen Proving Ground, Maryland: USA Ballistic Research Laboratory, 1989.

[4] Klopcic J T, Reed H L. Historical perspectives on vulnerability/lethality analysis [R]. Aberdeen Proving Ground, Maryland: Army Research Laboratory, 1999.

[5] Weiss H K, Stein A. Airplane vulnerability and overall armament effectiveness [R]. Aberdeen Proving Ground Maryland: Army Ballistic Research Laboratory, 1947.

[6] The Johns Hopkins University, Institute for Cooperative Research. "Project THOR" history and current activities [R]. Baltimore, Maryland: Johns Hopkins Univ Baltimore Maryland Inst for Cooperative Research, 1954.

[7] Krammer M. WSL Commemorates 50 years of survivability LFT&E [J]. Aircraft Survivability, 2020: 25-32.

[8] 陈荣, 卿华, 任柯融, 等. 美军飞机易损性实弹测试现状及启示 [J]. 国防科技, 2021, 42 (02): 36-42.

[9] Goland M. Armored combat vehicle vulnerability to anti-armor weapons: a review of the army's assessment methodology [R]. National Academies, 1989.

[10] Weaver E P. Functional requirements of a target description system for vulnerability analysis [R]. Aberdeen Proving Ground Maryland: Army Ballistic Research Laboratory, 1979.

[11] 黄寒砚, 王正明. 武器毁伤效能评估综述及系统目标毁伤效能评估框架研究 [J]. 宇航学报, 2009, 30 (03): 827-836.

[12] Deitz P H, Appllin K A. Practices and standards in the construction of BRL-CAD target descriptions [R]. Aberdeen Proving Ground, Maryland: Army Research Laboratory, 1993.

[13] Stewart R. Not your grandfather's COVART [J]. Aircraft Survivability,

2017: 14-17.

[14] ITT Corporation - Advanced Engineering & Sciences. COVART 6. 1: FASTGEN legacy mode user's manual [R]. Beavercreek, OH: ITT Corporation - Advanced Engineering & Sciences, 2010.

[15] Ballistic Analysis Laboratory, Institute for Cooperative Research, The Johns Hopkins University. The resistance of various metallic materials to perforation by steel fragments; empirical relationships for fragment residual velocity and residual weight [R]. Baltimore, Maryland: Johns Hopkins Univ., Cockeysville, Maryland. Ballistic Analysis Lab, 1961.

[16] Yatteau J D, Zernow R H, Recht G W, et al. FATEPEN, a model to predict terminal ballistic penetration and damage to military targets [R]. Dahlgren DIV VA: Naval Surface Warfare Center, 1999.

[17] Driels M R. Weaponeering: conventional weapon system effectiveness [M]. Reston, Virginia: American Institute of Aeronautics and Astronautics, Inc, 2004.

[18] Stewart R. Onward to higher precision: COVART 7. 0 [J]. Aircraft Survivability, 2018: 8-11.

[19] Ackland K, Buckland M, Thorn V, et al. A review of battle damage prediction and vulnerability reduction methods [R]. DSTO - GD - 0620, Maritime Platforms Division, DSTO Defence Science and Technology Organisation, 2010.

[20] Butkiewicz M, Bowman W. Zone-based modeling technique for vulnerability/lethality studies [C]. 46th AIAA/ASME/ASCE/AHS/ASC Structures, Structural Dynamics and Materials Conference. Austin, Texas: American Institute of Aeronautics and Astronautics, 2005.

[21] Ellis C A. Vulnerability analyst's guide to geometric target description [R]. Aberdeen Proving Ground Maryland: Army Ballistic Research Laboratory, 1992.

[22] Deitz P, JR H R, Klopcic J, et al. Fundamentals of ground combat system ballistic vulnerability/lethality [M]. Reston, VA: AIAA, 2009.

[23] Gillich J M, Fioravante M E. Ballistic shock modeling using MUVES [C]. Weapon/Target Interaction Tools for Use in Tri-Service Applications, 2008.

[24] Eberius L N, Gillich J P. New personnel methodology using MUVES - S2 weapon/target interaction tool for survivability and lethality analysis [C]. Weapon/Target Interaction Tools for Use in Tri-Service Applications, 2008.

[25] Hunt E, Burdeshaw M. MUVES 3—vulnerability/lethality analysis tool of the

future [C]. Miami, FL: 26th International Symposium on Ballistics, 2011.

[26] JAS Program Office. SURVIAC bulletin: SURVIAC survivability analysis workshop 2000 [R]. Arlington, VA: JAS Program Office, 2000.

[27] Defense Systems Information Analysis Center. Vulnerability toolkit-DSIAC [EB/OL]. (2019) [2021-10-11]. https://dsiac.org/models/vulnerability-toolkit/.

[28] Defense Systems Information Analysis Center. AJEM-DSIAC [EB/OL]. (2019) [2021-10-27]. https://dsiac.org/models/ajem/.

[29] Defense Systems Information Analysis Center. Vulnerability toolkit DSIAC [EB/OL]. (2019) [2021-10-11]. https://dsiac.org/models/vulnerability-toolkit/.

[30] Collins P, McAulay C. Reducing the vulnerability of military helicopters to combat damage [C]. Friedrichshafen: 29th European Rotorcraft Forum, 2003.

[31] Horstmann P. UK naval vulnerability assessment developments [C]. Weapon/Target Interaction Tools for Use in Tri-Service Applications, 2008.

[32] Gyllenspetz I M, Zabel P H. Comparison of US and Swedish aerial target vulnerability assessment methodologies [R]. San Antonio TEX: Southwest Research Inst, 1980.

[33] FOI. AVAL [EB/OL]. [2021-10-27]. https://www.foi.se/en/foi/research/cooperation-projects/aval.html?openExpanderWith=AVAL%2CAVAL.

[34] Graswald M, Rossberg D, Dorsch H. Assessing new operational opportunities by scalable effects with UniVeMo [C]. Proceedings of the 28th International Symposium on Ballistics, Atlanta, GA, 2014.

[35] Verhagen T L. The TNO-PML tri-service vulnerability/lethality methodology TARVAC [C]. Adelaide, Australia: 21st International Symposium on Ballistics, 2004: 19-23.

[36] Domingues-Vinhas R P-J-L. ALBAS: an integrated software for carrying out parametric vulnerability/lethality PLEIADES/A calculations [C]. Weapon/Target Interaction Tools for Use in Tri-Service Applications, 2008.

[37] 李向东. 目标毁伤理论及工程计算 [D]. 南京: 南京理工大学, 1996.

[38] 蒋丰, 冯奇. 基于BP网络的受冲击舰艇主动力系统易损性分析 [J]. 中国造船, 2009, 50 (01): 36-42.

[39] 秦宇飞, 刘晓山, 冯海星. 某型飞机目标易损性分析系统设计 [J]. 机电产品开发与创新, 2010, 23 (01): 18-20.

[40] 王海坤, 刘建湖, 张效慈, 等. 基于模糊随机理论的舰船易损性评估模

型 [J]. 兵工学报, 2016, 37 (S1): 57-64.

[41] 张高峰, 李向东, 周兰伟, 等. 典型坦克在破甲弹作用下的易损性评估 [J]. 弹道学报, 2018, 30 (02): 67-74.

[42] 王海福, 刘宗伟, 李向荣. 巡航导弹部件水平易损性仿真评估系统 [J]. 弹箭与制导学报, 2009, 29 (06): 111-114.

[43] 司凯, 李向东, 郭超, 等. 破片式战斗部对飞机类目标毁伤评估方法研究 [J]. 弹道学报, 2017, 29 (04): 52-57.

[44] 胡诤哲, 李向东, 周兰伟, 等. 武装直升机在杀爆弹打击下的易损性及防护策略 [J]. 北京航空航天大学学报, 2020, 46 (06): 1214-1220.

[45] 傅常海, 黄柯棣, 童丽, 等. 导弹战斗部对复杂目标毁伤效能评估研究综述 [J]. 系统仿真学报, 2009, 21 (19): 5971-5976.

[46] 李超, 李向东, 葛贤坤, 等. 破片式战斗部对典型相控阵雷达毁伤评估 [J]. 弹道学报, 2015, 27 (01): 80-84.

[47] 周阳, 李向东, 周兰伟, 等. 弹药对典型钢筋混凝土楼房毁伤评估方法研究 [J]. 弹道学报, 2020, 32 (04): 46-53.

[48] 陈旭光. 建筑物在侵爆作用下的累积毁伤评估 [D]. 长沙: 国防科技大学, 2019.

[49] 梁国栋. 钻地弹攻击地下目标的效能评估 [D]. 南京: 南京理工大学, 2007.

[50] 徐梓熙, 刘彦, 闫俊伯, 等. 不同破片对典型飞机目标的毁伤效应 [J]. 兵工学报, 2020, 41 (S2): 63-68.

[51] 任辉启, 黄魁, 吴祥云, 等. 地面目标空气冲击波动压毁伤研究进展 [J]. 防护工程, 2021, 43 (01): 1-9.

[52] 刘蓓蓓. 爆炸反应装甲等效靶研究 [D]. 南京: 南京理工大学, 2015.

[53] 马丽英, 李向东, 周兰伟, 等. 高速破片撞击充液容器时容器壁面的损伤 [J]. 爆炸与冲击, 2019, 39 (02): 59-70.

[54] 屈可朋, 赵志江, 沈飞, 等. 高速破片撞击下带壳装药响应及防护的试验研究 [J]. 火炸药学报, 2019, 42 (02): 185-190.

[55] 庞嵩林, 陈雄, 许进升, 等. 聚能射流对固体火箭发动机的冲击起爆 [J]. 爆炸与冲击, 2020, 40 (08): 13-22.

[56] 王树山, 张静骁, 王传昊, 等. 水中爆炸冲击波对靶体结构的毁伤准则研究 [J]. 火炸药学报, 2020, 43 (03): 262-270.

[57] Butkiewicz M T. The evolution of next-generation V/L modeling: a U. S.

contractor perspective [C]. Weapon/Target Interaction Tools for Use in Tri-Service Applications, 2008.

[58] Shelley S O. Vulnerability and lethality testing system (VALTS) [R]. Eglin AFB FL: Armament Development and Test Center, 1972.

[59] Lapointe C J. Lightly armored structure vulnerability estimation methodology (LASVEM) [R]. Aberdeen Proving Ground Maryland: Army Materiel Systems Analysis Activity, 1979.

[60] Dotterweich E J. A stochastic approach to vulnerability assessment [R]. Aberdeen Proving Ground Maryland: Army Materiel Systems Analysis Activity, 1979.

[61] Schlegel P R, Shear R E, Taylor M S. A fuzzy set approach to vulnerability analysis [R]. Aberdeen Proving Ground Maryland: Army Research Laboratory, 1985.

[62] Wong F S. Modeling and analysis of uncertainties in survivability and vulnerability assessment [R]. Weidlinger Associates Palo Alto CA, 1986.

[63] Klopcic J T. Survey of vulnerability methodological needs [R]. Aberdeen Proving Ground Maryland: Army Ballistic Research Laboratory, 1991.

[64] Fleming R W. Vulnerability assessment using a fuzzy logic based method [R]. Air Force Inst of Tech Wright-Patterson AFB OH School of Engineering, 1993.

[65] Celmins A. Vulnerability of approximate targets [R]. Aberdeen Proving Ground Maryland: Army Ballistic Research Laboratory, 1993.

[66] Lankhorst D A. Using expert systems to conduct vulnerability assessments [D]. Monterey CA: Naval Postgraduate School, 1996.

[67] 翟成林, 陈小伟. 导弹战斗部打击下目标毁伤评估的研究进展 [J]. 含能材料, 2021, 29 (02): 166-180.

[68] Taylor M S, Boswell S B. An application of a fuzzy random variable to vulnerability modeling [R]. Aberdeen Proving Ground Maryland: Army Ballistic Research Laboratory, 1989.

[69] Starks M W. Vulnerability science: a response to a criticism of the ballistic research laboratory's vulnerability modeling strategy [R]. Aberdeen Proving Ground Maryland: Army Ballistic Research Laboratory, 1990.

[70] Haverdings W. General description of the missile systems damage assessment code (MISDAC)[R]. Prins Maurits Laboratorium TNO Rijswijk (NETHERLANDS), 1994.

[71] Allen K J, Black C. Implementation of a framework for vulnerability/lethality modeling and simulation [C]. Proceedings of the Winter Simulation Conference,

2005. IEEE, 2005: 6.

[72] Starks M W. Assessing the accuracy of vulnerability models by comparison with vulnerability experiments [R]. Aberdeen Proving Ground Maryland: Army Ballistic Research Laboratory, 1989.

[73] Webb D W. Tests for consistency of vulnerability models [R]. Aberdeen Proving Ground Maryland: Army Ballistic Research Laboratory, 1989.

[74] Collins J C. Sensitivity analysis in testing the consistency of vulnerability models [R]. Aberdeen Proving Ground Maryland: Army Ballistic Research Laboratory, 2002.

[75] Buckley P, Armistead S. TurboPK—an all-inclusive, ultra-fast vulnerability and lethality endgame code [J]. DSIAC Journal, 2015, 2 (4): 18-24.

第 2 章
目标易损性评估理论

目标易损性评估理论是易损性评估的基础，主要包括弹药作用原理分析及毁伤元分布场表征、目标的功能及结构分析、目标毁伤级别划分、目标关键部件分析、部件毁伤准则及目标的数字化描述等内容。

2.1 弹药作用原理及毁伤元分析

目标易损性是指目标在某种弹药或毁伤元威胁下的易损程度，目标易损性的研究和评估与弹药密不可分，目标和弹药是两个重要研究对象，所以本章首先分析弹药的作用原理及毁伤元的一些基本特性。

2.1.1 弹药及其作用原理

弹药的主要用途是杀伤敌方各类目标，完成某些特定战术任务。由于目标性质的差异，弹药需要采用不同的原理实现其对目标的毁伤，因而出现了各种各样的弹药，如杀爆弹、穿甲弹、破甲弹、燃烧（纵火）弹以及核弹等，分别用于毁伤不同类型的目标。下面简要叙述这几类弹药的特点及其作用原理。

动能弹 动能弹通过对目标的侵彻而起毁伤作用，其终点弹道效应主要由命中目标时的动能决定，如枪弹、穿甲弹。动能弹通常以单个形式发射，产生一个毁伤元，即弹丸本身，且沿直线方向入射目标。除具有侵彻作用外，对易燃或易爆类部件（如油箱、弹药）还具有引燃或引爆作用。

破片式弹药 这类弹药在终点处通过爆炸或解体，用其自身携带的预制破片或壳体破碎形成的自然破片毁伤目标，如杀爆弹。其毁伤的目标主要是人员、轻型车辆、飞机等，毁伤效应与其形成破片的大小、形状、初速及分布等因素有关。

爆破弹 爆破弹于终点处爆炸时，在极短的时间内释放出巨大的能量，爆轰产物转化为高温气体，急剧膨胀并压缩周围介质，将介质从原来的位置上排挤出去，介质的压力、密度迅速增大形成一个压缩层，压缩层的状态参数（压力 p、密度 ρ、温度 T）与原来状态相比发生突跃变化，同时，该压缩层以超声速从爆心向四周运动，此运动的压缩层称为冲击波。

由于冲击波阵面具有很高的压力，且介质质点也以较高的速度随波一起运动，当遇到障碍物时，使目标破坏，具体的破坏程度随装药类型、质量、装药尺寸、炸点距目标的距离、爆炸高度、介质特性及目标抗冲击波的能力变化。

聚能破甲弹 这类弹药利用成型炸药的聚能效应产生的高速金属射流侵彻目标。聚能破甲弹的终点效应完全来自金属药型罩形成的高速射流，该射流是侵彻主体，其侵彻能力基本与弹丸着速无关；命中目标后，弹丸壳体停留在目标外表面。

聚能破甲弹对付的主要目标为坦克等装甲目标，设计时，除了要求形成的射流具有足够的侵彻能力外，还要求射流在贯穿钢甲后具有一定的后效作用，以破坏坦克内部部件，杀伤乘员，使坦克丧失战斗力。

燃烧弹 又称纵火弹，主要是利用其燃烧的火种分散在目标上，将目标引燃并通过燃烧的扩展和蔓延实现最终烧毁目标。火引起的破坏作用，包括破坏建筑物或车辆的实际效用或结构完整性，引起爆炸物或发动机油料爆炸，从肉体或精神上使人员丧失战斗力，导致装备器材失效等。其毁伤效能是由纵火剂的性能和目标的性质、状态（目标的可燃性、几何形状及目标数量）两方面因素决定的。

核弹药 和常规弹药相比，核弹药具有更强的毁伤和破坏能力。核弹药爆炸时，除产生强大的冲击波外，主要通过热辐射和核辐射效应毁伤周围目标。热辐射能够引起大面积范围的火灾；核辐射对生物可引起有害的基因突变，这种损伤具有遗传性和永久性。

2.1.2 毁伤元及其毁伤特性

由弹药战斗部产生的、具有一定的能量、对所触及的目标具有毁伤作用的单元体，称为毁伤元，如动能弹丸、破片、爆炸冲击波、射流、热辐射、激光、核辐射等。尽管各种弹药毁伤目标的作用原理不同，但它们具有共同的特点，就是在终点处产生一种或多种毁伤元，并把战斗部自身具有的能量传递给毁伤元，通过毁伤元毁伤目标。可见，毁伤元是决定弹药毁伤能力的一个主要因素。为了定量评估目标的易损性，在此，引入毁伤参量和特征度两个概念，定量地描述毁伤元的性能。

不同类型的毁伤元,其毁伤机理不同,描述毁伤元的物理量也不同。如常用破片的质量 m、速度 v、密度 ρ、形状系数 c 等物理量描述破片的特性;用射流速度 v_j、密度 ρ_j、长度 l_j 等物理量描述金属射流的特性。把这些描述毁伤元特性的物理量称为毁伤元的毁伤参量。描述毁伤元的毁伤参量很多,如破片,除 m、v、ρ、c 之外,还有动量 mv、动能 $mv^2/2$ 等,但这些毁伤元参量间不相互独立,如破片的动量(或动能)由破片的速度 v 和质量 m 决定。对于任一毁伤元,至少存在一组相互独立的毁伤参量,可以完全描述该毁伤元的全部特征,称这组毁伤参量为毁伤元的基本毁伤参量,而其他的毁伤参量可用基本毁伤参量间接表示。

这里需要说明一点,毁伤元的毁伤参量虽然取决于战斗部的结构参量,但毁伤参量只由毁伤元自身固有的物性值描述。此外,毁伤元对不同目标将呈现不同的作用,但毁伤参量也与目标结构及物理参量无关。

定义由毁伤元的基本毁伤参量所构成的空间为毁伤元的状态空间。状态空间中的任一点,则完全确定了该毁伤元的全部毁伤参量值,可用下列矢量形式表征[1]:

$$L = (l_1, l_2, \cdots, l_n) \tag{2.1.1}$$

式中,l_1、l_2、$\cdots$、l_n 为基本毁伤参量值;n 为状态空间的维数。称矢量 L 为毁伤元的特征度。状态空间中的矢量和具有一定毁伤参量值的毁伤元是一一对应关系。

例如,选 m、v、ρ、σ、c 为破片毁伤元的基本毁伤参量,则 $L_f = (0.005, 1\,000, 7.8 \times 10^3, 4.4 \times 10^8, 3.5 \times 10^{-3})$ 表示质量为 0.005 kg、速度为 1 000 m/s、密度为 7 800 kg/m³、材料屈服强度为 4.4×10^8 Pa、形状系数为 3.5×10^{-3} m·kg$^{-2/3}$ 的破片。

不同类型的毁伤元,基本毁伤参量和状态空间的维数不同,也即状态空间不同。

下面分析几种典型毁伤元的毁伤机理及毁伤元的基本毁伤参量。

(1)破片

破片通过对目标的侵彻产生破坏作用,如破片撞击钢板或混凝土之类的坚硬目标时,将其动能传递给目标。若破片传递的能量很大,致使目标材料的受力超过其屈服强度,就会出现侵彻现象。当破片命中人体之类的软目标时,侵彻过程中损耗的能量要少得多,破片可以贯穿人体,破坏人体器官,使人员丧失战斗力。

破片对目标的侵彻能力由破片的特征度 L_f 决定。

（2）动能弹丸

动能弹丸对目标的破坏形式有两种：一是通过侵彻作用而毁伤目标；二是通过对目标装甲板的撞击使其内部产生应力波，应力波在自由表面反射产生拉伸波，拉伸波达到一定强度时，使装甲板背面出现层裂，产生二次破片，从而产生破坏作用。动能弹丸的破坏形式和对目标的破坏程度与弹丸的质量 m、速度 v、弹丸材料密度 ρ、材料强度 σ、口径 d、长度 l 及弹形系数 i 有关。这些参量相互独立，是动能弹丸的基本毁伤参量。

（3）冲击波

冲击波和目标相遇时，将产生一定的超压、动压和冲量，从而使目标毁伤。冲击波可以毁伤人员、地面建筑、车辆、飞机等不同类型的目标。其毁伤能力主要由超压峰值 Δp_m、正压时间 t_+ 及正压段的比冲量 i_+ 三个毁伤参量决定。

（4）射流

射流撞击目标甲板时，在撞击点处产生高温、高压、高应变率的三高区，后续射流继续侵彻处于三高状态的靶板，依靠这种侵彻作用穿透靶板并破坏目标内部。此外，射流还能够点燃燃料，引爆爆炸物。在侵彻过程中，射流的速度梯度使其自身不断延伸，并当延伸至一定程度时出现缩颈与断裂。不连续射流的侵彻能力将明显降低。

射流的毁伤能力主要与射流头部速度 v_j、射流尾部速度 v_t、射流初始长度 l_0、射流密度 ρ_j 及材料的动态延伸率 α 有关。因此，射流的基本毁伤参量为 v_j、v_t、l_0、ρ_j、α。

（5）热辐射

热辐射能量冲击目标时，部分能量被目标表面吸收并立即转化为热能，几乎所有的热辐射都是在很短的时间（几秒钟）内作用于目标的，没有足够的时间向其他地方传热，故目标表面温度急剧上升，将引起火灾或者使目标部件的强度降低。热辐射还能伤害人体，导致皮肤烧伤和眼睛灼伤。

热辐射的毁伤能力主要与辐射强度有关。

（6）核辐射

核辐射对活体组织细胞具有电离作用和刺激作用，破坏某些对维持细胞正常功能具有重要作用的成分。在细胞破坏过程中，又会形成某些毒害细胞的产物，这就是核辐射的生理性毁伤。此外，核辐射对一些感光器材和电子元件可产生物理性破坏，如电影胶片会因中子与乳胶上的微粒相互作用而感光。

核辐射的毁伤能力主要与辐射剂量有关。

2.1.3 毁伤元的作用域及毁伤元特征度的分布

不同类型的弹药所产生的毁伤元不同，分布的空间也不同，一般机械毁伤元(如破片、动能弹丸)呈直线运动,冲击波及辐射性毁伤元可在二维、三维空间传播。这里将弹药的毁伤元运动和作用空间称为毁伤元的作用域。

由于毁伤元通常在介质内运动或传播,某些毁伤参量(如破片速度、冲击波超压、辐射强度等)将随运动距离的增加而衰减。为了定量描述毁伤元特征度在作用域内的分布规律,引入如下特征度的分布函数ψ。

$$L = \psi(r, t) \tag{2.1.2}$$

式中,r 表示毁伤元在域内的位置;t 表示时刻。

特征度分布函数 ψ 给出作用域内任一时刻、任一位置处毁伤元特征度的值。毁伤元特征度分布函数是决定弹药毁伤能力的一个主要因素。一般来说,分布函数是不均匀的非定常函数,即不同时刻、不同位置,毁伤元的特征度不同。所以,在不同时刻、同一位置的目标,或同一时刻、不同位置的目标,可能受到不同程度的毁伤。

作用域内毁伤元的分布有连续的,也有离散的;毁伤元特征度的分布函数在空间分布上,有一维的,也有多维的。例如动能侵彻体、射流都是一维的,就动能侵彻体来讲,毁伤元为其本身,且沿着一定的轨道运动,所有的毁伤参量中,主要是速度 v 的变化。爆炸形成的冲击波及核弹药的核辐射和热辐射,毁伤元的作用域都是连续的、三维的。

影响毁伤元特征度分布的因素有:①弹药战斗部的结构;②弹药战斗部的终点条件,如终点速度等;③毁伤元所处介质类型等,如相同的战斗部在水和空气中爆炸,毁伤元的作用域不同。

战斗部正是通过不同的结构合理地建立毁伤元的分布,从而达到对目标的最佳毁伤效果。

2.1.4 毁伤场

在毁伤元的作用域内,毁伤元对目标表现为不同程度的作用,而不同易损性的目标对毁伤元则呈现不同程度的响应。因而,处于域内不同位置处的各类目标,有的可能被摧毁,或者遭受重伤、轻伤,有的可能不受损伤。这说明,对于确定的目标,在毁伤元作用域内存在某个有效的区域,此区域内的目标将至少遭受给定程度的毁伤。因此定义该区域为弹药战斗部的毁伤场。

影响毁伤场大小的因素有:①弹药战斗部结构;②弹药终点条件;③毁伤场所处介质类型;④毁伤元的特性;⑤目标易损性。

前三种因素前面已经分析,它们通过影响毁伤元特征度的分布,进而影响毁伤场。不同的毁伤元具有不同的衰减特性,因此毁伤场不同。例如,在战斗部结构基本相同的条件下,球形预制破片战斗部的毁伤场比战斗部自然破片的毁伤场大。目标易损性是影响毁伤场大小的又一个因素，根据毁伤场的定义，其范围是根据对目标的毁伤效应确定的，对于相同的毁伤元作用域，如果目标的易损性低，其抗毁伤能力强，则弹药的毁伤场就小。

2.2 战场目标分析

战场上弹药攻击的对象称为目标。目标种类繁多，按其构成状况，可分为：单个目标，即单独的个体目标，如一个人、一辆车、一个火力点；集团目标，即由许多单个目标组成的目标群。按其运动与否，可分为：固定目标，即位置不变的目标；运动目标，即位置、方向和速度不断变化的目标。按其活动的空间，可分为：地面目标，如坦克、人员等；海上目标，如航母、潜艇等；空中目标，如飞机、导弹、降落中的伞兵等。

不同类型的目标，其功能、所处环境、抗弹强度、机动性及大小都各不相同，下面针对常见的典型目标进行分析。

(1) 人员

人员为有生力量，在战场上的主要功能是操纵和使用武器与装备，完成一定的战斗任务。其所处环境要么直接暴露于战场，要么处在各种掩体内或车辆、飞机的舱体内，其自身的防护能力较差，属于软目标。凡能形成或产生破片、冲击波、热及核辐射或生物化学战剂的弹药，均可使人员伤亡。对于杀爆类弹药，其破片致伤是对付人员最有效的手段。一般认为具有 98 J 动能的破片即可使人员遭到杀伤。冲击波对人员致伤主要取决于超压。当超压大于 0.1 MPa 时，可使人员严重受伤致死；当超压低于 0.02 ~ 0.03 MPa 时，则只能引起轻微挫伤[2]。另外，常规弹药的热辐射对人员的伤害有限，大部分伤害由爆炸引起的环境火灾所致。

(2) 飞机

飞机为空中活动目标，分为战斗用机（包括轰炸机、歼击机、强击机等）和非战斗用机（包括侦察机、运输机等）两大类。这类目标的特点为航速高、机动性好、飞行高度大、有一定的防护能力。战斗机还装备各种攻击性武器。另外，空中飞机作为目标也有其脆弱性，由于飞机结构紧凑，设计载荷条件限制严格，飞机结构的抗毁伤能力较低。小口径动能弹丸或杀爆弹可通过直接命中或内部爆炸作用使其毁伤；大中口径杀伤战斗部或导弹战斗部在目标附近爆炸形成的破片和冲击波也可使其毁伤。

（3）车辆

车辆为地面活动目标，按有无装甲防护，分为装甲车辆和无装甲车辆。前者包括坦克、装甲运输车及装甲自行火炮等；后者包括一般军用卡车、拖车、吉普车等。

坦克为进攻性武器，主要用于和敌方坦克或其他装甲车辆作战，也可以压制、消灭反坦克武器，摧毁野战工事，歼灭有生力量。它具有装甲面积大、装甲厚、抗弹能力强、火力猛、机动性好等特点。各种穿甲弹、破甲弹、碎甲弹在击中坦克时，可引起坦克不同程度的毁伤。直接作用于装甲结构的爆炸效应，也可使装甲产生强烈振动，引起内部设备严重破坏，或使某些运动部件运转失灵。装甲运输车广泛用于野战之中，承担运输步兵、轻型火炮、战地救护等任务。

（4）战术导弹

战术导弹是用于毁伤战术目标的导弹，多为近程导弹。主要用于打击敌方战役战术纵深内集结的部队、坦克、飞机、舰船、雷达、指挥所、机场、港口、铁路枢纽和桥梁等目标。主要特点是系统复杂、运动速度高，但防护能力不强，且携带有战斗部、推进剂等易燃、易爆部件。在冲击波、破片等毁伤元作用下容易出现导弹结构毁伤或关键部件毁伤，从而不能完成既定战斗任务；如果易燃易爆部件被破片击中，可能引起燃烧或爆炸，导致导弹灾难性毁伤。

（5）舰船目标

舰船目标为水上活动目标，主要包括水面舰船和水下舰船两类。水面舰船包括航空母舰、导弹护卫舰、导弹驱逐舰、巡洋舰等；水下舰船主要为潜艇，包括核潜艇和常规动力潜艇。舰船目标的主要特点是具有较强的火力防护能力、体积大、甲板较厚，内部为多舱室结构。半穿甲战斗部侵入舱室内部爆炸可使其毁伤，或者爆破战斗部在舰船目标附近接触或非接触爆炸，使船体形成较大的破口，可导致舰船沉没。

（6）建筑物

建筑物为固定目标，包括各种野战工事、掩蔽所、指挥所、火力阵地、各种地面及地下建筑设施。爆炸冲击以及火焰等是对付这类目标最主要的破坏手段。对于地面目标，可以通过战斗部在目标近处爆炸，利用爆轰产物的直接作用和空气冲击波的作用毁伤目标；对于地下或浅埋结构，由于其抗空气冲击波的能力较强，可采用地下或内部爆炸所形成的冲击波给予毁伤；对于某些易燃性建筑物，也可采用纵火的方式达到毁伤目的。

2.3 目标的功能及结构分析

由于现代作战环境的复杂性，目标必须具备许多相应的功能才能顺利完成其作战任务。例如，装甲车为了完成作战使命，必须具备运动、火力、射击瞄准、保护乘员、通信等功能，而任何一种功能的丧失都可能影响其完成战斗任务。因此，研究目标的易损性之前，必须首先进行目标功能分析，它是目标分析的一项重要内容。

在此，采用功能框图描述具有既定任务的战场复杂目标的各种功能。图 2.3.1 所示为装甲车的作战功能框图。

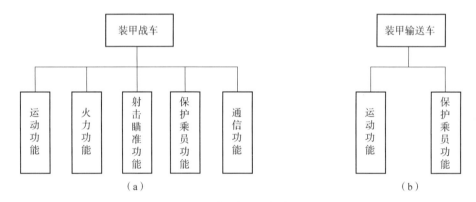

图 2.3.1 装甲车的作战功能框图
（a）装甲战车；（b）装甲输送车

目标功能框图表示了具有既定战斗使命的目标所应具有的各种功能，使研究人员对目标的功能有一个总体、全面的认识。目标的各种功能都是通过分系统及相应的零部件协调运转而获得的。目标功能的多样性决定了目标结构的复杂性，如飞机、战车等，它们都是由许多功能系统构成，而各个功能系统又由许多子功能系统及部件构成，部件再由零件构成。为了研究目标的易损性，必须进行目标的结构分析，它是目标分析的另一项重要内容。

下面以某装甲输送车为例进行目标分析。

装甲输送车为履带式车辆，具有较高的运动速度、越野性能和一定的装甲防护能力。此外，车前的倾斜甲板上设有可调节的防浪板，在前部两侧设有浮箱，使车辆具有较好的浮渡能力。战场上的装甲输送车主要的军事使命是载运步兵,尽管装有 12.7 mm 高射机枪,但其火力功能是次要的,主要用于防卫,由此可见,输送车必须具备运动功能和保护乘员安全功能,才能完成其战场使命。功能框图如图 2.3.1(b)所示。

装甲输送车采用动力装置前置布局。车上设置有操纵系统、动力系统、传动系统、行动系统、载员室、武器弹药等。下面对此逐一介绍。

(1) 操纵系统

操纵系统是驾驶、控制全车运动及作战行为的核心部分,由正驾驶室和副驾驶室构成,驾驶室内装有操纵杆、控制仪表、通信和战场指挥设备。

(2) 动力和传动系统

动力和传动系统是全车最主要的组成部分。动力系统的任务是提供车辆所需的动力,保证车辆的正常、连续行进,主要由启动系统和发动机组成。传动系统的作用是将发动机输出的高速旋转运动经减速调制传至车的主动轮,主要由离合器、变速器及冷却、润滑系统组成。

(3) 供给系统

供给系统的作用是适时地供给发动机清洁的柴油和空气,保证发动机正常运转。主要由燃料供给系统和空气供给系统两部分组成。燃料供给系统又由油泵、油箱、柴油滤清器等组成。油箱分左油箱和右油箱,分别布置于车后部两侧。

(4) 行动系统

行动系统位于车的外侧,主要由主动轮、履带、负重轮和诱导轮组成。由发动机通过传动系统传至主动轮的运动与履带啮合,使整车具有良好的整体行动和越野能力。

(5) 乘员室

乘员室位于车后部的中间,其内有载员座椅,可载乘员 13 人。

(6) 武器与火力

装甲输送车的乘员室顶部装有一挺 12.7 mm 高射机枪,主要用于打击俯冲的来袭敌机和空降目标。在左、右弹药室内设有弹药架,左侧放有 12.7 mm 高射机枪弹药两盒,散装弹药三箱;右侧有弹药三盒。

图 2.3.2 为履带式装甲输送车的简易结构框图。

目标的结构框图以树图的形式形象而直观地标示出构成复杂目标的所有部件,同时也表明构成目标的部件之间及部件与目标之间的相互关系。它是关键部件分析的基础。

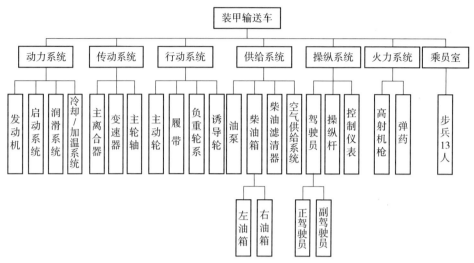

图 2.3.2　履带式装甲输送车的简易结构框图

2.4　目标的毁伤及毁伤级别

战场目标均是为了执行或完成一定军事作战任务，因而，目标的生命表现为执行既定任务的各种功能的正常发挥，目标毁伤则意味其相应功能的丧失。

过去，人们对目标毁伤的研究较少，尤其对复杂目标，研究其毁伤时，常将它们简化为具有规则形体的等效靶，对于破片毁伤元来说，认为具有一定数量的破片穿透其等效靶，目标就毁伤。这种简化方法，可以有效地解决一些工程问题，但有很大的局限性。由于目标结构复杂，功能多样，目标的毁伤可能是全部功能的同时丧失，也可能是部分功能的丧失或部分功能不同程度的丧失，例如装甲车具有运动功能、火力功能、通信功能等，它的毁伤可能是完全处于瘫痪状态，既不能用火力攻击对方，也不能运动或和己方保持通信联络；也可能是装甲车失去火力功能，但是它可以运动，并且可与其他车辆进行联络或者运动速度降低等。而简化的毁伤等效模型既不能反映目标何种功能的丧失，也不能反映目标功能的丧失程度。

为了更加准确合理地反映目标的毁伤情况，把目标的毁伤分为很多级别。例如，坦克的毁伤级别有：

M 级毁伤（运动性毁伤）：坦克瘫痪，不能进行可控运动，并且不能由乘员当场修复。

F级毁伤（火力性毁伤）：坦克主用武器及其配套设备功能丧失，并且不能由乘员当场修复或射手丧失操作能力。

K级毁伤（摧毁性毁伤）：坦克被击毁，丧失机动能力，根本无法修复。

本书从一般性出发，给出适用于任何目标的毁伤级别划分原则[1]，如下：

①根据目标不同功能的丧失，把目标毁伤划分为主毁伤级别。

②根据各功能丧失程度，再把主毁伤级别划分为次级。

例如，上面讲到的装甲车，根据图2.3.1（a）所示的功能框图，其主毁伤级别可分为五级：①运动功能丧失（M级）；②火力功能丧失（F级）；③探测功能丧失（A级）；④保护乘员功能丧失（C级）；⑤通信功能丧失（X级）。对于M级毁伤，可根据其运动功能丧失程度，分为三个次级：①运动速度轻微降低（M1级）；②运动速度严重降低（M2级）；③完全丧失运动功能（M3级）。如图2.4.1所示。

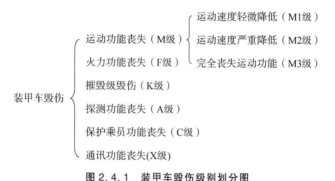

图2.4.1 装甲车毁伤级别划分图

对于装甲输送车，根据其功能，其主毁伤级别可分为两级：①运动功能丧失（M级）；②保护乘员功能丧失（C级）。和上例一样，其运动功能丧失分为三个次级M1、M2和M3级；根据被输送人员的伤亡情况，把C级毁伤也分为三个次级：①死亡人数不超过10%（C1级）；②有10%~50%乘员死亡（C2级）；③有50%以上乘员死亡（C3级）。如图2.4.2所示。

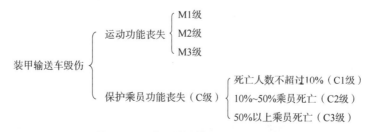

图2.4.2 装甲输送车毁伤级别划分图

目标的毁伤是指在一定毁伤手段下的毁伤。本书提供的毁伤级别划分方法只是一般性方法。在目标毁伤级别划分时，根据毁伤目标的弹药、目标类型、目标使命、研究问题的侧重点和方便性，可以采用不同的依据和方法划分，如划分车辆运动功能毁伤级别时，可以速度为依据，但也可以击中后车辆运动时间、运动距离或是否可修复为标准，进行毁伤级别划分。

在飞机易损性评估过程中，常将飞机的毁伤级别分为损耗毁伤、任务放弃毁伤和迫降毁伤三个大的级别[3]。

损耗毁伤 损耗毁伤是一种非常严重的毁伤，该级别的损伤使飞机无法修复或不值得修复而被放弃，飞机将从编制中去掉，由于出现损伤到飞机的最终损失之间的时间是易损性的一个重要参数（损伤的飞机能继续飞行的时间越久，则机组人员获救的机会就越大），故根据飞机遭受打击后的失控时间定义了4种不同的损耗毁伤等级。

①KK级毁伤：飞机遭到打击后受到的损伤引起飞机立即解体，也称为灾难性毁伤；

②K级毁伤：飞机遭到打击后，30 s内其损伤将引起飞机失控；

③A级毁伤：飞机遭到打击后，5 min内其损伤将引起飞机失控；

④B级毁伤：飞机遭到打击后，30 min内其损伤将引起飞机失控。

任务放弃毁伤 任务放弃毁伤是指飞机的损伤程度使其无法完成规定任务，但尚不足以将其从编制中去掉，也称为C级毁伤。

迫降毁伤 迫降毁伤属于直升机的范畴，是指直升机损伤导致飞行员由于收到一些损伤指示（例如红灯、低油位告警等）、操纵困难或失去动力，因而在有动力或无动力情况下降落。在这种损伤程度下，很可能只需简单修复，飞机便可飞回基地，但是，如果飞行员不迫降而继续飞行，则飞机可能会坠毁。迫降毁伤等级包括损伤出现后任何时间的迫降，但必须在飞机燃油消耗完之前。

2.5 目标关键部件分析

战场上的目标大多非常复杂，它们由很多系统构成，同时各系统又由许多子系统和部件构成。在毁伤元作用下，有些部件的毁伤将导致目标某种级别的毁伤，而有些部件的毁伤则不至于使目标毁伤。因此，把构成目标的部件分为两类：关键部件和惰性部件。若部件毁伤能导致目标毁伤，这类部件称为关键部件，否则为惰性部件。例如，单发动机直升机，若发动机毁伤，则整个直升机将毁伤，因此它为关键部件；对于输送车上的机枪，它的毁伤不至于造成输送车毁伤，因此，不是关键部件。

如果目标某部件有两个以上的冗余（如两台发动机），失去其中任意一个冗余部件（例如发动机），不会导致其基本功能的彻底丧失（例如推力），这样，这个部件按以上对关键部件的定义它就不是一个关键部件。然而，一般的弹目遭遇条件下，目标可能会遭受多次打击，所有冗余部件最终都可能会被毁伤，最终引起飞机的毁伤，因此，关键部件的冗余部件也是关键部件，但需要将冗余部件和无冗余部件区别开来。

关键部件是针对某种毁伤级别而言的，有些部件对某毁伤级别来讲是关键部件，而对其他毁伤级别则不一定是关键部件。例如装甲车的通信设备，对于装甲车的 X 级毁伤（通信功能丧失）来说，是关键部件，而对其他级别毁伤无影响，所以就不是关键部件。部件对一种毁伤级别可能是无冗余的，而对另一种毁伤级别则是有冗余的。例如，在一架双发的直升机上，如果损失了一台发动机导致了任务失败，则发动机对任务失败级别是无冗余的。另外，如果只有失去两台发动机才会导致坠毁或迫降，则对于后者来说，发动机是冗余的。

进行目标易损性评估之前，首先要确定关键部件，即关键部件分析，关键部件分析有两种方法：一种是自下向上分析法，也称失效/毁伤模式及影响分析法；另一种方法是自上而下分析法，也称毁伤树分析法。

2.5.1 失效/毁伤模式及影响分析法

2.5.1.1 失效模式、毁伤机理、毁伤模式与毁伤效应

部件不能正常工作，称为失效，部件失效的表现形式很多，如寿命缩短、不能运行、运行中终止、不能终止运行、降级或超载运行等，这些表现形式称为部件失效模式。部件失效的原因很多，失效可能与战斗损伤有关，也可能无关，当部件的失效由战斗损伤（如射弹、破片撞击或穿透）引起时，称为部件毁伤。

在毁伤元作用下，部件毁伤机理（或原因）各种各样，有机械性毁伤，包括穿孔、裂缝、折断、变形、刻痕等，如齿轮的变形、叶片的折断；激活性毁伤，如弹药、油箱在毁伤元作用下的爆炸；燃烧性毁伤，如可燃性材料在热辐射作用下，温度达到其着火点引起燃烧；电磁性毁伤，如核爆炸中产生的大量电信号，使那些能够对快速、短周期瞬变信号产生响应的电子仪器激励；生理性毁伤，如核辐射引起的人体基因突变。

毁伤机理的多样性决定了部件毁伤形式的多样性，如油箱在破片毁伤元作用下，其毁伤可能有三种形式：穿孔漏油、燃烧和爆炸。把部件的这些不同毁伤形式，称为部件的毁伤模式。部件的毁伤模式是由作用于部件的毁伤元和部件自身的特性决定的，不同的毁伤元可能引起不同的毁伤模式；相同的毁伤元，不同的特征度也可能引起不同的毁伤模式。如破片以较低的速度撞击油箱，引起穿孔漏油；若破片撞击速度很高，达到激活的阈值时，则引起爆炸性毁伤。

部件毁伤引起的后果，称为毁伤效应。部件的毁伤效应表现为自身功能的丧失或由它引起的其他部件的功能丧失。如油箱的穿孔漏油其毁伤效应表现为自身功能全部或部分丧失，而爆炸性毁伤，毁伤效应表现为自身和周围许多部件功能丧失，甚至使整个目标解体。

毁伤机理决定毁伤模式，而毁伤模式又决定毁伤效应。部件的毁伤机理、毁伤模式和毁伤效应分析涉及许多相关学科的理论，是一项比较复杂的工作，并且是确定关键部件和建立部件毁伤准则的基础，是目标易损性研究的一个关键问题，所以要对目标所有部件的毁伤机理、毁伤模式和毁伤效应进行详细的分析和研究。

2.5.1.2 失效模式及影响分析

失效模式及影响分析（Failure Mode and Effects Analysis，FMEA）过程如下：①确认和指出目标部件或子系统的所有可能的失效模式；②根据系统或子系统对完成基本功能的贡献，确定每种失效模式的影响。

表 2.5.1 所示为飞行控制操纵杆失效模式及影响分析摘要。由表 2.5.1 可以看出，对耗损性毁伤而言，拉杆的失效模式为卡滞时，拉杆为关键部件；而失效模式为断裂时，拉杆则为非关键部件。

表 2.5.1 失效模式及影响分析（FMEA）示例

子系统		失效模式	对子系统的影响	功能降阶的子系统对飞机的影响	飞机毁伤级别
部件	位置				
飞行控制操纵杆	左机翼	断裂	副翼到上位	副翼的上位效应可由其他控制面平衡	飞机能在由其他控制面的操纵下飞行和着陆
		卡滞	驾驶员的控制杆被锁死	不能控制飞行	损耗毁伤

失效模式及影响分析（FMEA）既要分析单个部件，也要分析多个部件同时失效的影响。当失效由战斗损伤引起时，多个部件的失效分析相当重要。这

是因为当飞机被击中时，可能不止一个部件受损。

2.5.1.3 毁伤模式及影响分析

在失效模式及影响分析（FMEA）中，部件失效的原因并不明确，失效可能与战斗损伤有关，也可能无关。当识别和检查由于战斗损伤（例如射弹、破片穿透引起的机械毁伤或燃烧爆炸引起的毁伤）引起的部件失效时，这种分析称为毁伤模式及影响分析（Damage Mode and Effects Analysis，DMEA）。在毁伤模式及影响分析（DMEA）中，将FMEA中确定的潜在的部件或子系统失效以及其他可能的由毁伤引起的失效与损伤机理和损伤过程联系起来。同时，估算并确定它们与选定毁伤等级的关系。在毁伤模式及影响分析（DMEA）过程中，由初次损伤引起的二次毁伤发生的可能性也应明确。例如，发动机吸入燃油和由于燃烧产生的有毒气体渗入座舱等。

通过毁伤模式及影响分析将部件、部件毁伤模式及目标毁伤级别联系起来，进而可以确定部件是否是关键部件以及对应的目标毁伤级别。

2.5.2 毁伤树分析法

前一种方法是自下而上分析方法，先假定某部件失效，分析其后果。而毁伤树分析方法是一种自上而下的分析方法，从一个不希望发生的事件（毁伤）开始，然后分析是哪个事件或哪些事件组合引起这一个不希望发生的事件。毁伤树分析法的逻辑图如图 2.5.1 所示。事件 U（某级毁伤）在事件 C 或者事件 D 或者事件 B 发生时发生（逻辑"或"）。事件 B 在事件 E 与事件 F 同时发生时发生（逻辑"与"）。

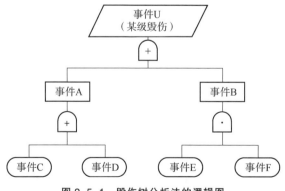

图 2.5.1 毁伤树分析法的逻辑图

毁伤树是用一系列有特定含义的专门符号按一定规则绘制而成的倒立树状图形，是毁伤树分析法的结果，它标示出了可能造成目标毁伤的所有原因事件，同时，也表明了各原因事件与目标毁伤之间的逻辑关系。下面首先介绍与毁伤树有关的概念及符号。

2.5.2.1 毁伤树的有关概念及符号说明

（1）基本事件及其符号

在毁伤树分析中，各种毁伤状态或情况，皆称为毁伤事件。毁伤事件可分为原因事件和结果事件两类。

①原因事件。原因事件是仅仅导致其他事件发生的事件，它位于所讨论毁伤树的底端，总是某个逻辑门的输入事件而不是输出事件。因此，又称底事件，如图 2.5.1 中的事件 C~F。底事件又分为基本事件和未探明事件。基本事件是在特定的毁伤树分析中无须再探明其发生原因的底事件，基本事件用图 2.5.2（a）所示符号表示。未探明事件是原则上应进一步探明其原因，但暂时不必或暂时不能探明其原因的底事件，未探明事件用图 2.5.2（b）所示的符号表示。

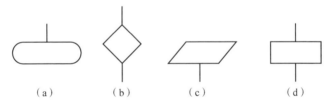

图 2.5.2　毁伤树的事件符号
(a) 基本事件；(b) 未探明事件；(c) 顶事件；(d) 中间事件

②结果事件。结果事件是由其他事件或事件组合所导致的事件，总位于某个逻辑门的输出端（如上例中的事件 U 和 B）。结果事件又分为顶事件与中间事件。

顶事件是毁伤树分析中所关心的结果事件，它位于毁伤树的顶端，总是所讨论的毁伤树中逻辑门的输出事件而不是输入事件（如事件 U）。顶事件用图 2.5.2（c）所示的符号表示。

中间事件是位于底事件和顶事件之间的结果事件。它既是某个逻辑门的输出事件，同时又是另一个逻辑门的输入事件（如事件 B），中间事件用图 2.5.2（d）所示符号表示。

（2）逻辑门及其符号

在毁伤树中用逻辑门描述事件间的逻辑因果关系。与门表示仅当所有的输入事件发生时，输出事件才发生，与门符号如图2.5.3（a）所示。或门表示至少一个输入事件发生时，输出事件才发生，或门符号如图2.5.3（b）所示。非门表示输出事件是输入事件的对立事件，非门符号如图2.5.3（c）所示。表决门表示仅当 m 个输入事件中有 r 个或 r 个以上的事件发生时输出事件才发生，表决门的符号如图2.5.3（d）所示。

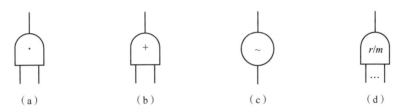

图 2.5.3　毁伤树的逻辑门符号
（a）与门；（b）或门；（c）非门；（d）表决门

以上各逻辑门的输出端位于逻辑门的上端，总和一个结果事件相连，输入端位于逻辑门的下端，总和原因事件相连。

（3）逻辑门输入、输出事件之间的运算关系

根据目标的毁伤树，可以由部件的毁伤得到目标的毁伤概率 P_D：

$$P_D = \sum^{\text{tree}} P_{Kf}^{(j)} \tag{2.5.1}$$

式中，$\sum^{\text{tree}}$ 表示依据目标某毁伤级别毁伤树图中部件毁伤与目标毁伤之间的逻辑关系，由部件的毁伤概率计算目标的毁伤概率；$P_{Kf}^{(j)}$ 为第 j 个部件的毁伤概率。

若部件之间是"或"关系，如图2.5.4所示，则输出事件 Z 发生的概率为：

$$P_Z = 1 - \prod_{j=1}^{m}(1 - P_{Kf}^{(j)}) \tag{2.5.2}$$

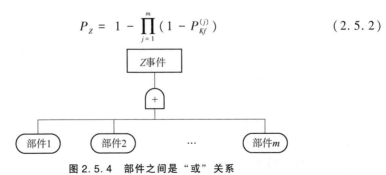

图 2.5.4　部件之间是"或"关系

若部件之间是"与"关系,如图 2.5.5 所示,输出事件 Z 发生的概率为:

$$P_Z = \prod_{j=1}^{m} P_{Kf}^{(j)} \quad (2.5.3)$$

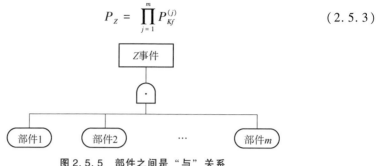

图 2.5.5 部件之间是"与"关系

若部件之间是"表决"关系,如图 2.5.6 所示,输出事件 Z 的毁伤概率为:

$$P_Z = 1 - \prod_{j=r}^{m} \left[1 - C_m^j \left(\prod_{i=1}^{j} P_{kf}^{i} \right) \prod_{k=1}^{m-j} (1 - P_{kf}^{k}) \right] \quad (2.5.4)$$

式中,P_Z 是输出事件发生的概率,由下属的基本事件以及逻辑关系确定;r 是发生的事件数目;m 为构成该节点的关键部件数目。

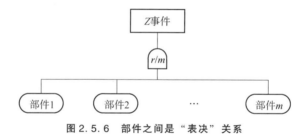

图 2.5.6 部件之间是"表决"关系

2.5.2.2 毁伤树及其建立

毁伤树是一种特殊的倒立树状逻辑因果关系图,它用前述的事件符号、逻辑门符号描述各种毁伤事件之间的因果关系。逻辑门的输入事件是输出事件的"因",逻辑门的输出事件是输入事件的"果"。毁伤树的顶事件所对应的是目标某种级别的毁伤,底事件就是造成目标毁伤的直接原因。

建立目标毁伤树是目标易损性分析的重要环节,只有建立正确、合理的毁伤树,才能对目标的易损性做出准确的评估。

建立毁伤树的主要依据是:

①目标的结构框图。

②目标部件的毁伤机理、毁伤模式和毁伤效应分析。

下面以装甲输送车为例，说明毁伤树的具体建立过程。

从装甲车输送车的结构框图（图2.3.2）可以看出，动力系统、传动系统、行动系统、供给系统和操纵系统的毁伤都将引起运动功能的丧失（M级毁伤）。由此可得，输送车运动功能的丧失或者是由于动力系统毁伤引起的，或者是由于传动系统、供给系统、操纵系统毁伤引起的，以上事件只要有一件发生，就能导致输送车M级毁伤，它们是逻辑"或"关系。

动力系统是由发动机、启动系统、润滑系统、冷却/加温系统构成的，因此造成动力系统毁伤的事件有四个：①发动机毁伤；②启动系统毁伤；③润滑系统毁伤；④冷却/加温系统毁伤。这四个事件只要有一件发生，就能引起动力系统毁伤，它们是逻辑"或"关系。

传动系统由主离合器、变速器和主轮轴三部分组成，这三部分的每一部分毁伤都将引起传动系统毁伤。因此，主离合器毁伤、变速器毁伤和主轮轴毁伤是逻辑"或"关系。

行动系统的主动轮、履带、负重轮系和诱导轮四个组成部分的毁伤也是逻辑"或"关系，即只要有一部分毁伤，都将引起行动系统毁伤。

供给系统由油泵、油箱、柴油滤清器和空气供给系统四部分组成，只要有一部分毁伤，都将导致供给系统毁伤，它们是逻辑"或"关系，其中油箱分为左油箱和右油箱，油箱的毁伤是指左、右油箱全部毁伤，即左油箱毁伤和右油箱毁伤是逻辑"与"关系。

操纵系统由驾驶员、操纵杆和控制仪表组成。驾驶员的死亡、操纵杆和控制仪表的毁伤都将引起操纵系统毁伤，因此，驾驶员死亡、操纵杆毁伤、控制仪表毁伤是逻辑"或"关系。而输送车上配有两名驾驶员，驾驶员死亡是指两名驾驶员全部死亡，即正驾驶员死亡和副驾驶员死亡是逻辑"与"关系。

通过以上分析，可得装甲输送车M级毁伤的毁伤树图，如图2.5.7所示。

2.5.2.3 目标的关键部件和毁伤表达式

毁伤树的底事件是造成目标某种级别毁伤的根本原因事件，因此，与底事件相关的部件则为该毁伤级别的关键部件。如上例中的发动机、离合器、主轮轴、驾驶员等为装甲输送车M级毁伤的关键部件。

部件毁伤与目标毁伤的关系也可由逻辑表达式表示。例如，图2.5.1中的毁伤树可由下列逻辑表达式表示：(C.OR.D).OR.(E.AND.F)，这种逻辑表达式称作毁伤表达式。

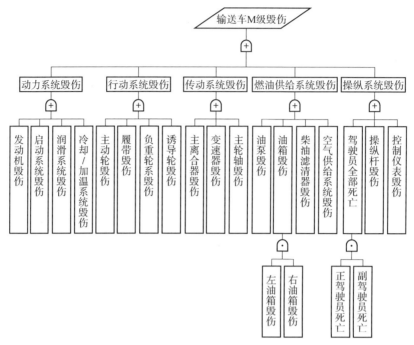

图 2.5.7 装甲输送车 M 级毁伤树图

2.6 部件的毁伤准则

2.6.1 毁伤准则的定义和形式

一旦确定了目标的关键部件，就必须确定这些部件在特定威胁下每一种失效模式的毁伤准则，只有确定了部件的毁伤准则，才能定量地分析和计算部件在毁伤元作用下的毁伤。

毁伤准则是部件失效的定量描述，如使轴、齿轮等结构部件失效必须去除的材料体积；使发动机在一定时间内不能正常工作的油箱、油管上的最小破孔直径。简单地讲，毁伤准则就是判断部件是否毁伤的一个判据。毁伤准则包含两层含义：①毁伤的定义，即给出部件是否毁伤的量化标准；②部件受损程度与作用在部件上的毁伤元之间的关系。毁伤准则是部件特性、毁伤元基本毁伤参量的函数。

关键部件在各种毁伤元作用下，毁伤模式不同，表现出的形式也不同，如部件出现裂缝、变形、面积损失、功能下降等，因此很难用统一的形式表示不同类型部件的毁伤准则。不同的毁伤元、不同的部件或毁伤模式，毁伤准则的形式也不同。目前常用的毁伤准则有部件在击中下的毁伤概率（$P_{k/h}$ 函数）、面积消除准则、临界速度准则、能量密度准则、冲击波毁伤准则等。

（1）$P_{k/h}$ 函数

$P_{k/h}$ 函数定义了部件在破片等侵彻体打击下的毁伤概率，该毁伤概率是侵彻体质量和速度的函数，可以用图形或解析的形式表示。图2.6.1为飞机目标飞行操纵杆的 $P_{k/h}$ 函数的图形[4]。$P_{k/h}$ 准则主要用于可被一次破片打击毁伤的部件，例如伺服机构、驾驶员、操纵杆和电子设备等。这些部件有时称为单破片易损部件。该准则有时也可用于某些较大的部件，如发动机和油箱。这种情况下，通常将大部件分为几个子部件，分别给出每个部分的 $P_{k/h}$ 值。例如，涡喷发动机可细分为副油箱和滑油控制、叶扇、压缩机、燃烧室、涡轮机、后燃室、喷管等子部件，如图2.6.2所示，用各子部件的平均值作为部件的 $P_{k/h}$ 值。

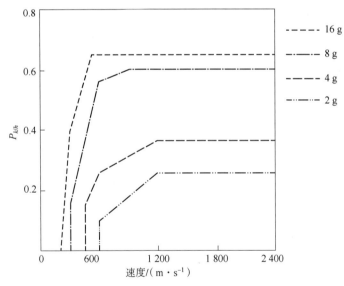

图 2.6.1　飞行操纵杆的 $P_{k/h}$ 函数曲线

部件在目标内部的位置影响给定打击下的毁伤概率值，但不会影响 $P_{k/h}$ 函数。布置在厚的结构或高密度材料设备后面的部件将得到一定程度的保护，因为毁伤元穿透这些屏蔽部件时毁伤能力减弱了。部件在低速破片撞击下毁伤概率 $P_{k/h}$ 值小于未经减速的破片。例如，一个 2 g 的破片以 1 500 m/s 速度撞击图2.6.1所示的操纵拉杆时，毁伤概率为 0.25，但如果破片被中

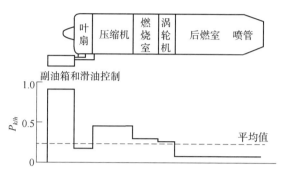

图 2.6.2 发动机的子部件及其 $P_{k/h}$ 值

间部件减速到 900 m/s,则 $P_{k/h}$ 值将降到 0.2。另外,需要考虑由侵彻体侵彻遮挡部件产生的二次碎片的毁伤作用。

确定每个部件或部件的每个部分的 $P_{k/h}$ 值非常困难,需要综合关键部件的分析数据和工程判断。尽管有限的射击试验使研究者对弹丸或破片的毁伤能力有一定的了解,但是没有得到 $P_{k/h}$ 函数的通用方法。为了评估破片等侵彻体的打击速度、打击方向以及质量、形状对关键部件毁伤的影响,必须仔细分析每个关键部件,还应考虑局部环境、弹目交会条件和毁伤模式的变化,$P_{k/h}$ 的数值最终是在经验数据、工程判断和试验的基础上综合得到的[5]。

(2)面积消除准则

面积消除准则定义了为毁伤某一部件而必须从该部件上消除的面积的具体数值或百分比。该准则适用于较大的侵彻体(如杆)和许多破片的小间距打击。小间距打击产生的部件损伤要比同数量破片大间距打击产生的损伤大。因为破片侵彻孔之间的裂纹和花瓣状裂缝的叠加,使得部件结构大面积被消除或破坏,该准则主要用于气动外形类部件。

(3)能量密度准则

该准则以作用在部件上毁伤元的能量密度阈值判断部件的毁伤。该准则适用于多破片小间距对部件的打击,主要用于结构部件以及其他一些较大的部件,如油箱和发动机等。对某些部件,存在最小质量临界值,毁伤元的质量低于该临界值时,这一准则就不再适用。

(4)临界速度准则

该准则以作用在部件上毁伤元的速度阈值判断部件的毁伤。例如,Ipson 等[6]在试验的基础上建立了预测切断电线或电缆的临界速度准则,其方程见式(2.6.1)~式(2.6.5)。

实心铜导线:

$$v_b = 122\left(1+\frac{0.096 d_w^2}{m_f^{2/3}}\right)\sec\theta \qquad (2.6.1)$$

实心铝导线：

$$v_b = 213.4\left(1 + \frac{0.03 d_w^2}{m_f^{2/3}}\right)\sec\theta \qquad (2.6.2)$$

标准铜导线：

$$v_b = 97.5\left(1 + \frac{0.096 d_w^2}{m_f^{2/3}}\right)\sec\theta \qquad (2.6.3)$$

标准铝导线：

$$v_b = 170.7\left(1 + \frac{0.096 d_w^2}{m_f^{2/3}}\right)\sec\theta \qquad (2.6.4)$$

同轴电缆：

$$v_b = (97.5 + 12.6 d_I)\left(1 + \frac{0.096 d_w^2}{m_f^{2/3}}\right)\sec\theta \qquad (2.6.5)$$

式中，v_b 是切断电线或电缆的破片临界速度（m/s）；d_w 是导线直径（mm）；d_I 是绝缘体直径（mm）；m_f 是破片质量（g）；θ 是破片的入射角（°）。

对于导线或电缆，如果破片的撞击速度 v 大于 v_b，则导线或线缆被切断，即被毁伤；而对于由多根导线组成的多导体电缆，其毁伤概率随被破片切断导线根数的增加而逐渐增大，直至完全毁伤（全部导线被切断）。例如，图 2.6.3 所示是试验得到的由 25 根导线组成的多导体电缆的毁伤概率与破片法向（垂直电缆轴线方向）分速度的关系。

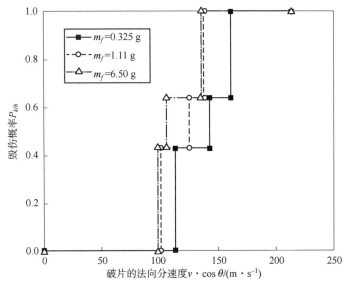

图 2.6.3　多导体电缆（25 根导线）的毁伤概率与破片法向分速度的关系

（5）冲击波毁伤准则

冲击波毁伤准则用作用于目标上的冲击波压力和冲量的临界值表示，通常用于结构件的毁伤判定，如飞机气动面、结构体、建筑物等。例如，0.014 MPa 的冲击波超压作用于飞机水平尾翼上表面 1 ms 就足以使蒙皮毁伤，从而导致蒙皮刚度损失，不能再承受飞行载荷[7]。

一些学者提出了同时考虑冲击波超压和冲量的 p-I 毁伤准则，其形式为[8]：

$$(p-p_c)(I-I_c) = C \tag{2.6.6}$$

式中，p 为冲击波超压峰值；I 为冲量；p_c、I_c、C 为常数，与部件的材料、结构等特性有关。p-I 毁伤准则的曲线形式如图 2.6.4 所示，当冲击波参数在曲线上方时，表示冲击波能够对部件造成毁伤，在曲线下方时，不能够对部件造成毁伤。该准则不仅考虑了作用在部件或目标上的冲击波超压，同时也考虑了压力持续时间。

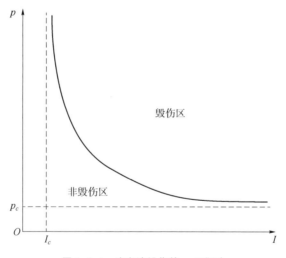

图 2.6.4 冲击波毁伤的 p-I 准则

2.6.2 部件毁伤准则的建立

建立部件毁伤准则就是确定部件在某一种威胁下某一失效模式的量化判据。可采用两种方法确定：①通过基本试验（包括实物试验和模型试验）建立经验公式；②建立物理模型，通过理论推导得到定量关系，然后再由试验进行验证或修正[9-11]。

下面通过一个例子介绍部件毁伤准则（$P_{k/h}$ 形式）的建立方法和过程[12]。

大多数部件并不是各个方向都是易损的,毁伤元击中部件并不能保证百分之百将部件毁伤,部件上存在一些特定的区域,对毁伤元比较敏感,这些区域称为易损区域,对应的面积称为易损面积。部件的 $P_{k/h}$ 可用下式计算:

$$P_{k/h} = \frac{A_v}{A_P} \tag{2.6.7}$$

式中,A_v 为部件总的易损面积;A_p 为部件总的呈现面积。

部件总的易损面积与破片特性(质量、密度等)、撞击速度和毁伤机理的类型有关;部件的呈现面积与毁伤机理和侵彻能力无关,只与部件的初始形状有关。

图 2.6.5 所示为目标内部的一个部件单元,它可能被破片击中,并且破片能够以很多不同的入射角和方向击中该部件。

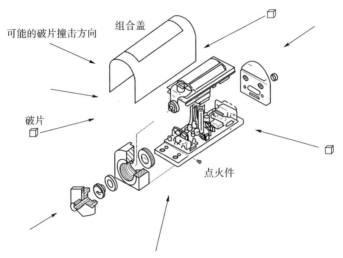

图 2.6.5 破片以任意方向撞击部件

根据部件的形状特点,其外表面用一个正六面体(部件的包络体)模拟,如图 2.6.6 所示,六面体的六个面是部件的呈现面。

确定了部件的呈现面之后,下一步就是确定哪些内部区域对破片是易损的。根据破片质量、速度、入射角和部件的抗侵彻能力,确定其易损区域,如图 2.6.7 所示。

以部件包络面的每一个面为参考面,相对每一个参考面破片可以从很多不同的方向入射,通过系统分析,确定部件可能遭受攻击的方向,如图 2.6.7 所示,这里取 θ 等于 0°和 45°。

如果破片能够碰撞部件的任何面,则部件的呈现面积为:

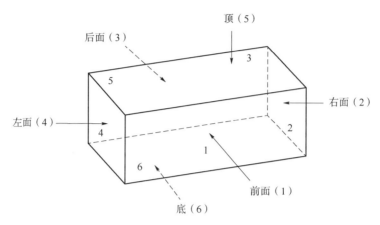

图 2.6.6　用六面体模拟部件单元的呈现面

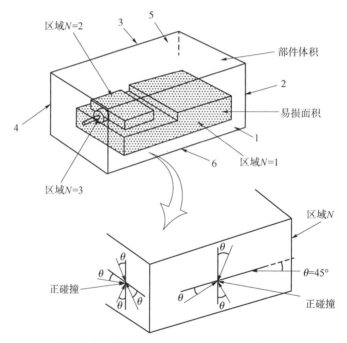

图 2.6.7　部件易损区域和攻击方向（0°和45°）

$$A_p = A_1 + A_2 + A_3 + A_4 + A_5 + A_6 + 4(A_1 + A_2 + A_3 + A_4 + A_5 + A_6)\sin\theta \quad (2.6.8)$$

令 $\xi = A_1 + A_2 + A_3 + A_4 + A_5 + A_6$，则

$$A_p = \xi + 4\xi\sin\theta \quad (2.6.9)$$

式中，$A_i(i=1\sim6)$ 为部件包络体各个面的面积。

下面通过试验和分析的方法确定部件的易损面积。部件的易损面积与破片质量、速度、入射角等因素有关,破片的质量不同,部件的易损区域也不同,对高侵彻能力破片易损的部位对低侵彻能力的破片就不一定是易损的。例如,一个 0.32 g 的破片以 610 m/s 的速度射向部件和 0.65 g、1 800 m/s 的破片相比,将具有不同的毁伤效应,所以部件的易损区域不同,如图 2.6.8 所示。

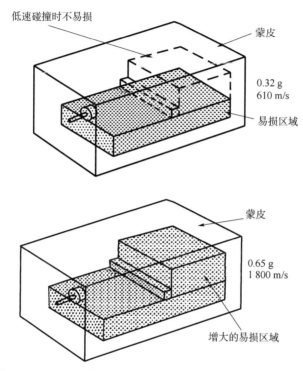

图 2.6.8 毁伤元素参数(速度、入射角和质量)决定易损面积

用 a 表示破片沿部件面法线方向入射时部件的易损面积,b 表示破片以 θ 角入射时部件的易损面积,则 $a+b$ 表示部件总的易损面积。并不是内部部件的所有区域都是易损的,有特定数目的易损区域,在此用 j 表示内部部件易损区域编号,设共有 N 个易损区域,则部件第 i 个面的易损面积为:

$$A_{vi} = \sum_{j=1}^{N} a_{ij} + \sum_{j=1}^{N} 4(\sin\theta) b_{ij} \qquad (2.6.10)$$

累加所有部件面的易损面积,得到其总的易损面积为:

$$\sum_{i=1}^{6} A_{vi} = \sum_{i=1}^{6}\sum_{j=1}^{N} a_{ij} + 4\sin\theta \sum_{i=1}^{6}\sum_{j=1}^{N} b_{ij} \qquad (2.6.11)$$

则 $P_{k/h}$ 为:

$$P_{k/h} = \frac{A_v}{A_P} = \frac{\sum_{i=1}^{6} A_{vi}}{\xi(1+4\sin\theta)} = \frac{\sum_{i=1}^{6}\sum_{j=1}^{N} a_{ij} + 4\sin\theta \sum_{i=1}^{6}\sum_{j=1}^{N} b_{ij}}{\xi(1+4\sin\theta)} \qquad (2.6.12)$$

该方程可用于计算单个破片命中时对部件的毁伤概率。上例中假定破片能从任何方向打击部件，但在有些情况下，部件仅能遭受某一个方向的打击，这时只需要考虑一个方向即可。

研究不同的破片质量和速度，就可得到 $P_{k/h}$ 随破片质量和撞击速度的变化曲线，如图 2.6.9 所示。

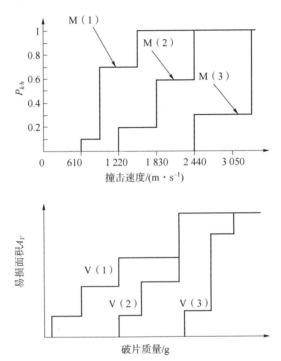

图 2.6.9　某部件的毁伤准则曲线（给定破片质量和撞击速度）

2.7　目标的数字化描述

为了详细、全面分析目标在特定毁伤元作用下的易损性，通常需要计算目标不同方位（6~26 个方位）的易损性，这样的评估过程靠人工是很难实现的，需要借助计算机完成，因此需要在目标分析的基础上对目标进行数字化描述。

目标数字化描述是以计算机为工具，用一套数据对目标总体及其零部件的几何特性、物理特性、易损特性进行全面描述，是采用计算机进行目标易损性分析的重要组成部分。

2.7.1 部件形状及位置的描述

目标是由很多零部件组成的，因此，在进行目标描述时，把零部件作为目标描述的基本单元，首先对零部件的几何构形进行描述，根据零部件的几何特点，采用带有几何特征量的典型规则几何体作为基本几何体（表 2.7.1），通过一定的运算规则构成复杂零件的几何构形。例如，图 2.7.1 所示的部件是通过三个正六面体和两个圆柱基本体的"加"运算构成的。

表 2.7.1 基本体参数表（部分）

名称	图形实例	参数
球	（球，中心 P，半径 R）	球心 P 点坐标 球半径 R
球台	（球台，R_2，H，P，R_1）	下端面圆心 P 坐标 法向矢量 H 下底圆半径 R_1 上底圆半径 R_2
直棱柱	（棱柱，P_2，R，n，P_1）	棱柱下底面中心坐标 P_1 棱柱上底面中心坐标 P_2 棱数 n 外接圆半径 R
圆柱	（圆柱，P_2，R_1，P_1）	圆柱下底面中心 P_1 坐标 圆柱上底面中心 P_2 坐标 截面圆半径 R_1

续表

名称	图形实例	参数
圆台		下底面中心 P_1 坐标 上底面中心 P_2 坐标 下截面圆半径 R_1 上截面圆半径 R_2
正六面体		角点 P 坐标 第一方向矢量 L 第二方向矢量 W 第三方向长度 H
平面四边形		四个顶点坐标 $P_1 \sim P_4$

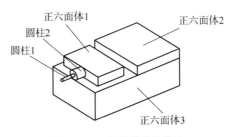

图 2.7.1 部件形状的描述

2.7.2 部件材料的描述

确定零部件的几何构形之后，再赋予其材料。例如，如图 2.7.2 所示的部件，圆柱基本体赋予材料 1，三个正六面体赋予材料 2，每种材料从材料库中获取对应的材料性能参数，如材料密度、强度、硬度等，这样就构建了该部件实体。

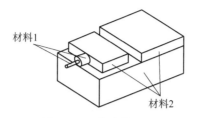

图 2.7.2　部件的材料

2.7.3　部件易损特性的描述

部件的易损性除了与自身的结构、材料以及工作原理有关外，还与毁伤元的类型及部件的毁伤模式有关，部件易损特性的描述主要是描述后者，简单地讲，就是记录部件毁伤准则的特征数据，例如，部件在超压作用下，当超压值大于 0.02 MPa 时，部件毁伤，则此阈值就表征了此部件在冲击波毁伤元作用下的易损特性，此值越小，部件越易损。因此要描述：①毁伤元是冲击波；②采用临界超压准则；③临界超压的阈值是 0.02 MPa。

一些部件有多种毁伤模式，如油箱，可能出现漏油、解体、引燃/引爆三种模式，描述出现每一种毁伤模式的函数（包括函数中的参数）不同。此外，还与毁伤元的类型有关，需要评估几种类型的毁伤元，需要描述对应的参数或者函数。

2.7.4　目标毁伤树的描述

毁伤树虽然形象、直观地描述了部件毁伤与目标毁伤（某一级别）之间的关系，但是，数字化描述时，需要采用一定的方法和模型表征这种关系。

常用的描述毁伤树的方法有两种：一种是毁伤表达式，图 2.5.2 所示的毁伤树对应的毁伤表达式为(C. OR. D). OR. (E. AND. F)；另一种是用最小割集的方法表示，此树图对应的最小割集为{C,D,[E,F]}。

2.7.5　目标的数字化描述

把描述目标的部件组成、部件的几何信息、材料信息、目标的毁伤级别、各毁伤级别对应的关键部件、关键部件和毁伤级别之间的逻辑关系（毁伤树）、关键部件的毁伤准则等全部数据以特定的格式存储，就完成了对全目标的数字化描述。图 2.7.3 所示为某装甲车辆目标的几何描述。

图 2.7.3　某装甲车辆目标的几何描述（图形显示）

2.8　目标的易损性评估

目标易损性评估就是通过评估技术定量地确定易损性的度量指标。易损性评估技术包括试验和分析，前面介绍的部件或目标在毁伤元或威胁弹药作用下的反应都是在分析的基础上完成的；试验的目的是获取数据，并验证所建理论模型的正确性。易损性评估以物理学的基本原理为基础，如液压水锤效应、引燃、裂缝的扩展、结构对冲击和侵彻的响应等。这种评估可完全由手工完成，也可由计算机程序完成。易损性评估通常用于目标设计阶段，预测目标遭遇威胁下的生存力。

目标易损性评估根据详细程度分为三个不同的层次，分别是预估、评估和分析。预估通常是通过一些简单的易损性模型计算目标的易损性，这些模型仅仅是目标主要参数的函数，是在经验数据、工程研究的基础上归纳出来的。评估是比预估较为详细的评估级别，评估过程中需要单个关键部件的位置、尺寸及其易损性数据。针对每个毁伤级别，通常考虑目标的 6 个方位，如图 2.8.1 所示。分析是十分详细的易损性研究，它需要关键部件详细的几何、材料、功能信息及它们的毁伤准则，该过程通常借助计算机用复杂的评估模型完成。常常考虑目标的 26 个方位，如图 2.8.2 所示。

易损性度量指标的计算方法：

前面已介绍，目标易损性度量指标有目标总的易损面积 A_V 和目标的毁伤概率 $P_{K/H}$。目标的易损面积可根据各个关键部件的易损面积及部件之间的关系

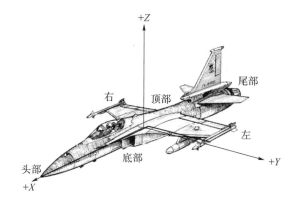

图 2.8.1　易损性评估考虑的 6 个方位

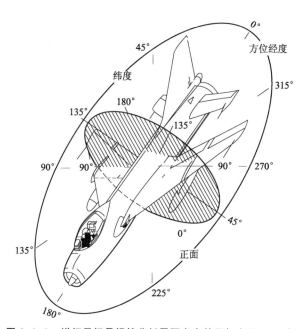

图 2.8.2　详细目标易损性分析需要考虑的目标方位（26 个）

（冗余或重叠）进行计算，此部分内容将在第 4 章详细介绍。得到目标的易损面积后，可根据下式计算目标的毁伤概率：

$$P_{K/H} = \frac{A_V}{A_P} \tag{2.8.1}$$

式中，A_V 为目标的总易损面积；A_P 为目标的总呈现面积。

另一种方法是根据各个关键部件的毁伤概率及毁伤树图所表示的部件之间的逻辑关系计算目标毁伤概率 $P_{K/H}$。

例如，一个飞机目标由飞行员、油箱和发动机 3 个关键部件组成，任一部件的毁伤都将导致飞机的毁伤，3 个部件之间是逻辑"或"的关系。设命中飞机条件下飞行员的毁伤概率 $P_{k/Hp}=0.2$，油箱的毁伤概率 $P_{k/Hf}=0.3$，发动机的毁伤概率 $P_{k/He}=0.4$。则飞机的毁伤概率为：

$$P_{K/H}=1-(1-P_{k/Hp})(1-P_{k/Hf})(1-P_{k/He})=0.664 \qquad (2.8.2)$$

参 考 文 献

[1] 李向东. 目标毁伤理论及工程计算 [D]. 南京：南京理工大学，1996.

[2] 王维和，李惠昌. 终点弹道学原理 [M]. 北京：国防工业出版社，1988.

[3] Reinard B E. Target vulnerability to air defense weapons [D]. Monterey CA：Naval Postgraduate School，1984.

[4] Novak JR R E. A case study of a combat aircraft's single hit vulnerability [D]. Monterey CA：Naval Postgraduate School，1986.

[5] Hartmann M. Component kill criteria：a literature review [R]. Defence & Security, Systems and Technology, Defence Research Agency (FOI)，2009.

[6] Ipson T W, Recht R F, Schmeling W A. Vulnerability of wires and cables [R]. Denver Research Inst Co，1977.

[7] Kiwan A R. An overview of high-explosive (HE) blast damage mechanisms and vulnerability prediction methods [R]. Aberdeen Proving Ground, Maryland：Army Research Laboratory，1997.

[8] Marchang K A, Oswald C J, Nebuda D, et al. Approximate analysis and design of conventional industrial facilities subjected to bomb blast using the Pi technique [R]. Omaha NE：Corps of Engineers，1992.

[9] Beverly W. The forward and adjoint Monte Carlo estimation of the kill probability of a critical component inside an armored vehicle by a burst of fragments [R]. Aberdeen Proving Ground Maryland：Army Ballistic Research Laboratory，1980.

[10] Beverly W. A tutorial for using the Monte Carlo method in vehicle ballistic vulnerability calculations [J]. Aberdeen Proving Ground Maryland：Army Ballistic Research Laboratory，1981.

[11] Helfman R A, Saccenti J C, Kinsler R E, et al. An expert system for predicting component kill probabilities [R]. Aberdeen Proving Ground Maryland: Army Ballistic Research Laboratory, 1985.

[12] Lloyd R. Conventional warhead systems physics and engineering design [M]. Reston, VA: AIAA, 1998.

[13] 李向东, 杜忠华. 目标易损性 [M]. 北京: 北京理工大学出版社, 2013.

第 3 章
人员目标易损性

人员是战场上各种武器装备的操纵和使用者，几乎无处不在，人员的伤亡情况直接决定战争的胜负。因此，人员目标既是战场上的主要目标，又是战场上的重要目标。本章主要分析战场人员目标的易损特性、杀伤判据及易损性的评估方法。

3.1 人员目标丧失战斗力概念及影响因素

战场上，人员的功能主要是执行特定的战斗任务，当人员受伤或死亡时，其执行战斗任务的能力就不同程度地降低或丧失。因此，判断战场上人员目标是否被杀伤的主要依据是是否丧失战斗力。

人员丧失战斗力是指丧失了执行既定战斗任务的能力。士兵的作战任务是多种多样的，既取决于他的军事职责，又取决于战术情况的不同。影响人员丧失战斗力的因素主要有：①创伤的程度及位置；②作战任务；③时间因素；④心理及气候环境等。

(1) 创伤的程度及位置

人体并非简单的均质目标，各部分结构复杂，功能各异，毁伤元命中人员的部位不同，伤情差别很大；同一部位创伤程度不同，对战斗力的影响程度也很大。如果命中颅脑或其他主要脏器，则伤情严重，甚至引起死亡；如果命中四肢肌肉组织，则一般伤情较轻，基本上不会丧失继续作战的能力。

(2) 作战任务

在判断是否丧失战斗力时，共考虑四种战术情况，即进攻、防御、预备队和后勤供应队。不同的战术任务条件下，人员必须具备的功能不同。

步兵在进攻中需要利用手臂和双腿的功能。理想条件是能够奔跑，并灵活地使用双臂；必要条件是能向四周移动，并且至少能使用一只手臂。若士兵不能移动其身体，或不能用手操纵武器，也就不能有效地参加进攻，这是进攻条件下丧失战斗力的判据。

防御中，士兵只要能够用手操纵武器就行，有无移动能力则无关紧要。能够转移阵地固然很理想，但却不是执行某些重要防御使命所必不可少的。

第三种情况是在靠近战场的地区充当随时准备投入进攻或防御的预备队。一般认为，预备队比已投入战斗的部队更易丧失战斗力，因为他们可能由于受伤（即使伤势较轻）而不能投入战斗。

最后一种情况是后勤部队，包括车辆驾驶员、弹药搬运人员及其他远离战斗的各类人员。他们可能因为一只手或一条腿失去功能而住院，故被认为很容易丧失战斗力。

无论哪种情况下，看、听、想、说能力均是必备的最基本条件，失去这些能力意味着丧失了战斗力。

（3）时间因素

丧失战斗力判据中采用的时间指自从受伤起，直到肌体功能失调程度达到不能有效执行作战任务为止的时间。为了说明时间因素的必要性，考虑一名处在防御条件下不一定要求到处走动的士兵的情况。假定他的腿部受伤，弹片穿进肌肉，切断了一条微动脉血管。虽说他的行动能力受到了限制，却不能认为他已经丧失了战斗力。但是，如果不采取医疗措施，由于腿部出血，他最后将不能有效地进行战斗，至此，就必须将他看成已经丧失了战斗力。

（4）心理及气候因素

各种心理因素对丧失战力也具有很大的影响，甚至能够瓦解整个部队的士气。这些因素包括：新兵常常会经历不可名状的临阵恐惧，受敌方宣传的影响，个人问题带来的忧虑，由于长期置身于危险、酷热、严寒、潮湿的战斗环境中而导致的理智丧失、情绪变化等。但是，当前缺乏相应的量化标准，在判断是否丧失战斗力时不考虑这些因素。

3.2 破片或枪弹对人员目标的杀伤机理

人员目标在战场上容易被许多毁伤元致伤，其中主要的毁伤元有破片、枪弹、冲击波、化学毒剂、生物战剂以及热辐射和核辐射，并且每种毁伤元对人体的损伤机理不同。本节主要分析枪弹和破片对人员目标的杀伤机理。

破片和枪弹的致伤作用可归为同一种杀伤机理，它们都靠侵彻或贯穿作用实施杀伤。它们能够穿透人体的皮肤、肌肉和骨骼，侵入人体的内脏和肢体，破坏心脏、肺脏、大脑等重要器官，使四肢肌肉产生不同程度的功能失调，或者因一肢或多肢功能缺失而丧失战斗力，或者立即死亡。

3.2.1 破片或枪弹对皮肤的致伤作用

皮肤由表皮和真皮两层黏性膜组合而成，其结构特点与弹性体近似，研究时通常采用动物或明胶、肥皂等材料作为替代材料进行试验。

大量的试验结果表明，皮肤以及替代材料具有共同的特性，当侵彻体（破片或枪弹）的速度小于某一速度 v_{gr} 时，将从目标面弹回，该速度与侵彻体的断面密度有关。这些材料存在一个能量密度（单位面积上的能量）临界值 E'_{gr}，如果侵彻体的能量密度大于该临界值，皮肤被撕裂，侵彻体侵入皮内。但是侵彻体穿过皮肤实际消耗的能量要小于该临界值与侵彻体与皮肤的接触面积 A 的乘积，即：

$$E_{ds} = E_a - E_{ad} < E_{gr} = E'_{gr} \cdot A \tag{3.2.1}$$

式中，E_a 为侵彻体的撞击能量；E_{ds} 是侵彻体穿过皮肤所消耗的能量；E_{ad} 是侵彻体穿过皮肤后的剩余能量；E'_{gr} 是能量密度临界值（J/mm^2）。

Sellier 的研究结果表明，穿透皮肤的临界能量密度为 0.1 J/mm^2[1]。

因为能量无法直接测量，在应用中，通常采用临界速度表征侵彻体是否能够穿透皮肤，其临界速度为：

$$v_{gr} = \sqrt{\frac{2\,000 E'_{gr}}{q}} \tag{3.2.2}$$

式中，q 为枪弹的断面密度（g/mm^2）。将皮肤的能量密度临界值 $E'_{gr} = 0.1$ J/mm^2 代入上式，得到：

$$v_{gr} = \frac{14.1}{\sqrt{q}} \tag{3.2.3}$$

由上式可以看出，侵彻皮肤的临界速度值不是常数，与侵彻体的断面密度有关，断面密度增加，临界速度降低。

人体不同部位皮肤的厚度不同，皮下的支撑情况也不同。用一个临界能量密度表示人体皮肤的抗侵彻能力并不合理。BIR 等给出了人体不同部位的平均能量密度临界值（侵彻体的穿透概率为 50%），表 3.2.1 为试验测得的结果[1]。

表 3.2.1 人体不同部位皮肤的平均能量密度临界值

人体部位	$E'_{gr}/(\text{J}\cdot\text{mm}^{-2})$	散布均方差
胸骨	0.329	0.018
肋骨（前）	0.240	0.017
肋骨间（前）	0.333	0.036
肝	0.399	0.029
腹部	0.343	0.028
肩胛骨	0.506	0.053
肋骨（后部）	0.527	0.110
臀部	0.381	0.077
股骨近端	0.261	0.097
股骨远端	0.281	0.084

此外，学者 Sperrazza 和 Kokinakis 得到了侵彻皮肤的临界速度公式[1]：

$$v_{gr} = \frac{1.25}{q} + 22 \quad (3.2.4)$$

该公式是在试验数据的基础上拟合得到的，其中的常数均为试验常数。计算结果和式（3.2.3）的结果非常一致，尤其是手枪弹。

3.2.2 破片或枪弹对肌肉组织的致伤作用

破片或枪弹侵彻肌体组织时，其作用过程非常复杂。破片或枪弹对肌体组织的作用力可分解为两个方向：一个是破片赋予正前方组织的压力，称为前冲力，此力沿弹道方向作用，直接切断、撕裂和击穿弹道上的组织，形成永久伤道。如果破片的动能大，可产生贯通伤；如果破片的动能较小，在未贯通肌体前已将能量消耗殆尽，则破片存留在肌体内而产生盲管伤。低速破片的致伤主要是由于前冲力直接作用。另一个方向的作用是破片对其侧向四周组织产生的压力，称为侧冲力，此力垂直于弹道方向，它使弹道周围组织迅速膨胀，形成瞬时空腔，空腔脉动及压力波的传播使弹道周围组织、临近组织和器官损伤，这是高速破片的致伤机理。

破片或枪弹对肌肉组织的致伤可以分为四种情况：①直接接触的组织损伤；②高速侵彻时，因高超压引起的周围组织的损伤；③瞬时空腔膨胀造成的损伤；④瞬时空腔收缩引起的损伤。

肌肉组织的致伤程度与伤口直径和深度有关，下面重点分析破片或枪弹对肌肉组织的侵彻致伤机理。首先作如下假设：

①在给定位置处破片或枪弹的毁伤能力与在此位置处输出的能量有关，且正比于此处破片或枪弹所具有的能量，即：

$$\frac{\mathrm{d}E}{\mathrm{d}x} = -\Re \cdot E(x) \tag{3.2.5}$$

②破片或枪弹在人体肌肉组织（包括明胶、肥皂等替代材料）内形成的空腔是轴对称的，且空腔体积正比于输出的能量，即：

$$\mathrm{d}V(x) = -\frac{1}{\beta} \cdot \mathrm{d}E(x) \tag{3.2.6}$$

积分式（3.2.6）得到破片或枪弹进入人体肌肉组织深度为 x 时的空腔体积为：

$$V(x) = \frac{1}{\beta}[E_a - E(x)] \tag{3.2.7}$$

式中，E_a 为破片或枪弹的撞击能量；$E(x)$ 为破片或枪弹在位置 x 处（相对于入口处）的剩余能量；β 为与材料相关的常数（J/cm³）；$\Re$ 为材料阻滞系数（m⁻¹），$\Re = \frac{\rho C_D}{q}$，C_D 为破片或枪弹在介质内的速度衰减系数（表3.2.2）；ρ 为介质材料密度；q 为破片或枪弹的断面密度。

表 3.2.2　不同材料的 C_D 数据

材料	水	明胶	肥皂	肌肉（猫）	肌肉（猪）
C_D	0.29~0.30	0.375~0.4	0.33	0.44	0.36

（1）伤道的几何形状

将式（3.2.5）代入式（3.2.7）得到伤道的体积为：

$$V(x) = \frac{1}{\beta}E_a(1 - \mathrm{e}^{-\Re x}) \tag{3.2.8}$$

根据伤道是轴对称的假设，其体积也可表示为：

$$V(x) = \frac{\pi}{4}\int_0^x [d(\xi)]^2 \mathrm{d}\xi \tag{3.2.9}$$

由式（3.2.8）和式（3.2.9）可得到伤道不同位置处的直径：

$$d(x) = 2\sqrt{\frac{\Re}{\beta \cdot \pi}E_a} \cdot \mathrm{e}^{-\frac{1}{2}\Re \cdot x} \tag{3.2.10}$$

将 $x = 0$ 代入式（3.2.10）可以得到伤道入口直径为：

$$d_0 = 2\sqrt{\frac{\rho C_D}{\beta \cdot \pi}} \cdot \sqrt{\frac{E_a}{q}} = \lambda_1 \cdot \sqrt{\frac{E_a}{q}} \quad (3.2.11)$$

伤道入口的直径决定了伤口表面的大小,它与撞击能量的平方根成正比,与破片或枪弹的断面密度的平方根成反比。

人体肌肉组织的外层都有皮肤,破片或枪弹侵入皮肤需要消耗一定的能量,而该能量值 E_{ds} 没有出现在上述的模型中,因为该模型适用于已经侵入的破片,必须将 E_{ds} 加入式 (3.2.11) 中,得:

$$d_0 = \lambda_1 \cdot \sqrt{\frac{E_a - E_{ds}}{q}} \quad (3.2.12)$$

根据式 (3.2.12),可以得到下面的线性方程:

$$d_0^2 \cdot q = \lambda_1^2 \cdot E_a - \lambda_1^2 \cdot E_{ds} \quad (3.2.13)$$

如果代入一组 E_a 和 d_0 的值,根据直线的斜率和与轴的交点,可得到 λ_1 和 E_{ds} 的值。

通过大量的球形和立方体破片的射击试验得到 $\lambda_1 = 0.00946 \text{ s/m}$,$E_{ds} = 4.15 \text{ J}$。试验数据及拟合直线如图 3.2.1 所示[1]。

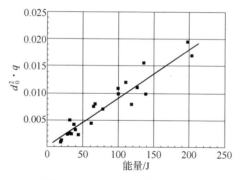

图 3.2.1 撞击能量与破片断面密度及入口直径的关系 (钢和钨质球形及立方形破片)

对于任意形状、材料的破片,伤道入口直径的计算公式为[1]:

$$d_0 = \frac{0.0095}{\sqrt{q}} \cdot \sqrt{E_a - 4.15} \quad (3.2.14)$$

(2) 破片或枪弹的侵彻深度方程

为了描述侵彻体在肌肉组织中的侵彻过程,引入两个速度:①破片或枪弹穿透材料表面的速度降,$v_{ds} = v_a - v_{ad}$,其中,v_a 为撞击皮肤表面的速度,v_{ad} 为穿透皮肤后的剩余速度;②侵彻体在肌肉中停下前的瞬时速度 v_{stk}。

侵彻体在肌肉中的运动方程为:

$$a = \frac{dv}{dt} = -\Re \cdot v^2 \tag{3.2.15}$$

式中，v 为侵彻体在介质中运动时的瞬时速度。对上式积分可以得到侵彻体在肌肉中的位移和其瞬时速度的关系

$$s = -\frac{1}{\Re}\ln v + C \tag{3.2.16}$$

式中，$\Re$ 为肌肉材料阻滞系数（m^{-1}）；C 为常数。

假设破片或枪弹已经侵入皮肤，但是还没有进入肌肉（即 $s=0$），此时速度为 $v = v_{ad}$，则常数 C 可通过下式求出

$$C = \frac{1}{\Re}\ln(v_a - v_{ad}) \tag{3.2.17}$$

因此

$$s = \begin{cases} \dfrac{1}{\Re}\ln\dfrac{v_a - v_{ad}}{v}, & v_a > v_{gr} \\ 0, & v_a \leq v_{gr} \end{cases} \tag{3.2.18}$$

式中，v_{gr} 为破片或枪弹穿透肌肉外层皮肤的临界速度。将 $v = v_a - v_{ds}$ 代入式（3.2.17），得到 $v_a > v_{gs}$ 时侵彻体的最终侵彻深度 s_{max} 为

$$s_{max} = -\frac{1}{\Re}\ln\left(\frac{v_a - v_{ds}}{v_{stk}}\right) \tag{3.2.19}$$

为了计算的需要，有时将撞击速度表示为最终侵彻深度的函数，即

$$v_a = v_{stk} \cdot e^{\Re \cdot s_{max}} + v_{ds} \tag{3.2.20}$$

如果 $v_a \leq v_{gr}$，则 $s = 0$，由上式可得到

$$v_{gr} \geq v_{stk} + v_{ds} \tag{3.2.21}$$

根据式（3.2.19），通过试验测得一组 v_a 和 s 数据就可以确定 v_{ds} 和 v_{stk}。Kneubuehl[1] 用直径为 4.5 mm 的铅球对明胶进行射击试验，测得 $v_{ds} = 28.7$ m/s，$v_{stk} = 14.0$ m/s。

如果侵彻体从目标中穿出，则可通过下式计算剩余速度 v_r：

$$v_r = (v_a - v_{ds}) \cdot e^{-\Re \cdot l} \tag{3.2.22}$$

式中，l 为侵彻体在介质中运动的距离。

3.2.3 破片或枪弹对骨骼的致伤作用

破片或枪弹对骨骼的作用机理不同于软组织，因为骨骼是一种复合材料，具有优异的力学性能，既能避免硬材料的脆性破坏，又能避免软材料的过早屈服。

（1）临界速度和能量

和皮肤一样，枪弹或破片侵彻骨骼也存在一个临界速度或能量，如果速度低于该临界值，则枪弹或破片不能侵入骨骼。学者 Huelke 和 Harger 研究得到了一些枪弹侵入骨骼的临界能量和临界能量密度（单位面积上的能量），见表 3.2.3。枪弹侵入骨骼的临界速度约为 60 m/s[1]。

表 3.2.3　枪弹侵入骨骼的临界能量和临界能量密度

枪弹类型	临界能量/J	临界能量密度/(J·mm^{-2})
6.35 mm Browning	6.0	0.19
7.65 mm Browning	8.7	0.19
9 mm Luger	14.0	0.22

可见，子弹或破片的直径越大，侵入骨骼所需要的能量也越大。

（2）破片或枪弹对骨骼的侵彻深度

枪弹或破片对骨骼的侵彻能力通常用侵彻深度或侵彻一定深度所损失的能量表示。

Grundfest 在大量试验（奶牛骨骼）的基础上建立了球形破片对骨骼的侵彻深度方程[1]

$$s = 0.863 \times 10^{-4} \cdot d^2 (v_a - v_{gr})^2 \qquad (3.2.23)$$

式中，s 为侵彻深度（mm）；d 为球的直径（mm）；v_a 为撞击速度（m/s）；v_{gr} 为临界速度（约为 60 m/s）。

该公式是在球形破片射击试验基础上得到的，不具有通用性，因此对公式进行了修正，得到了通用的侵彻深度方程

$$s = a \cdot \frac{m}{d}(v_a - v_{gr})^2 \qquad (3.2.24)$$

式中，m 为破片或枪弹的质量（kg）；a 为与侵彻体有关的常数，对于球形破片，$a = 0.0021$，对于近似球头的枪弹，$a = 0.004$。

3.2.4　破片对眼睛的致伤作用

眼睛仅占人体表面积的 2‰，被击中的概率很小，但从易损性的角度，它是非常重要的器官，所以国外一些研究机构开展了眼睛的易损性研究工作，表 3.2.4 和表 3.2.5 分别为钢球和立方形破片致伤眼睛的速度和能量密度临界值。表中，d 为破片的直径，或立方体破片的棱边长；A 为破片的迎风面积；A_m 为破片的平均迎风面积，对于立方体破片，$A_m = 6d^2/4$；m 为破片质量；q 为断面密度；v_{gr} 为临界速度；E'_{gr} 为临界能量密度。

表 3.2.4　球形钢破片致伤眼睛（兔）的临界速度和能量

d/mm	A/mm²	m/g	q/(g·mm⁻²)	v_{gr}/(m·s⁻¹)	E'_{gr}/(J·mm⁻²)
1.0	0.79	0.004	0.005 2	146	0.056
2.36	4.4	0.054	0.012 3	108	0.072
3.20	8.0	0.135	0.016 8	100	0.084
4.37	15.0	0.341	0.022 7	77	0.068
4.37	15.0*	0.513	0.034 2	65	0.072
6.4	32.2	1.037	0.032 1	47	0.035

注：*为铅球的试验结果。

表 3.2.5　立方体钢破片致伤眼睛的临界速度和能量

d/mm	A/mm⁻²	A_m/mm²	m/g	q/(g·mm⁻²)	v_{gr}/(m·s⁻¹)	E'_{gr}/(J·mm⁻²)
2.60	6.8	10.2	0.136	0.013 5	63	0.027
3.27	10.7	16.1	0.272	0.016 9	38	0.012
5.11	26.1	39.2	1.037	0.026 5	36	0.017
8.11	65.8	98.7	4.147	0.042 0	29	0.018
12.3	147.6	221.4	14.58	0.063 9	22	0.015

3.3　冲击波对人员的杀伤机理

冲击波的杀伤作用可分为两类：冲击波直接作用和冲击波间接作用。
（1）冲击波直接作用

冲击波阵面到达时，使空气中的压力急剧上升，冲击波的压力通过压迫作用可严重损伤人体，破坏中枢神经系统，直接震击心脏而导致心脏病。尤其是充有空气的器官或者组织密度变化较大的部位（如肺部），最容易受到冲击波的伤害，肺的伤害直接或间接地引起许多病理生理学效应，如肺出血、肺水肿、肺破裂、血栓对心脏和中枢神经系统的伤害、肺活量减少、使肺脏的许多纤维密集或产生许多微细伤害等。此外，冲击波还可以引起耳鼓膜破裂、中耳损伤、喉咙、气管、腹腔等身体部位的损伤。

冲击波对人员的直接杀伤作用与冲击波的超压、上升到峰值超压的速度以及冲击波持续时间等因素有关。

（2）冲击波间接作用

冲击波间接作用又分为次生作用、第三作用和其他作用。

次生作用是指瞬时风驱动的侵彻性或非侵彻性物体对人体的撞击损伤效应。该效应取决于物体的速度、质量、大小、形状、成分和密度，以及命中人体的具体部位和组织。侵彻性飞行体的杀伤威力判据与破片和枪弹的杀伤判据相同。非侵彻性物体命中胸部可导致与初始冲击波效应十分类似的两肺损伤，使人很快死亡。较重的砖石块及其他建筑材料能造成压迫性损伤，以及颅骨碎裂、脑震荡、肝脾出血或破裂、骨折等。使用装甲和防护装备可以削弱物体对人体的撞击速度，减少损伤概率，从而达到对抗冲击波次生作用的目的。

第三作用是指冲击波和瞬时风使目标发生宏观位移而导致的损伤。该损伤又分为两种类型：一类为四肢或其他附件与人体分离导致的损伤；另一类为整个身体移动产生的损伤。这类损伤多在身体平移的减速阶段出现。这两类损伤大致与汽车和飞机事故中的损伤相仿。伤势的轻重与身体承受加速和减速负荷的部位、负荷的大小以及人体对负荷的耐受力有关。

冲击波的其他作用还有：使人置身于爆炸烟尘和高温环境中，使人与炽热的爆炸烟尘或溅飞物相接触以及受到爆炸火焰高温的烧灼等。现已证实，在一定的条件下，高浓度爆炸烟尘可以大量沉积在两肺的毛细气管内，阻塞空气通道，使人窒息而死。这种危险的大小由危害时间的长短和空气中适当粒度尘埃的浓度决定。因高温而造成的损伤中，还包括由热辐射等原因导致的烧伤。

爆炸冲击波对人员的杀伤程度取决于多种因素，主要包括装药尺寸、爆炸冲击波持续时间、人员相对于炸点的方位和距离、人体防护措施以及个人对冲击波载荷的敏感程度。

3.3.1 冲击波的直接杀伤作用

虽然人体比较能够耐受空中爆炸波的压力作用，但是巨大的超压还是能够造成肺部、腹部和其他充气性器官的损伤。关于人员对冲击波超压的耐受度，有两点结论极其重要。其一是瞬间形成的超压比缓慢升高的超压造成的后果更严重；其二是持续时间长的超压比持续时间短的超压对人体的损伤更为严重。

冲击波的直接杀伤效应与环境压力的变化有关，动物对入射或反射的动压、冲击波到达后上升到峰值压力的速度、冲击波的作用时间等因素都非常敏感，冲量对冲击波杀伤来说也是一个非常重要的因素。此外，周围环境的压力、质量、年龄等因素对冲击波对人员的杀伤程度也有一定的影响。密度差别较大身体部位对冲击波的直接杀伤作用非常敏感，因此，含有空气的肺部等组织相对其他器官易损性较高。

①冲击波杀伤效应与周围空气压力有关，一般用相对峰值超压表示，即

$$\bar{p}_s = \frac{p_s}{p_0} \tag{3.3.1}$$

式中，$\bar{p}_s$ 是相对峰值超压；p_s 是峰值超压；p_0 是初始环境空气压力。

②冲击波相对正压时间与环境初始空气压力和人员目标的质量有关，相对正压时间 $\bar{T}$ 为

$$\bar{T} = \frac{T \cdot p_0^{1/2}}{m^{1/3}} \tag{3.3.2}$$

式中，T 是正压时间；m 为人员目标质量。

③比冲量近似等于

$$i_s = \frac{1}{2} p_s T \tag{3.3.3}$$

这里近似认为冲击波为不变三角形波，相对比冲量为

$$\bar{i}_s = \frac{1}{2} \bar{p}_s \bar{T} \tag{3.3.4}$$

根据方程（3.3.2）、方程（3.3.3）和方程（3.3.4）可得到

$$\bar{i}_s = \frac{1}{2} \frac{p_s T}{p_0^{1/2} m^{1/3}} = \frac{i_s}{p_0^{1/2} m^{1/3}} \tag{3.3.5}$$

由上式可以看出相对比冲量与周围大气压力和人员目标的质量有关。

Baker 等人建立了冲击波参量与人员生存概率的关系曲线，如图 3.3.1 所示[2]。

曲线表示了人员生存概率与相对压力及相对比冲量之间的关系，相对峰值超压和比冲量越大，人员的生存概率就越小。该曲线使用方便，它适用于不同大气压力和不同质量的人员目标。

人员的受伤程度不仅与冲击波参量有关，还与身体相对于冲击波阵面的方向有关，图 3.3.2 和图 3.3.3 是人员生存概率与冲击波超压 Δp_m、冲击波压力作用时间 T 以及冲击波作用时刻阵面相对人员方向的关系[3]。

■ 目标易损性评估及应用

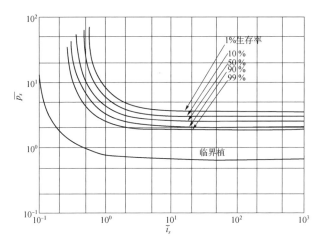

图 3.3.1　冲击波参量与人员生存概率的关系曲线（由肺部损伤引起）

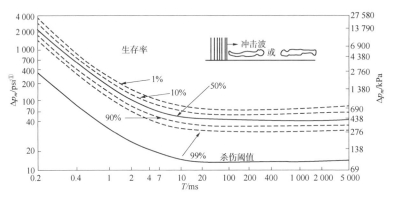

图 3.3.2　70 kg 的人员相对平行入射冲击波时的生存概率与冲击波超压和压力作用时间的关系

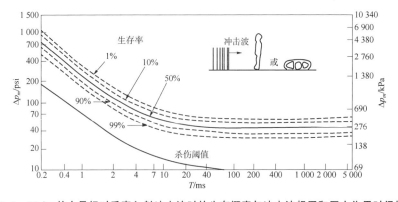

图 3.3.3　70 kg 的人员相对垂直入射冲击波时的生存概率与冲击波超压和压力作用时间的关系

---

① 1 psi = 6 895 Pa。

3.3.2 冲击波第三杀伤作用

冲击波的第三杀伤作用由爆炸风产生，包括整个身体的错位、人体抛射的加速以及减速撞击过程，加速及减速碰撞阶段都有可能使人体受伤，但是，通常认为严重损伤多发生在与具有较大质量的坚硬物体相碰撞的减速过程中。受伤程度由速度的变化量、减速过程的时间和距离、撞击面的类型、人员的面积等因素决定。

建立人员第二杀伤作用准则时，很多学者提出应以人头部壳体结构的损伤或震荡为基础建立毁伤准则，因为身体在减速撞击过程中头部是最易损的部分。但是，人体在撞击地面或物体时，撞击的部位是随机的，另一部分学者提出在建立准则时应考虑这些因素，所以冲击波第三杀伤准则考虑了头部和身体其他部位两种撞击类型。

影响人员在减速撞击过程致伤的因素很多，为了简化问题，作如下假设：①撞击的对象为硬表面目标；②撞击致伤程度仅与撞击速度有关。

White 等人给出了冲击波的第三杀伤标准[4]，表 3.3.1 所示为头部受到撞击时的伤害标准，表 3.3.2 为身体被抛射撞击时的伤害标准。表中给出了不同撞击条件下人员不同安全程度对应的撞击速度临界值。

表 3.3.1 冲击波的第三杀伤标准（头部受到撞击）

头部撞击伤害程度	撞击速度/(m·s^{-1})
基本上安全	3.05
死亡临界值	4.52
50%死亡	5.49
接近100%死亡	7.01

表 3.3.2 冲击波的第三伤害标准（身体受到撞击）

整个身体撞击伤害程度	撞击速度/(m·s^{-1})
基本上安全	3.05
死亡临界值	6.40
50%死亡	16.46
接近100%死亡	42.06

Baker 等人提出了一种评价冲击波对人员伤害的方法，他将冲击波的超压和冲量与表 3.3.1 和表 3.3.2 中对应人员撞击速度建立了对应关系，如图 3.3.4 和图 3.3.5 所示。图中，$i_s^* = i_s/m^{1/3}$ 爆炸冲击波的参量可直接用于评估对人员目标的杀伤[2]。

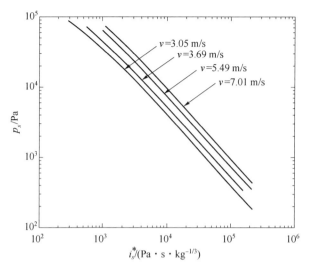

图 3.3.4 脑壳结构撞击速度与冲击波参量之间的关系曲线

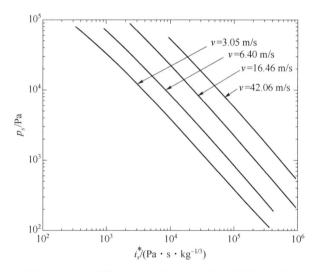

图 3.3.5 身体撞击速度与冲击波参量之间的关系曲线

3.3.3 冲击波对人耳的伤害

人耳是人体非常重要而敏感的听觉器官，能够感受到频率为 20～20 000 Hz 的声波信号。人耳通过鼓膜的振动将声信号转换为神经信号，因此鼓膜的破裂是判断听觉是否丧失的最佳依据，一些学者在动物试验的基础上建立了鼓膜破裂百分比与冲击波超压的关系。Hirsh 建立了如图 3.3.6 所示的曲线，当冲击波超压达到 103 kPa 时，鼓膜破裂的百分比为 50%；超压为 34.5 kPa 是鼓膜破裂的临界值。当超压较低时，虽然不能使鼓膜破裂，但可能使人员临时丧失听觉，Ross 等建立了临时听觉丧失（TTS）与超压和作用时间的关系，由于比冲量与冲击波的作用时间有关，距炸点任意距离处的冲击波峰值超压和冲量都可以计算得到，因此通常用峰值超压和比冲量表示与人耳毁伤的关系，曲线如图 3.3.7 所示[4]。

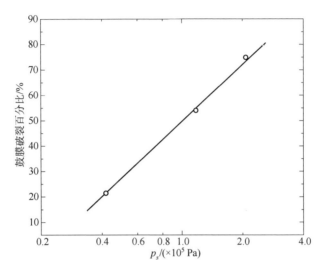

图 3.3.6　峰值超压和鼓膜破裂关系曲线

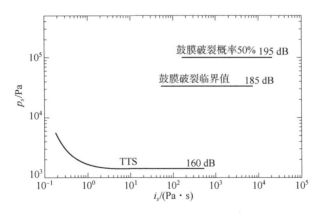

图 3.3.7　人耳损伤与冲击波参量的关系曲线

3.4　人员目标丧失战斗力的准则

目前判断人员是否丧失战斗力的准则主要有三类，分别为：①穿透能力等效准则；②临界能量准则；③条件杀伤概率准则。

3.4.1 穿透能力等效准则

此类准则比较简单，根据破片或枪弹是否能穿透特定厚度和材料的靶板判断人员是否丧失战斗力，通常采用 20~40 mm 厚的松木或杉木板，或 1~3 mm 厚的钢板或铝板。例如，德国用枪弹是否能穿透 1.5 mm 厚的白铁皮板作为人员丧失战斗力的判据。

这类准则早期应用比较普遍，其缺点是误差大，因为枪弹或破片的穿透能力主要由枪弹或破片的能量密度决定，而对目标的毁伤能力，主要由传递给目标的能量决定，即穿透能力强的破片或枪弹的致伤能力不一定强。

3.4.2 临界能量准则

临界能量准则用枪弹或破片具有的能量作为判断人员是否丧失战斗力的依据，如果枪弹或破片具有的能量大于某个临界值，认为能够使人员丧失战斗力，否则不能。但是世界各国采用的能量标准不同，表 3.4.1 所示为一些国家采用的人员杀伤能量标准。

表 3.4.1 使人员丧失战斗力的能量临界值

国家	法国	德国	美国	中国	瑞士	苏联
能量临界值/J	40	80	80	98	150	240

这类准则的主要缺点是：既没有考虑枪弹或破片的形状、命中人体部位等对人员丧失战斗力所能量具有重要影响的因素，也没有考虑人员战术及心理状态。很多情况下判断结果与实际情况不符，所以很多国家在研究新的更加合理的准则。

3.4.3 条件杀伤概率准则

条件杀伤概率准则用杀伤元素命中人员条件下使其丧失战斗力的概率 $P_{I/H}$ 表示，此类准则除了考虑与破片或枪弹能力有关的因素（如速度、质量）外，还考虑了命中人体的位置以及战场的环境、心理状态等因素。很多学者根据研究结果建立了准则，下面介绍比较典型的几个准则。

(1) 美国的艾伦 (Allen) 和斯佩拉扎 (Sperrazza) 提出的适宜于球形和立方体破片对人员的杀伤准则

该准则既考虑了人员从受伤到丧失战斗力的时间，又考虑了士兵在战场上具体承担的战斗任务，其形式为[5]

$$P_{I/H} = 1 - e^{-a[15.43m(3.28v)^b]^n} \tag{3.4.1}$$

式中，$P_{I/H}$ 表示破片随机命中使执行给定战术任务（即不同战术情况，如防御、突击等）的士兵丧失战斗力的条件概率；m 为破片质量（g）；v 为破片着速（m/s）；a、b、n 和 β 是对应不同战术情况及从受伤到丧失战斗力的时间的试验系数。

试验结果分析表明，$\beta = 3/2$ 时与试验数据符合最好。其他参量值按战术情况和致伤后至丧失战斗力的时间的 12 种组合分别确定。在所考虑的各种情况下，$P_{I/H}$ 随 $mv^{\frac{3}{2}}$ 的变化曲线呈现出多处相似性，按平均值考虑，四条曲线可以代表 12 条曲线的大多数，因此用这四条曲线对应的战术情况作为标准来代表各种战术情况，表 3.4.2 给出了四种标准情况及其所代表的战术情况。每种情况后面所标出的时间是在该条件下使士兵丧失战斗力所需的最长时间。

表 3.4.2 人员杀伤采用的四种标准情况

标准情况		所代表的情况	
编号	战术情况		
1	防御 0.5 min	防御	0.5 min
2	突击 0.5 min	突击	0.5 min
		防御	5 min
3	突击 5 min	突击	5 min
		防御	30 min
		防御	0.5 d
4	后勤保障 0.5 d	后勤保障	0.5 d
		后勤保障	1 d
		后勤保障	5 d
		预备队	30 min
		预备队	0.5 d
		预备队	1 d

表 3.4.3 和表 3.4.4 分别为非稳定破片和稳定破片在四种标准战术情况下的 a、b 和 n 值。$P_{I/H}$ 随 $mv^{\frac{3}{2}}$ 的变化曲线如图 3.4.1～图 3.4.4 所示。

表 3.4.3 非稳定破片的 a、b、n 值

标准战术情况编号	a	b	n
1	$0.887\ 71 \times 10^{-3}$	31 400	0.451 06
2	$0.764\ 42 \times 10^{-3}$	31 000	0.495 70
3	$1.045\ 4 \times 10^{-3}$	31 000	0.487 81
4	$2.197\ 3 \times 10^{-3}$	29 000	0.443 50

表 3.4.4 稳定箭形破片的 a、b、n 值

标准战术情况编号	a	b	n
1	0.55311×10^{-3}	15 000	0.443 71
2	0.46134×10^{-3}	15 000	0.485 35
3	0.69193×10^{-3}	15 000	0.473 52
4	1.8579×10^{-3}	15 000	0.414 98

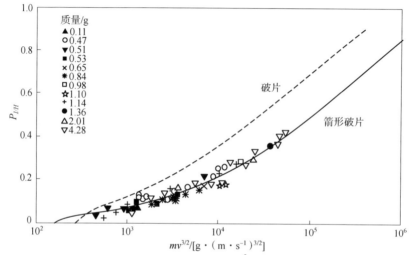

图 3.4.1 第一种战术情况的 $P_{I/H}$-$mv^{\frac{3}{2}}$ 曲线（防御 0.5 min）

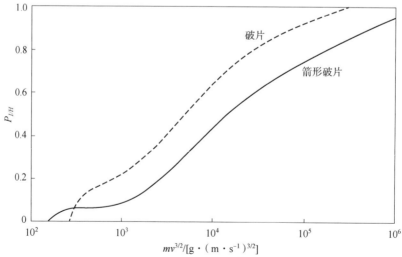

图 3.4.2 第二种战术情况的 $P_{I/H}$-$mv^{\frac{3}{2}}$ 曲线（突击 0.5 min）

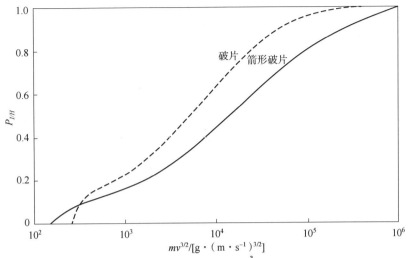

图 3.4.3 第三种战术情况的 $P_{I/H}$-$mv^{\frac{3}{2}}$ 曲线（突击 5 min）

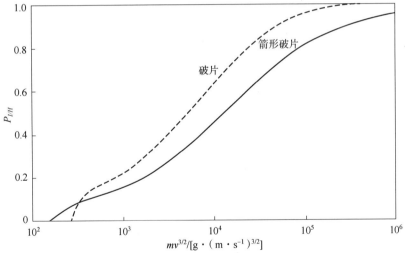

图 3.4.4 第四种战术情况的 $P_{I/H}$-$mv^{\frac{3}{2}}$ 曲线（后勤保障 0.5 d）

该准则的优点是考虑了战术及时间等因素；缺点是对应的系数是在试验基础上得到的，使用范围有限。

（2）DZIEMIAN 准则

该准则建立了 $P_{I/H}$ 与破片或枪弹传递给长 15 cm（假设小于 1 cm 的创伤不能毁伤任何肌体组织使人员丧失战斗力，15 cm 长度的创伤能够到达人体任何致命器官）明胶材料的能量之间的关系，方程为[1]

$$P_{I/H} = \frac{1}{1+e^{-(a+b \cdot \ln E_s)}} \tag{3.4.2}$$

式中，E_s 为破片或枪弹传递给明胶材料的能量；a、b 是试验系数。

（3）NATO 的人员杀伤准则

该准则由 Sturdivan 提出，其方程为[1]

$$P_{I/H} = \frac{1}{1+\alpha \cdot \left(\dfrac{\overline{E}}{\gamma}-1\right)^{-\beta}} \tag{3.4.3}$$

式中，α、β 和 γ 是与环境、作战条件等因素有关的常数（数据没有公开）；$\overline{E}$ 是能量的期望值，通过下式计算：

$$\overline{E} = \int g(x) F(x) \, \mathrm{d}x \tag{3.4.4}$$

式中，$F(x)$ 为 x 位置处枪弹所受的阻力；$g(x)$ 为枪弹停留在人体位置 x 处的概率。由于人体的大小、命中部位以及毁伤参数都是随机的，所以破片或枪弹在人体中的位置是随机的，服从某种分布规律。图 3.4.5 所示是枪弹在人体不同部位创伤弹道深度的概率。

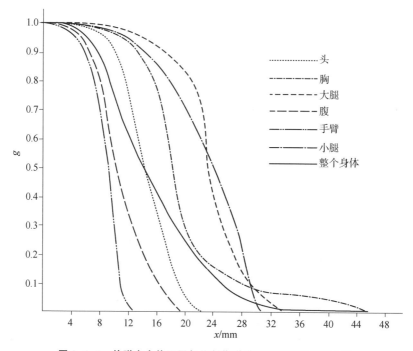

图 3.4.5　枪弹在人体不同部位创伤弹道深度的概率分布曲线

3.4.4 伤残等级准则

前面的准则建立了毁伤元的毁伤参量与人员丧失战斗力之间的关系,但是这些准则大多没有考虑毁伤元素命中人体的部位。实际上,相同参量(形状、质量和速度)的毁伤元命中人体的不同部位对人员的杀伤能力不同,美国在医学评估的基础上建立了不同部位伤口尺寸大小与人员丧失战斗力之间的关系。表 3.4.5 所示为肌肉系统的映射表,该表表示了不同部位肌肉组织伤口大小与时间从 30 s 到 5 天四肢功能的丧失情况,四肢中每肢的功能具有完全功能、完全丧失功能或丧失部分功能三种状态。根据四肢的功能状态,将其分为不同的伤残等级,由等级确定其丧失战斗力的概率。表 3.4.6 表示了不同伤残等级与人员在四种战术情况下丧失战斗力的关系[6]。

表 3.4.5 肌肉系统创伤与四肢功能之间的关系

组织名称	伤口直径/mm	伤后不同时间的四肢状态(顺序为:左臂、右臂、左腿、右腿)					
		30 s	5 min	30 min	12 h	24 h	5 d
头或颈部肌肉	31	NFNN	FFFF	FFFF	FFFF	FFFF	FFFF
	23	NFNN	NFNN	NFNN	NFNN	NFNN	NFNN
喉部肌肉	31	NFNN	NFNN	FFFF	FFFF	FFFF	FFFF
	23	NFNN	NFNN	NFNN	NFNN	NFNN	NFNN
腹部肌肉	31	NNNN	NNNN	FFFF	FFFF	FFFF	FFFF
	23	NNNN	NNNN	NNNF	NNNF	NNNF	NNNF
胯部肌肉	17	NNNN	NNNN	FFFF	FFFF	FFFF	FFFF
上臂肌肉	29	NTNN	NTNN	NTNN	NTNN	NTNN	NTNN
	21	NFNN	NFNN	NFNN	NFNN	NFNN	NFNN
前臂肌肉	29	NTNN	NTNN	NTNN	NTNN	NTNN	NTNN
	21	NFNN	NFNN	NFNN	NFNN	NFNN	NFNN
腕肘肌肉	29	NTNN	NTNN	NTNN	NTNN	NTNN	NTNN
	21	NFNN	NFNN	NFNN	NFNN	NFNN	NFNN
大腿肌肉	34	NNNF	NNNF	NNNF	FFFF	FFFF	FFFF
	17	NNNF	NNNF	NNNF	NNNF	NNNF	NNNF
小腿肌肉	34	NNNF	NNNF	NNNF	FFFF	FFFF	FFFF
	17	NNNF	NNNF	NNNF	NNNF	NNNF	NNNF
足部肌肉	34	NNNF	NNNF	NNNF	FFFF	FFFF	FFFF
	17	NNNF	NNNF	NNNF	NNNF	NNNF	NNNF

注:N 表示对功能无影响;F 表示肌肉控制能力变弱;T 表示完全丧失功能。

表 3.4.6　四肢功能与丧失战斗力的关系

每个		伤残等级	丧失战斗力的概率			
臂	腿		突击	防御	预备队	后勤保障
NN	NN	Ⅰ	0	0	0	0
NN	NF	Ⅱ	50	25	75	25
NN	FF	Ⅲ	75	25	100	50
NN	NT	Ⅳ	100	50	100	100
NN	TT	Ⅴ	100	50	100	100
NF	NN	Ⅵ	50	25	75	25
FF	NN	Ⅶ	75	50	100	50
NT	NN	Ⅷ	75	75	100	75
TT	NN	Ⅸ	100	100	100	100
FF	FF	Ⅹ	75	75	100	75
FF	FT	Ⅺ	100	75	100	100
FF	TT	Ⅻ	100	75	100	100
FT	FF	ⅩⅢ	100	100	100	100
TT	TT	ⅩⅣ	100	100	100	100
NN	FT	ⅩⅤ	100	50	100	100
NF	FF	ⅩⅥ	75	50	100	75

3.5　破片或枪弹作用下人员易损性评估过程

　　本节以美国人员易损性评估软件 ComputerMan 为例，介绍人员易损性的评估过程。评估前首先需要对人员进行数字化描述，ComputerMan 中使用一名身高 1.75 m，体重 70 kg 的男性士兵作为标准人员[7]。将人体沿高度方向切分为 108 层，其中头部位置的切片厚度为 12 mm（共计 18 层），其余位置每层厚度为 26 mm。同时，根据切片所属躯段，将其分为 6 类：头/颈、胸部、腹部、骨盆、双臂和双腿，手臂和腿进一步分为上、下和手（脚）等 3 部分，如图 3.5.1 所示，共 10 组躯段。

　　图 3.5.2 所示为人员胸部位置的切片，ComputerMan 中将每层切片分割成 5 mm × 5 mm 的正方形网格，并根据实际人体组织类型（共计 296 种）赋予网格组织类型编号（TTC）。

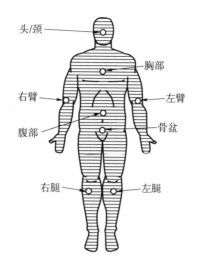

图 3.5.1　人体主要躯段划分示意图

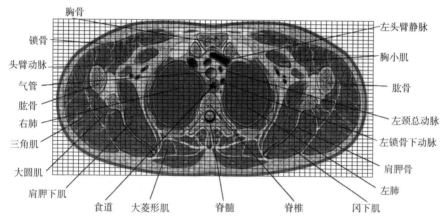

图 3.5.2　人员胸部位置的切片

人员目标易损性评估过程共分为 7 个步骤。

（1）定义破片或枪弹的入射方向

ComputerMan 中利用射线定义破片或枪弹的入射方向，并提供 4 种生成射线的模式：

①单射线模式：此模式一次生成一根射线，且射线方向水平，即只通过一层切片，由起点和终点确定通过的切片位置。

②多射线模式：多射线模式下生成六个不同方向的多条水平射线，并且同一方向的射线相互平行，间距 5 mm，在宽度方向覆盖整个切片，如图 3.5.3 所示。

③点爆炸模式：用户自定义破片的数量、质量分布、速度分布以及飞散角，程序根据破片数量随机给出相应的射线。

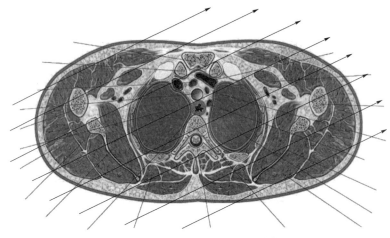

图 3.5.3 多射线模式的射线分布

④实弹射击模式：该模式下需给定人体上某一区域，并随机生成多条命中该区域的射线。

（2）确定破片或枪弹遭遇的人体组织

根据射线的入射方向确定破片或枪弹命中人体的切片后，再根据射线穿过该切片的网格确定射线遭遇的人体组织以及对应的组织代码。

（3）计算破片或枪弹穿透每层组织后的剩余速度

破片或枪弹穿透每层组织后的剩余速度可用 3.1.1 节方法计算，ComputerMan 中采用以下简化公式计算[8]：

$$v = v_0 - \left(av_0 + b + \frac{c}{v_0}\right)\frac{\Delta x}{\mu} \qquad (3.5.1)$$

$$\mu = \frac{m}{Y(m/\rho)^{2/3}} \qquad (3.5.2)$$

式中，v_0 为破片或枪弹的撞击速度（m/s）；a、b、c 均为与组织类型有关的破片或枪弹速度衰减系数；Δx 为组织厚度（cm），由于 ComputerMan 中使用的网格尺寸为 0.5 cm，因此其值固定取为 0.5 cm；m 为破片或枪弹的质量；ρ 为破片或枪弹材料的密度（g/cm³）；Y 为量纲为 1 的破片或枪弹形状系数。

对式（3.5.1）稍加处理，可得

$$v = v_0 - \left(Av_0 + B + \frac{C}{v_0}\right)\Delta x(m\rho^2)^{-1/3} \qquad (3.5.3)$$

式中，$A = Y \cdot a$，$B = Y \cdot b$，$C = Y \cdot c$，三者均为与破片或枪弹类型和组织类型有关的速度衰减系数。表 3.5.1 所列为 ComputerMan 数据库中的破片或枪弹在介质中速度的衰减系数，其中 B 的取值均为 0。

表 3.5.1 破片或枪弹在不同组织中的衰减系数

组织	球形破片 A	球形破片 C	立方体破片 A	立方体破片 C	圆柱体破片 A	圆柱体破片 C	箭形破片 A	箭形破片 C
皮肤	0.1226	0	0.2007	0	0.2117	0	0.0221	0
面部，心脏	0.192	0	0.4536	0	0.3129	0	0.0346	0
胰腺，肾脏	0.2422	0	0.4593	0	0.3361	0	0.0436	0
肺	0.1577	0	0.4037	0	0.3115	0	0.0284	0
头骨，脊椎	0.4545	7.536×10^8	0.834	7.612×10^8	0.5158	9.21×10^8	0.0818	1.356×10^8
胸骨，关节，股骨	0.3035	2.341×10^8	0.5809	2.166×10^8	0.3677	2.96×10^8	0.0546	2.34×10^7
大脑，眼睛，脊髓	0.2059	0	0.483	0	0.35	0	0.0371	0
肩胛，胫骨	0.7418	1.257×10^9	1.137	8.017×10^8	1.111	1.31×10^9	0.1335	2.263×10^8
咽喉	0.2247	5.273×10^8	0.7889	4.44×10^8	0.4234	1.22×10^9	0.0404	9.5×10^8

用式（3.5.1）计算破片或枪弹在固定 Δx 距离段内的速度降，若要计算破片或枪弹运动距离为 x 时的剩余速度，需要循环计算 n 次，直至 $n \cdot \Delta x \geqslant x$。若破片或枪弹能穿透人体，则可以得到其穿出人体的剩余速度；反之，破片或枪弹停留在人体内，可得破片或枪弹在人体中停留的位置及对应的组织。

（4）根据破片或枪弹的质量和撞击速度，计算伤口尺寸

通常采用 3.2.2 节所述方法计算伤口尺寸，ComputerMan 中采用以下简化方法实现快速计算。首先，根据破片或枪弹的质量和密度计算其等效截面面积

$$A_p = \gamma \left(\frac{m}{\rho}\right)^{2/3} \tag{3.5.4}$$

然后，根据等效截面面积得到破片或枪弹的等效直径

$$d_E = \sqrt{\frac{4A_p}{\pi}} = \sqrt{\frac{4\gamma}{\pi}} \times \left(\frac{m}{\rho}\right)^{1/3} \tag{3.5.5}$$

式中，γ 为破片或枪弹的形状系数，不同情况时其取值见表 3.5.2。

表 3.5.2 破片或枪弹的形状系数

破片或枪弹形状	方向	γ
球形	—	1.21
立方体	面朝前	1.0
立方体	随机	1.5
立方体	角朝前	1.73
圆柱体（长径比为1）	圆面朝前	0.92
圆柱体（长径比为1）	随机	1.38
战斗部爆炸产生的破片	随机	2.10
层裂破片	随机	2.28

最终，伤口直径 d 可表示为

$$d = d_E \cdot \alpha v^{\beta} \tag{3.5.6}$$

式中，α 和 β 为与组织类型有关的系数，其具体取值见表 3.5.3。

表 3.5.3 不同组织类型对应的系数 α 和 β

组织类型	α	β
头骨	0.270 1	0.245 4
肌肉	0.002 9	0.982 3
肺	0.014 0	0.823 5
心脏	0.009 8	0.924 2
大脑	0.008 0	0.926 2

（5）根据伤口尺寸确定受伤程度及伤残等级

医学专家基于外科手术经验，根据伤口位置和尺寸定义了 200 种左右的创伤类别。由于人员完成作战任务的能力与四肢协调程度密切相关，因此专家进一步给出了创伤类别与四肢协调程度的关系。根据四肢协调方式的不同，定义了人员的伤残等级，见表 3.4.5 和表 3.4.6。

（6）根据破片或枪弹沿射线进入人体能产生的致伤情况得到人员丧失战斗力的概率

根据表 3.4.5 和表 3.4.6，可以得到人员伤残等级与丧失战斗力概率的关系。由于破片或枪弹通过某层切片时，会穿过多层组织并在组织内形成不同尺寸的伤口，不同组织内不同的伤口尺寸对应不同的伤残等级和人员丧失战斗力的概率，取这些概率的最大值作为破片或枪弹的射线进入人体时使人员丧失战斗力的概率。

ComputerMan 中跳过了判断伤残等级的过程，直接建立了组织类型、伤口尺寸与四肢功能丧失程度的关系。因此，可以直接根据伤口尺寸得到四肢功能丧失程度，进而得到人员丧失战斗力的概率。

（7）综合所有射线对应的使人员丧失战斗力的概率得到平均值 $P_{I/H}$

第（6）步中可以得到单根射线对应的 $P_{I/H}$，而多射线模式的 $P_{I/H}$ 计算方法如下：

以头/颈躯段为例，说明计算方法。多射线模式下，记命中头/颈躯段，使人员丧失战斗力概率为 25%、50%、75% 和 100% 的射线数目分别为 $N_{25\%}$、$N_{50\%}$、$N_{75\%}$ 和 $N_{100\%}$。

如图 3.5.4 所示，假设射线命中某微元时，人员丧失战斗力概率为 25%，则微元的易损面积为

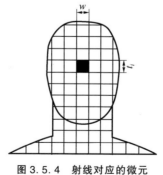

图 3.5.4　射线对应的微元

$$A_{v-25\%} = 0.25 \times (w \cdot t_i) \quad (3.5.7)$$

式中，w 为射线间隔宽度；t_i 为切片厚度；括号内表示射线微元的呈现面积。

因此，射线命中头/颈躯段使人员丧失战斗力的概率为 25% 的微元时，人员丧失战斗力的概率为

$$P(i)_{25\%} = \frac{N_{25\%} \cdot A_{v-25\%}(j)}{6 \cdot A_p(i)} \quad (3.5.8)$$

式中，$i = 1, 2, \cdots, 10$，对应躯段编号，此例中 $i = 1$；$A_p(i)$ 为躯段 i 的呈现面积；分母中数字 6 表示计算 6 个方向的射线。

采用相同方法计算 $P(i)_{50\%}$、$P(i)_{75\%}$ 和 $P(i)_{100\%}$，则任意射线命中躯段 i 后，人员丧失战斗力的概率为

$$P(i) = P(i)_{25\%} + P(i)_{50\%} + P(i)_{75\%} + P(i)_{100\%} \quad (3.5.9)$$

人员被命中后，由躯段 i 受伤造成人员丧失战斗力的概率为

$$P_{I/H}(i) = P(i) \times \frac{A_p(i)}{A_p} \quad (3.5.10)$$

式中，A_p 为人员的呈现面积。

最终可得，人员被破片或枪弹命中后，丧失战斗力的概率为

$$P_{I/H} = \sum_{i=1}^{10} P_{I/H}(i) \quad (3.5.11)$$

参考文献

[1] Kneubuehl B P. Wound ballistics: basics and applications [M]. Springer Science & Business Media, 2011.

[2] Baker W E, Kulesz J J, Westine P S, et al. A manual for the prediction of blast and fragment loadings on structures [R]. San Antonio TX: Southwest Research Inst, 1981.

[3] Л. П. 奥尔连科. 爆炸物理学（上册）[M]. 孙承伟, 译. 北京：科学出版社, 2011.

[4] 张国顺, 文以民, 刘定吉, 等, 译. 爆炸危险性及其评估（下）[M]. 北京：群众出版社, 1988.

[5] 王儒策, 赵国志. 弹丸终点效应 [M]. 北京：北京理工大学出版

社，1993.

[6] Starks M W. Improved metrics for personnel vulnerability analysis [R]. Aberdeen Proving Ground Maryland: Army Ballistic Research Laboratory, 1991.

[7] Driels M R. Weaponeering: conventional weapon system effectiveness [M]. Reston, Virginia: American Institute of Aeronautics and Astronautics, Inc, 2004.

[8] Bourget D, Dumas S, Bouamoul A. Preliminary estimate for injury criterion to immediate incapacitation by projectile penetration [R]. Quebec, Canada: Defence Research and Development, 2012.

第 4 章
飞机目标易损性

飞机是航空兵的主要技术装备，大量用于作战，在夺取制空权、防空作战、支援地面部队和舰艇部队作战等方面有着极其重要的作用，是战场上的主要空中目标之一。

4.1 飞机构造

飞机可分为固定翼飞机、旋翼飞机、扑翼飞机等，本节以最常见的固定翼飞机为例，简单介绍飞机的构造及系统组成[1]。

4.1.1 飞机的一般特征

飞机的任务决定了飞机应采用的形状、尺寸和外形。流线型高速截击机具有薄的三角形机翼和庞大的吸气式发动机；低速短粗的攻击机，其必须承受巨大的战斗载荷并长途飞行或在战区附近长时间盘旋；以垂直起飞和着陆能力而受重视的直升机，若体积较大且笨重，则可携带大量的货物；或以瘦而尖的形式出现，以获得在攻击任务中的机动性。

若不考虑要完成的任务或作用，最终的产品将拥有可以提供升力的翼面（固定的或旋转的）、提供推力的动力装置以及用于控制飞行方向的方法。这三种基本的功能（升力、推力和控制）通常由5个主要的飞机系统提供[1]：①结构；②推进系统；③飞行控制；④燃油；⑤飞行员。

在大多数飞机上还有其他几个系统，包括：①航空电子；②武器装备；③环境控制；④电气；⑤发射及回收。

上面列出的每个系统均与飞机的易损性有关，为了使读者了解每个系统在飞机中所扮演的角色，下面给出固定翼飞机各系统的简要描述。在后面的说明中，假定一个系统由一组子系统组成，一个部件是一个子系统的特定部分。例如，油箱是燃油储存子系统的一个部件，而燃油储存子系统是燃油系统的一个子系统。

4.1.2 固定翼飞机的常规布局及系统组成

4.1.2.1 常规布局

一般地，飞机前面部分包含了飞行员和许多航空电子设备；飞机的中段包括机翼、油箱和武器装备。燃油和武器装备布置在飞机的质心附近，因为执行任务过程中，燃油会被消耗、武器弹药被投放，质量发生剧烈的变化，将这些物品布置在质心附近，可使质心在整个任务过程中不会明显地改变。尽管发动机有时在机翼下部，但在本例中，发动机和部分飞行控制系统放置在飞机的尾部。

4.1.2.2 结构系统

结构系统的主要功能是提供飞机结构的完整性，主要的结构子系统或结构部件是机翼、机身、尾部或尾翼。

结构中使用的典型材料有铝、钢、钛合金、镀铝薄板、夹芯结构以及先进的碳基、硼基和环氧树脂基复合材料。

机翼结构 机翼由一根或更多的沿机翼展向（根部到翼尖）的翼梁以及几个沿着弦向（前缘到后缘）的翼肋或肋组成。翼梁有上、下缘条，由坚固的腹板或撑杆连接。翼肋形成机翼的空气动力学外形或翼型，并且作为一个刚性的结构或构架来构造，非常坚固，像一个隔板。翼梁和翼肋之上的机翼蒙皮提供飞机的主要升力平面。蒙皮如果太薄，可以用较轻的长桁加强展向部件。翼梁、翼肋以及加强蒙皮的整体形成了盒梁或扭矩盒，盒式梁可以悬臂梁形式与机身相连，或者从一侧翼尖连通到另一个翼尖。

机身结构 典型的机身结构是半硬壳结构，通常被分为前部、中部和尾部三个部分。应力蒙皮的半硬壳结构中，机身蒙皮由一些沿机身方向的部件加强，这些部件很轻时，被称为长桁；它们很重时，被称为机身大梁。蒙皮的形状由一些横向的结构框或隔板维持。主要的纵向机身梁称为龙骨。

尾翼结构 尾翼部分连于后部机身，通常由一至多个垂尾或垂直安定面和一个水平安定面或全动平尾组成。当机翼的后缘向后延伸至机身的后部末端时，水平安定面便被完全取消，或被安装在前机身两侧的小安定面（称作鸭翼）取代。垂直或水平安定面的结构与机翼相似。安定面被牢牢地安装在机身上，或通过扭矩管及轴承连接，允许整个安定面旋转。安定面的作用是提供升力面，升力面用于提供控制飞机飞行所必需的空气动力。

4.1.2.3 推进系统

推进系统的主要功能是提供可控的推力，使空气进出发动机，并为一些附属装置提供动力。推进系统由发动机、发动机空气进气口和排气口、润滑系统、发动机控制、传动附件以及传动机匣等组成。

发动机 固定翼飞机的发动机既可以埋在飞机结构中，也可以埋在吊舱中，飞机飞行所需的推力由发动机驱动的内部风扇提供，或由一个或多个发动机的喷气流提供，或由这两种方法联合提供。发动机的类型有活塞式、冲压式喷气发动机以及燃气涡轮发动机。

发动机润滑、冷却、控制以及附属设备 润滑子系统通常是独立的加压滑油子系统，可以向发动机齿轮组和附属设备提供压力润滑。由贮油箱、压力及温度指示器、泵、管路以及制冷剂组组成。常采用的制冷剂是空气或燃油。

发动机冷却子系统 由封闭的带有泵、管路和散热器的加压液体子系统组成，或者采用自由流动空气进行冷却。

发动机控制部件 主要由动力调节或节流阀操纵杆和发动机上的燃油控制机构组成，其作用是调节推力。

附属设备 为以下部件提供动力：燃油泵和开关、超速限速器、转速计、发电机、滑油泵、液压泵、可变排气面积的动力单元。

4.1.2.4 飞行控制系统

飞机通过控制器控制飞行路线。飞机上位置可动的平面称为控制面。操纵控制面的力通常由伺服作动器的液压动力单元提供。因此，飞行控制器、控制面和液压子系统组成了飞行控制系统。其功能是按飞行员发出的指令对飞机三轴运动进行控制。

飞机具有三个轴：①纵向或转轴，由飞机尾部指向头部；②横向或俯仰轴，由左翼尖指向右翼尖；③垂直或偏航轴，垂直于上述两轴所决定的平面。飞机关于这三个轴的运动取决于飞机的飞行特性和飞行员控制运动的能力。

飞机稳定性 飞机可以是静稳定和动稳定的、中性的或者不稳定的。当飞机的平衡被阵风或载荷的小变化轻微扰动后，静稳定的飞机可以利用空气动力和力矩使飞机恢复到原来的位置。如果飞机也是动稳定的，恢复路径可以是阻尼振荡的方式返回到原位置，也可以是非振荡的或无振荡的方式返回，这取决于飞机的阻尼特性。当飞机随扰动产生的振荡发散时，静稳定的飞机被称为是动态不稳定的。当振荡既不减弱也不发散时，这架飞机就具有中性的动态稳定性。

飞机纵向俯仰稳定性主要由水平安定面提供，航向安定性由垂直安定面和腹鳍提供，横向滚转安定性由机翼上下倾斜（向上为上反角，向下为下反角）、机翼布置以及机翼的后掠角综合提供。

飞机的安定性越好，飞行员要改变飞机的方向就越困难。非常安定的飞机反应缓慢且难以机动。另外，如果飞机的安定性较小，飞行员可以使飞机机动性增强，但对飞行路线的精确控制程度下降。

控制面　常规的控制面是基本的翼体，它们铰接在机翼、机身以及垂直和水平安定面上。翼片的移动改变支撑构件上的气流，由此改变空气动力。

常规的控制翼面是副翼、升降舵和方向舵。副翼和方向舵共同使用，以使飞机滚转和转向，升降舵用来改变飞机爬升角和迎角。副翼通常布置在每个机翼后缘的外端，它们可向上或向下差动偏转，当左副翼向上偏转，右副翼向下偏转时，左翼上的升力下降，而右翼上的升力上升，使飞机绕滚转轴做逆时针滚转。偏航轴方向的运动由方向舵控制，方向舵是一个铰接在垂直安定面上并可以向两个方向转动的翼面。升降舵是铰接在水平安定面上的翼面，它们影响飞机的俯仰力矩。例如，向上偏转升降舵可导致机头向上仰，这是在水平尾翼上的空气动力减少所致。

另外两个用于控制的铰接面是扰流板和减速板。扰流板又叫作襟副翼，是常见的被铰接在机翼上表面的翼面，它们仅仅在一个方向转动并用于减小机翼的升力，在有或没有副翼的情况下帮助控制飞机的滚转。减速板是铰接在机身或机翼上的翼面，它们伸入气流中并使飞机减速，在紧急状态下，也可用于控制飞机运动。

飞行控制　用来移动控制面的飞行控制器包括：用于移动升降舵和副翼的操纵杆（手柄或方向盘）以及用于移动方向舵的操纵脚蹬。操纵杆和脚蹬以机械方式与控制面或伺服作动器相连，或通过电线、传动杆、扭力管、摇臂和扇形摇臂与伺服作动器相连，或者操纵杆与脚蹬通过电线连接到伺服作动器上。

自动飞行控制系统　自动飞行控制系统可提供两方面的功能：①增强飞机的自然阻尼特性；②提供自动指令控制和保持由驾驶员选定的高度、姿态和航向。前者通过对电动机阻尼特性的修正，减少飞机发生振荡的趋势，由稳定性增强子系统或控制增强子系统完成。

液压系统 在低速飞行的小飞机上,飞行员直接通过座舱控制装置及控制面间的机械传动装置,手动移动控制面。但是在高速或大飞机上操纵控制面,所要求的力很大,于是就采用了有回力助力操纵系统和无回力助力操纵系统。有回力助力操纵系统采用与机械传动装置并联的伺服作动器辅助飞行员操纵控制面;无回力助力操纵系统用伺服作动器提供所有操纵控制面需要的力。

大多数动力系统使用伺服作动器,作动器中含有压力非常高的液体介质。伺服作动器有一个控制器或伺服阀,它接受输入的控制信号并据此控制液压介质进入一个或多个组成作动器的作动筒中,通常伺服作动器位于可动控制面的附近。这些加压的液压介质供给所有作动筒和其他液压操作部件,诸如襟翼和起落架,通过由发动机驱动的液压泵、蓄压器和贮存器等构成的液压管路传输。

完全靠液压动力提供控制力的飞机在发生液压失灵的情况下会变得无法操纵,飞行员无法移动控制面,所以,大多数飞机为了飞行安全,采用了一套以上的液压子系统,这些子系统通常独立地执行控制系统的一部分功能。每个子系统都有一个以上的回路,通常每个伺服作动器由两个或两个以上子系统加压。

4.1.2.5 燃油系统

燃油系统的主要功能是为动力装置提供燃油,燃油也可以用于冷却和液压介质。该系统包括内部和外部贮油箱、分配子系统、加油/排放子系统以及指示子系统。

贮油装置 大多数飞机所携带的燃油通常贮存在机身或机翼的一个或多个封闭的油箱或舱位中,油箱或舱位靠近飞机的质量中心。油箱可能是"防漏"的金属盒或由诸如蒙皮、梁、翼肋以及隔板等飞机结构元件组成的金属空腔,称为整体油箱。燃油也可贮存于软油箱中,软油箱通常由橡胶或尼龙纤维制成,通过特殊的支撑结构或支撑板分隔软油箱与飞机内蒙皮或其他结构。

外部贮油装置 由挂在机身或机翼下的金属或非金属副油箱组成。在紧急情况下可投弃,所以称之为可投弃油箱。

燃油分配装置 大多数飞机使用多个内部和外部油箱,而且燃油不断地在油箱之间交换以维持燃油载荷的均匀和平衡。当机翼油箱将其燃油输到机身油箱时,外部燃油通常要输入机翼油箱中。如果燃油用作冷却剂时,则热的燃油需要重新回输到机翼油箱进行冷却。

燃油可采用电子增压泵、引射流或重力流等几种方法从一个油箱输到另一个油箱。油箱空腔(指油面上部内部空间)的净正压由空气通风孔和压力气体供应（通常是发动机引气）的组合提供，这样有助于燃油顺利地输送并防止在高海拔时燃油沸腾。空腔压力的调节可防止飞机上升时相对大的净内压增加及飞机下降时大的净外压增加。

提供燃油到发动机的油箱称为消耗油箱，燃油从消耗油箱被泵抽出或流入输油管，然后流入发动机。如果在输油管中的燃油没有加压，会发生汽化和蒸汽阻塞，进而引起发动机熄火。向发动机燃烧室提供高压燃油的油泵为主燃油泵，通常与发动机附件布置在一起。

除了供应发动机和冷却系统，燃油有时也用作液压介质来操纵某些部件，比如发动机的可变截面喷管。

其他子系统　加油/排油子系统由管路和阀门组成，这些管路和阀门用于贮油箱的填充以及从油箱中排放多余燃油。有些飞机上安装了空中加油接头，而几乎所有飞机都具有从油箱向机外排油的能力。

燃油　飞机常用的燃油有两种：较轻的汽油和较重的煤油。美国空军现在使用 JP-8，美国海军使用 JP-5，它们是提纯过程中几种不同等级的燃油混合体。JP-8 为纯煤油燃料，JP-5 以煤油混合少量汽油，挥发性低但闪点高，能确保燃料储存的安全性。

4.1.2.6　其余系统

其余系统包括飞行员、航空电子、武器装备、环境控制、电气以及发射和回收系统等。

飞行员是操纵飞机的人员，可以根据飞机的大小设置一个至多个飞行员。

航空电子系统包括前面所讨论的自动飞行控制系统、贮藏管理、火力控制、导航、运动传感器以及内部和外部的通信子系统。

武器装备系统由炸弹、航炮和弹药箱、火箭弹、导弹、水雷以及鱼雷等组成。

环境控制系统包括空气调节、氧气和空气增压子系统，空气调节子系统提供通风、加热、降温、湿度控制，并且为飞行员舱及设备舱增压。典型的氧气子系统由液态氧贮存容器以及控制装置、阀门和连到飞行员舱的管系组成。空气增压子系统通常使用燃气涡轮发动机的压力为燃油箱提供内部压力。

电气系统由交流和直流子系统组成，这两个子系统包括发电机、电池、控制装置以及分配组件，为整机提供电能。

发射及回收系统包括起落架和用于快速制动的阻力伞或拦阻钩。

4.2 飞机目标主要毁伤模式分析

飞机上每个系统有许多可能发生的各种各样的能够引起毁伤的毁伤模式。按系统对飞机总易损性的贡献大小排列顺序，简要描述如下[1,2]：

(1) 燃油系统毁伤模式

①燃油供给毁伤：燃油存储部件毁伤导致燃油大量泄漏，使飞机可用燃油大量减少；或者燃油泵及其供油管路受损使燃油无法供给发动机。

②油箱内的燃烧或爆炸：由油箱内油汽混合物起火引起。油箱内燃烧或爆炸导致油箱及其相邻的结构与部件毁伤，而且火势可能会迅速蔓延到飞机其他部位。

③油箱外的燃烧或爆炸：因燃油泄漏到周围空间或干舱（与被穿孔的油箱和油管相邻的），被潜在的燃烧物、高温金属表面、从穿孔的发动机引气管或发动机机匣内逸出的高温气体引燃。油箱周围空间的燃烧或爆炸可对附近的子系统或部件产生明显的毁伤，从而使其失效。燃烧爆炸产生的烟与毒气也可能进入飞行员舱，有可能导致任务中断、迫降或弃机跳伞[3,4]。

④飞机外部燃油持续燃烧：这种毁伤模式由油箱受损伤后引起燃油泄漏出飞机外，接着着火产生持续燃烧。

⑤液压水锤效应：当侵彻体撞击并侵入油箱时，在燃油内产生较高的压力，称为液压水锤效应。液压水锤效应可使油箱壁产生穿孔和裂缝，并损伤油箱内部部件。在液压水锤压力的作用下，大量雾化燃油从穿孔和裂缝喷溅到燃油箱外部或干舱以及发动机进气道等内，极易被干舱内设备产生的电火花等点火源引燃[5]。

(2) 推进系统毁伤模式

①吸入燃油：紧靠进气道的油箱壁破裂后，燃油流入发动机进气道而使发动机吸入燃油。吸入燃油后通常会引起压气机喘振、严重失速、进气道和尾喷管内产生不稳定燃烧或发动机熄火。

②吸入异物：异物包括射弹、破片或受损飞机部件产生的破片，它们进入发动机进气道后损坏风扇和压气机叶片，可能使发动机失效或叶片抛出、穿过发动机筒体，导致其他部件损伤。

③进气道流场畸变：进气道因战斗损伤而使得供给发动机的气流发生畸变，使发动机产生不可控制的喘振或引起发动机失效。

④滑油枯竭：侵彻体或燃烧对润滑系统和冷却子系统的损伤可能导致滑油损失和随后的轴承面工作环境恶化，导致发动机不能工作。滑油损失故障通常与轴承相关，由于不能带走轴承热量，最终导致轴承故障。

⑤压气机筒体穿孔或变形：这种毁伤模式可能是由侵彻体穿过筒体、筒体变形或受损的压气机叶片穿出筒体等原因引起的。

⑥燃烧室筒体穿孔：燃烧室筒体被侵彻体穿孔后，热燃气或火焰窜出筒体，产生二次毁伤效应（如相邻的燃油箱或操纵杆严重受热），也可能导致燃烧室压力降低，使发动机动力明显下降。

⑦涡轮段故障：由侵彻体或破片对涡轮的叶轮、叶片和筒体侵彻导致的涡轮故障，引起发动机推力损失或二次穿孔。

⑧尾喷管故障：侵彻体和破片穿透、进入尾喷管可导致尾喷管控制管路和动作机构毁伤，如尾喷管被击中时，假如燃烧室正在工作，可能使燃油泄漏产生二次燃烧毁伤。

⑨发动机操纵拉杆和附件故障：由侵彻体、破片或燃烧损伤引起的发动机操纵拉杆和附件毁伤，可使发动机操纵失效或某一重要的发动机附件失效。

（3）飞控系统毁伤模式

①控制信号线路毁伤：从飞行员到操纵面或助力器之间传输控制信号的机械或电气线路被切断或卡滞后，可使控制系统部分或完全失灵。

②控制动力丧失：液压动力部件受损后引起液压压力损失，从而导致控制动力丧失。液压动力系统毁伤的类型包括：燃烧导致热降解；液压油箱、活塞杆或液压管路被穿孔导致液压油泄漏；引起液压锁住、液压部件和助力器失去动力。

③飞机运动参数损失：飞机运动参数传感器受损或传感器至飞控计算机信号线路被切断，将阻碍自动驾驶和增稳系统正确控制飞机运动。结果可能使控制能力部分失效，导致任务中断甚至飞机失控。这些部件相对较软，容易受侵彻体和燃烧的损伤。

④控制面和铰链受损：侵彻体、破片、冲击波和燃烧损伤可导致飞行控制面部分或全部物理变形，或引起伺服动作器和控制面之间的铰链、拉杆和其他连接件卡滞。

⑤液压油燃烧：泄漏的液压油点火后可能引起燃烧，燃烧产生的油烟或毒气可能影响机组人员。

（4）动力线路和旋翼桨叶/螺旋桨系统毁伤模式

①滑油损失：这种毁伤模式因侵彻体穿透滑油容器导致滑油损失而产生。滑油损失阻碍了摩擦面的热量散失和润滑，最后将导致部件卡滞。对于直升机

变速器及齿轮箱而言，出现故障后将产生灾难性后果。

②机械结构损伤：动力部件的机械或结构失效可能是由侵彻体的撞击或穿孔引起的，也可能是由燃烧引起的。轴承、齿轮和轴受撞击时易损伤而失效，轴可能断裂，轴承和齿轮可能卡滞，受损部件飞出的碎片可能使滑油泵卡滞，引起滑油枯竭。旋翼及螺旋桨受打击后可能导致转轴失衡、桨叶失稳、升力丧失。转轴失去平衡是撞击引起的最致命的毁伤模式，当部分桨叶被打断后，就会发生这种毁伤；一片桨叶损失部分质量可引起较大的、交替的轴心力强烈的座舱振动和控制振荡，导致结构失效或失控。

（5）飞行员系统毁伤模式

飞行员及其助手由于受伤、失去能力或死亡而无法操纵飞机，通常将导致飞机在极短的时间内毁伤。

（6）结构系统毁伤模式

①结构被毁伤：由众多侵彻体或破片、冲击波、燃烧或辐射效应作用于飞机承载结构使其弯曲或折断，可导致飞机毁伤[6-8]。

②压力过载：飞机受外部冲击波作用导致承载结构应力超载，从而导致飞机毁伤。

③热疲劳：当部分承载结构受到内部燃烧、外部持续燃烧、热辐射时，可能产生热疲劳，使结构毁伤。

（7）电气系统毁伤模式

电气系统部件毁伤通常是由电流被切断或接地、旋转的电气部件（如发电机）受损伤或失去平衡以及电池过热或被穿透引起的。

（8）军械系统毁伤模式

当飞机携带的炮弹、炸弹、火箭弹或导弹战斗部被毁伤元素击中后，可发生两种毁伤模式：一种是在弹舱内持续燃烧，另一种是发生爆炸，均可导致飞机严重毁伤。

（9）航空电子系统毁伤模式

航空电子部件一般较弱，易受侵彻体、冲击波、辐射及热危害（燃烧或热气流）作用而损伤。它们的失效模式是工作降级，或者是工作失灵。

图4.2.1所示为某双发战斗机的 B 级毁伤树图（部分），飞机失去结构完整性、失去升力、失去推力和失控均会导致飞机无法飞行。失去结构完整性指一个或多个主要结构件失效，如机翼、机身或尾翼，通常由战斗部内爆或近距离爆炸引起；失去升力通常由机翼或旋翼叶片的损伤引起，这两种情况也会导致失控。然而，对于具有垂直起降能力的固定翼飞机，失去升力可能不会伴随着任何其他基本功能的丧失。下面介绍失去推力和失控的故障模式。

■ 目标易损性评估及应用

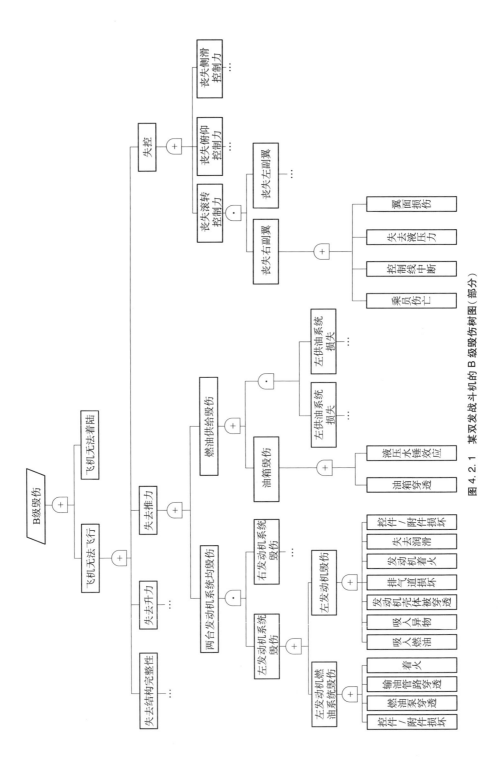

图 4.2.1 某双发战斗机的 B 级毁伤树图（部分）

失去推力取决于发动机的数量和供油系统配置,图 4.2.1 中的双发战斗机具有一个为两个发动机提供燃油的供油箱和两个为供油箱提供燃油的储油箱。当左发动机和右发动机都因发动机或发动机燃料子系统的损坏(发动机或发动机子系统故障)或两个发动机的燃料供应损失(供油系统丧失)而丧失时,则飞机失去总推力。当共用供油箱被击毁时,或当左边和右边的供油箱都被击毁时,两台发动机失去燃料供应。燃料箱可能由于穿透或液压水锤效应等基本事件导致的漏油而毁伤。任何一个发动机的推力损失可能由燃料供应的损失或发动机的损坏引起。发动机毁伤的原因包括:燃油泵的输油管路被穿透,或者从供油箱管路到发动机燃烧器的某个燃油传输部件(如燃油泵本身或者燃油管路)被穿透,或者这些部件因为燃油泄漏、液压油泄漏或者燃烧器穿孔引起的火灾而毁伤。由于发动机毁伤导致发动机系统毁伤,毁伤的原因可能是吸入燃油,吸入异物,扇叶、压缩机、燃烧器或涡轮被穿透,排气管毁伤,燃料泄漏导致发动机起火,失去润滑,发动机控制或附件损坏。

图 4.2.1 中,飞机依靠其周围几个翼面上产生的力控制飞机飞行,控制系统包括:一个液压电源、一个从飞行员到控制执行器的控制路径、两个用于控制滚动的副翼、一个用于控制俯仰的升降舵和一个用于控制方向的方向舵。如果升降舵或左副翼和右副翼或方向舵上形成的力失去了相应轴的控制,飞机会因失控而毁伤。每个控制面的力都取决于是否有正确的控制信号输入,是否有足够的动力定位控制面,以及是否有足够面积的可动翼面。

4.3 破片对飞机要害部件的毁伤

当战斗部在远距离处爆炸时,作用在目标表面的破片数目密度不大,有些穿孔不影响飞机正常飞行,但是,有些穿透外蒙皮进入飞机内部的破片对某些要害部件(如发动机、飞行控制系统、电源系统、燃料系统、武器控制系统等)可能造成损伤,使其不能工作。

破片和目标的相互作用过程相当复杂,取决于很多因素,如破片的几何形状和材料,其撞击目标瞬间的方向,目标外蒙皮的厚度、材料、形状,部件的特点、安装情况等。因此,破片击中某一部件并使其失去工作能力在很大程度上具有随机性。

通常将破片的杀伤作用划分为:导致舱段易损部件机械损坏的破片穿透作用、破片对油箱的引燃作用于及破片对弹药的引爆作用。

每一种作用均具有随机性，一般用下列条件概率描述破片对相应舱段的毁伤：P_c 表示穿透毁伤概率；P_y 表示引燃毁伤概率；P_b 表示引爆毁伤概率。这些毁伤概率通常在理论基础上对飞机不同部件进行射击试验得到。

4.3.1 破片的穿透作用

穿透作用是一种最典型的毁伤模式，通常表现为机械损伤的形式。机械损伤的程度由破片穿透部件的厚度、破片质量、速度等因素决定，穿透作用通常采用射击试验的方法进行研究，在试验基础上获得经验关系式。

破片对部件的穿透概率 P_c 为[9]：

$$P_c = \begin{cases} 0, & E_j \leq 4.41 \times 10^8 \\ 1 + 2.65 \mathrm{e}^{-0.347 \times 10^{-8} E_j} - 2.96 \mathrm{e}^{-0.143 \times 10^{-8} E_j}, & E_j > 4.41 \times 10^8 \end{cases} \quad (4.3.1)$$

式中，$E_j = q v_B^2 / (2 S_a h)$，为击穿某一厚度靶板所需的单位破片面积上的动能（$\mathrm{J \cdot m^{-2} \cdot m^{-1}}$）；$S_a = \varphi q^{\frac{2}{3}}$，为破片的平均迎风面积（$m^2$）；$h$ 为舱段或部件等效硬铝靶的厚度（m）；q 为破片的质量（kg）；v_B 为破片和目标的遭遇速度（m/s）；φ 为破片形状系数（$m^2 \cdot \mathrm{kg}^{-2/3}$），钢破片形状系数的取值见表 4.3.1[10]。

表 4.3.1 钢破片形状系数

破片形状	球形	方形	柱形	菱形	长条形	不规则形
$\varphi/(m^2 \cdot \mathrm{kg}^{-2/3})$	3.07×10^{-3}	3.09×10^{-3}	3.35×10^{-3}	$(3.2 \sim 3.6) \times 10^{-3}$	$(3.3 \sim 3.8) \times 10^{-3}$	$(4.5 \sim 5.0) \times 10^{-3}$

4.3.2 破片对油箱的引燃作用

如果高速破片撞击飞机的油箱，可能使其燃烧，引起燃料燃烧的主要原因是大量的炽热微粒，这些炽热的微粒由破片穿透硬铝蒙皮时形成，如果它落在由穿孔流出的燃料气体上，就会起火燃烧。起火燃烧的概率取决于炽热粒子的强度、燃料蒸汽的浓度等随机因素。由于破片引燃作用物理过程复杂，常通过射击试验方法研究不同的遭遇速度条件下不同质量、速度的破片对飞机燃料箱的引燃能力，通过这种试验得到引燃概率 P_y 的经验公式。

破片对油箱的引燃概率与飞机飞行高度有关，随着高度的增加，周围环境的温度和压力降低，引燃概率降低。在高度 H 上破片引燃油箱的概率近似为[9]：

$$P_y = P_y^{(0)} F(H) \quad (4.3.2)$$

式中，$P_y^{(0)}$ 为破片在地面对油箱的引燃概率；H 为飞机飞行高度（m）；$F(H)$ 为高度对引燃概率的影响函数，通过试验获得，其表达式为

$$F(H) = \begin{cases} 0, & H \geqslant 16\,000 \\ 1 - \left(\dfrac{H}{16\,000}\right)^2, & H < 16\,000 \end{cases} \quad (4.3.3)$$

引燃概率 $P_y^{(0)}$ 为：

$$P_y^{(0)} = \begin{cases} 0, & W_j \leqslant 1.57 \times 10^4 \\ (1 + 1.083\mathrm{e}^{-4.278 \times 10^{-5} W_j} - 1.936\mathrm{e}^{-1.51 \times 10^{-5} W_j}) P_c, & W_j > 1.57 \times 10^4 \end{cases}$$

$$(4.3.4)$$

式中，$W_j = qv_B/S_a$，变量含义同式（4.3.1）；P_c 通过式（4.3.1）计算。

4.3.3 破片对弹药的引爆作用

如果具有足够能量的破片命中飞机的弹药舱，当其穿透飞机蒙皮后，可能引爆弹药。根据爆炸理论，当高速破片撞击炸药时，在炸药中形成冲击波，冲击波波阵面上炸药的压力、温度和密度急剧升高。由于炸药物理结构的不均匀性，因此在炸药的某些点上产生局部高温，这些点将成为热点，是引爆炸药的最可能的局部中心（当热点的温度超过炸药热分解温度时）。显然，形成热点的过程越激烈，在炸药热分解时产生的能量越多，则引爆整个炸药的概率越大。

在装有弹药的飞机舱段以及弹药本身射击试验的基础上，得到引爆弹药的经验公式[9]：

$$P_b = \begin{cases} 0, & U_j \leqslant 0 \\ 1 - 3.03\mathrm{e}^{-5.6U_j}\sin(0.3365 + 1.84U_j), & U_j > 0 \end{cases} \quad (4.3.5)$$

式中，$U_j = \dfrac{10^{-8}A_0 - A - 0.065}{1 + 3A^{2.31}}$，为破片引爆参数；$A_0 = 100\rho_d \varphi v_B^2 q^{2/3}$；$A = \varphi \delta D / q^{\frac{1}{3}}$；$q$ 为破片质量（kg）；v_B 为破片撞击速度（m/s）；φ 为破片形状系数（$\mathrm{m^2 \cdot kg^{-2/3}}$）；$\rho_d$ 为弹药战斗部炸药装药密度（$\mathrm{kg/m^3}$）；δ 为弹药战斗部壳体材料密度（$\mathrm{kg/m^3}$）；D 为弹药战斗部壳体厚度（m）。

4.3.4 液压水锤效应

液压水锤（Hydrodynamic ram，HRAM）效应是指高速侵彻体撞击充液容器，侵彻体将动能传递给液体，在液体内产生强压的过程[11]。充液容器在液压水锤效应的作用下会变形甚至破坏。由于油箱是飞机上暴露面积最大的部件之一，因此高速破片撞击油箱产生的液压水锤效应是飞机易损性分析的重要内容。

4.3.4.1 液压水锤效应的不同阶段

如图 4.3.1 所示,液压水锤效应分为 5 个阶段[12]。①侵彻阶段:侵彻体侵彻容器前壁面;②冲击阶段:侵彻体冲击液面,在液体中产生半球形的冲击波;③阻滞阶段:侵彻体的动能受到液体阻力迅速消耗,侵彻体尾部产生空泡;④穿出阶段:如果侵彻体在前 3 个阶段未消耗所有的动能,侵彻体穿透容器的后壁面;⑤空泡振荡阶段:阻滞阶段产生的空泡反复膨胀收缩并最终溃灭。当破片动能较小或容器较长时,没有穿出阶段。

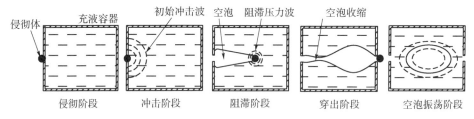

图 4.3.1 液压水锤效应的不同阶段

液压水锤效应不同阶段对容器的损伤模式和程度不同:侵彻阶段对充液容器前壁面的穿孔削弱其强度;冲击阶段使得前壁面在撞击点局部区域承受冲击波形成的脉冲载荷,使前壁面撞击位置局部迅速向外鼓起,甚至出现裂纹。由于初始冲击波在液体中衰减较快,对后壁面的影响较小。阻滞和空泡振荡阶段,空泡的不断膨胀导致壁面受压,此时产生的压力虽然比冲击阶段小,但持续时间远大于冲击阶段,对容器的毁伤更严重。

4.3.4.2 破片在液体中的速度衰减及空泡半径随时间变化

根据牛顿第二定律,破片在液体中的运动时,其速度变化由下式计算

$$m_f \frac{dv}{dt} = -\frac{1}{2} C_d \rho_1 A_0 v^2 \quad (4.3.6)$$

式中,m_f 为破片质量;v 为破片速度;A_0 为破片的迎流面积;ρ_1 为液体密度;C_d 为量纲为 1 的阻力系数,与液体的性质和破片的尺寸、外形与速度等因素有关。球形破片在水中运动时,其阻力系数为[12]

$$C_d = \begin{cases} 0.384, & 0 < Ma < 0.5 \\ 0.639\,6 + 0.597\,4(Ma-1) - 0.161\,8(Ma-1)^2 - 0.721\,2(Ma-1)^3, & 0.5 \leq Ma \leq 1.4 \\ 0.762\,4 + 0.239\,8\left(\frac{1}{Ma} - \frac{1}{2.75}\right) - 0.475\left(\frac{1}{Ma} - \frac{1}{2.75}\right)^2, & 1.4 < Ma < 4.0 \end{cases}$$

$$(4.3.7)$$

式中,$Ma=v/c_w$,为破片在水中运动的马赫数;c_w 为水中声速。

如图 4.3.2 所示,以破片撞击液面位置为原点、侵彻方向为 x 轴正方向建立柱坐标系。假设破片在液体中运动时方向不发生偏转。根据能量守恒定律,ξ 位置处的空泡半径 a 随时间 t 变化可以表示为[12]

$$a(\xi,t)=\sqrt{A^2(\xi)-\{A(\xi)-B(\xi)[t-t_f(\xi)]\}^2},t>t_f(\xi) \quad (4.3.8)$$

式中,A 和 B 分别为

$$A(\xi)=\frac{2m_f v_0}{2m_f+\rho_1 A_0 C_d v_0 t}\cdot\sqrt{\frac{\rho_1 A_0 C_d}{2\pi\Delta p(\xi)}} \quad (4.3.9)$$

$$B(\xi)=\sqrt{\frac{\Delta p(\xi)}{\rho_1 N}} \quad (4.3.10)$$

式中,$t_f(\xi)$ 为破片通过 ξ 位置的时间;v_0 为破片入液时的初速;$\Delta p(\xi)$ 为空泡内外压力差,通常取为 0.1 MPa;N 为表征空泡径向运动扰动的液体域范围的量纲为 1 的参数,其值在 2.7~3.4 之间。

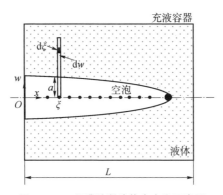

图 4.3.2 阻滞阶段液体中空泡示意图

图 4.3.3 所示为直径为 9.5 mm 的钨球(质量 8 g)以 996 m/s 的速度撞击充液容器(长度 L 为 600 mm),在液体内产生空泡的过程[12]。图 4.3.4(a)和图 4.3.4(b)分别为试验和计算得到的破片速度与 $\xi=300$ mm 处空泡半径变化。

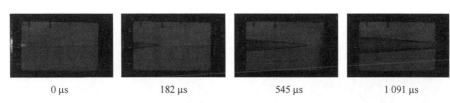

图 4.3.3 液压水锤效应中的空泡扩展过程(高速摄影照片)

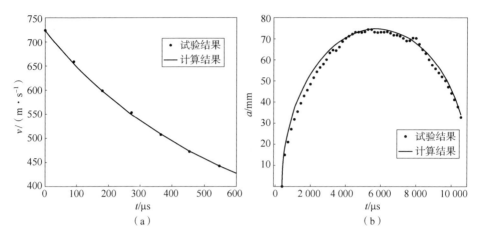

图 4.3.4 破片速度和空泡半径随时间的变化曲线
(a) 破片的速度变化；(b) 空泡的半径变化

4.3.4.3 液体内的阻滞压力

图 4.3.5 所示为阻滞压力波传播示意图，图中 $x_f(t)$ 表示 t 时刻破片在液体中的位移。对于液体中坐标为 (x_g, w_g) 的观测点 G，该位置处由沿弹道方向排列的点源引起的速度势可表示为

$$\varphi(x_g, w_g, t) = -\int_0^{x_f} \frac{\zeta}{r} \mathrm{d}\xi \quad (4.3.11)$$

式中，ζ 为点源强度，其表达式为

$$\zeta = \frac{1}{2} B(\xi) \sqrt{A^2(\xi) - a^2(\xi, t)} \quad (4.3.12)$$

图 4.3.5 中，虽然 t 时刻破片已经运动至 $x = x_f(t)$ 位置，但由于点源产生的压力波并非瞬时传播至观测点，因此时刻 t 观测点处的压力由位置 $\xi = 0 \sim x_f(\tau)$ 处的所有点源产生的压力叠加而成，$x_f(\tau)$ 为破片在时刻 τ 的位移，τ 为延迟时间，表达式为

$$\tau = t - \frac{r}{c} \quad (4.3.13)$$

式中，r 为观测点到 $\zeta = x_f(\tau)$ 位置处点源的距离；c 为压力波的传播速度，即液体中声速。

将式 (4.3.9) 和式 (4.3.12) 代入式 (4.3.11)，可得

$$\varphi(x_g, w_g, t) = -\frac{1}{2} B \int_0^{x_f(\tau)} \frac{1}{r} \{ A(\xi) - B[\tau - t_f(\xi)] \} \mathrm{d}\xi \quad (4.3.14)$$

假设液体无黏、无旋且不可压，根据柱坐标系下的伯努利方程，液体内压

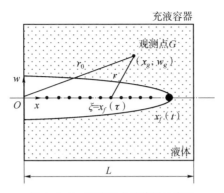

图 4.3.5 阻滞压力波传播示意图

力 $p(t)$ 可写作

$$p(t) = p_0 - \rho_1 \frac{\partial \varphi}{\partial t} - \frac{1}{2}\rho_1 \left(\frac{\partial \varphi}{\partial x} + \frac{\partial \varphi}{\partial w}\right)^2 \qquad (4.3.15)$$

式中,p_0 为液体内初始压力。

图 4.3.6 所示为直径 19.1 mm 的钢球(质量 28.6 g)以 1 000 m/s 的速度撞击充液容器(长度 L 为 406 mm)时,试验和理论计算得到的液体内不同位置的压力变化[13]。以撞击点为原点,弹道方向为 x 轴,竖直向上为 y 轴,3 个位置($G_1 \sim G_3$)的坐标分别为(76 mm, 9.1 mm)、(152 mm, 9.1 mm)和(254 mm, 9.1 mm)。

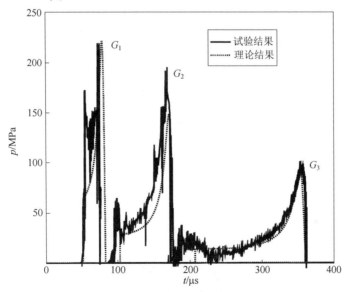

图 4.3.6 液体内不同位置的阻滞压力

4.3.4.4 油箱壁面的损伤判据

当破片撞击充液容器（如油箱）时，局部区域受到高压作用，容器壁面向外膨胀，如图4.3.7所示，其中，破片撞击速度为v_0，破片长度为b，容器的初始宽度为$2W_0$。壁面内拉伸应力随容器壁面变形的增大而增大，当拉伸应力达到某一临界值时，裂纹从侵彻孔开始向外扩展，最终导致容器破坏，定义此时壁面的变形为极限变形，破片的撞击速度为临界撞击速度。Rosenberg等[14]建立了一套计算临界破片速度的方法，下面介绍该方法。

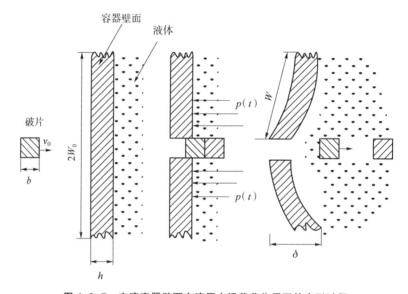

图4.3.7 充液容器壁面在液压水锤载荷作用下的变形过程

破片进入液体到破片开始在液体中运动的过程中，液体内压力的变化梯度很大，持续时间为40~50 μs。可将压力下降视为一个脉冲，此脉冲造成壁面变形，变形量为δ。将壁面受载变形等效为平板受单轴拉伸发生弹性变形的过程，由虎克定律得：

$$\sigma = E\varepsilon = E\left(\frac{W}{W_0}-1\right) = E\left(\sqrt{\frac{W_0^2+\delta^2}{W_0^2}}-1\right) \approx E\frac{\delta^2}{2W_0^2} \quad (4.3.16)$$

式中，E为壁面材料的弹性模量；ε为壁面应变；$2W$是壁面被拉伸后的长度。

由于变形量是时间的函数，式（4.3.16）可写为：

$$\sigma(t) = \frac{E}{2W_0^2}\delta^2(t) \quad (4.3.17)$$

当拉伸应力达到临界值 σ_c 时，壁面的变形达到极限变形 δ_c，其计算方法如下。

由于破片在壁面上产生的侵彻孔周围伴随着许多微小裂纹，因此壁面上的侵彻孔可等效为边缘带两条裂纹的圆孔，而壁面受液压水锤载荷作用的过程可等效为壁面受单轴拉伸的过程，如图4.3.8所示。由断裂力学可知，当裂纹尖端的应力强度因子 K_I 等于材料的断裂韧度 K_{Ic} 时，裂纹开始扩展，裂纹处应力强度因子可由下式计算：

$$K_I = G\sigma\sqrt{\pi a} \tag{4.3.18}$$

式中，G 为与裂纹几何形状有关的常数；σ 为拉伸应力；$2a$ 为裂纹长度。

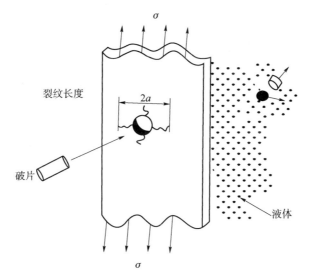

图 4.3.8　应力强度因子与裂纹和孔大小的关系

将极限变形 δ_c 代入式（4.3.18），可得到对应的极限强度因子，其等于材料的断裂韧度 K_{Ic}

$$K_{Ic} = \frac{GE\sqrt{\pi a}}{2W_0^2}\delta_c^2 \tag{4.3.19}$$

则壁面的极限变形可表示为：

$$\delta_c = A\frac{W_0}{a^{\frac{1}{4}}}\left(\frac{K_{Ic}}{E}\right)^{\frac{1}{2}} \tag{4.3.20}$$

式中，A 为常数。得到极限变形量和壁面特性的关系后，还需要得到壁面变形与破片速度的关系。研究表明，壁面的变形与作用在壁面上的冲量成正比，与壁面材料密度和厚度成反比，则壁面的变形量 δ 可以表示为：

$$\delta = A'\frac{\bar{p} \cdot \overline{\Delta t}}{\rho h} \tag{4.3.21}$$

式中，A' 为常数；ρ 为壁面材料的密度；h 为壁面厚度；$\overline{\Delta t}$ 为压力脉冲持续时间；$\bar{p}$ 为脉冲的平均压力。

试验结果表明，作用在壁面上的压力脉冲可近似为三角形波，且压力脉冲峰值 $p_{\max}$ 与破片撞击速度的平方呈线性关系，即

$$p_{\max} = Cv_0^2 \tag{4.3.22}$$

式中，C 为常数。

因此，壁面的变形量可写为：

$$\delta = \frac{Bv_0^2}{\rho h}\overline{\Delta t} \tag{4.3.23}$$

式中，B 为常数。由于压力脉冲持续时间与破片冲击阶段的持续时间有关，假设冲击阶段破片速度不变，并且压力脉冲持续时间和冲击阶段的持续时间呈线性关系

$$\overline{\Delta t} = B'\frac{b}{v_0} \tag{4.3.24}$$

式中，B' 为常数；b 为破片长度。

将式（4.3.24）代入式（4.3.23）得

$$\delta = D\frac{v_0 b}{\rho h} \tag{4.3.25}$$

式中，D 为新的常数。

由式（4.3.25）和式（4.3.23）得到达到临界变形量时对应的破片撞击速度为：

$$v_{cr} = \varphi \frac{\rho h W_0}{a^{\frac{1}{4}}b}\left(\frac{K_{Ic}}{E}\right)^{\frac{1}{2}} \tag{4.3.26}$$

式中，φ 为常数。

对于球形或立方体破片，$b = a$，上式可写为：

$$v_{cr} = \varphi \frac{\rho h W_0}{a^{\frac{5}{4}}}\left(\frac{K_{Ic}}{E}\right)^{\frac{1}{2}} \tag{4.3.27}$$

式（4.3.27）给出了使容器破坏的破片临界撞击速度与破片尺寸、壁面厚度和宽度、壁面材料特性等参数的关系，但常数 φ 需要由试验结果确定。由式（4.3.27）可知，破片的临界撞击速度与壁面的厚度呈线性关系。图 4.3.9 给出了壁面材料为 7075-T6 铝合金时，3 种不同质量立方体破片的临界撞击速度与壁面厚度的关系，图中数据点为试验结果，而直线为线性拟合结果。

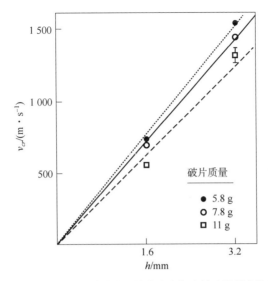

图 4.3.9　不同质量破片的临界撞击速度与油箱壁面厚度的关系

4.4　飞机相对于动能侵彻体的易损性

由单个侵彻体（如破片）撞击引起的飞机易损性可用总的易损面积 A_V 表示，也可用飞机在给定的随机打击下的毁伤概率 $P_{K/H}$ 表示。易损面积的概念既可用于飞机也可用于它的关键部件。设第 i 个部件的易损面积为 A_{v_i}，给定打击下的毁伤概率为 P_{k/h_i}。分别通过小写和大写的下标标明部件和飞机相应变量的区别，表 4.4.1 列出了变量的定义。

表 4.4.1　易损性评估变量的定义

含义	第 i 个部件	飞机
命中部件条件下的毁伤概率	$P_{k/hi}$	
命中飞机条件下的毁伤概率	$P_{k/Hi}$	$P_{K/H}$
命中飞机条件下的生存概率	$P_{s/Hi}$	$P_{S/H}$
易损面积	A_{vi}	A_V
呈现面积	A_{pi}	A_P

第 i 个部件的易损面积为部件在侵彻体入射方向的呈现面积 A_{pi} 与部件在给定打击下的毁伤概率的积，即

$$A_{vi} = A_{pi} \cdot P_{k/hi} \tag{4.4.1}$$

由于 A_{pi} 与 $P_{k/hi}$ 为威胁方向或方位角的函数，所以易损面积随方位角变化。飞机或部件的毁伤概率 P_K 与飞机或部件的生存概率 P_S 之和等于 1，即：

$$P_{S/H} = 1 - P_{K/H} \tag{4.4.2}$$

式中，$P_{S/H}$ 为飞机或部件在打击下的生存概率。

在随机命中飞机条件下，第 i 个部件的毁伤概率 $P_{k/Hi}$ 是该部件被击中的概率 $P_{h/Hi}$ 与部件在击中条件下毁伤概率 $P_{k/hi}$ 之积，即：

$$P_{k/Hi} = P_{h/Hi} \cdot P_{k/hi} \tag{4.4.3}$$

及

$$P_{s/Hi} = 1 - P_{k/Hi} \tag{4.4.4}$$

由式（4.4.1）得 $P_{k/hi}$ 为

$$P_{k/hi} = \frac{A_{vi}}{A_{pi}} \tag{4.4.5}$$

若动能毁伤元击中飞机上的位置随机，$P_{h/Hi}$ 可由下式给出：

$$P_{h/Hi} = \frac{A_{pi}}{A_P} \tag{4.4.6}$$

式中，A_P 是飞机沿毁伤元入射方向的呈现面积。

根据式（4.4.3）、式（4.4.5）和式（4.4.6），对作用于飞机上的任何随机打击，第 i 个部件的毁伤概率为：

$$P_{k/Hi} = \frac{A_{vi}}{A_P} \tag{4.4.7}$$

$P_{k/Hi}$ 的数值依赖于关键部件的呈现面积 A_{pi}、全机的呈现面积 A_P 以及部件的毁伤概率 $P_{k/hi}$。关键部件和全机的呈现面积可通过有效的飞机技术说明得到。确定 $P_{k/h}$ 数值的步骤在前面关键部件毁伤准则部分已叙述。

在任何给定的战斗任务中，飞机可能不被击中或被击中一次，或被击中多次。当然，对未击中的情况不需考虑。易损性评估中，假定在飞机呈现面积上的单个或多个打击的击中位置为随机分布，并且每个毁伤元以相同的方向攻击。下面分别考虑飞机无冗余和有冗余部件以及部件的重叠等情况对其易损面积的影响。

4.4.1 单个动能侵彻体打击下的易损性评估

本节主要分析无冗余关键部件飞机模型和有冗余关键部件飞机模型在单次

打击下的易损性。无冗余关键部件飞机模型是指飞机的所有关键部件均无备份,仅有一个。因此,任何一个关键部件的毁伤将导致飞机毁伤。有冗余关键部件飞机模型是指飞机一些关键部件的功能可由其他同样的或不同的部件来完成。此外,考虑无冗余或冗余关键部件的重叠对易损性的影响。

4.4.1.1　无冗余且无重叠部件飞机的易损性评估

假设飞机由 N 个无冗余关键部件组成,且部件的布置方式满足:沿指定的方向看过去,所有部件不相互重叠。所以,这种情况下任何一条射击线上不会有两个及两个以上部件被击中。如图 4.4.1 所示,飞机由驾驶员、油箱和发动机三个关键部件组成,而且沿此方向没有关键部件重叠[15-17]。

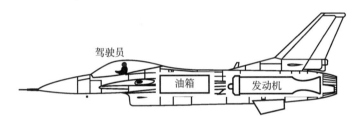

图 4.4.1　无部件重叠的非冗余飞机模型

在图 4.4.1 所示的呈现面积上给定一个随机打击,飞机的毁伤概率可通过毁伤表达式和式(4.4.1)、式(4.4.7)导出。利用前文中给出的毁伤表达式中的逻辑"与"和"或"关系由部件毁伤来定义飞机的毁伤。对于由 N 个无冗余关键部件构成的飞机,毁伤表达式仅用到逻辑"或"关系,其形式为:

$$毁伤 = C_1 或 C_2 或 \cdots 或 C_N \tag{4.4.8}$$

式中,C_i 表示无冗余部件 i 的毁伤。也就是说,飞机的毁伤可定义为无冗余部件 1 的毁伤,或者无冗余部件 2 的毁伤,或者……,或者无冗余部件 N 的毁伤。因为任何一个关键部件的毁伤都将导致全机的毁伤,飞机只有在所有的无冗余关键部件生存的情况下才生存,因而

$$P_{S/H} = P_{S/H1} \cdot P_{S/H2} \cdots P_{S/HN} = \prod_{i=1}^{N} P_{S/Hi} \tag{4.4.9}$$

利用方程(4.4.4),$P_{S/H}$ 可写为:

$$P_{S/H} = (1-P_{k/H1}) \cdot (1-P_{k/H2}) \cdots (1-P_{k/HN}) = \prod_{i=1}^{N}(1-P_{k/Hi}) \tag{4.4.10}$$

如果 $N=3$,方程(4.4.10)可写为:

$$P_{S/H} = 1-(P_{k/H1}+P_{k/H2}+P_{k/H3})+P_{k/H1}P_{k/H2}+P_{k/H1}P_{k/H3}+P_{k/H2}P_{k/H3}-P_{k/H1}P_{k/H2}P_{k/H3} \tag{4.4.11}$$

因为部件只有被击中时才会被毁伤，并且部件之间没有相互重叠，因此部件的毁伤是相互独立的。也就是说，一次击中飞机目标，最多只能毁伤一个部件。因而，式（4.4.11）中 $P_{k/H}$ 的乘积项为 0。

所以式（4.4.10）可以简化为：

$$P_{S/H} = 1 - (P_{k/H1} + P_{k/H2} + \cdots + P_{k/HN}) \tag{4.4.12}$$

这样，飞机受到一次随机打击情况的毁伤概率正好等于每个关键部件毁伤概率之和。因而飞机在给定打击下的毁伤概率为：

$$P_{K/H} = P_{k/H1} + P_{k/H2} + \cdots + P_{k/HN} = \sum_{i=1}^{N} P_{k/Hi} \tag{4.4.13}$$

将式（4.4.7）中的 $P_{k/Hi}$ 代入式（4.4.13），得：

$$P_{K/H} = \sum_{i=1}^{N} \frac{A_{vi}}{A_P} = \frac{1}{A_P} \sum_{i=1}^{N} A_{vi} \tag{4.4.14}$$

由易损面积的定义可得 $P_{K/H}$：

$$P_{K/H} = \frac{A_V}{A_P} \tag{4.4.15}$$

式中，A_V 为飞机的易损面积。

结合式（4.4.14）和式（4.4.15）得

$$A_V = \sum_{i=1}^{N} A_{vi} \tag{4.4.16}$$

对该例中的飞机，毁伤表达式为：驾驶员或油箱或发动机。根据式（4.4.13）与式（4.4.16），命中飞机条件下的毁伤概率和易损面积分别为：

$$P_{K/H} = P_{k/Hp} + P_{k/Hf} + P_{k/He} \tag{4.4.17}$$

$$A_V = A_{vp} + A_{vf} + A_{ve} \tag{4.4.18}$$

这里下标 p、f、e 分别表示驾驶员、油箱和发动机。根据式（4.4.1），各部件的易损面积为：

$$A_{vp} = A_{pp} \cdot P_{k/hp}, \ A_{vf} = A_{pf} \cdot P_{k/hf}, \ A_{ve} = A_{pe} \cdot P_{k/he} \tag{4.4.19}$$

假设部件与飞机呈现面积和部件毁伤准则已知，可以算出 A_{vi} 与 $P_{k/Hi}$、A_V 与 $P_{K/H}$ 的值，见表 4.4.2。

表 4.4.2　无冗余关键部件飞机的易损面积和毁伤概率

关键部件	A_{pi}/m^2	$P_{k/hi}$	A_{vi}/m^2	$P_{k/Hi}$
驾驶员	0.4	1.0	0.4	0.013 3
油箱	6	0.3	1.8	0.060 0
发动机	5	0.6	3.0	0.100 0
	$A_P = 30$		$A_V = 5.2$	$P_{K/H} = 0.173\ 3$

关键部件的二次毁伤以及同一个关键部件的多种毁伤模式的影响，在该模型中可通过增大部件毁伤概率的数值间接地加以考虑。例如，假设飞机在油箱被击中发生起火破坏而导致飞机毁伤的概率为 0.3。进一步假设油箱被穿透从而液压作动筒破坏使得燃油进入进气道被发动机吸入，这也会导致飞机的失效，概率为 0.1（注意，这两种毁伤模式并非互不相容，也就是说，当油箱被击中时，两者可能同时发生）。飞机油箱被击中时，仅在既不起火也没有油料吸入发动机的情况下才能幸存。当油箱被击中时，这两种毁伤模式均不发生的概率是由不起火的概率（1 - 0.3）及发动机没有油料吸入毁伤的概率（1 - 0.1）的乘积给出的，即 0.63。因而，若油箱受到打击，存在起火毁伤或油料吸入毁伤的概率为（1 - 0.63）= 0.37（注意，修改的 $P_{k/hi}$ 并不是两种毁伤概率各自简单的相加，因为一次击中可能存在起火毁伤及油料吸入毁伤的双重破坏），从而，计入发动机吸入燃油的附加毁伤模式，油箱的毁伤概率 $P_{k/h}$ 从 0.3 增加到 0.37，该方法同样可用于计算关键部件多种模式的毁伤概率 $P_{k/hi}$。

4.4.1.2　有重叠无冗余部件飞机的易损性评估

现将模型扩展为允许有两个或多个关键部件以任意方式重叠。图 4.4.2 所示为飞机部件重叠的示例。重叠区域的尺寸或面积由重叠区的几何轮廓确定。重叠区内沿任一条射击线可以贯穿多个关键部件，假设重叠区内有 c 个无冗余关键部件，飞机在受到贯穿重叠区内的射击线打击后若能生存，则射击线上的任何一个关键部件都必须生存。因而，飞机在重叠区受到打击后生存的概率可通过类似于式（4.4.9）或式（4.4.10）的形式给出：

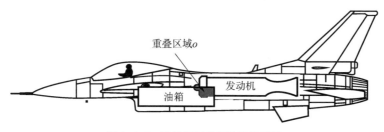

图 4.4.2　重叠无冗余部件飞机模型

$$P_{s/ho} = P_{s/h1} \cdot P_{s/h2} \cdot P_{s/h3} \cdots P_{s/hc} = \prod_{i=1}^{C}(1 - P_{k/hi}) \quad (4.4.20)$$

式中，C 为重叠区内关键部件数目。

因为重叠区可能有两个或更多个关键部件被一次打击而毁伤，多个部件毁伤的情况不是相互独立的，因而式（4.4.12）不适用于重叠区，在重叠区内的打击必须用式（4.4.20）。

目标易损性评估及应用

如果将面积为 A_{po} 的重叠区作为一个独立的部件考虑，则该部件受到打击时的毁伤概率为：

$$P_{k/ho} = 1 - P_{s/ho} \tag{4.4.21}$$

这里 $P_{s/ho}$ 是由式（4.4.20）计算得到的生存概率，因而，重叠区的易损面积 A_{vo} 为：

$$A_{vo} = A_{po} \cdot P_{k/ho} \tag{4.4.22}$$

设图 4.4.2 中重叠区的面积为 $1~\text{m}^2$，与前相同，油箱的 $P_{k/h}$ 取为 0.3，重叠的发动机的 $P_{k/h}$ 取为 0.6；假设燃油可使动能毁伤元减速，但不足以改变发动机的 $P_{k/h}$。因为 $P_{k/h}$ 值与非重叠的例子相同，所以飞机易损面积的改变都是由部件重叠引起的。根据式（4.4.20）～式（4.4.22），重叠区的毁伤概率和易损面积为：

$$P_{k/ho} = 1 - P_{s/ho} = 1 - (1-0.3) \times (1-0.6) = 0.72$$

$$A_{vo} = A_{po} \cdot P_{k/ho} = 1 \times 0.72 = 0.72~(\text{m}^2)$$

重叠区的易损面积对飞机易损面积的贡献和无冗余、无重叠情形下所计算的易损面积相同。但是，重叠部件的总呈现面积应减去重叠部分的面积，重叠区外的部件面积按正常方式处理。表 4.4.3 列出了有重叠部件的飞机易损面积。可见，将两个关键部件重叠布置，飞机的易损面积由 $5.2~\text{m}^2$ 降为 $5.02~\text{m}^2$。

表 4.4.3 带有重叠部件的飞机易损面积

关键部件	A_{pi}/m^2	$P_{k/hi}$	A_{vi}/m^2
驾驶员	0.4	1.0	0.4
油箱	6-1	0.3	1.5
发动机	5-1	0.6	2.4
重叠区域	1	0.72	0.72
	$A_P = 30$		$A_V = 5.02$

如果打击重叠区引起的毁伤不产生二次毁伤，部件的重叠可减小飞机的易损面积。例如，考虑弹道穿过重叠在发动机上的油箱，如图 4.4.2 所示，燃油可能会从被击穿的油箱中流到热的发动机表面，引起燃烧，从而发动机因为油箱的重叠使其毁伤概率高于 0.6。发动机毁伤的概率由表 4.4.4 给出，重叠面积假定为 $1~\text{m}^2$，油箱的 $P_{k/h}$ 和前面一样，取 0.3，发动机重叠部分的 $P_{k/h}$ 取 0.9，因为假定发动机起火总是由油箱的重叠部分被击中而引起的，从而：

$$P_{k/ho} = 1-(1-0.3)\times(1-0.9) = 0.93$$

飞机的易损面积增加到 5.23 m²。

表 4.4.4 带有重叠部件和发动机毁伤的飞机易损面积

关键部件	A_{pi}/m^2	$P_{k/hi}$	A_{vi}/m^2
驾驶员	0.4	1.0	0.4
油箱	6−1	0.3	1.5
发动机	5−1	0.6	2.4
重叠区域	1	0.93	0.93
	$A_P = 30$		$A_V = 5.23$

比较表 4.4.2~表 4.4.4 给出的飞机易损面积，可以发现，如果不发生着火，油箱与发动机重叠将飞机易损面积从 5.2 m² 减小到了 5.02 m²。但是，如果发生着火，易损面积就增加到了 5.23 m²。可见，如果没有二次毁伤模式发生，无冗余关键部件重叠可以降低易损性。

值得注意的是，部件重叠时，要考虑连续穿透多个部件时引起的侵彻体速度衰减和质量的损失。

4.4.1.3 有冗余且无重叠部件飞机的易损性评估

如图 4.4.3 所示，增加第二台分离的发动机对上述无冗余部件飞机模型加以扩展。假设第二台发动机的呈现面积与第一台发动机的相同，为 5 m²，但因为是一个附加的辅助发动机，其 $P_{k/h}$ 值取 0.7（第二个发动机取较大的易损面积有助于在后面的说明中将其与第一台发动机区分开）。为了比较，假设飞机的呈现面积仍为 30 m²。表 4.4.5 给出了此例的易损性参数值。

有冗余部件飞机模型的毁伤表达式变为：驾驶员或油箱或（发动机1与发动机2）。

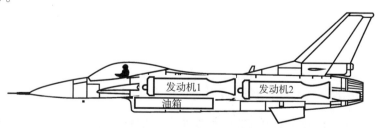

图 4.4.3 有冗余无重叠部件的飞机模型

表 4.4.5　有冗余部件飞机模型的易损性

关键部件	A_{pi}/m^2	$P_{k/hi}$	A_{vi}/m^2	$P_{k/Hi}$
驾驶员	0.4	1.0	0.4	0.013 3
油箱	6	0.3	1.8	0.060 0
发动机 1	5	0.6	3.0	0.100 0
发动机 2	5	0.7	3.5	0.116 7
	$A_P = 30$		$A_V = 2.2$	$P_{K/H} = 0.073\ 3$

飞机在给定的随机打击下生存的概率为：

$$P_{S/H} = P_{s/Hp}P_{s/Hf}(1-P_{k/He1}P_{k/He2}) \quad (4.4.23)$$

也可写为如下形式：

$$P_{S/H} = (1-P_{k/Hp})(1-P_{k/Hf})(1-P_{k/He1}P_{k/He2}) \quad (4.4.24)$$

式（4.4.24）说明，如果驾驶员被毁伤或油箱被毁伤或两个发动机同时被毁伤，则飞机被毁伤。分解得到：

$$P_{S/H} = (1-P_{k/Hp}-P_{k/Hf}+P_{k/Hp}P_{k/Hf})(1-P_{k/He1}P_{k/He2}) \quad (4.4.25)$$

由于部件无重叠，所有部件的毁伤相互独立，单次打击不可能同时毁伤两个关键部件，因而部件毁伤概率的乘积项为 0。因此，飞机仅在驾驶员或油箱被毁伤时才毁伤，$P_{K/H}$ 和 A_V 由式（4.4.26）给出：

$$P_{K/H} = P_{k/Hp}+P_{k/Hf} \text{ 和 } A_V = A_{vp}+A_{vf} \quad (4.4.26)$$

一般而言，只有那些在一次打击下毁伤且能引起飞机毁伤的部件的易损面积对目标总易损面积有贡献。如果一次打击仅毁伤了冗余部件中的一个，飞机不会被毁伤，易损面积不会受到影响。因此，这种情况下飞机总的易损面积仅仅是每个无冗余关键部件易损面积的总和。表 4.4.5 定义的飞机，由于附加了第二台发动机，一次打击下的易损面积从 5.2 m² 减小到 2.2 m²。可见，冗余可以有效地减小飞机的易损面积。

另外，如果被击中的冗余部件的毁伤产生二次毁伤，或毁伤过程传播到另一个冗余部件并毁伤此部件，进而导致飞机毁伤，这时冗余部件就会影响飞机的易损面积。例如，假设一台发动机受打击产生的二次破片或火焰引燃另一台发动机的概率为 0.1，只要发动机被击中这一事件发生，部件的呈现面积就变为（5+5）m²，也就是 10 m²，所以两台发动机对易损面积的贡献为 1 m²。因此，这一毁伤模式将飞机的易损面积提高到 3.2 m²。

4.4.1.4　有冗余且重叠部件飞机的易损性评估

如果允许冗余部件相互重叠（如图 4.4.4 所示的飞机），则式（4.4.26）的易损面积计算公式必须修改,因为重叠区的一次打击能同时毁伤两台发动机。

图4.4.4所示阴影面积为重叠区,命中该区域的一次打击可能同时毁伤这两个冗余部件,进而毁伤飞机。因此,必须将重叠区的易损面积加到无冗余关键部件中。如同重叠的无冗余模型一样,这一重叠区域可视为一个新的关键部件,其易损面积计算同前,但细节上有明显的不同。式(4.4.20)给出的$P_{s/ho}$的表达式必须修改。按式(4.4.20),无冗余部件飞机的某重叠区受到一次打击下生存的概率由下式给出:

$$P_{s/ho} = P_{s1} P_{s2} P_{s3} \cdots P_{sc} \qquad (4.4.27)$$

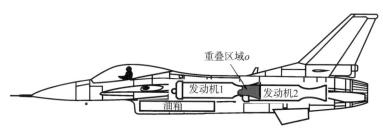

图4.4.4 冗余部件重叠的飞机模型

然而,如果沿着射击线的这些部件中存在两个冗余部件(例如部件2和部件3),这两个部件均被毁伤的概率等于它们单独毁伤概率的积$P_{k/h2}P_{k/h3}$,这也会导致飞机毁伤。两部件不同时被毁伤的概率是$(1-P_{k/h2}P_{k/h3})$,这时飞机能够生存。因此,像在式(4.4.24)中那样,式(4.4.27)中的$P_{s2}P_{s3}$必须用$(1-P_{k/h2}P_{k/h3})$代替。即:

$$P_{s/ho} = 1 - P_{k/h2} P_{k/h3} \qquad (4.4.28)$$

该方法可推广到更多个冗余部件的重叠情况。

不用计算冗余部件非重叠部分的易损面积,因为通过任何冗余部件重叠区外的单一射击线只对该部件产生毁伤而对飞机不产生毁伤,因而不影响飞机的易损面积。

如图4.4.4所示,假设第一台发动机重叠部分$P_{k/h1}$值为0.6,被遮挡的发动机$P_{k/h2}$为0.2(第一台发动机减弱了毁伤元的毁伤能力)。飞机在重叠区受到一次打击下生存的概率为$(1-0.6\times0.2)$,即0.88。因此,飞机在重叠区受到打击时的毁伤概率为0.12。设重叠面积为1 m²,则发动机重叠使易损面积升为2.32 m²,可见,冗余部件的重叠提高了目标的易损性,对目标的生存不利。

4.4.2 多次打击下飞机的易损性评估

在任何战斗任务中,飞机可能受到不止一次打击。假设这些打击在飞机上的分布随机,并且所有打击均沿着平行的射击线从相同的方向入射目标。

定义飞机受到 n 次随机打击下第 i 个部件仍能生存的概率为 $\overline{P}_{s/Hi}^{(n)}$,它等于部件在飞机所受的 n 次打击中每一次打击下生存概率的乘积(P 上面的横线表示其为联合概率,括号中的上标 n 表示打击的次数),即

$$\overline{P}_{s/Hi}^{(n)} = P_{s/Hi}^{(1)} P_{s/Hi}^{(2)} \cdots P_{s/Hi}^{(n)} = \prod_{j=1}^{n} P_{s/Hi}^{(j)} \qquad (4.4.29)$$

式中,$P_{s/Hi}^{(j)}$ 为飞机受到第 j 次打击下第 i 个部件的生存概率。

飞机受到第 j 次打击下第 i 个部件的生存概率等于 1 减去其毁伤的概率,即

$$P_{s/Hi}^{(j)} = 1 - P_{k/Hi}^{(j)} \qquad (4.4.30)$$

假定 $P_{k/Hi}^{(j)}$ 对所有的打击 j 为常数,则式(4.4.29)可以写为:

$$\overline{P}_{s/Hi}^{(n)} = \prod_{j=1}^{n} (1 - P_{k/Hi}^{(j)}) = (1 - P_{k/Hi}^{(j)})^n \qquad (4.4.31)$$

飞机受 n 次打击后的生存概率可用相似的方法推得:

$$\overline{P}_{S/H}^{(n)} = \prod_{j=1}^{n} (1 - P_{K/H}^{(j)}) = (1 - P_{K/H}^{(j)})^n \qquad (4.4.32)$$

式中,$P_{K/H}^{(j)}$ 是第 j 次打击对飞机的毁伤概率。飞机在 n 次打击后的毁伤概率 $\overline{P}_{K/H}^{(n)}$ 是 $\overline{P}_{K/H}^{(n)}$ 的补集,即:

$$\overline{P}_{K/H}^{(n)} = 1 - \overline{P}_{S/H}^{(n)} = 1 - \prod_{j=1}^{n} (1 - P_{K/H}^{(j)}) \qquad (4.4.33)$$

多次打击下飞机的易损性评估中,无冗余部件飞机模型和冗余部件飞机模型有所区别,因为多次打击并不改变无冗余部件飞机模型的总易损面积和 $P_{K/H}$。如果一次打击击中了飞机,但未击中关键部件,易损面积和 $P_{K/H}$ 保持不变,当打击击中了无冗余关键部件的易损区域时,飞机才被毁伤。

冗余部件飞机模型则完全不同,如果飞机冗余部件的易损区域受到一次打击,飞机并未被毁伤,但第 2 次打击时飞机的易损面积及 $P_{K/H}$ 将升高,因为冗余部件中的一个已被毁伤。例如,若两台发动机中的一个被第一次打击毁伤,飞机的易损面积由于失去发动机的冗余而升高,因为随后的打击对余下发动机的毁伤会使飞机毁伤。

下面用三种方法评估多次打击下飞机目标的易损性,这三种方法分别为毁伤树图法、状态转换矩阵法(也叫马尔可夫链法)和简易评估方法[17]。

4.4.2.1 毁伤树图法

毁伤树图法就是用毁伤树图的形式表示目标受到不同次数打击后所发生的

事件及概率,将毁伤树图中表示目标毁伤事件的概率累加,得到目标遭受不同次数打击后的概率值。下面结合例子介绍此方法。

(1) 无冗余部件飞机模型

如图 4.4.5 所示,在毁伤树图中标出了每个无冗余关键部件(驾驶员、油箱、发动机)和非关键部件的互不相容的毁伤概率,$P = P_{k/Hp}$,$F = P_{k/Hf}$,$E = P_{k/He}$,N 表示无关键部件毁伤的概率,$P+F+E+N=1$。首次打击下飞机的毁伤概率由 $P+F+E$ 给出。

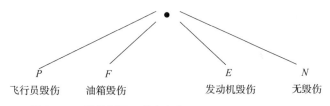

图 4.4.5 毁伤树图(首次击中,无冗余部件飞机模型)

图 4.4.6 表示第二次打击后的毁伤树图。$P \times P$ 代表第一次打击毁伤驾驶员,而且第二次打击也毁伤了驾驶员的情形。但是,应注意一旦定义了第一次打击下关键部件的毁伤概率,在后续的所有打击下,该部件毁伤概率保持不变(驾驶员不可能被毁伤两次)。在某关键部件毁伤的条件下,第二次打击对目标的毁伤无任何贡献,也就是说,没有必要考虑下属的四个分支。因为两次打击下对目标的毁伤概率为 $PP+PF+PE+PN$,而 $P+F+E+N=1$,所以 $P(P+F+E+N)=P$,这与首次打击下计算的概率 P 相同。飞机在二次打击下毁伤概率的增加值来自首次打击下未被毁伤的关键部件。因此,只有未毁伤的分支在二次打击时才有意义。

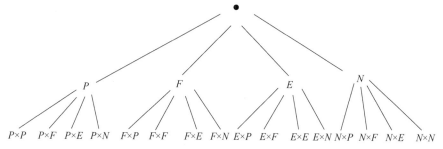

图 4.4.6 毁伤树图(二次击中,非冗余部件飞机模型)

为了说明毁伤树图方法,假定部件毁伤概率值同表 4.4.2。图 4.4.7 列出了首次打击下各关键部件的毁伤概率,首次打击下飞机的毁伤概率是每个关键部件毁伤概率的总和。

$$\overline{P}_{K/H}^{(1)} = 0.0133 + 0.0600 + 0.100 = 0.1733$$

则首次打击下飞机的生存概率为：

$$\overline{P}_{S/H}^{(1)} = 1 - 0.1733 = 0.8267$$

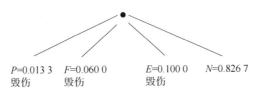

图 4.4.7 毁伤树图及毁伤概率（首次击中）

如图 4.4.8 所示，将此例扩展到第二次打击。飞机在第二次打击后的毁伤概率是所有关键部件在第一次打击下的 P_{k/H_i} 的总和加上第二次打击下每个关键部件增加的毁伤概率的和：

$$\overline{P}_{K/H}^{(2)} = \overline{P}_{K/H}^{(1)} + 0.8267 \times (0.0133 + 0.0600 + 0.1000) = 0.1733 + 0.1433 = 0.3166$$

则

$$\overline{P}_{S/H}^{(2)} = 1 - \overline{P}_{K/H}^{(2)} = 1 - 0.3166 = 0.6834$$

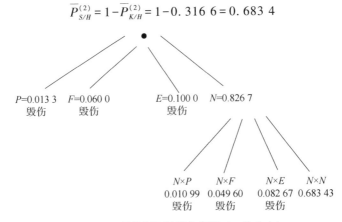

图 4.4.8 毁伤树图及毁伤概率（二次击中）

毁伤树图法可无限地继续下去，以确定任意次打击下的 $\overline{P}_{K/H}$ 和 $\overline{P}_{S/H}$。但是，无冗余部件飞机模型在一系列打击下生存的概率也可由式（4.4.32）计算。因为对无冗余部件飞机模型 $P_{K/H}$ 是常数，因此，飞机在两次打击下生存的概率可由下式给出：

$$\overline{P}_{S/H}^{(2)} = (1 - P_{K/H}^{(1)})(1 - P_{K/H}^{(2)}) = (1 - P_{K/H}^{(1)})^2 = (1 - 0.1733)^2 = 0.6834$$

这一数值与由毁伤树图法计算得到的值相同，实际上，式（4.4.32）可用于任意次打击的生存概率或毁伤概率的计算，并且使用起来比毁伤树图法更方便。这一公式的本质是所有的无冗余关键部件可被合并为一个组合的关键部件，此例中该组合关键部件的易损面积为 5.2 m^2，$P_{K/H}$ 为 0.173 3。

（2）有冗余部件飞机模型

现在考虑由图 4.4.3 及表 4.4.5 给出的有冗余关键部件飞机模型。用与前面相类似的方法计算 $\overline{P}_{K/H}^{(n)}$ 及 $\overline{P}_{S/H}^{(n)}$。虽然发动机是冗余关键部件，在毁伤树图中都表示为一个独立的分支，因为一台发动机的毁伤是飞机受打击后的可能结果，并且任何一台发动机的毁伤会对飞机的易损性产生影响。图 4.4.9 列出了第一次打击下的毁伤树图，N 表示没有关键部件（包括冗余部件和无冗余部件）被毁伤的概率。

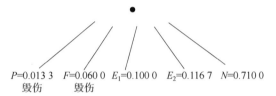

图 4.4.9 毁伤树图及毁伤概率（有冗余部件飞机模型，首次击中）

有冗余部件飞机模型的毁伤表达式为：驾驶员或油箱或（发动机 1 与发动机 2）。因为第一次打击不能毁伤两台发动机，飞机在第一次打击下的毁伤概率仅是无冗余关键部件（驾驶员和油箱）的毁伤概率之和。因此，有：

$$\overline{P}_{K/H}^{(1)} = 0.013\ 3+0.060 = 0.073\ 3$$

图 4.4.10 表示了发动机 1 在第一次打击毁伤条件下第二次打击有可能发生各毁伤事件的概率。例如，第一次打击毁伤发动机 1 情况下，第二次打击毁伤驾驶员（毁伤概率为 0.013 3）、油箱（毁伤概率为 0.060）或发动机 2（毁伤概率为 0.116 7）导致的增加的飞机毁伤概率。飞机新增毁伤概率是由无冗余关键部件的毁伤引起的。同理，由发动机 2 毁伤产生的 5 个分支及由 N 产生的 5 个分支也将影响飞机总的毁伤，因此，两次打击后飞机的毁伤概率为：

$$\overline{P}_{K/H}^{(2)} = 0.073\ 3+0.100\ 0(0.013\ 3+0.060\ 0+0.116\ 7)+$$
$$0.116\ 7 \times (0.013\ 3+0.060\ 0+0.100\ 0)+0.710\ 0 \times (0.013\ 3+0.060\ 0)$$
$$= 0.164\ 6$$

从而

$$\overline{P}_{S/H}^{(2)} = 1-\overline{P}_{K/H}^{(2)} = 1-0.164\ 6 = 0.835\ 4$$

由于增加了冗余发动机，与单台发动机相比，第二次打击时飞机的生存力有显著提高。如同无冗余部件情况，该过程可无限地继续下去。但是，由于运算的复杂性，上述运算过程变得无法进行。而下面介绍的状态转换矩阵方法可更好地解决此类问题。

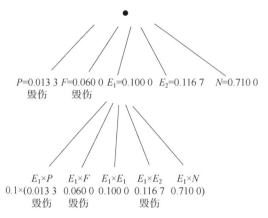

图 4.4.10　毁伤树图及毁伤概率（有冗余部件飞机模型，二次击中，部分）

4.4.2.2　状态转换矩阵法（马尔可夫链法）

毁伤元素击中目标后，可能使目标处于某种状态，如飞机的无冗余关键部件被毁伤而使飞机毁伤，部件和其冗余部件同时被毁伤而使飞机毁伤，有冗余的关键部件被毁伤而使飞机处于非毁伤状态，或者无关键部件被毁伤而使飞机处于非毁伤状态，可以把毁伤元击中飞机看作是一系列独立事件，由于毁伤元命中目标的位置是随机的，所以各事件的结果（飞机所处状态）也是随机的，因此可将此过程模拟为马尔科夫过程。

记 $\{X_n, n=0,1,2,\cdots\}$，n 表示命中目标的毁伤元数目，$X_n(X_n \in I)$ 表示目标命中 n 发毁伤元素后其所处的状态；状态空间 $I=\{1,2,\cdots,q,q+1,\cdots,r\}$，其中 $1、2、\cdots、q$ 为毁伤状态，$q+1、\cdots、r$ 为非毁伤状态。毁伤状态也称为吸收状态，因为只能从非毁伤状态转化为毁伤状态，不可能从毁伤状态转化为非毁伤状态。

研究目标被击中 $0、1、2、\cdots、n$ 次后的毁伤概率，只需研究目标被击中 $0、1、2、\cdots、n$ 次后其存在于某种状态的概率。

转换矩阵为：

$$T = \begin{bmatrix} P_{11} & P_{12} & \cdots & P_{1j} & \cdots & P_{1r} \\ P_{21} & P_{22} & \cdots & P_{2j} & \cdots & P_{2r} \\ \vdots & \vdots & & \vdots & & \vdots \\ P_{i1} & P_{i2} & \cdots & P_{ij} & \cdots & P_{ir} \\ \vdots & \vdots & & \vdots & & \vdots \\ P_{r1} & P_{r2} & \cdots & P_{rj} & \cdots & P_{rr} \end{bmatrix} \quad (4.4.34)$$

矩阵中每个元素表示由列定位的状态向行定位的状态转移的概率，如 P_{ij} 表示由 j 状态向 i 状态转移的概率。

目标被 n 次击中后，其所处状态的概率用如下矢量形式表示：

$$\{S\}^{(n)} = \begin{Bmatrix} P_1^{(n)} \\ P_2^{(n)} \\ \vdots \\ P_r^{(n)} \end{Bmatrix} \tag{4.4.35}$$

式中，$P_i^{(n)}$ 表示目标被击中 n 次后，处于 $i(i \in I)$ 状态的概率。

目标被 $n+1$ 次毁伤元击中后，其存在于各状态的概率为：

$$\{S\}^{(n+1)} = T\{S\}^{(n)} = \cdots = T^{n+1}\{S\}^{(0)} \tag{4.4.36}$$

因为目标处于 0、1、2、$\cdots$、q 状态时为毁伤状态，所以 n 次击中后目标的毁伤概率 $\overline{P}_{K/H}^{(n)}$ 为：

$$\overline{P}_{K/H}^{(n)} = \sum_{i=1}^{q} P_i^{(n)} \tag{4.4.37}$$

下面以具有冗余发动机的飞机模型为例，介绍马尔科夫链方法评估飞机在多次打击下的易损性。

一架由驾驶员、油箱和两台发动机组成的飞机可以五种不同的状态存在。

①一个或更多的无冗余关键部件被毁伤（驾驶员或油箱），导致飞机的毁伤，记为 Knrc；

②仅有发动机 1 被毁伤，记为 Krc1；

③仅有发动机 2 被毁伤，记为 Krc2；

④发动机 1 与发动机 2 均被毁伤，无非冗余部件被毁伤，导致飞机的毁伤，记为 Krc；

⑤无任何关键部件（包括冗余和无冗余部件）被毁伤，记为 nk。

上述这些状态中，Krc1、Krc2 和 nk 为非毁伤状态，Knrc 和 Krc 为毁伤状态。

概率转换矩阵 T 表示了飞机在打击下怎样从一种状态转化到另一种状态。表 4.4.6 给出了表 4.4.5 定义的有冗余部件飞机模型转换矩阵 T 的计算示例，矩阵的每个元素代表了从列位置定义的状态转换到行位置定义的状态的概率。例如，飞机从 Knrc 状态转换为 Knrc 状态的概率为 1(30/30)，因为 Knrc 是一种吸收状态。从 Krc1 状态（发动机 1 毁伤）转换为 Knrc 状态（无冗余部件毁伤）的概率是两个无冗余部件毁伤概率的总和，即，$P+F = (0.4+1.8)/30$。

从 $Krc1$ 转换为 $Krc1$（保持在 $Krc1$）的概率是毁伤发动机 1 的概率 E_1 和命中非关键部位的概率之和，即 $(3.0+21.3)/30$。从 $Krc1$ 转换为 $Krc2$ 的概率为 0，因为第一台发动机被毁伤后，第二台发动机再被毁伤定义为状态 Krc。因此，从 $Krc1$ 到 Krc 的状态转换概率是第二台发动机被毁伤的概率 E_2。类似上述分析，可以建立完整的状态转换矩阵，见表 4.4.6。

表 4.4.6　状态转换矩阵的建立

从这个状态	$Knrc$	$Krc1$	$Krc2$	Krc	nk	到这个状态
1/30	30	(0.4+1.8)	(0.4+1.8)	0.4+1.8	(0.4+1.8)	$Knrc$
	0	(3.0+21.3)	0	0	3.0	$Krc1$
	0	0	(3.5+21.3)	0	3.5	$Krc2$
	0	3.5	3.0	30−0.4−1.8	0	Krc
	0	0	0	0	21.3	nk

矩阵中的每一列表示飞机经一次打击事件后，由一种状态转换为另外所有可能状态的概率，每列之和为 1。

将飞机在第 j 次打击后存在于 5 种可能状态中每一状态的概率用向量 $\{S\}^{(j)}$ 表示：

$$\{S\}^{(j)} = \begin{Bmatrix} Knrc \\ Krc1 \\ Krc2 \\ Krc \\ nk \end{Bmatrix} \quad (4.4.38)$$

$\{S\}^{(j)}$ 中各元素的和始终为 1，也就是说，飞机必然存在于这 5 种状态中的某一状态。飞机受第 $j+1$ 次打击后处于各个状态的概率可由下式得到：

$$\{S\}^{(j+1)} = \boldsymbol{T}\{S\}^{(j)} \quad (4.4.39)$$

也就是说，飞机按照 $\boldsymbol{T}$ 从 $\{S\}^{(j)}$ 转化为 $\{S\}^{(j+1)}$。

飞机的毁伤定义为任一无冗余部件被毁伤或者冗余部件集的足够部件被毁伤，例如两台发动机毁伤的状态。本例中 $Knrc$ 及 Krc 为毁伤状态。所以几次打击后飞机毁伤的概率等于飞机处于毁伤状态的概率之和，则飞机的毁伤概率为：

$$\overline{P}_{K/H}^{(n)} = Knrc^{(n)} + Krc^{(n)} \quad (4.4.40)$$

式中，$Knrc^{(n)}$ 和 $Krc^{(n)}$ 分别是 n 次打击后飞机处于这两个状态的概率。

应用前面例子的数据，计算第一次打击后飞机的毁伤。

第 4 章 飞机目标易损性

$$\{S\}^{(1)} = \boldsymbol{T}\{S\}^{(0)} = \boldsymbol{T}\begin{Bmatrix} 0 \\ 0 \\ 0 \\ 0 \\ 1 \end{Bmatrix} \quad (4.4.41)$$

将表 4.4.6 中的矩阵值代入上式得：

$$\{S\}^{(1)} = \begin{Bmatrix} 0.0733 \\ 0.1000 \\ 0.1167 \\ 0 \\ 0.7100 \end{Bmatrix}$$

因此

$$\overline{P}_{K/H}^{(1)} = 0.0733$$

同理，对于第二次打击

$$\{S\}^{(2)} = \boldsymbol{T}\{S\}^{(1)} = \boldsymbol{T}\begin{Bmatrix} 0.0733 \\ 0.1000 \\ 0.1167 \\ 0 \\ 0.7100 \end{Bmatrix} = \begin{Bmatrix} 0.1413 \\ 0.1520 \\ 0.1793 \\ 0.0233 \\ 0.5041 \end{Bmatrix}$$

$\{S\}^{(2)}$ 向量表明飞机受第二次打击后，驾驶员或油箱或者两者均被毁伤的概率为 14.13%，仅发动机 1 被毁伤的概率为 15.20%，仅发动机 2 被毁伤的概率为 17.93%，两台发动机均被毁伤的概率 2.33%，没有关键部件被毁伤的概率为 50.41%。

第二次打击后飞机被毁伤的概率为：

$$\overline{P}_{K/H}^{(2)} = 0.1413 + 0.0233 = 0.1646$$

可见与用毁伤树图法计算得到的第二次打击后飞机毁伤概率值相同。这一过程可以很容易地继续进行，直到任意次的打击。表 4.4.3 给出的无冗余部件飞机模型及冗余部件飞机模型（表 4.4.5）的 $\overline{P}_{K/H}^{(n)}$ 均为打击次数 n 的函数。如图 4.4.11 所示，由曲线可以看出，有冗余部件的飞机被毁伤的概率小于无冗余部件的飞机，但随着打击次数的增加，发动机冗余对飞机易损性的影响逐渐减小，这是由于在大量批次的打击下，两台发动机同时被毁伤的概率增加。

如果多次打击都沿着同一方向，转换矩阵对所有的打击均相同。如果多个毁伤元从不同的方向打击飞机，可以针对每个重要的方向构建相应的转换矩

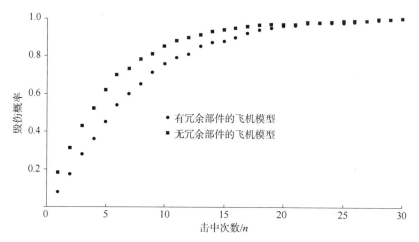

图 4.4.11　飞机毁伤概率与击中次数的关系

阵。由式（4.4.39）计算第 $j+1$ 次打击下的状态向量时，使用对应的转换矩阵即可。如果考虑毁伤积累，即由于打击次数的增加，使 $P_{k/Hi}$ 增大，转换矩阵 T 相应地随打击次数变化而变化。

4.4.2.3　多次打击下飞机易损性的简易评估方法

如果已知飞机在一次打击下每个关键部件的毁伤概率为 $P_{k/H}$，忽略单独部件在任何一次打击下毁伤的相互排斥性，可以得到飞机受到 n 次打击下毁伤概率的近似公式。对于示例的冗余部件飞机模型，可用式（4.4.24）计算 n 次打击情况下飞机的生存概率：

$$\overline{P}_{S/H}^{(n)} = (1-\overline{P}_{k/Hp}^{(n)})(1-\overline{P}_{k/Hf}^{(n)})(1-\overline{P}_{k/He1}^{(n)}\overline{P}_{k/He2}^{(n)}) \qquad (4.4.42)$$

式中

$$\overline{P}_{k/Hp}^{(n)} = 1-(1-P_{k/Hp})^n, \overline{P}_{k/Hf}^{(n)} = 1-(1-P_{k/Hf})^n \qquad (4.4.43)$$

$$\overline{P}_{k/He1}^{(n)}\overline{P}_{k/He2}^{(n)} = [1-(1-P_{k/He1})^n][1-(1-P_{k/He2})^n] \qquad (4.4.44)$$

表 4.4.7 给出了转换矩阵法及简化方法的计算结果。近似值 $\overline{P}_{K/H}^{(n)}$ 与精确解相比有低也有高，可见近似的毁伤概率对本例而言合理地逼近了精确值。

表 4.4.7　两种方法计算结果的比较

打击次数 n	1	2	3	4	5	10	20
$\overline{P}_{k/H}^{(n)}$ 精确值	0.073 3	0.164 6	0.261 5	0.356 6	0.445 6	0.761 9	0.964 0
$\overline{P}_{k/H}^{(n)}$ 近似值	0.083 3	0.175 7	0.269 3	0.359 5	0.443 6	0.741 0	0.956 7

4.4.2.4 多次打击下飞机的易损面积

上面导出的 n 次打击下的累积毁伤概率并不是评估和比较飞机易损性的最好量度，因为它与飞机的物理尺寸有关。如果两架飞机具有相同的易损面积，但有不同的呈现面积，那么有较大呈现面积的飞机将显示出较低的易损性，因为它在 n 次打击下的累积毁伤概率将比有较小呈现面积的飞机低。另外，因为它呈现面积较大，可能受到更多的打击，也就是说，它可能会更敏感。

从设计的角度，评估和比较易损性最合理的度量参数是易损面积。对无冗余关键部件飞机而言，给定打击下的毁伤概率和易损面积对每次打击均为常数。每次后续的打击与前一次打击具有毁伤飞机相同的可能性（忽略了部件降级）。但是，对有冗余关键部件的飞机并非如此，因为随着一个或多个冗余部件损失的概率增大，一次打击的毁伤概率及其相应的易损面积随每一次打击而变化。为了计算多次打击下的易损面积，必须计算每一次打击下的毁伤概率。飞机在 n 次打击下生存的概率由式（4.4.32）给出：

$$\overline{P}_{S/H}^{(n)} = (1-P_{K/H}^{(1)})(1-P_{K/H}^{(2)})\cdots(1-P_{K/H}^{(n)}) \quad (4.4.45)$$

该式可表示为：

$$\overline{P}_{S/H}^{(n)} = \overline{P}_{S/H}^{(n-1)}(1-P_{K/H}^{(n)}) \quad (4.4.46)$$

所以

$$1-P_{K/H}^{(n)} = \overline{P}_{S/H}^{(n)}/\overline{P}_{S/H}^{(n-1)} \quad (4.4.47)$$

式（4.4.47）也可以写为下列形式：

$$1-P_{K/H}^{(n)} = \frac{1-\overline{P}_{K/H}^{(n)}}{1-\overline{P}_{K/H}^{(n-1)}} \quad (4.4.48)$$

故

$$P_{K/H}^{(n)} = \frac{\overline{P}_{K/H}^{(n)} - \overline{P}_{K/H}^{(n-1)}}{1-\overline{P}_{K/H}^{(n-1)}} \quad (4.4.49)$$

第 n 次打击下的易损面积 $A_V^{(n)}$ 为：

$$A_V^{(n)} = A_P P_{K/H}^{(n)} \quad (4.4.50)$$

图 4.4.12 为有冗余部件飞机模型和无冗余部件飞机模型的 $A_V^{(n)}$ 随命中次数的变化规律。有冗余部件飞机的易损面积随打击次数的增加逐渐增大，无冗余部件飞机的易损面积是恒定值。前 15 次打击有冗余部件飞机的易损面积比

无冗余部件飞机（含 3 m² 发动机的易损面积）易损面积要小。在接下来的打击中，由于两台发动机中的一台可能已被毁伤，冗余不复存在，所以有冗余部件飞机的易损面积和无冗余部件趋于相同，后面稍大一些，是因为另一台发动机的易损面积为 3.5 m²，比无冗余部件的发动机的易损面积大。

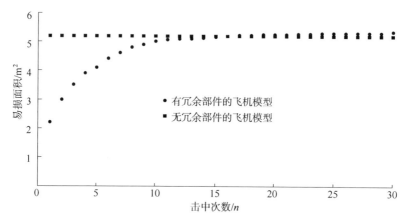

图 4.4.12　飞机的易损面积随击中次数的变化规律

上述易损性评估结果也证明了减小易损性的措施（如部件冗余、部件布置、被动的毁伤抑制、主动的毁伤抑制、部件遮挡和部件隔离等）是非常有效的。上面的例子表明，部件冗余可大幅度减小 $\overline{P}_{K/H}^{(n)}$ 或目标的易损面积。另外，部件重叠、交错结构、非关键件部件对关键部件的遮挡、被动的和主动的毁伤抑制等都可以减小 $P_{k/hi}$ 的值，从而降低目标的易损性。

4.5　飞机相对动能侵彻体的易损性表征

前面介绍的方法用于计算在一定质量单个动能侵彻体一定的速度作用下飞机的易损性，为了全面描述飞机的易损性，需要计算全方位、多角度的目标易损面积，需要评估的目标方位一般由动能侵彻体可能攻击的方位确定。评估的角度数目决定评估的详细程度和精度，评估的角度越多，后续计算效能时的精度越高，但是需要的时间越长，提供的数据量越多。国外在评估飞机易损性时，常评估飞机 6 个方位（图 2.8.1）或者 26 个方位（图 2.8.2）的易损面积。

需要评估的动能侵彻体的质量和速度范围由打击飞机目标的战斗部爆炸形成破片的特性确定,假定破片质量分别为 0.5 g、1 g、…、8 g,其速度分别为 200 m/s、500 m/s、1 000 m/s、…、2 000 m/s。根据前节的计算方法,考虑图 2.8.2 所示的 26 个方位,计算飞机在不同质量和速度破片作用下的易损面积。

由于评估弹药毁伤效能时,目标的方位角可能变化,因此实际使用时通常对得到的飞机目标易损面积进行处理,取同一高低角下目标非零易损面积的平均值作为该高低角下目标的易损面积,即

$$A_V = \frac{\sum_{i=1}^{N} A_{Vi}}{n} \quad (A_{Vi} \neq 0) \quad (4.5.1)$$

式中,N 为所计算的同一高低角下目标方位角个数;n 为该高低角下目标易损面积不为 0 的方位角个数。

式(4.5.1)只表征了非零易损面积的平均值,为了表征易损面积为零的目标方位角对目标易损性的影响,引入暴露概率的概念。暴露概率指同一高低角下目标易损面积不为 0 的方位角个数与所计算的方位角个数的比值,即

$$PE = \frac{n}{N} \quad (4.5.2)$$

PE 用于修正目标毁伤概率的计算,具体应用方法详见第 9 章。某飞机目标 C 级毁伤的易损面积和暴露概率分别见表 4.5.1 和表 4.5.2。

表 4.5.1 飞机目标易损面积　　　　　　　　　　　　　　　　　　　　m^2

高低角/(°)	破片速度/(m·s⁻¹)					破片质量/g
	200	500	1 000	…	2 000	
…	…	…	…	…	…	…
45	…	…	…	…	…	…
	0	16.06	58.28	…	…	0.5
	0	58.28	58.28	…	…	1.0
	…	…	…	…	…	…
90	…	…	…	…	…	…
	0	25.43	92.30	…	…	0.5
	0	92.30	92.30	…	…	1.0
	…	…	…	…	…	…
…	…	…	…	…	…	…

表 4.5.2 飞机目标暴露概率

高低角/(°)	破片速度/(m·s⁻¹)					破片质量/g
	200	500	1 000	...	2 000	
...	...	...	...	...	...	...
45	...	...	...	...	...	...
	0	1.0	1.0	...	...	0.5
	0	1.0	1.0	...	...	1.0
	...	...	...	...	...	...
90	...	...	...	...	...	...
	0	1.0	1.0	...	...	0.5
	0	1.0	1.0	...	...	1.0
	...	...	...	...	...	...
...	...	...	...	...	...	...

实际应用时，当破片入射的高低角、方位角与表中数据不同时，可采用线性插值的方法计算得到，可分为以下三个步骤：

①根据高低角查找目标的易损性数据。

根据高低角查找目标的易损性数据，例如高低角是 30°，在表 4.5.1 和表 4.5.2 中有对应的高低角，易损面积和暴露概率的值可直接从表中取得。如果高低角与表格中的任何一个高低角都不一致，例如 50°，则数据必须从表 4.5.1 和表 4.5.2 中两个相邻高低角（30° 和 60°）之间进行线性插值得到。

②根据破片速度查找目标的易损性数据。

根据飞行到目标处的破片速度，从步骤①中得到的目标易损性数据中提取该速度对应的易损面积值和暴露概率。方法同前，如果速度与表中一列速度相同，直接取此列对应的易损性数据；如果速度和表中任一列的速度不同，则必须再次进行插值。

经过步骤①和②得到了与破片速度、高低角对应的目标易损面积和暴露概率。

③根据破片的质量获得相应的目标易损性数据。

战斗部爆炸形成的破片质量组和步骤②得到的目标易损性数据的质量组可能不一致，因此需要根据破片的质量获得对应的易损性数据，获得方法同步骤①。如果破片质量和表中某一质量相同，直接取得对应的易损面积；如果质量不同,在相邻的两个质量组中间插值,计算得到对应的易损面积值和暴露概率。例如,对于 0.8 g 的破片,可以在 0.5 g 和 1.0 g 破片之间进行插值,以获得对应的易损面积值和暴露概率。

|4.6 外部爆炸冲击波作用下飞机的易损性评估|

对于外部爆炸,飞机易损的关键部件主要是飞机的结构框架和控制面,冲击波的作用下可使这些部件弯曲、变形或折断,从而导致飞机毁伤。

4.6.1 飞机易损性包络面(或线)

飞机在外部爆炸冲击波作用下的易损性通常用包络面(或包络线)表示,在包络线(面)上标明一定质量的球形裸装药爆炸对飞机某种级别的毁伤,在包络面(线)之内的爆炸能够导致飞机某种级别的毁伤,在包络面(线)之外的爆炸将不会导致飞机毁伤或只有微小的毁伤。用包络面表征飞机在冲击波作用下的易损性需要的数据点较多,通常用飞机典型切面上的包络线表征,需考虑的切面有机翼平面(如图 4.6.1 中所示 A 平面)、飞机对称面(B 平面)、垂直飞机主轴的典型面(如飞机前部过飞行员舱或翼展的 C 平面、飞机后部过水平或垂直稳定器的 D 平面)。

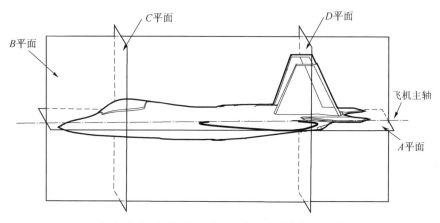

图 4.6.1 绘制飞机易损性包络线的几个典型切面

各切面易损性包络线的计算方法:对于所考虑的毁伤级别,首先分析并确定该级别中可被冲击波毁伤的关键部件(外爆冲击波作用下,飞机结构也可视为关键部件）；然后确定关键部件的失效模式和毁伤程度；随后，在选取的平面内，确定不同方位、不同质量装药使飞机达到预定毁伤级别的对应的距离 R（毁伤半径）。图 4.6.2 所示为某飞机在 Pentolite 炸药爆炸产生的冲击波作用下的易损性包络线[1]。

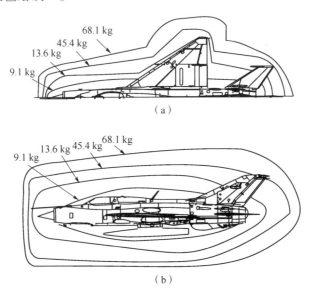

图 4.6.2　不同质量的 Pentolite 炸药爆炸产生的冲击波作用下飞机毁伤包络线（海平面高度）
(a) A 平面；(a) B 平面

由图 4.6.2 可以看出，炸药质量越大，对飞机的毁伤距离越远，质量相同的情况下，在飞机的不同方位，达到相同的毁伤级别距离不同，如头部距离较近，尾部较远，说明飞机头部易损，尾部不易损。包络线形状主要与飞机的外形及结构有关。

4.6.2　毁伤半径的计算

上节中构建飞机易损性包络线时，需要计算在任一方位使飞机达到某级别毁伤时，装药质量与距离的关系。Westine[18]提出使用以下方程计算距离-装药质量曲线：

$$R = \frac{AW^{1/3}}{\left(1+\dfrac{B^6}{W}+\dfrac{C^6}{W^2}\right)^{1/6}} \qquad (4.6.1)$$

式中，R 为炸点距目标距离（m）；W 为装药质量（kg）；A、B、C 均为与目标类型、毁伤级别等因素有关的系数。

当装药质量较大时,式(4.6.1)分母中 B^6/W 和 C^6/W^2 远小于 1,可简化为

$$R = AW^{1/3} \tag{4.6.2}$$

当装药质量中等时,式(4.6.1)分母中 C^6/W^2 远小于 B^6/W,但远大于 1,可简化为

$$R = \frac{A}{B}W^{1/2} = DW^{1/2} \tag{4.6.3}$$

当装药质量较小时,式(4.6.1)分母中 C^6/W^2 远大于 B^6/W 和 1,可简化为

$$R = \frac{A}{C}W^{2/3} = EW^{2/3} \tag{4.6.4}$$

由上述对比可知,式(4.6.1)考虑了多种情况,当 B 和 C 都等于 0 时,目标的毁伤是由超压引起;当 C 等于 0 时,目标毁伤由超压和冲量共同作用引起;当 B 等于 0 时,目标毁伤由冲量引起。确定引起目标毁伤的主要原因后,式(4.6.1)中的部分参数可以忽略。

美国陆军研究所曾开展了飞机等目标在外爆冲击波作用下的易损性试验研究[19](相关数据未公开),Westine 根据试验结果得到 4 类飞机在冲击波作用下达到某毁伤级别对应的毁伤半径-装药质量曲线参数,见表 4.6.1,而毁伤半径-装药质量曲线如图 4.6.3 所示。

表 4.6.1 四类飞机对应的毁伤半径-装药质量曲线参数

目标类型	相关参数				
	A	**B**	**C**	**D**	**E**
飞机 1	3.470 3	3.228 8	—	—	—
飞机 2	—	—	—	—	0.918 7
飞机 3	—	—	—	—	0.782 0
飞机 4	—	—	—	—	0.778 4

此外,也可根据使飞机蒙皮破裂的临界比冲量计算毁伤半径。对于飞机蒙皮,由于其厚度较薄,铝质蒙皮厚度在 1~1.9 mm 之间时,使蒙皮破裂的反射比冲量在 689~1 240 kPa·ms 之间。使蒙皮破裂的临界比冲量和蒙皮厚度存在经验关系[20]

$$i_c = 735.3t \tag{4.6.5}$$

式中,i_c 为临界比冲量(kPa·ms);t 为蒙皮厚度(mm)。

比冲量 i 和比例距离 Z 的关系由 Kinnney 的经验公式得到[21]

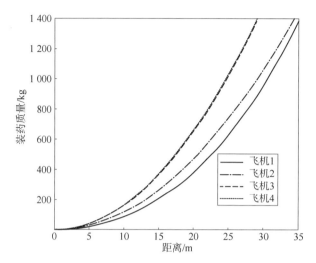

图 4.6.3 飞机在外爆冲击波作用下的易损性（某方位，某级别）

$$\frac{i}{A} = \frac{6.7 \cdot \sqrt{1+(Z/0.23)^4}}{Z^2 \cdot \sqrt[3]{1+(Z/1.55)^3}} W^{1/3} \qquad (4.6.6)$$

式中，$Z = R/\sqrt[3]{W}$ 为比例距离。

根据飞机的蒙皮厚度，由式（4.6.5）可计算得到使飞机蒙皮破裂的临界比冲量，由式（4.6.6）可计算不同质量炸药对应的毁伤半径。

4.7 战斗部在目标内部爆炸时飞机的易损性评估

对空目标战斗部常用的引信有两种：一种是近炸引信，另一种是触发延期引信。近炸引信的战斗部在目标附近爆炸；带延期引信的战斗部，撞击到目标后，进入目标内部爆炸。对于后一种情况，前面介绍的侵彻体易损性评估方法不再适用。因为破片的入射方向以炸点为中心，以辐射状向外飞散，任何位于破片射击线覆盖范围内的关键部件都需要评估，需要计算飞机的易损面积和飞机给定一次打击下的毁伤概率。

有多种方法可以处理此类问题。一个简单的方法是扩展呈现面积方法，扩展部件的呈现面积使之超过部件的实际物理尺寸，然后用前面介绍的方法进行易损面积和毁伤概率的计算。例如，飞行员的呈现面积可能是整个座舱的呈现面积，因为任何在座舱内的爆炸和打击都可能杀死飞行员。图4.7.1描述了该方法。如果两个或更多的部件的扩展呈现面积有重叠，使用前面讲述的重叠部件计算方法和步骤进行处理。

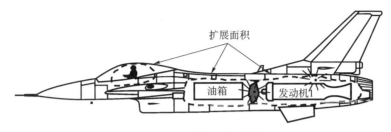

图 4.7.1　扩展面积方法

另一种方法是在飞机的呈现面积上叠加单元格（图 4.7.2），假设战斗部的炸点相互独立，在每个单元格之中包含一个随机的爆炸点。评估炸点发生在每个网格内时飞机的毁伤概率，该毁伤概率取决于相邻的关键部位的相互位置、内部结构和非关键部件的遮挡关系。如果单元格之外的关键部件或部位能被毁伤元素命中或毁伤，应考虑一发战斗部的爆炸同时毁伤几个冗余关键部件的情况。飞机的毁伤概率可用毁伤表达式求出。因为在给定一次打击下，同时可以毁伤多个关键部件，部件的毁伤不是相斥的，如战斗部爆炸可以同时毁伤燃油系统和飞行员。因此，这里必须应用部件重叠区域的 $P_{k/ho}$ 计算方法。在某一受袭方向飞机遭受随机打击下毁伤概率等于战斗部命中单元格的概率 $P_{K/Hb}$ 乘以击中单元格条件下毁伤飞机的概率。命中单元格的概率为：

$$P_{Hb} = A_b/A_P, \quad b = 1, 2, \cdots, B \quad (4.7.1)$$

式中，B 是单元格的数目；A_b 是每一个单元格的面积。

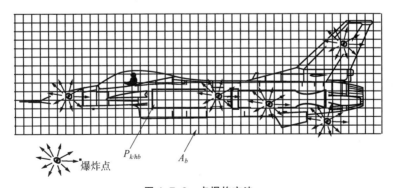

图 4.7.2　点爆炸方法

飞机受到随机打击下毁伤的概率为：

$$P_{K/H} = \sum_{b=1}^{B} P_{Hb} P_{K/Hb} = \frac{1}{A_P} \sum_{b=1}^{B} A_b P_{K/Hb} = \frac{1}{A_P} \sum_{b=1}^{B} A_{Vb} \quad (4.7.2)$$

式中，A_{Vb} 是第 b 个单元格的易损面积。

飞机的易损面积可用下式计算：

$$A_V = \sum_{b=1}^{B} A_b P_{K/Hb} = \sum_{b=1}^{B} A_{Vb} \quad (4.7.3)$$

即每个单元格的易损面积之和。

战斗部在目标内部爆炸条件下目标的易损面积一般都比非爆炸弹药和破片打击下的易损面积大，但不可能超过飞机的呈现面积。

参 考 文 献

[1] Ball R E. The fundamentals of aircraft combat survivability: analysis and design, 2nd edition [M]. New York: American Institute of Aeronautics and Astronautics, 2003.

[2] Reinard B E. Target vulnerability to air defense weapons [D]. Monterey CA: Naval Postgraduate School, 1984.

[3] Eason R A. Computer studies of aircraft fuel tank response to ballistic penetrators [D]. Monterey CA: Naval Postgraduate School, 1978.

[4] Pedriani C M. Tests to determine the ullage explosion tolerance of helicopter fuel tanks [R] Fort Eustis, Virgina: Applied Technology Laboratory, 1978.

[5] Lentz M, Pascal A, Weisenbach M. Dry Bay fire model enhancements [C]. 43rd AIAA/ASME/ASCE/AHS/ASC Structures, Structural Dynamics, and Materials Conference. Denver, Colorado: American Institute of Aeronautics and Astronautics, 2002.

[6] Travis K L. A methodology for the determination of rotary wing aircraft vulnerabilities in air-to-air combat simulation [R]. Alexandria VA: Army Military Personnel Center, 1984.

[7] Beaumont P, Soutis C, Hodzic A. Structural integrity and durability of advanced composites: innovative modelling methods and intelligent design [M]. Woodhead Publishing, 2015.

[8] Kordes E E, Osullivan JR W J. Structural vulnerability of the Boeing B-29 aircraft wing to damage by warhead fragments [R]. Washington, D. C.:

National Advisory Committee for Aeronautics, 1952.

[9] 北京工业学院八系《爆炸及其作用》编写组. 爆炸及其作用（下）[M]. 北京：国防工业出版社，1979.

[10] 魏惠之，朱鹤松，汪东辉，等. 弹丸设计理论 [M]. 北京：国防工业出版社，1985.

[11] 纪杨子燚. 双破片正撞击油箱引起的液压水锤叠加机理及损伤效应研究 [D]. 南京：南京理工大学，2021.

[12] 纪杨子燚，李向东，周兰伟，等. 高速侵彻体撞击充液容器形成的液压水锤效应研究进展 [J]. 振动与冲击，2019，38（19）：242-252.

[13] Ji Y, Li X, Zhou L, et al. Analytical study on the pressure caused by two spherical projectiles penetrating a liquid-filled container [J]. European Journal of Mechanics-B/Fluids, 2021（88）：103-122.

[14] Rosenberg Z, Bless S J, Gallagher J P. A model for hydrodynamic ram failure based on fracture mechanics analysis [J]. International Journal of Impact Engineering, 1987, 6（1）：51-61.

[15] Kitchin T D. Research effort to evaluate target vulnerability [R]. U. S. Air Force Armament Laboratory, 1970.

[16] Trueblood J W. A case study of a combat helicopter's single unit vulnerability [D]. Monterey CA: Naval Postgraduate School, 1987.

[17] Novak JR R E. A case study of a combat aircraft's single hit vulnerability [D]. Monterey CA: Naval Postgraduate School, 1986.

[18] Westine P S. RW plane analysis for vulnerability of targets to airblast [C]. 42nd Symposium on Shock and Vibration, 1972: 173-183.

[19] Johnson O T. A blast-damage relationship [R]. Aberdeen Proving Ground Maryland: Army Ballistic Research Laboratory, 1967.

[20] Kiwan A R. An overview of high-explosive (HE) blast damage mechanisms and vulnerability prediction methods [R]. Aberdeen Proving Ground, Maryland: Army Research Laboratory, 1997.

[21] Kinney G F, Graham K J. Explosive shocks in air [M]. Springer Science & Business Media, 2013.

第 5 章
车辆目标易损性

车辆在战场上扮演着非常重要的角色,是地面战场上出现较多的目标之一。本章主要介绍车辆目标的类型、构造及特性、反车辆目标弹药、车辆目标的毁伤机理及车辆目标的易损性评估理论和方法。

5.1 车辆目标分析

战场上的车辆目标类型很多，战场功能及防护水平不同，本节主要介绍车辆的类型、典型装甲车辆的系统组成以及装甲车辆的防护装甲类型。

5.1.1 车辆目标类型

车辆目标依据是否具有防护分为两类：一类是装甲车辆，另一类是无装甲车辆。

5.1.1.1 装甲车辆

装甲车辆指具有一定装甲防护的战斗车辆，根据防护程度，又分为重型装甲车辆和轻型装甲车辆。

(1) 重型装甲车辆

典型的重型装甲车辆就是坦克，为现代陆上作战的主要武器，具有强大的火力、高越野机动性、迅猛的冲击能力和很强的装甲防护能力，主要执行与对方坦克或其他装甲车辆作战的任务，也可以压制、消灭反坦克武器，摧毁工事，歼灭敌方有生力量。坦克一般装备一门中口径或大口径火炮以及数挺机枪。

在一般的作战情况下，无须彻底摧毁重型装甲车辆，仅需使其在一定程度上丧失战斗力即可。

（2）轻型装甲车辆

轻型装甲车辆的防护装甲较薄，等效均质装甲厚度一般在 6~15 mm 之间，这类车辆装有武器并直接参加战斗，典型的轻型装甲车辆有装甲侦察车、步兵战车、装甲运兵车、反坦克导弹车、战术导弹车、装甲指挥车、前沿通信车、前沿救护车以及自行火炮等。

5.1.1.2 无装甲车辆

无装甲车辆包括两种基本类型：以向战斗部队提供后勤支援为主要任务的运输车辆（卡车、牵引车、吉普车等）；用来作为武器运载工具的无装甲防护轮胎式或履带式车辆。

这类车辆由于没有装甲防护，所有的易损部件暴露在外面，不仅容易被各种反装甲弹药摧毁，而且容易被大多数杀伤弹药（如手榴弹、杀爆榴弹、火箭弹、杀伤地雷等）所毁伤，易损性较高。

5.1.2 典型装甲战斗车辆系统组成及结构

坦克是典型的装甲战斗车辆，下面以坦克为例分析装甲车辆目标的系统组成和结构。坦克一般由推进系统、武器系统、防护系统、通信系统、电气系统及其他系统组成，各系统又由分系统或部件组成[1]。

5.1.2.1 推进系统

推进系统的功能是产生动力，实现车辆的行驶及机动性，主要由动力系统、传动系统、操纵系统、行走系统和燃料系统组成，如图 5.1.1 所示。动力系统是装甲战斗车辆的动力源，由发动机和辅助装置组成，现代的坦克大部分采用往复活塞式柴油机；传动系多数采用机械操纵的干摩擦式多片主离合器、定轴式机械变速器、转向离合器或二级行星转向机；行走系统由行驶装置和悬挂装置组成，行驶装置与地面作用将传动装置输出的动力转化为驱动车辆行驶的牵引力，悬挂装置减缓行驶时产生的冲击和振动，大多坦克采用独立式扭杆弹簧或液压悬挂系统。行驶装置有轮式和履带式两种形式，轮式行驶装置的驱动轮转动时与地面作用产生牵引力，推动车辆行驶，通常采用全轮驱动；履带式行驶装置由主动轮、履带、负重轮、带张紧装置的诱导轮及托带轮组成。大多数坦克采用小直径负重轮、多托带轮结构和小节距、双销、闭式橡胶金属铰链履带。

5.1.2.2 武器系统

坦克的武器系统主要由武器、火力控制和装填机系统组成，如图 5.1.2 所示。坦克武器包括坦克炮、机枪和弹药，坦克炮是坦克的主要武器，机枪是坦

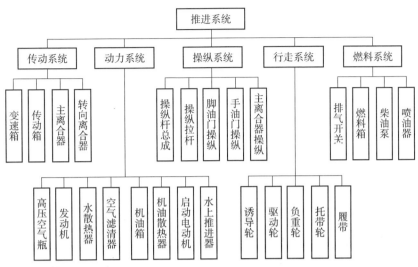

图 5.1.1 典型装甲战斗车辆推进系统的组成

克的辅助武器。坦克配用的弹药有穿甲弹、破甲弹、杀伤爆破弹，有些配有炮射导弹。坦克的火力控制系统由观察瞄准仪器、测距仪、计算机、传感器、坦克炮稳定器和操纵机构组成，主要功能是控制坦克武器的瞄准和射击。

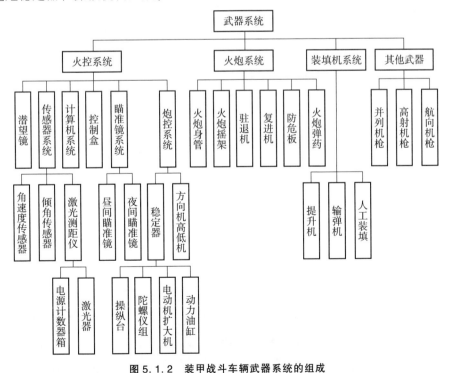

图 5.1.2 装甲战斗车辆武器系统的组成

5.1.2.3 防护系统

坦克装甲车辆的防护系统是用于保护乘员及设备免遭或降低反坦克弹药损伤的所有装置的总称,其目的是降低目标被发现、被命中以及命中条件下被毁伤的概率。现代的主战坦克都配置了复杂的防护系统,主要包括装甲防护、伪装与隐身、光电对抗、二次效应防护以及三防等。

装甲防护技术主要是采用各种各样的装甲及装甲结构(如复合装甲、反应装甲,详见5.1.3节)来提高抗侵彻能力。随着科学技术的发展,坦克装甲的防护水平不断地提高,表5.1.1为坦克防护水平的发展情况[2]。

表 5.1.1 坦克装甲的防护水平(等效装甲钢厚度) mm

坦克装甲防护	防穿甲	防破甲
第一代	首上装甲 76~127,炮塔正面装甲 110~220	
第二代	300	500
第三代	500~600	800~1 000
第四代(预计)	900~1 000	1 300~1 400

伪装防护技术是指坦克装甲车辆上采取的隐蔽自己和欺骗、迷惑敌方的技术措施,通常包括烟幕、伪装涂层和遮障等。隐身防护技术是指为减小或抑制坦克装甲车辆的目视、红外、激光、声响、热、雷达等观测特性而采取的技术措施,包括车辆外形设计技术、涂层技术和材料技术。

光电对抗主要包括激光、红外、雷达波辐射告警、激光压制观瞄、激光干扰、红外干扰、烟幕释放等技术装置。

二次效应防护技术是指为减少坦克车辆被反坦克弹药击穿装甲后的损伤而采取的措施,如采用韧性或柔性的装甲衬层、动力舱自动灭火装置、战斗室灭火抑爆装置以及车辆的隔舱化设计等。

坦克车辆的三防装置是用于保护装甲车辆内的机件和乘员免遭或减轻核、生物、化学武器杀伤的一种整体防护装置。坦克车辆的三防装置有超压式、个人式和混合式三种。

5.1.2.4 通信系统

为了作战指挥的需要,坦克装甲车辆都装有通信系统,车辆通信包括车际通信和车内通信,车际通信是指车与车之间的通信以及车与指挥所之间的通信;车内通信是指车内乘员之间、车内乘员与车外搭载兵之间的通信联络。车辆通信系统由车载式无线电台和车内通话器组成。车载电台由收发信机、天线及调协器等组成；车内通话器主要由各种控制盒、音频终端和连接电缆等组成。如图5.1.3所示。

5.1.2.5 电气系统

电气系统的功能是产生、输送、分配和使用电能，主要由电源及其控制、用电设备及其管理、动力传动工况显示和故障诊断等分系统组成。电源由主电源、辅助电源和备用电源三部分组成。辅助电源由小型发动机、发电机和电控装置组成；备用电源是蓄电池组。用电设备有发动机的启动电动机、炮塔驱动装置、空气调节装置以及加温、照明、信号显示等部件。动力传动工况显示和故障诊断系统由各种传感器、控制单元和执行机构组成。如图5.1.4所示。

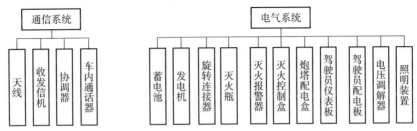

图5.1.3 装甲车辆通信系统的组成　　图5.1.4 装甲车辆电气系统的组成

5.1.2.6 装甲车辆的舱室布局

大多数的主战坦克由驾驶室、战斗室和动力传动室组成。

驾驶室位于坦克的前部，一般布置有各种驾驶操纵装置、检测及指示仪表、报警信号装置、蓄电池组、弹架油箱、炮弹或燃油箱等。

战斗室位于坦克中部，内有2~3名乘员，战斗室中装有火炮、火控、观瞄、通信、自动装填机、三防、灭火抑爆、烟幕发射、弹药、电子对抗等设备和装置。

动力传动室位于坦克后部，通常装有动力和传动装置、进气和排气道、燃料和机油箱、空气滤清器、冷却风扇及其传动装置、机油和水散热器、发动机启动装置、灭火抑爆装置操纵机件和支架等。

5.1.3 装甲类型

现代装甲车辆常用的装甲类型很多，主要有均质装甲、复合装甲、反应装甲及一些新概念装甲。

(1) 均质装甲

均质装甲是通过轧制、铸造等方法制成的高强度、耐高温、高韧性合金（或含钛合金）及非晶态合金。常用于制造车体和炮塔的主体装甲。

装甲钢板结构可分为整体装甲和间隔装甲两种。整体装甲板按制造方法分铸造钢甲和轧制钢甲。轧制钢甲又可分为均质钢甲和非均质钢甲。非均质钢甲的表面层经渗碳或表面淬火处理，具有较高的硬度，而钢甲内部保持较高的韧性。坚硬的表面层易使穿甲弹弹头破碎或产生跳弹，能降低穿甲作用。高韧性的内层使变形的传播速度降低；进而减小了着靶处的应力，起着吸收弹丸动能的作用，使弹丸侵彻能力下降。均质钢甲在整个厚度上具有相同的机械性能和化学成分。均质钢甲按硬度的不同，又可分为三种：

高硬度钢（d_{HB} = 2.7~3.1 mm），如 2Π 板，这种钢板坚硬，但韧性不高，较脆。抗小口径穿甲弹的能力较强，当弹丸撞击速度较高时，靶板背面容易产生崩落。

中硬度钢（d_{HB} = 3.4~3.6 mm），如 603 板，这种钢板的综合机械性能较好，硬度较高，有足够的冲击韧性和强度极限，常用作中型或重型坦克的前部和两侧装甲。

低硬度钢（d_{HB} = 3.7~4.0 mm），这种钢板的冲击韧性较高，但强度极限较低，通常用于厚度大于 120 mm 的厚钢甲。

间隔装甲是指装甲钢板间具有间隙或装有其他部件的双层或多层钢甲，其作用是使破甲弹提前起爆、穿甲弹弹体遭到破坏并消耗弹丸的动能、改变弹丸的侵彻姿态和运行路径，从而提高防护能力。

(2) 复合装甲

复合装甲是由两层及两层以上金属或非金属加工制成的装甲，通常外层采用高硬度低韧性装甲板，中间层采用非金属材料，内层采用低硬度高韧性的装甲板。20世纪70年代初，苏联在T-72主战坦克上采用了内层为钢板、中间层为砂和石英的复合装甲；英国的"乔巴姆"复合装甲的内层采用了陶瓷板。进入20世纪80年代以后，复合装甲已成为现代主战坦克主要装甲结构形式，也是改造老坦克、强化装甲防护的主要技术措施。这种新型装甲结构大大提高了坦克装甲防护能力，与均质装甲相比，对动能弹的抗弹能力提高了2倍左右。

(3) 反应装甲

反应装甲有爆炸反应装甲（ERA）和非爆炸反应装甲（NERA）两种类型。

爆炸反应装甲的基本结构是由前板、后板（钢板）和中间夹层（钝感炸药）组成的"三明治"结构。当弹体或射流撞击反应装甲时，中间夹层的炸药起爆,爆炸产物推动前、后钢板相背运动。运动中的钢板以及爆炸产物对弹体或射流产生横向作用,使弹体发生偏转或折断,使射流断裂、分散或偏转,从而降低对主甲板的侵彻能力。爆炸反应装甲的防护效果取决于模块的厚度、炸药的能量密度以及两块装甲板的质量和强度。

非爆炸反应装甲外观和结构均类似于爆炸反应装甲,不同点是其夹层中装有惰性(非爆炸性)填充物,当侵彻体撞击反应装甲时,惰性装填物吸收部分能量,并在内部产生很高的压力,使反应装甲两侧的金属板膨胀,以此来阻止侵彻体的侵彻能力或使其偏转。非爆炸反应装甲的优点是不会发生二次爆炸而危及伴随步兵,可装备于步兵战车、装甲侦察车等轻型装甲车辆。

(4)贫铀装甲

贫铀装甲也是一种复合装甲,主要由钢、贫铀夹层、钢三层组成,装甲的密度是钢的两倍,具有高密度、高强度和高韧性的特点,现有的常规反坦克弹药很难将其击穿。目前,已在美国(M1A1坦克)和英国的主战坦克上使用。

有关贫铀夹层成分、工艺和结构都严格保密,据推测,贫铀夹层可能是碳化铀晶须嵌在纤维纺织网内构成的网状结构夹层,放在复合装甲中间起骨架作用,中间再嵌入陶瓷装甲块。网状贫铀夹层一方面抵御穿甲弹的攻击;另一方面又限制陶瓷粉末飞散,充分吸收穿甲弹或金属射流的能量。采用贫铀装甲后,M1A1坦克可防穿深达600 mm均质装甲板的动能穿甲弹,可防穿深达1 000~1 300 mm均质装甲板的破甲弹。

(5)电磁装甲

电磁装甲分为被动式和主动式两种。被动式电磁装甲主要由两块间隔装甲组成,两块装甲板分别和高压电容器组的两极相连,其中一端接地。当破甲弹的射流或动能侵彻体贯穿两层靶板时,短路引发高压电容器组放电,并形成强大的磁场,同时大电流通过射流或侵彻体,在强磁场的作用下,由于洛伦兹力和欧姆加热效应,在射流或侵彻体中产生不稳定的磁流体动力效应,导致射流或侵彻体破碎而大大降低其侵彻能力[3]。

动电磁装甲由储能电容器、开关、脉冲成型网络、发射线圈和拦截板组成,其与传统主动防护技术的最大区别在于拦截装置不再使用化学能,而是使用电能。工作原理为:①探测系统发现和识别来袭弹药;②控制系统计算来袭弹药的弹道,并向拦截装置发出触发信号;③接收到触发信号后,储能电容器通过开关、脉冲成型网络和发射线圈放电,形成脉冲强磁场;④拦截板在电磁力的作用下向外飞出,与来袭弹药相撞,毁伤来袭弹药或改变其弹道,从而降低其对主装甲的侵彻能力。

5.2 反车辆目标弹药

用于对付装甲或非装甲车辆的弹药/战斗部主要有穿甲弹、破甲战斗部、杀爆战斗部、地雷等。这些弹药对车辆目标的毁伤原理不同,穿甲弹主要靠高硬度的穿甲弹芯侵彻车辆目标的外装甲,在靶后形成二次破片场,毁伤目标内部的关键部件或乘员。破甲战斗部主要靠高速金属射流侵彻装甲,利用残余射流及靶后二次破片毁伤目标内部的关键部件或乘员,这两种战斗部主要用于对付中型或重型装甲车辆。杀爆战斗部主要靠爆炸后形成的冲击波和破片毁伤目标,用于对付轻型装甲或无装甲车辆目标;如果近距离爆炸或直接命中,对中型或重型装甲车辆目标也具有一定的毁伤能力。对付车辆目标的地雷包括两类:一类靠爆炸形成的冲击波和破片毁伤,类似于杀爆战斗部;另一类是靠爆炸成型弹丸(EFP)侵彻毁伤目标,类似于穿甲弹。

5.2.1 穿甲弹

穿甲弹靠弹丸的撞击侵彻作用穿透装甲,并利用残余弹体和靶后破片或炸药的爆炸作用(半穿甲弹)毁伤装甲后面的有生力量和部件。

早期的穿甲弹是适于口径的旋转稳定穿甲弹,也称普通穿甲弹,通常采用实心结构,为了提高对付薄装甲车辆的后效,一些小口径穿甲弹内部装填少量炸药,弹丸穿透钢甲后爆炸,这种穿甲弹常称为半穿甲弹。普通穿甲弹的结构特点是弹壁较厚,装填系数较小,弹体采用高强度合金钢。根据头部形状的不同,普通穿甲弹可分为尖头穿甲弹、钝头穿甲弹和被帽穿甲弹。

第二次世界大战中出现了重型坦克,钢甲厚度达 $150\sim200$ mm,普通穿甲弹已无能为力,为了击穿这类厚钢甲目标,反坦克火炮增大了口径和初速,发展了一种装有高密度碳化钨弹芯的次口径穿甲弹。在膛内和飞行时,弹丸是适于口径的,着靶后起穿甲作用的是直径小于口径的碳化钨弹芯(或硬质钢芯),初速达到 $1\,000$ m/s 以上。由于碳化钨弹芯密度大、硬度高且直径小,故比动能大,提高了穿甲威力。

现在应用最多的是尾翼稳定脱壳穿甲弹,通常称为杆式穿甲弹,其特点是穿甲部分的弹体细长,直径较小,目前长径比可达到 30 左右,弹丸初速约为 $1\,500\sim2\,000$ m/s。杆式穿甲弹的存速能力强,着靶比动能大。

影响穿甲弹侵彻能力的主要因素有:

（1）侵彻体的着靶比动能

穿孔的直径、穿透的靶板厚度、冲塞和崩落块的质量取决于侵彻体着靶比动能。由于穿透钢甲所消耗的能量是随穿孔容积的大小而改变的，因此，要提高穿甲威力，除应提高侵彻体的着速外，同时还需适量缩小侵彻体直径。

（2）弹丸的结构与形状

弹丸的形状既影响弹道性能，又影响穿甲作用。对于旋转稳定的普通穿甲弹，虽然希望弹丸的质量大，但其长径比不宜大于5.5，这样既可保证其在外弹道上的飞行稳定性，又可防止着靶时跳弹；对杆式穿甲弹，希望尽量增大长径比，因为增大长径比可以较大幅度地提高比动能，从而大幅度提高穿甲威力，同时增加了弹丸相对质量，减小弹道系数，从而减少外弹道上的速度下降量。

（3）着靶角

着靶角对弹丸的穿甲作用影响明显。当弹丸垂直碰击钢甲时（着靶角为0°），弹丸侵彻行程最小，极限穿透速度最小。当着靶角增大时，由于弹丸侵彻行程增加，极限穿透速度增加。无论是均质还是非均质钢甲，都有相同的规律，但对非均质钢甲影响大些。此外，着靶角影响靶后破片的空间分布。

（4）弹丸的着靶姿态

弹丸的攻角越大，在靶板上的开坑越大，因而穿甲深度减小。对长径比大的弹丸和大入射角穿甲时，攻角对穿甲作用的影响更大。

5.2.2　破甲战斗部

破甲战斗部是利用成型装药的聚能效应来完成作战任务的弹药，靠炸药爆炸释放的能量挤压药型罩，形成一束高速的金属射流侵彻穿透装甲。

装药从底部引爆后，爆轰波不断向前传播，爆轰的压力冲量使药型罩近似地沿其法线方向依次向轴线塑性流动，其速度可达 1 000~3 000 m/s，药型罩随之依次在轴线上闭合。闭合后，前面一部分金属具有很高的轴向速度（高达 8 000~10 000 m/s），形成细长杆状的金属射流。射流直径一般只有几毫米，其后边的另一部分金属，速度较低，一般不到 1 000 m/s，直径较粗，称为杆体。

金属射流头部速度高，尾部速度低，所以，当装药距靶板一定距离时，射流向前运动过程中，不断被拉长，致使射流对靶板的侵彻深度加大。但药型罩口部距靶板的距离（简称炸高）过大时，射流撞击靶板前，因不断拉伸、断裂成颗粒而离散，影响侵彻深度。所以，战斗部有一个最佳炸高（或称有利炸高）。

影响破甲作用的因素主要有药型罩、装药、战斗部的结构等。

(1) 药型罩的结构及材料

药型罩是形成射流的主要零件，罩的结构及质量好坏直接影响射流的质量优劣，从而影响破甲威力。

目前常用的药型罩有锥形、喇叭形、半球形三种。喇叭形药型罩形成射流的头部速度最高，破甲深度最大；锥形罩次之；半球形罩最小。目前炮兵装备的成型装药战斗部中，大多采用锥形罩，因为它的威力和破甲稳定性都较好，生产工艺也比较简单。

锥形药型罩常用锥角为 30°~70°，一般采用 40°~60°。锥角过小时，虽然射流速度可提高，破甲深度增加，但是破甲稳定性较差；锥角过大则破甲深度下降。目前常用的药型罩材料是紫铜，因为铜的密度较大，并具有一定的强度，超动载下塑性较好。

当爆轰产生的压力冲量足够大时，药型罩的壁厚增加对提高破甲威力有利，但壁厚过厚会使压垮速度减小，甚至导致药型罩被炸成碎块而不能形成正常射流，从而影响破甲效果。目前炮兵弹药中常用的药型罩壁厚约为 2%~3% 药型罩口部直径；中口径破甲弹铜质药型罩壁厚一般在 2 mm 左右。现在大多采用变壁厚药型罩，罩顶部壁厚小一些，罩口部壁厚大一些，以提高射流的速度梯度，对射流的拉长有利，可提高破甲深度。

(2) 装药及结构

炸药装药是压缩药型罩使之闭合形成射流的能源，因此，装药的性质和结构对破甲战斗部的威力影响很大。

破甲战斗部的威力取决于炸药的猛度，炸药的猛度由其密度及爆速决定，炸药的猛度越高，破甲效应越好。

为了提高破甲威力，希望装药的密度和爆速高，增大作用于药型罩上的压力冲量，提高压垮药型罩的速度与射流速度。目前在破甲战斗部中大量使用的是以黑索金为主体的混合炸药，如铸装梯黑 50/50、梯黑 60/40 炸药，密度为 1.65 g/cm³ 左右，爆速在 7 600 m/s 左右；压装的钝化黑索金，密度为 1.65 g/cm³ 时，爆速可达 8 300 m/s；8321 及 8701 炸药，密度在 1.7 g/cm³ 左右，爆速可达 8 350 m/s；压装的奥克托今炸药，密度为 1.8 g/cm³ 时，爆速达 9 000 m/s。

另外，在装药中加入隔板，可以改变爆轰波形，从而改变药型罩的受载情况，提高战斗部破甲威力。对装药来说，装药结构形状、高度、罩顶药厚及起爆方式等都直接影响有效装药，故对破甲能力也有影响。

(3) 战斗部结构

战斗部结构中影响破甲作用的因素主要包括旋转因素、头部结构及起爆条件等。战斗部的旋转对破甲有不利的影响，转速越高，破甲深度越小；对于中口径破甲弹，当战斗部转速较高时，小锥角破甲深度下降 60%，大锥角破甲深度下降30%左右；当战斗部低速旋转时（3 000 r/min），小锥角下降约20%，大锥角下降10%左右。

（4）炸高

炸高就是战斗部爆炸瞬间，药型罩口部到靶板表面的距离。对于一定结构的战斗部，存在最佳炸高，对应的破甲深度最大。炸高过小，金属射流没有充分拉长，因而破甲性能不佳；炸高过大，可引起射流质量分散，射流速度降低，使破甲威力下降。

5.2.3 杀伤爆破战斗部

杀伤爆破战斗部对地面车辆的破坏作用包括冲击波效应和破片毁伤效应。

冲击波效应是指战斗部爆炸时产生的高温高压气体和冲击波对目标的毁伤作用。冲击波可毁伤车辆外部的部件，或者使装甲车辆的装甲翘曲、焊缝开裂、车辆侧翻等；产生的冲击和振动破坏仪器设备；进入车辆内部的冲击波杀伤驾乘人员。冲击波的毁伤作用主要与炸药的性能、装药质量以及与炸点距目标的距离等因素有关。

破片毁伤效应是利用战斗部爆炸后形成的具有一定动能的破片实现的，这些破片可以毁伤车辆外部的部件或者穿透装甲毁伤内部的部件或乘员，引燃或引爆油箱、弹药等，其毁伤能力由命中目标处破片的动能、形状、姿态和数目密度等因素决定，而这些因素又与战斗部的结构、战斗部壳体材料、炸药装药类型与药量、爆炸时的终点条件等密切相关。

5.2.4 反车辆目标地雷

对付车辆目标的地雷包括杀伤地雷和爆炸成型弹丸地雷，前者主要靠爆炸形成的冲击波和破片毁伤车辆目标，用于对付轻型装甲车辆和无装甲车辆；后者靠爆炸形成的EFP侵彻、穿透车辆的底装甲或侧装甲，进而毁伤目标，用于对付中型或重型装甲车辆目标。

反车辆目标地雷的毁伤能力与炸药类型、质量、装药结构（常规装药或空心聚能装药）等因素有关。

5.3 装甲车辆目标的毁伤机理及毁伤级别

装甲车辆目标的毁伤是由部件或系统的毁伤导致的，部件或系统的毁伤程度决定了整个目标的毁伤级别，而部件或系统的毁伤与作用其上的毁伤元及参量有关，本节分析装甲车辆的毁伤机理、部件或系统毁伤与毁伤元素之间的关系。

5.3.1 车辆目标的毁伤级别

美国早期将坦克的毁伤分为 M、F、K 三个级别[4]，后来又根据车辆被命中后的运动时间将 M 级分为 M0 和 M40 两个子级。对于装甲输送车等轻型装甲车辆，除沿用坦克的毁伤级别外，考虑输送人员的伤亡情况，增加了 C 级毁伤，详细描述见表 5.3.1。

表 5.3.1 装甲车辆的毁伤级别[4]

目标类型	毁伤级别		判断依据
坦克	M 级	M0 级	目标被命中后立即毁伤，不能进行可控运动，并且不能由乘员当场修复
		M40 级	目标被命中后 40 min 内被毁伤，不能进行可控运动，并且不能由乘员当场修复
	F 级（火力级）		目标在被命中后瞬间被毁伤，主要武器丧失功能，或者由于乘员无力操作造成，或者由于武器或配套设备损坏不堪使用，并且不能由乘员当场修复
	K 级（毁灭级）		目标被命中后立即毁伤，车辆报废，无修复价值
装甲输送车，装甲侦察车，步兵战车	M 级、F 级、K 级		同上
	C 级（乘员级）		目标运输人员能力丧失，其概率表示乘员舱内失去战斗力人员与运输人员总数的比例。此处，人员丧失战斗力为 5 min 失去进攻能力

无装甲车辆（如卡车）不仅容易被各种反装甲弹药所摧毁，而且能被大多数杀伤爆破弹药毁伤。车辆运行所需部件受到损坏，从而导致车辆在某一规定的时间内停驶，即认为车辆遭受到有效毁伤。通常将无装甲车辆分为 M 级和 K 级，根据停驶时间，又将 M 级分为 A、B、C 三个子级，见表 5.3.2。

表 5.3.2 非装甲车辆的毁伤级别[5]

级别	子级	判断依据
M 级	A 级	车辆 5 min 内停驶
	B 级	车辆 20 min 内停驶
	C 级	车辆 40 min 内停驶
K 级	—	车辆完全无法使用

5.3.2 装甲车辆目标的毁伤机理

杀爆战斗部在坦克附近爆炸时形成的破片和冲击波可使车辆外面的观瞄装置

和通信天线等遭到破坏，也可能使装甲战斗车辆的结构遭到破坏，或者使车辆受到严重的震动和冲击，固定在装甲上的车内部件（如火炮回转系统、控制板和仪表盘、瞄准系统、电台、炮塔轴承、炮塔旋转齿轮盘等）受到严重损坏，有些部件甚至可能脱落。此外，冲击波的作用有时可能导致车辆的侧翻。

当穿甲和破甲弹药战斗部作用于装甲车辆时，主要通过装甲后面二次破片毁伤车辆内部的关键部件或者乘员；当侵彻元素（射流或侵彻杆）直接作用到活动部件时，产生的毛刺或变形使活动部件失去活动能力，从而导致车辆目标不同级别的毁伤。

为了便于定量分析和试验装甲车辆目标的毁伤，常将装甲车辆目标分解为传动装置、燃料箱、弹药、发动机舱、乘员舱、炮管（仅指炮管外露部分）和其他外部部件，分别研究这些部件或系统的毁伤机理。

5.3.2.1 传动装置的毁伤

传动装置由履带、导向轮或行动轮、链轮、履带支托轮等部件组成，不同直径的弹药命中传动装置的不同部件，传动装置的毁伤概率不同。图 5.3.1 所示为传动装置部件毁伤概率随聚能装药直径的变化曲线[6]。

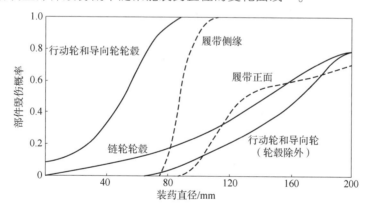

图 5.3.1 传动装置部件毁伤概率随聚能装药直径的变化曲线

5.3.2.2 燃料箱的毁伤

图 5.3.2 是引燃坦克燃料箱的概率随射流穿孔直径、油箱容量和药型罩材料（紫铜或铝）的变化曲线。从图中可以看出，对紫铜药形罩聚能装药破甲弹而言，油箱容积的影响很明显；铝药型罩形成射流对油箱的引燃概率比紫铜药型罩要大得多。

5.3.2.3 弹药舱的毁伤

坦克携带弹药的发射装药是易燃易爆部件，通常假设发射装药起火能造成

100%的 K 级毁伤，破甲弹形成的射流或者靶后二次破片都有可能引起药筒内发射装药的燃烧。

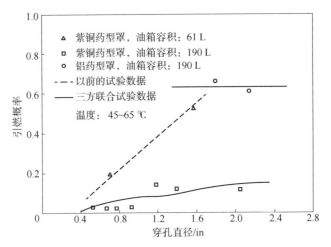

图 5.3.2　引燃坦克燃料箱的概率随穿孔直径的变化曲线

多次试验证实，聚能装药破甲弹形成的射流直接命中坦克内主用弹药药筒时，使其爆炸或剧烈燃烧的概率为 1[6]。

破片命中药筒时，造成发射药的燃烧概率与撞击药筒的破片数有关（图 5.3.3），而靶后破片数是破甲弹射流穿孔直径的函数（图 5.3.4），因此，可以将图 5.3.3 和图 5.3.4 两图中的曲线合并成引燃发射药概率随射流穿孔直径的变化曲线（图 5.3.5）。

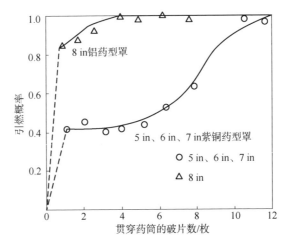

图 5.3.3　引燃坦克弹药发射药的概率随穿透破片数的变化曲线

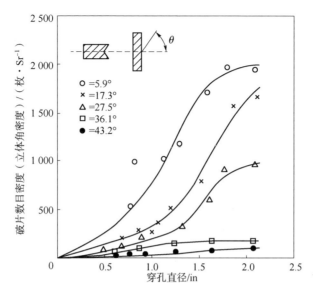

图 5.3.4 靶后破片数目密度随穿孔直径的变化曲线

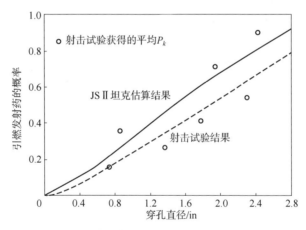

图 5.3.5 引燃坦克弹药发射药的概率随穿孔直径的变化曲线

5.3.2.4 发动机舱的毁伤

多次试验结果表明,如果毁伤元能够贯穿发动机舱,可造成 100% 的 M 级毁伤[6]。

5.3.2.5 炮管的毁伤

聚能装药破甲弹直接命中火炮身管会导致 100% 的 F 级毁伤[6]。动能弹或破片直接命中炮管造成身管凹坑。火炮身管需要承受发射弹药时产生的巨大膛压，身管上的任何缺陷将影响其材料的机械和物理性能，通常用火炮身管上的缺陷深度和大小作为判断是否毁伤的依据，身管不同位置处允许的压坑深度不同。图5.3.6所示为某型火炮身管压坑深度对其使用性能的影响曲线[7]。

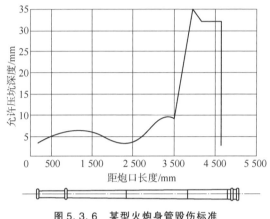

图5.3.6　某型火炮身管毁伤标准

5.3.2.6　乘员舱的毁伤

乘员舱是指除弹药堆放区以外的敞开区域。试验数据结果表明[6]，击穿乘员舱使坦克造成的平均 M 和 F 级毁伤取决于穿孔直径、乘员舱内靶后破片数目，而靶后破片的数目与穿孔直径有关。

图5.3.7和图5.3.8分别为弹药穿透乘员舱时使坦克造成的 M 和 F 级毁伤概率随穿孔直径的变化曲线。

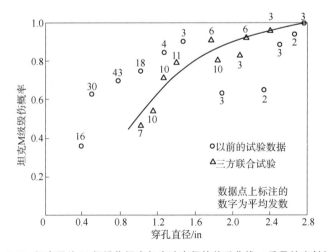

图5.3.7　坦克平均 M 级毁伤概率与穿孔直径的关系曲线（乘员舱实射结果）

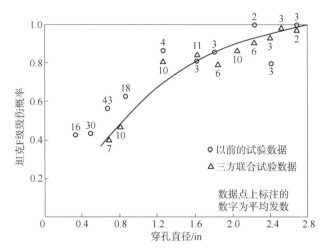

图 5.3.8　坦克平均 F 级毁伤概率与穿孔直径的关系曲线（乘员舱实射结果）

5.4　反装甲弹药对装甲的侵彻能力

反装甲弹药通过射流、爆炸成型弹丸或杆式侵彻体侵彻装甲形成靶后破片，或者直接侵彻目标部件毁伤目标，本节分析这些毁伤元对装甲的侵彻能力。

5.4.1　杆式穿甲弹对装甲的侵彻能力

通常用极限穿透速度或侵彻深度评定穿甲弹对给定靶板的侵彻能力，下面介绍几个常用经验公式[8]。

5.4.1.1　长杆弹斜穿透中厚装甲靶的半经验公式

图 5.4.1 所示为杆式弹以速度 v_c 斜穿透厚度为 b 的钢甲情况，α 为杆式弹的速度与靶板法线之间的夹角。弹丸消耗的动能 E_1 主要用于钢甲成坑和弹丸破碎，则：

$$E_1 = E_p + E_t \tag{5.4.1}$$

式中，E_p 为弹丸破碎消耗的能量；E_t 为靶板成坑消耗的能量。设

$$E_p = w_p \frac{\pi}{4} d^2 \cdot l^* \tag{5.4.2}$$

式中，d 为弹杆直径；w_p 为弹丸破碎单位体积材料所需的功，与弹丸材料的强度有关，$w_p = w'_p f(\sigma_{bp})$，$w'_p$ 为常数项，σ_{bp} 为靶板材料的强度极限；l^* 为弹丸穿甲过程中破碎的长度，与弹丸的侵彻行程成正比，设

$$l^* = k_1 \frac{b}{\cos \alpha} \tag{5.4.3}$$

所以

$$E_p = w'_p \frac{\pi}{4} d^2 \frac{b}{\cos \alpha} k_1 f(\sigma_{bp}) \tag{5.4.4}$$

式中，k_1 为系数。

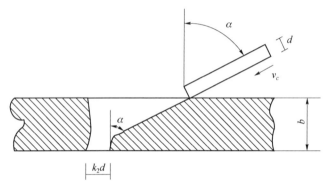

图 5.4.1 杆式弹斜穿透有限厚装甲过程示意图

杆式弹在侵彻钢甲时，由于弹体材料破坏，挤在弹孔周围，使其孔径扩大 k_2 倍，所以靶板成坑消耗的能量为：

$$E_t = w_t \frac{\pi}{4} (k_2 d)^2 b / \cos \alpha \tag{5.4.5}$$

式中，w_t 为靶板成坑时单位体积材料的变形能，与靶材的屈服强度成正比，即

$$w_t = w'_t \sigma_{st} \tag{5.4.6}$$

式中，w'_t 为常数项；σ_{st} 为靶板材料的屈服强度。

弹丸在极限情况下穿透钢甲的入射动能 E_c 为：

$$E_c = \frac{1}{2} m v_c^2 \tag{5.4.7}$$

当射击条件一定时，对给定的弹靶系统，其穿透靶板过程中能量分配是确定的，即 $E_c / E_1 =$ 常数，这就是所谓的能量准则，据此

$$\frac{E_c}{E_1} = K_1 = \frac{m v_c^2 / 2}{w'_p \frac{\pi}{4} d^2 \frac{b}{\cos \alpha} k_1 f(\sigma_{bp}) + w'_t \sigma_{st} \frac{\pi}{4} (k_2 d)^2 \frac{b}{\cos \alpha}} \tag{5.4.8}$$

将上式整理，并令

$$K = \sqrt{\frac{\pi}{2} K_1 [k_1 w'_p f(\sigma_{bp})/\sigma_{st} + w'_t k_2^2]} \quad (5.4.9)$$

得

$$v_c = K \frac{b^{0.5} d}{m^{0.5} \cos^{0.5} \alpha} \sigma_{st}^{0.5} = K \sqrt{\frac{C_e \sigma_{st}}{C_m \cos \alpha}} \quad (5.4.10)$$

式中，C_e 为靶板相对厚度，$C_e = b/d$；C_m 为弹丸相对质量，$C_m = m/d^3$。

这就是杆式弹斜穿透中厚靶板的极限速度表达式的基本形式。为了确定各个变量的指数，进行了大量的试验，结果表明，大多数变量的指数与理论推导的数值近似。值得说明的是靶板屈服强度 σ_{st} 的指数，当板材为中硬度钢甲时，σ_{st} 的指数取理论推导值 0.5 时的计算结果与试验值相符；但将靶板硬度范围扩大到包括全部可能硬度值时，即 $d_{HB} = 2.8 \sim 4.1$ mm，对应的 σ_{st} 变化如图 5.4.2 所示，用试验确定 σ_{st} 的指数为 0.2（试验时，除 σ_{st} 变化外，其他条件完全相同）。为了扩大使用范围，将式（5.4.10）修正为：

$$v_c = K \sqrt{\frac{C_e}{C_m \cos \alpha}} \sigma_{st}^{0.2} \quad (5.4.11)$$

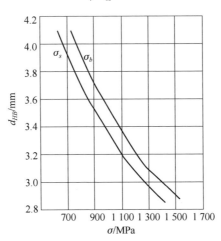

图 5.4.2　靶板强度与硬度的关系曲线

同样，用验证试验反算得出的大量 K 值拟合为下列表达式：

$$K = 1\,076.6 \sqrt{\frac{1}{\xi + \frac{C_e \times 10^3}{C_m \cos \alpha}}} \quad (5.4.12)$$

式中，

$$\xi = \frac{K_d \cos^{1/3}\alpha}{C_e^{0.7}(C_m \times 10^{-3})^{1/n}} \quad (5.4.13)$$

注意，在 ξ 表达式中，C_m 的指数 $1/n$ 是变化的，当 $C_m \leqslant 70 \times 10^3 \text{ kg/m}^3$ 时，取 $n=3$；当 $C_m > 70 \times 10^3 \text{ kg/m}^3$ 时，取 $n=4\sim5$；K_d 为弹径的修正系数，可查表 5.4.1 求出它的值。利用式（5.4.11）~式（5.4.13）及有关图表，只要已知弹、靶结构和材料性能，就可估算极限穿透速度，计算结果误差小于 3%。计算时，公式中各参数的单位为国际单位制。

上述公式可适用于钢、钨合金或贫铀合金制成的杆式弹，其优点在于需要的已知条件少，K 值可以计算。

表 5.4.1 弹径修正系数

d/mm	4	5	6	7	8	9	10	11
K_d	0.855	0.918	0.950	0.981	1.013	1.045	1.076	1.092
d/mm	12	13	14	15	16	17	18	19	20
K_d	1.124	1.156	1.171	1.187	1.203	1.219	1.235	1.251	1.266

5.4.1.2 修正的德马尔公式

国内习惯用修正的德马尔公式计算杆式弹的侵彻能力，其形式为：

$$v_c = K \frac{d^{0.75} b^{0.47}}{m^{0.5} \cos^n \alpha} \quad (5.4.14)$$

式中，K 为穿甲系数，一般取值为 62 700；d 为侵彻杆的直径（m）；b 为靶板厚度（m）；m 为侵彻杆的质量（kg）；α 为侵彻杆速度方向与靶板法线之间的夹角；n 为经验系数，其值随入射角 α 变化而变化，见表 5.4.2。

表 5.4.2 系数 n 随 α 的变化

α/(°)	30~40	50	55	60	65
n	0.26	0.32	0.36	0.39	0.41

虽然该修正公式使用简便，但其局限性较大，只适用于特定的弹靶系统。

5.4.1.3 Tate 经验公式

Tate 从杆式弹对半无限靶侵彻的研究中得出关于侵彻深度的经验公式，并且从经验公式引申出适用于有限厚靶的穿透公式。对有限厚靶，如果长杆弹能够侵彻到靶背面附近，则穿深值就会高于该弹在相同速度下对半无限靶的侵彻值（因为有靶板背面效应）。设此侵深增量为 Δ，则穿透厚度为 b 的靶板相当于侵彻半无限厚靶板深度 $b-\Delta$，则极限穿透速度为：

$$\frac{v_c}{v_d} = 1 + \frac{(b-\Delta)\sec\alpha - \alpha_n d}{\beta_n l} \quad (5.4.15)$$

式中，l 为侵彻杆的长度；d 为侵彻杆的直径；α 为侵彻杆速度与靶板法线之间的夹角；α_n、β_n 和 v_d 为与弹、靶材料有关的经验系数，见表 5.4.3。对于钨合金杆侵彻轧制均质钢甲的情况，$\Delta/d = 0.5 + 0.08(l/d)$。

表 5.4.3 系数 α_n、β_n 和 v_d 的值

侵彻杆材料	密度/(kg·m^{-3})	α_n	β_n	v_d/(m·s^{-1})
钢	7 850	1.2	0.71	1 150
钨合金	17 000	1.4	0.92	850

5.4.1.4 BRL 经验公式

美国弹道研究所（BRL）常用的极限穿透速度公式为：

$$v_c = A_0^{0.5} C_m^{-0.5} (C_e \sec\alpha)^{0.8} \quad (5.4.16)$$

式中，A_0 为与穿甲弹硬度相关的常数。此后，Lambert 等将此公式进一步发展，得到适用于估算长杆弹对单层轧制均质装甲的极限穿透速度，其表达式为：

$$v_c = 4\,000\,(l/d)^{0.15}\sqrt{f(z)d^3/m} \quad (5.4.17)$$

式中

$$z = b(\sec\alpha)^{0.75}/d \quad (5.4.18)$$

$$f(z) = z + e^{-z} - 1 \quad (5.4.19)$$

式中各变量含义同前（单位为 cm-g-s 制），计算结果 v_c 的单位为 m/s。

该公式是根据 200 多个极限穿透速度值（弹体质量 0.5~3 630 g，杆径 d = 2~50 mm，长径比为 4~30，靶厚为 6~150 mm，入射角 α 为 0°~60°，杆体密度为 7.8~19.0 g/cm^3）统计总结得到的。将弹体头部的锥形或半球形均等效为正圆柱体，要求靶板的相对厚度 $C_e > 1.5$。

5.4.2 射流对装甲的侵彻能力

射流对装甲的侵彻能力通常用侵彻深度和侵彻孔大小表征，下面分析射流对装甲靶板或部件侵彻时形成的侵孔深度和半径[9]。

5.4.2.1 射流的自由运动及对均质装甲的侵彻深度

假设射流线性连续拉伸未断裂,射流在自由运动过程中头部和尾部速度保持不变,射流的形成与拉伸过程如图 5.4.3 所示,速度沿射流线性分布,引入一个虚拟原点 (z_0, t_0)。在任意时刻 t,射流的速度分布如图 5.4.4 所示,设射流的头部速度为 v_j,尾部速度为 v_t。

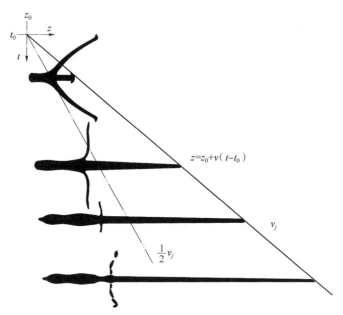

图 5.4.3 射流从虚拟原点的线性拉伸过程

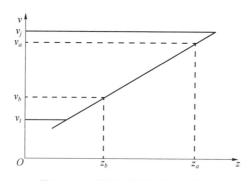

图 5.4.4 线性拉伸射流的速度分布

则射流中速度为 v 的材料运动轨迹为:

$$z = z_0 + v(t-t_0), \quad v_t \leqslant v \leqslant v_j \tag{5.4.20}$$

如果知道射流形成后任意时刻 t_1 的速度分布，根据射流上的两点 z_a（速度为 v_a）和 z_b（速度为 v_b）就可得到 z_0 和 t_0 的值：

$$z_0 = \frac{v_a z_b - v_b z_a}{v_a - v_b} \tag{5.4.21}$$

$$t_0 = t_1 - \frac{z_a - z_b}{v_a - v_b} \tag{5.4.22}$$

设靶板距原点的距离为 z_s，则有效炸高 S（靶板到虚拟原点的距离）为：

$$S = z_s - z_0 \tag{5.4.23}$$

射流头部（速度为 v_j）撞击靶板的时刻 t_s 为：

$$t_s = t_0 + \frac{z_s - z_0}{v_j} \tag{5.4.24}$$

射流侵彻靶板的过程如图 5.4.5 所示。射流速度为 v，侵彻速度为 u，忽略靶板和射流材料强度、可压缩性以及射流在侵彻过程中的损失，根据伯努利方程：

$$\frac{1}{2}\rho_j(v-u)^2 = \frac{1}{2}\rho_t u^2 \tag{5.4.25}$$

式中，ρ_j 为射流材料的密度；ρ_t 为靶板材料的密度。

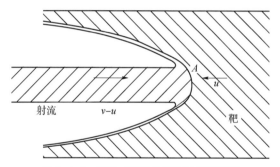

图 5.4.5　射流对靶板的侵彻过程示意图

由方程（5.4.25）可得：

$$v - u = u\sqrt{\frac{\rho_t}{\rho_j}} \tag{5.4.26}$$

令 $\gamma = \sqrt{\dfrac{\rho_t}{\rho_j}}$，则上式可写为：

$$u = \frac{v}{1+\gamma} \tag{5.4.27}$$

将式（5.4.20）代入式（5.4.27），得射流的侵彻速度为：

$$u = \frac{z-z_0}{(t-t_0)(1+\gamma)} \tag{5.4.28}$$

具有速度 v 的射流材料运动到侵彻坑底部的时间为：

$$t = t_0 + \frac{z-z_0}{v} \tag{5.4.29}$$

如图 5.4.6 所示，侵彻坑的底部 A 一般称为驻点，其坐标为 (z,t)。

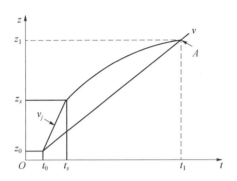

图 5.4.6 驻点及速度为 v 的射流材料运动轨迹

有两种方法可以描述目标靶内射流侵彻坑底部的变化，第一种方法依据射流侵彻速度，方程为：

$$z = z_s + \int_{t_s}^{t} u \, dt = z_0 + v_j(t_s - t_0) + \frac{1}{1+\gamma}\int_{t_s}^{t} \frac{z-z_0}{t-t_0} dt \tag{5.4.30}$$

第二种方法根据射流材料的运动轨迹，方程为：

$$z = z_0 + v(t-t_0) \tag{5.4.31}$$

为了便于求解，将坐标系的原点转换为 (z_0, t_0)，即

$$\begin{aligned} Z &= z - z_0 \\ T &= t - t_0 \end{aligned} \tag{5.4.32}$$

在新的坐标系下，方程（5.4.30）和方程（5.4.31）可写为：

$$Z = v_j T_s + \frac{1}{1+\gamma}\int_{T_s}^{T} \frac{Z}{T} dT \tag{5.4.33}$$

$$Z = vT \tag{5.4.34}$$

对方程（5.4.33）两边求导，得

$$dZ = u \, dT = \frac{1}{1+\gamma}\frac{Z}{T} dT \tag{5.4.35}$$

或者

$$\frac{dZ}{Z} = \frac{1}{1+\gamma}\frac{dT}{T} \tag{5.4.36}$$

则

$$\ln\left(\frac{Z}{Z_s}\right) = \frac{1}{1+\gamma}\ln\left(\frac{T}{T_s}\right) \tag{5.4.37}$$

由于 $Z_s = v_j T_s$，所以

$$\frac{Z}{Z_s} = \frac{vT}{v_j T_s} = \left(\frac{T}{T_s}\right)^{\frac{1}{1+\gamma}} \tag{5.4.38}$$

整理得：

$$\frac{T}{T_s} = \left(\frac{v_j}{v}\right)^{1+\frac{1}{\gamma}} \tag{5.4.39}$$

将上式代入（5.4.38）式得：

$$Z = Z_s \left(\frac{v_j}{v}\right)^{\frac{1}{\gamma}} \tag{5.4.40}$$

返回到原来的坐标系，并将 $S = z_s - z_0$ 代入上式，得到侵彻坑底部的位置为：

$$z = z_0 + S\left(\frac{v_j}{v}\right)^{\frac{1}{\gamma}} \tag{5.4.41}$$

射流速度为 v 时的侵彻深度 P 为：

$$P = z - z_s = S\left[\left(\frac{v_j}{v}\right)^{\frac{1}{\gamma}} - 1\right] \tag{5.4.42}$$

则射流总的侵彻深度为：

$$P_t = S\left[\left(\frac{v_j}{v_t}\right)^{\frac{1}{\gamma}} - 1\right] \tag{5.4.43}$$

5.4.2.2 射流侵彻孔的半径

射流对均质靶板侵彻孔的半径由射流传递给靶板的能量和靶板的材料强度决定。如图 5.4.5 所示，从射流和靶板的界面 A 点处观察，密度为 ρ_j 的射流材料以 $v-u$ 的速度从左边流入，以速度 u 向左流出；密度 ρ_t 的靶板材料以速度 u 从右边进入，左边流出。由于射流输出的能量和射流对靶板材料所做的功相等，则

$$\frac{1}{2}\pi r_j^2 \rho_j u^2 = \pi r_h^2 \sigma_t \tag{5.4.44}$$

将式（5.4.27）代入上式得：

$$\frac{r_j^2 \rho_j v^2}{2(1+\gamma)^2} = r_h^2 \sigma_t \tag{5.4.45}$$

式中，r_j 为射流半径；r_h 为侵彻孔的半径；σ_t 为靶板材料强度。

由方程（5.4.45）可解得侵彻孔的半径为：

$$r_h = \frac{r_j v}{1+\gamma} \sqrt{\frac{\rho_j}{2\sigma_t}} \qquad (5.4.46)$$

可见，侵彻孔的半径与射流的半径有关，为了计算射流在目标靶中形成的侵彻孔的形状，需要知道任意时刻不同位置处射流的半径 $r_j(z)$，而射流的半径与射流的轴向质量分布相关，为了便于分析，定义单位长度射流的质量为：

$$m_z(z,t) = \pi r^2(z,t) \rho(z,t) \qquad (5.4.47)$$

连续方程可以表示为：

$$m_z(t_2) = m_z(t_1) \frac{t_1 - t_0}{t_2 - t_0} \qquad (5.4.48)$$

因此，随着时间的推移，射流长度增加，单位长度的射流质量减小，所以流出的能量也相应减小。

射流的半径为：

$$r_j(z) = \sqrt{\frac{m_z(z)}{\pi \rho(z)}} \qquad (5.4.49)$$

将式（5.4.49）代入式（5.4.46），即可得到射流侵彻孔的半径。

5.4.3 爆炸成型弹丸对装甲的侵彻能力

爆炸成型弹丸可近似看作长径比为 4~8 的恒速杆，撞击速度范围为 1.5~3 km/s。当低速撞击时，材料强度对侵彻过程的影响较大，所以必须考虑弹丸的减速。当高密度杆侵彻低密度靶时，会产生"二次侵彻"，该阶段弹体完全被侵蚀后，由于靶体材料具有动能，将在惯性作用下继续产生位移，侵彻深度增加。

Christman 和 Gehring[10] 基于铝杆和钢杆对金属靶的侵彻试验数据，提出了一个关于恒速杆的经验侵彻模型，长为 l、直径为 d 的爆炸成型弹丸对半无限金属靶的侵彻深度公式为：

$$\frac{P}{l} = \left(1 - \frac{d}{l}\right)\left(\frac{\rho_p}{\rho_t}\right)^{\frac{1}{2}} + 2.42\left(\frac{\rho_p}{\rho_t}\right)^{\frac{2}{3}}\left(\frac{\rho_t v^2}{B_m}\right)^{\frac{1}{3}} \qquad (5.4.50)$$

式中，P 为侵彻深度；v 为弹丸撞靶速度；ρ_p 和 ρ_t 分别为弹和靶材的密度；B_m 为靶体的最大硬度。方程中的第一项对应第一次侵彻，第二项对应"二次侵彻"；对杆速在 2.0~6.7 km/s 范围内时的计算结果与试验结果具有很好的一致性。

5.5 靶后破片分布特性

靶板后效破片，也称为靶后破片（Behind Armor Debris，BAD）[11]，是由反装甲弹药毁伤元穿透目标防护装甲后在装甲背面形成的二次破片，这些破片包括剩余侵彻体和装甲材料崩落碎片。坦克类装甲目标的关键部件和驾乘人员均置于装甲的保护之下，对其内部部件的毁伤主要依赖于靶后破片。本节主要分析杆式穿甲弹撞击靶板形成的靶后破片分布特性。

5.5.1 正撞击靶板形成的靶后破片分布特性

攻角和入射角均为零的弹靶交会状态，称为正撞击。由于正撞击靶板形成的靶后破片最具代表性、规律性，而且正撞击也是撞击问题中最特殊、最简单的形式，因此，对于靶后破片的研究主要集中在正撞击问题上，并以正撞击产生靶后破片的研究为基础，开展斜撞击产生靶后破片的研究。

5.5.1.1 正撞击时靶后破片的形成机理

杆式侵彻体正撞击有限厚靶板时，其侵彻和靶后破片的形成过程可概括为如下三个阶段[12]：

（1）开坑阶段

此时弹靶的碰撞速度最高，产生的碰撞应力也最大，远远超过了侵彻体和靶板材料的动态屈服强度，使靶板材料在碰撞的局部区域内变形、破碎，碎片向抗力最小的方向飞溅排出，形成了靶前破片。这时侵彻体上只承受惯性力和压缩力，并不断破碎，导致残渣飞溅。同时，在靶板表面产生了不断扩大的弹坑，在靶内建立起了相对稳定的高压、高应变和高应变率状态，提供了利于侵彻正常进行的条件。

（2）稳定侵彻及鼓包形成

开坑阶段之后，弹靶材料继续不断破碎、飞溅，同时，弹坑也不断扩大，出现新表面。破碎的侵彻体碎片又不断地撞击弹坑的新表面，如此重复，使弹坑不断加深。当侵彻体侵彻到靶板一定深度时，由于稳定侵彻及入射波和反射波的共同作用，靶板背面金属材料发生塑性变形，进而形成鼓包区，鼓包近似为球缺形。

(3) 鼓包破裂直至靶后破片的形成

随着侵彻的继续，在侵彻体的侵彻和碎片反挤的不断作用下，靶板背面的鼓包高度不断增加，并因拉应力的持续增大而开始自外表面破裂。随后，随着靶板抗力减小，鼓包的高度继续增加，最终弹坑周围的鼓包区沿其周边的应力集中及初始裂纹区域产生拉伸断裂，鼓包完全破裂。这时剩余侵彻体从鼓包中冲出，其后面跟随着侵彻体碎片和靶板的崩落碎片，形成具有杀伤力的靶后破片。图 5.5.1 所示为靶后破片形成过程的高速摄影照片[13]。

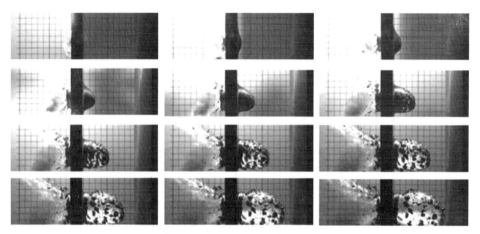

图 5.5.1　侵彻体正撞击靶板形成靶后破片过程的高速摄影照片

5.5.1.2　靶后破片云相关定义及假设

无论杆式侵彻体着靶情况如何，当鼓包完全破裂时，大量侵彻体和靶板崩落碎片从靶后喷出，形成具有杀伤力的靶后破片，这些破片经过相互挤压、碰撞、冲击波冲击等一系列复杂作用后，靶后破片整体将保持某一稳定形态等比例向外不断膨胀，直至遇到障碍（目标部件或后效靶）[14-16]。将这种保持某一稳定形态、等比例向外膨胀的靶后破片称为靶后破片云。

由正撞击形成的靶后破片的整体轮廓近似为一个截尾椭球体，该椭球体在垂直于侵彻体轴线的截面为圆形，过侵彻体轴线的椭圆截面如图 5.5.2 所示。其中，a_0、c_0 分别为该椭圆的短半轴和长半轴。鼓包完全破裂后，靶后破片开始飞散，椭圆的长短轴比 $E=c_0/a_0$ 的值随之变化，在一段时间内，E 的值在冲击波的作用下迅速增加[15]，直至靶后破片云稳定，E 达到一个固定值（约为 1.5~2.5[14,16]），在以后的飞散过程中始终保持不变。E 值之所以成为一个常数，是由于此时各个破片的速度矢量相互之间保持固定的梯度，从而形成了稳定的椭球形速度场。将 E 达到定值的瞬间状态称为靶后破片云的初始状态，此时的靶后破片云称为初始靶后破片云。

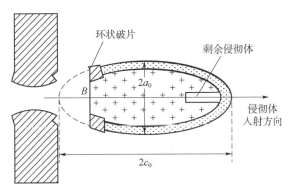

图 5.5.2　正撞击靶板形成的靶后破片云示意图

由于从鼓包破裂到靶后破片云成型之间的时间间隔非常短，并且过程十分复杂，因此不考虑这期间的多变状态，而只研究稳定后的靶后破片云。据此做出如下假设：

①不考虑从鼓包破裂到靶后破片云成型之间的复杂过程，认为剩余侵彻体冲出鼓包后，靶后破片直接由初始靶后破片云开始，以稳定的状态不断膨胀、飞散。

②初始靶后破片云中，每个破片均获得不变的速度矢量，并且所有矢量的延伸线都经过一个点 F，F 点位于侵彻体轴线所在直线上，如图 5.5.3 所示。

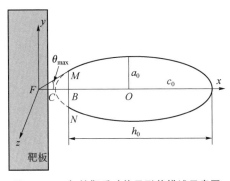

图 5.5.3　初始靶后破片云形状描述示意图

为了确定破片在云中的位置，引入破片散射角的概念。散射角是指破片的速度矢量与椭球长轴线的夹角，用 θ（$0 \leqslant \theta \leqslant \theta_{max}$）表示。经后效靶及 X 光射线照片分析可知[16,17]，靶后破片云尾部有少数质量相对较大的破片，它们速度最低且沿破片云外轮廓飞行，这些破片称为环状破片。环状破片由靶板背部弹坑边缘材料断裂形成，具有最大散射角 θ_{max}。

5.5.1.3 正撞击靶板形成的初始靶后破片云描述

如图 5.5.3 所示,建立以 F 点为原点的右手空间直角坐标系 $Fxyz$,侵彻体速度方向为 x 轴正方向。初始靶后破片云椭圆的圆心为 O,h_0 为椭圆缺高。根据空间几何关系,可得正撞击靶板形成的初始靶后破片云的轮廓方程为[12]:

$$\begin{cases} \dfrac{[x-(l_{FB}+l_{BO})]^2}{c_0^2}+\dfrac{y^2}{a_0^2}+\dfrac{z^2}{a_0^2}=1 \\ x \geqslant l_{FB} \end{cases} \quad (5.5.1)$$

式中,l_{FB} 和 l_{BO} 分别为线段 FB 和 BO 的长度,$l_{BO}=h_0-c_0$。定义 $l_{FB}/l_{CB}=f$,其中,l_{CB} 为线段 CB 的长度,则 $l_{FB}=(2c_0-h_0)f$。因此,式(5.5.1)可进一步表示为:

$$\begin{cases} \dfrac{\{x-[(2c_0-h_0)f+h_0-c_0]\}^2}{c_0^2}+\dfrac{y^2}{a_0^2}+\dfrac{z^2}{a_0^2}=1 \\ x \geqslant (2c_0-h_0)f \end{cases} \quad (5.5.2)$$

图 5.5.3 中,点 $M(l_{FB},r_b,0)$ 表示环状破片的位置。为确定 a_0、c_0 和 h_0 的表达式,首先需确定 M 点的坐标。由于环状破片由靶板背面弹坑边缘材料断裂产生,因此,$r_b=D_{eq}/2$,D_{eq} 为靶背弹孔的等效直径,可由下式求得[18]

$$D_{eq}=d_P\left[3.4\times\left(\dfrac{t_T}{d_P}\right)^{\frac{2}{3}}\left(\dfrac{V_i}{C_T}\right)+0.8\right] \quad (5.5.3)$$

式中,d_P 为侵彻体的直径;t_T 为靶板的厚度;V_i 为侵彻体的着靶速度;C_T 为靶板材料中应力波的传播速度。

M 点具有最大散射角 θ_{max},由几何关系得

$$\tan\theta_{max}=\dfrac{r_b}{(2c_0-h_0)f} \quad (5.5.4)$$

θ_{max} 可用如下经验公式计算[18]

$$\theta_{max}=72.9\left(\dfrac{V_i}{C_T}\right)+10.7 \quad (5.5.5)$$

将点 M 的坐标代入式(5.5.2),可得

$$\dfrac{(c_0-h_0)^2}{c_0^2}+\dfrac{r_b^2}{a_0^2}=1 \quad (5.5.6)$$

联立式(5.5.4)、式(5.5.6)和 $E=c_0/a_0$,得

$$\begin{cases} a_0 = \dfrac{r_b}{2E}\left(\dfrac{1}{f \cdot \tan \theta_{\max}} + E^2 f \cdot \tan \theta_{\max}\right) \\ c_0 = \dfrac{r_b}{2}\left(\dfrac{1}{f \cdot \tan \theta_{\max}} + E^2 f \cdot \tan \theta_{\max}\right) \\ h_0 = f \cdot \tan \theta_{\max} E^2 r_b \end{cases} \quad (5.5.7)$$

为确定 f 与撞击条件的关系,建立图 5.5.4 所示的靶后破片云膨胀示意图,其中,椭圆 O 为初始靶后破片云截面,椭圆 O' 为时间 t 后的靶后破片云截面,A 和 A' 分别为两个椭圆的上顶点,a_1 和 c_1 分别为椭圆 O' 的短半轴和长半轴。

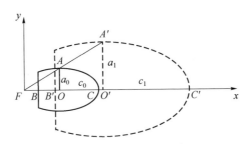

图 5.5.4 靶后破片云膨胀示意图

定义椭圆缺失部分的归一化长度 $\Gamma = (2c_0 - h_0)/(2c_0)$,$V_r$ 和 V_t 分别为靶后破片云头部和尾部速度,表达式在 5.5.1.6 小节中给出。因此,A 点和 A' 点的坐标分别为 $(l_{FB} + c_0(1-\Gamma), a_0)$ 和 $(l_{FB} + V_t t + c_1(1-\Gamma), a_1)$,并且 $c_1 = [c_0(2-\Gamma) + V_r t - V_t t]/(2-\Gamma)$。由此可得直线 AA' 的表达式为

$$y = \dfrac{a_1 - a_0}{V_t t + (c_1 - c_0)(1-\Gamma)} x + \dfrac{a_0 V_t t + (a_0 c_1 - a_1 c_0)(1-\Gamma) - x_0(a_1 - a_0)}{V_t t + (c_1 - c_0)(1-\Gamma)} \quad (5.5.8)$$

由 F 点的定义可知,直线 AA' 过原点,则

$$\dfrac{a_0 V_t t + (a_0 c_1 - a_1 c_0)(1-\Gamma) - x_0(a_1 - a_0)}{V_t t + (c_1 - c_0)(1-\Gamma)} = 0 \quad (5.5.9)$$

由此可得

$$f = \dfrac{1-\Gamma}{\Gamma} \cdot \dfrac{V_t}{V_r - V_t} \quad (5.5.10)$$

联立式 (5.5.4) 和式 (5.5.10),可得

$$f = \dfrac{V_r - V_t}{V_t} \dfrac{1}{E^2 \tan^2 \theta_{\max}} \quad (5.5.11)$$

将 f 代入方程组 (5.5.7) 后,可得到靶后破片分布形状。下面分析靶后破片的质量、空间和速度分布特征。

5.5.1.4 正撞击靶板形成的靶后破片总质量及其质量分布

根据靶后破片来源，可分为由靶板破碎和侵彻体破碎形成的，下面分别计算不同来源的靶后破片的质量。

(1) 靶板破碎形成的靶后破片质量

侵彻体侵彻靶板时，侵彻体与靶板之间的交界面近似为一个特征半径为 R_∞ 的兰金椭圆[19,20]，如图 5.5.5 所示。椭圆形状不随时间变化，并且 R_∞ 等于弹坑尺寸，可由下式求得[21]

$$R_\infty = d_P \cdot (1 + 0.0007 V_i) \tag{5.5.12}$$

则兰金椭圆可用下式描述

$$R_s(\beta) = \frac{R_\infty}{2\sin(\beta/2)} \tag{5.5.13}$$

式中，R_s 为兰金椭圆任上一点 S 到椭圆焦点 F_o 的距离；β 为 SF_o 与侵彻体速度反方向的夹角。

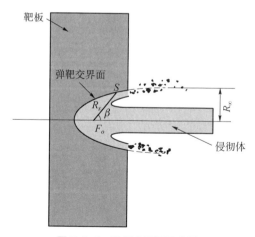

图 5.5.5 弹靶交界面示意图

以侵彻体与靶板刚碰撞时为初始状态，不考虑开坑阶段的影响，假设初始状态时侵彻体头部形状已为兰金椭圆，以此时椭圆的焦点 F_o 为原点 O_m，侵彻体速度反方向为 x_m 轴，建立直角坐标系 $O_m x_m y_m$，如图 5.5.6 所示。

在初始状态下，记靶板上任意一点到弹靶交界面椭圆焦点 O_m 的距离为 R_0，该点与 O_m 点的连线和 x_m 轴正向的夹角为 θ_0。如图 5.5.6 中，靶板背面上一点 A 到点 O_m 的距离为 R_{0A}，AO_m 与 x_m 轴正向的夹角为 θ_{0A}。侵彻体侵彻靶板过程中，记靶板上任意一点到此时的弹靶交界面椭圆焦点 O'_m 的距离为 R_L，该点与 O'_m 点连线和 x_m 轴正向的夹角为 θ_L。如图 5.5.7 中，点 A 到点 O'_m 的距离为

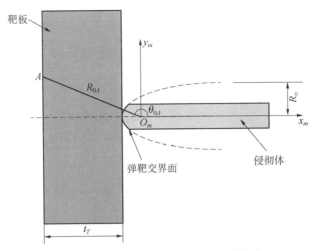

图 5.5.6　弹靶撞击初始状态及坐标轴定义

R_{LA}，AO'_m 与 x_m 轴正向的夹角为 θ_{LA}。

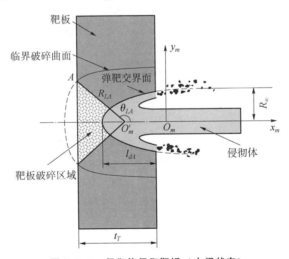

图 5.5.7　侵彻体侵彻靶板（中间状态）

如图 5.5.8 所示，侵彻体高速侵彻靶板时，靶板内部会随机出现空隙，并且越靠近弹靶交界面，出现空隙的概率越大。根据渗流理论，靶板上任意位置未出现空隙的概率 p 为[19]：

$$p = \left\{ 1 + 2\ln \left| \frac{\overline{R}_L^2 \sin^2 \theta_L}{\overline{R}_0^2 \sin^2 \theta_0} \right| \right\}^{-3} \quad (5.5.14)$$

式中，$\overline{R}_L = R_L / R_\infty$；$\overline{R}_0 = R_0 / R_\infty$。当 p 小于临界值 p^* 时，靶板内空隙连通，导

致靶板破碎而形成破片。

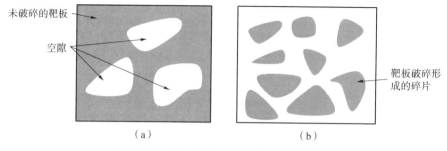

图 5.5.8 侵彻体侵彻靶板时靶板的破碎情况
（a）$p \geqslant p^*$；（b）$p < p^*$

R_L 与 θ_L 可由式（5.5.15）和式（5.5.16）求得：

$$\overline{R}_L = \frac{R_L}{R_\infty} = \left(\frac{\cos \theta_L - \cos \theta_0 + 2\overline{R}_0^2 \sin^2 \theta_0}{2 \sin^2 \theta_L} \right)^{1/2} \tag{5.5.15}$$

$$\frac{\mathrm{d}\theta_L}{\mathrm{d}\bar{l}_d} = -\frac{\sqrt{2} \sin^2 \theta_L}{(\cos \theta_L - \cos \theta_0 + 2\overline{R}_0^2 \sin^2 \theta_0)^{1/2}} \tag{5.5.16}$$

式中，$\bar{l}_d = l_d/R_\infty$，l_d 为侵彻体的侵彻深度，如图 5.5.7 中间状态的侵彻深度为 l_{dA}。

因此，在弹靶交界面附近可以得到一个临界破碎曲面，如图 5.5.7 所示。当该曲面与靶板背面相交时，相交曲线与椭圆焦点 O'_m 形成锥体内的靶板材料破碎，并从靶板分离形成靶后破片，将该锥体称为靶板破碎区域。记对称平面内临界破碎曲面与靶背位于 x_m 轴上方的交点为 A，由几何关系和式（5.5.13）可得 $R_{0A} \cos \theta_{0A} = -(t_T + 0.5R_\infty)$，则 A 点的坐标为 $(-(t_T + 0.5R_\infty), (t_T + 0.5R_\infty) \cdot \tan \theta_{0A})$。根据式（5.5.14）~ 式（5.5.16），可求得此时侵彻体的侵彻深度 l_{dA} 为

$$l_{dA} = R_\infty \left[-\int \frac{(\cos \theta_{LA} - \cos \theta_{0A} + 2\overline{R}_{0A}^2 \sin^2 \theta_{0A})^{1/2}}{\sqrt{2} \sin^2 \theta_{LA}} \mathrm{d}\theta_{LA} \right] \tag{5.5.17}$$

式中

$$\cos \theta_{LA} = \cos \theta_{0A} + 2\overline{R}_{0A}^2 \sin^2 \theta_{0A} \left[\exp\left(\frac{p^{*-1/3} - 1}{2} \right) - 1 \right] \tag{5.5.18}$$

记临界破碎曲面刚与靶板背面相交时，侵彻体的侵彻深度为 $l_d = l_{d\min}$。此时 $R_{0A} = t_T + 0.5R_\infty$，$\theta_{0A} = \pi$，$l_{d\min}$ 的表达式为：

$$l_{d\min} = R_\infty \left[\overline{t}_T + \frac{1}{2} - \overline{R}^* + \frac{1}{4} \left(\ln \left| \frac{2\overline{R}^* + 1}{2\overline{R}^* - 1} \right| - \ln \left| 1 + \frac{1}{\overline{t}_T} \right| \right) \right] \tag{5.5.19}$$

其中

$$\overline{t}_T = \frac{t_T}{R_\infty} \quad (5.5.20)$$

$$\overline{R}^* = \left(\frac{Q}{4Q-1}\right)^{1/2} \quad (5.5.21)$$

$$Q = \exp\left[\ln\left|\frac{(\overline{t}_T+1/2)^2}{4(\overline{t}_T+1/2)^2-1}\right| + \frac{p^{*-1/3}-1}{2}\right] \quad (5.5.22)$$

侵彻深度大于 $l_{d\min}$ 后，随着侵彻的进行，每一时刻都有对应的靶板破碎区域，直到侵彻体穿出（$l_d=t_T$），则所有靶板破碎区域叠加得到的最大包络区域即为靶板最终破碎区域，如图 5.5.9 所示。为求解靶板最终破碎区域的体积，取该区域内靶背面两点 $A(R_{0A}\sin\theta_{0A}, -R_{0A}\cos\theta_{0A})$ 和 $A'(R_{0A'}\sin\theta_{0A'}, -R_{0A'}\cos\theta_{0A'})$，以及其对应的两弹靶交界面椭圆焦点 $F_o(-l_{dA}, 0)$ 和 $F'_o(-l_{dA'}, 0)$。由靶板最终破碎区域的定义可知，该区域的边界曲线为线段 AF_o 和 $A'F'_o$ 的包络线，即线段 AF_o 和 $A'F'_o$ 与边界曲线相切，则破碎区域边界曲线的表达式为

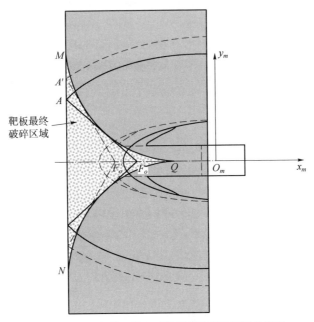

图 5.5.9　侵彻体正撞击时靶板最终破碎区域示意图

$$\begin{cases} y_v = \lim\limits_{\theta_{0A}\to\theta_{0A'}} \dfrac{k'R_{0A'}\sin\theta_{0A'}-kR_{0A}\sin\theta_{0A}}{k'-k} \\ x_v = ky_v - t_T - 0.5R_\infty - kR_{0A}\sin\theta_{0A} \end{cases} \quad (5.5.23)$$

式中，k 和 k' 分别为 AF_o 和 $A'F_o'$ 的斜率，表达式分别为

$$k = \frac{-t_T - 0.5R_\infty + l_{dA}}{R_{OA}\sin\theta_{OA}} \tag{5.5.24}$$

$$k' = \frac{-t_T - 0.5R_\infty + l_{dA'}}{R_{OA'}\sin\theta_{OA'}} \tag{5.5.25}$$

将破碎区域边界曲线绕 x_m 轴旋转所得体积即为靶板最终破碎区域的体积 V_T，由旋转体体积公式可得

$$V_T = \int_0^{y_{vmax}} 2\pi y_v (x_v + t_T + 0.5R_\infty) \, \mathrm{d}y_v \tag{5.5.26}$$

式中，y_{vmax} 为 y_v 的最大值，可将 $l_{dA} = t_T$ 代入式（5.5.17）中求得。

因此，靶板破碎形成的靶后破片质量 M_T 为

$$M_T = \rho_T V_T \tag{5.5.27}$$

式中，ρ_T 为靶板材料的密度。

（2）侵彻体破碎形成的靶后破片质量

杆式侵彻体侵彻靶板过程中，大部分侵彻体破碎形成的残渣留在侵彻孔中，只有靶板最终破碎区域内的侵彻体残渣随靶板残渣一起喷出，形成靶后破片。因此，可以根据侵彻深度为 l_{dmin} 时和穿出靶板时侵彻体剩余质量求出侵彻体破碎形成的靶后破片质量。

侵彻深度为 l_{dmin} 时，侵彻体剩余长度 l_1 可由下式求得[22]

$$l_1 = L_P - \frac{\mu^2 K}{\mu K - \overline{\mu}(1+\mu) v_{c*}^2} l_{dmin} \tag{5.5.28}$$

式中

$$v_{c*} = V_c / V_i \tag{5.5.29}$$

$$\mu = \sqrt{\rho_T / \rho_P} \tag{5.5.30}$$

$$\overline{\mu} = (1 - \mu^2)/\mu \tag{5.5.31}$$

$$K = 1 - \mu + \frac{\mu v_{c*}^2}{2} + \sqrt{\left(1 - \mu + \frac{\mu v_{c*}^2}{2}\right)^2 - \frac{4\overline{\mu}(1-\mu)}{\Phi_{JP}}} \tag{5.5.32}$$

$$\Phi_{JP} = \rho_P V_i^2 / Y_P \tag{5.5.33}$$

$$V_c = \sqrt{2|R_T - Y_P|/\rho_P} \tag{5.5.34}$$

其中，L_P 为侵彻体长度；ρ_P 为侵彻体材料密度；R_T 为靶体阻力；Y_P 为侵彻体强度。分别为[23]

$$R_T = \sigma_{yT}\left(\frac{2}{3} + \ln\frac{0.57E_T}{\sigma_{yT}}\right) \tag{5.5.35}$$

$$Y_P = 1.7\sigma_{yP} \tag{5.5.36}$$

式中，E_T 为靶板材料的弹性模量；σ_{yT} 和 σ_{yP} 分别为靶板和侵彻体材料的动态压缩屈服强度。

侵彻体穿出靶板后的剩余长度为[24]

$$l_2 = L_P \exp\left[\frac{-\rho_P(1-k_2)(V_i^2-V_r^2)}{2\sigma_{yP}}\right] \tag{5.5.37}$$

式中，比例常数 k_2 可由下式求得[25]

$$k_2 = \frac{1}{1+\sqrt{\rho_T/\rho_P}} \tag{5.5.38}$$

则侵彻体破碎形成的破片总质量为

$$M_P = \frac{\pi}{4}\rho_P d_P^2(l_1 - l_2) \tag{5.5.39}$$

（3）靶后破片质量分布

求得靶后破片总质量后，需分析靶后破片的质量分布。通常用 Mott 分布近似描述靶后破片的质量分布，其分布规律为[26]

$$N(m_f) = N_a(1 - e^{-m_f/m_a}) \tag{5.5.40}$$

式中，m_f 为破片质量；$N(m_f)$ 为质量小于 m_f 的破片数；$m_a = M_a/N_a$ 为破片平均质量，M_a 和 N_a 分别为来源相同的破片总质量和总数量，N_a 的计算方法在下节给出。

5.5.1.5　正撞击靶板形成的靶后破片总数量及其空间分布

靶后破片总数量 N_{tot} 可用下式计算[27]

$$N_{\text{tot}} = k(V_i/V_{uv} - 1)^c \cos\alpha + 1 \tag{5.5.41}$$

式中

$$k = 574\exp[-1.037(t_T/d_P - 2.46)^2] \tag{5.5.42}$$

$$c = 3[1 - t_T/(4d_P)] \tag{5.5.43}$$

式中，V_{uv} 为侵彻体正撞击靶板的极限穿透速度；α 为侵彻体的入射角，正侵彻时 $\alpha = 0$。

靶板破碎形成的破片数 N_T 与侵彻体破碎形成的破片数 N_P 分别为

$$N_T = N_{\text{tot}}\left(\frac{\rho_P M_T}{\rho_P M_T + \rho_T M_P}\right) \tag{5.5.44}$$

$$N_P = N_{\text{tot}}\left(\frac{\rho_T M_P}{\rho_P M_T + \rho_T M_P}\right) \tag{5.5.45}$$

假设所有靶后破片均匀分布在椭球面上，并且靶板破碎形成的破片和侵彻体破碎形成破片的空间分布规律相同[28]。根据试验结果[29]，靶后破片的空间分布规律可近似用与散射角相关的高斯分布函数描述，其分布函数为

$$N(\theta<\theta_i) = \int_0^{\theta_i} \frac{6N_a}{\sqrt{2\pi}\,\theta_{\max}} e^{-\frac{1}{2}\left(\frac{3t}{\theta_{\max}}\right)^2} dt \quad (5.5.46)$$

5.5.1.6 正撞击靶板形成的靶后破片速度分布

正撞击靶板形成的靶后破片云，其头部速度 V_r 等于杆式侵彻体剩余速度，可根据 Lambert 和 Jonas[30] 给出的方程求解

$$V_r = a_r (V_i^m - V_u^m)^{1/m} \quad (5.5.47)$$

式中

$$m = 2 + z/3 \quad (5.5.48)$$
$$a_r = m_P/(m_P + m'/3) \quad (5.5.49)$$
$$m' = \rho_T \pi d_P^3 z/4 \quad (5.5.50)$$
$$z = t_T (\sec\alpha)^{0.75}/d_P \quad (5.5.51)$$

可根据下式计算靶后破片云尾部速度 V_t[28]

$$V_t = (\sigma_{yT}/\rho_T)^{1/2}[\sqrt{\varepsilon}/(1+\varepsilon)] \quad (5.5.52)$$

式中，ε 是靶板断裂时圆环处的总应变。

通过靶后破片云的头部速度与尾部速度，可以得到初始靶后破片云中坐标为 (x_d, y_d) 处破片的速度为

$$\begin{cases} V_x = V_t + (V_r - V_t)\dfrac{x_d}{h_0} \\ V_y = (V_r - V_t)\dfrac{y_d}{h_0} \end{cases} \quad (5.5.53)$$

5.5.2 斜撞击靶板形成的靶后破片分布特性

坦克目标装甲的水平倾角很大，一般为 60°~72°，而杆式侵彻体常从正面打击坦克，因此大多数情况下杆式侵彻体以大入射角斜撞击靶板。本节在正撞击靶板形成靶后破片的基础上，分析斜撞击靶板形成靶后破片的分布规律。

5.5.2.1 斜撞击靶板形成的靶后破片形成机理

在攻角为零的条件下，杆式侵彻体以一定的入射角撞击并侵彻有限厚均质装甲钢板时，其典型的弹坑如图 5.5.10 所示，图中 α 表示侵彻体的入射角。

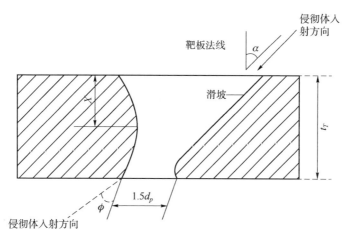

图 5.5.10　斜撞击靶板典型弹坑示意图

侵彻前期，侵彻约为靶板厚度的 1/3（甚至 1/2），弹体紧贴坑底前进，侵彻过程形成的靶体碎片和侵彻体碎渣以几乎垂直于弹轴的方向从靶前排出，这些碎片成为靶前破片，形成的弹孔直径远远大于侵彻体直径，呈喇叭状。此阶段的侵彻行为基本不受靶背面效应的影响。

随后，侵彻进入稳定阶段，此阶段弹体碎渣不能从靶板前方飞出，而是挤在侵彻体周围的孔内，侵彻过程类似于垂直侵彻靶板的情况。当侵彻深度达到靶板的后 1/3 时，剩余侵彻体明显地向靶板背面法线方向偏转，偏转角为 ϕ，并形成类似于正撞击侵彻条件下的直通弹孔，孔径为侵彻体直径的 1.5 倍或略大。同时，靶板的背面出现鼓包，当鼓包完全破裂时，靶板碎片和侵彻体碎渣从靶后喷出，形成靶后破片云。

综上，斜撞击靶板形成的靶后破片主要是在直通弹孔段产生，应重点研究直通弹孔段，可不考虑产生靶前破片的开坑阶段。因此，可以在正撞击形成靶后破片分布规律的基础上，修正得到斜撞击靶板形成靶后破片的分布规律。

5.5.2.2　斜撞击靶板形成的初始靶后破片云描述

图 5.5.11 所示为斜撞击靶板形成的靶后破片云 X 光照片[31]。根据斜撞击靶板形成靶后破片的机理，靶后破片云中的破片主要存在于两个运动空间：一部分靶后破片在侵彻过渡段形成，破片保持了侵彻体侵彻靶板前半程的运动趋势，在以入射方向为中心线的椭球空间内飞散；另一部分破片在侵彻后半程的直通弹孔段形成，这部分破片的运动空间与正撞击产生的靶后破片的运动空间相同，但其对称中心线与入射方向成 ϕ 角。该夹角由侵彻体在直通弹孔段弹轴

的偏转引起,等于弹轴偏转角,可由下式求得[32]

$$\phi = \frac{R_T}{\rho_P V_i^2}\sin \alpha \tag{5.5.54}$$

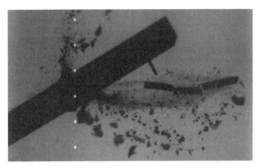

图 5.5.11　斜撞击靶板形成的靶后破片云 X 光照片

如图 5.5.12 所示,以 F 点为原点,侵彻体入射速度方向为 x 正向,靶板内与之垂直的直线为 z 轴,建立右手直角坐标系 $Fxyz$。图中靶板和侵彻体入射方向的夹角为 $90°-\alpha$,椭圆 O 为直通弹孔运动趋势椭球空间的初始投影,其短半轴和长半轴分别为 a_0 和 c_0;椭圆 O' 为以入射方向为中心线的运动椭球空间的初始投影,其短半轴和长半轴分别为 a_0' 和 c_0,并且两椭圆中心到原点的距离相同,即 $OF = O'F$。

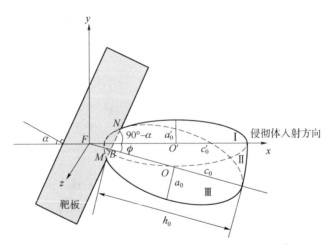

图 5.5.12　斜撞击靶板形成的靶后破片云形状分析图

综上,斜撞击靶板形成的初始靶后破片云的空间可分为三个区域,区域 I 内的所有靶后破片具有侵彻体入射方向的运动趋势,区域 III 内的破片具有直通弹孔的运动趋势,区域 II 内的破片则具有两种运动趋势。其中,区域 I 和区域

Ⅲ轮廓近似为截尾椭球体，而区域Ⅱ轮廓近似为圆环面的一部分。由此得到斜撞击初始靶后破片云的描述模型，分别如下。

区域Ⅰ：
$$\begin{cases} \dfrac{[x-(l_{FB}+l_{BO})]^2}{c_0^2}+\dfrac{y^2}{a_0'^2}+\dfrac{z^2}{a_0^2}=1 \\ y>0 \end{cases} \quad (5.5.55)$$

区域Ⅱ：
$$\begin{cases} \dfrac{[\sqrt{x^2+y^2}-(l_{FB}+l_{BO})]^2}{c_0^2}+\dfrac{z^2}{a_0^2}=1 \\ -x\cdot\tan\phi<y\leq 0 \end{cases} \quad (5.5.56)$$

区域Ⅲ：
$$\begin{cases} \dfrac{[x\cdot\cos\phi-y\cdot\sin\phi-(l_{FB}+l_{BO})]^2}{c_0^2}+\dfrac{(x\cdot\sin\phi+y\cdot\cos\phi)^2}{a_0^2}+\dfrac{z^2}{a_0^2}=1 \\ y\leq -x\cdot\tan\varphi \end{cases}$$
$$(5.5.57)$$

为确定斜撞击靶板形成的靶后破片云的描述模型，需要求解 a_0'、a_0、c_0、l_{FB}、l_{BO}，其中，a_0、c_0、l_{FB}、l_{BO} 可通过正撞击靶板形成的初始靶后破片云的描述模型确定：

$$\begin{cases} a_0=\dfrac{r_b'}{2E}\left(\dfrac{1}{f\tan\theta_{max}}+E^2 f\tan\theta_{max}\right) \\ c_0=\dfrac{r_b'}{2}\left(\dfrac{1}{f\tan\theta_{max}}+E^2 f\tan\theta_{max}\right) \\ l_{FB}=f(2c_0-h_0) \\ l_{BO}=h_0-c_0 \\ h_0=r_b' f\tan\theta_{max}\cdot E^2 \end{cases} \quad (5.5.58)$$

其中，f 和 E 的含义同正撞击；θ_{max} 可根据式（5.5.5）求得；r_b' 为区域Ⅲ中 M 点到直线 FO' 的距离，可由下式求得

$$r_b'=l_{BM}\cdot\dfrac{\cos\alpha\sin\theta_{max}}{\sin(\theta_{max}+\varphi)} \quad (5.5.59)$$

式中，l_{BM} 为线段 BM 的长度。

根据区域Ⅰ和区域Ⅲ之间的几何关系，可以求得 N 点的坐标 (x_N, y_N) 为

$$\begin{cases} x_N=\dfrac{l_{BM}\cos(\alpha-\theta_{max}-\varphi)}{\sin(\theta_{max}+\varphi)}+l_{BN}\sin\alpha \\ y_N=l_{BN}\cos\alpha \end{cases} \quad (5.5.60)$$

式中，l_{BN} 为线段 BN 的长度。l_{BM} 和 l_{BN} 的表达式在下一小节中给出。

将点 N 的坐标 (x_N, y_N) 代入式（5.5.55）可求得 a_0'，即

$$a_0' = \frac{y_N}{\sqrt{1-[x_N-(l_{FB}+l_{BO})]^2/c_0^2}} \quad (5.5.61)$$

5.5.2.3 斜撞击靶板形成的靶后破片分布特征

斜撞击时，侵彻体破碎形成的靶后破片质量、质量分布、靶后破片总数量、靶后破片速度分布的计算模型与正撞击的相同。因此，本节建立斜撞击时靶板破碎形成的靶后破片质量计算模型及靶后破片的空间分布模型。

（1）靶板破碎形成的靶后破片质量

斜撞击时，坐标系的建立、靶板内破碎概率和破碎区域的计算方法与正撞击的相同，所有靶板破碎区域叠加形成的最终破碎区域如图 5.5.13 所示，其顶点为 M、N、Q。

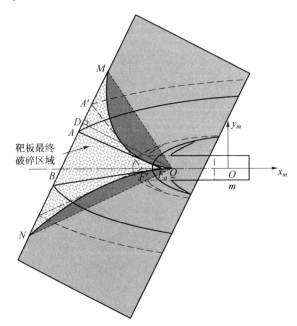

图 5.5.13　斜撞击靶板最终破碎区域示意图

根据几何关系，靶板背面上任意一点满足以下关系式

$$R_0 \sin\theta_0 = R_0 \cos\theta_0 \cot\alpha + \frac{t_T}{\sin\alpha} + \frac{R_\infty}{2\cos(\alpha/2)\sin\alpha} \quad (5.5.62)$$

式中，R_0、θ_0、R_∞ 的含义同 5.5.1.4 节。

为求解靶板最终破碎区域的体积，任取该区域内靶背面上两点 $A(R_{0A}\sin\theta_{0A}, -R_{0A}\cos\theta_{0A})$ 和 $A'(R_{0A'}\sin\theta_{0A'}, -R_{0A'}\cos\theta_{0A'})$，对应的两弹靶交界面

椭圆焦点为 $F_o(-l_{dA},0)$ 和 $F'_o(-l_{dA'},0)$，其中，l_{dA} 和 $l_{dA'}$ 可由式（5.5.17）求得。与正撞击时相似，可求得破碎区域的边界曲线为

$$\begin{cases} x_v = \lim\limits_{\theta_{0A'} \to \theta_{0A'}} \dfrac{k'R_{0A'}\cos\theta_{0A'} - kR_{0A}\cos\theta_{0A} + R_{0A}\sin\theta_{0A} - R_{0A'}\sin\theta_{0A'}}{k'-k} \\ y_v = kx_v + R_{0A}\sin\theta_{0A} - kR_{0A}\cos\theta_{0A} \end{cases} \quad (5.5.63)$$

式中，k 和 k' 分别为直线 AF_o 和 $A'F'_o$ 的斜率，表达式分别为

$$k = \frac{R_{0A}\sin\theta_{0A}}{R_{0A}\cos\theta_{0A} + l_{dA}} \quad (5.5.64)$$

$$k' = \frac{R_{0A'}\sin\theta_{0A'}}{R_{0A'}\cos\theta_{0A'} + l_{dA'}} \quad (5.5.65)$$

利用式（5.5.63）计算破碎区域边界曲线时，$\theta_0 \leq \pi$ 时，对应图 5.5.13 中 x_m 轴上方的边界曲线，$\theta_0 > \pi$ 时，对应 x_m 轴下方的边界曲线。

由于斜撞击时靶板破碎区域体积的计算非常复杂，为简化计算，近似认为靶板破碎区域体积等于椭圆锥 MNQ 的体积乘以对称面上靶板破碎区域与椭圆锥 MNQ 的截面积之比的平方[20]，即

$$V_T = a^2 \cdot V_{MNQ} = a^2 \cdot \frac{\pi l_{DQ}}{6}(l_{DM}^2 + l_{DM} \cdot l_{DN}) \quad (5.5.66)$$

式中，a 为图 5.5.13 中靶板破碎区域截面与椭圆锥 MNQ 截面的面积比；V_{MNQ} 为椭圆锥 MNQ 的体积；l_{DQ}、l_{DN}、l_{DM} 分别为图 5.5.13 中线段 DQ、DN、DM 的长度，可由边界曲线方程（5.5.63）经坐标变换求得。

l_{BM} 和 l_{BN} 可分别由式（5.5.67）和式（5.5.68）求得

$$l_{BM} = \frac{|y_{v\min}|}{\cos\alpha} \quad (5.5.67)$$

$$l_{BN} = \frac{|y_{v\max}|}{\cos\alpha} \quad (5.5.68)$$

式中，$y_{v\min}$ 和 $y_{v\max}$ 分别为式（5.5.63）中 y_v 的最小值与最大值。

综上，斜撞击时靶板破碎所形成的靶后破片质量为

$$M_T = \rho_T V_T \quad (5.5.69)$$

（2）靶后破片空间分布

假设斜撞击靶板形成的靶后破片的质量均匀分布在破片云表面，因此，斜撞击靶板形成的靶后破片云中各区域的破片数量可根据区域表面积求得，即

$$N_n = \frac{S_n}{S_\text{I} + S_\text{II} + S_\text{III}} N_{\text{tot}} \quad (n = \text{I}, \text{II}, \text{III}) \quad (5.5.70)$$

式中，N_n 即为区域 n（$n=$ I，II，III）中破片数量；S_n 即为区域 n（$n=$ I，II，III）的

外表面积；N_{tot} 为破片总数量。

斜撞击靶板形成的初始靶后破片云中，破片散射角 θ 为破片的速度矢量在 Fxy 平面上的投影与 x 轴正向的夹角。区域 I 中，θ 最大值为 $\theta_{max}^I = \arctan(y_N/x_N)$；区域 III 中，$\theta$ 最大值为 $\theta_{max}^{III} = \theta_{max}^I + \phi$。斜撞击靶板形成的初始靶后破片云中，区域 I 和区域 III 在空间分布上与正撞击类似，可近似为高斯分布，分别为

区域 I： $$N(0<\theta<\theta_i) = \int_0^{\theta_i} \frac{3N_I}{\sqrt{2\pi}\,\theta_{max}^I} \exp\left[-\frac{1}{2}\left(\frac{3\xi}{\theta_{max}^I}\right)^2\right] d\xi \quad (5.5.71)$$

区域 III： $$N(\theta_i<\theta<-\phi) = \int_{-\phi}^{\theta_i} \frac{3N_{III}}{\sqrt{2\pi}\,\theta_{max}^{III}} \exp\left[-\frac{1}{2}\left(\frac{3\xi}{\theta_{max}^{III}}\right)^2\right] d\xi \quad (5.5.72)$$

区域 II 中，破片同时有区域 I 和区域 III 的运动趋势，因此，区域 II 中的破片轴向呈均匀分布，周向呈高斯分布，即

$$\text{轴向}: N(\theta_i<\theta<0) = N_{II}\left|\frac{\theta_i}{\phi}\right| \quad (5.5.73)$$

$$\text{周向}: N(\varphi<\varphi_i) = \int_0^{\varphi_i} \frac{6N_{II}}{\sqrt{2\pi}\,\theta_{max}} e^{-\frac{1}{2}\left(\frac{3t}{\theta_{max}}\right)^2} dt \quad (5.5.74)$$

式中，φ 为破片在靶后破片云中的周向角，即破片的速度矢量在 Fxz 平面上的投影与 x 轴正向的夹角。

5.6 装甲车辆目标易损性的评估方法

常用的车辆易损性评估方法有两种，分别为列表法和受损状态分析法。

5.6.1 列表法

5.6.1.1 易损面积的概念

易损面积实际上是小于目标呈现面积的一个加权面积，其值等于目标被击中并毁伤的概率与呈现面积之积。易损面积的表达式为：

$$A_V = A_P P_D \quad (5.6.1)$$

式中，A_P 为目标的呈现面积；P_D 为命中目标条件下毁伤目标的概率。

易损面积与目标的呈现面积及弹药命中目标条件下的毁伤能力有关。呈现面积与目标的几何特性及弹药的攻击方向有关；毁伤目标的概率与目标的易损特性及弹药的威力有关，弹药的威力越高，其对目标的毁伤能力越强，相应

地，目标的易损面积也越大。目标的易损特性与目标的防护特性、部件的易损特性、部件的放置位置及重要性等因素有关。因此，在评价目标的易损性时，要明确具体的弹药及弹药攻击目标的方向。

目标的易损性可以用典型方向的易损面积表征，也可用多个方向易损面积的平均值表征。如果用平均易损面积表征目标的总体易损性，按照弹药射击方向的分布规律，对多个方向的易损面积加权得到。

5.6.1.2 易损面积的计算步骤

（1）确定弹药类型及弹药攻击方向

确定攻击车辆目标的弹药类型，如穿甲弹或破甲弹。本章所介绍的易损面积确定方法主要适用于穿甲或破甲战斗部作用下的装甲目标。

攻击方向用方位角和高低角表示，如图5.6.1所示，沿装甲目标周向及高低方向将其划分为诸多区间，评价某个方向的易损性。通常周向以45°为间隔划分为8个区间，高低角范围为-90°~90°。

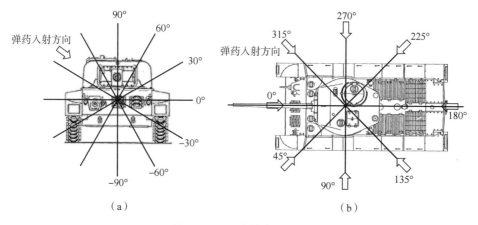

图5.6.1 坦克被攻击方向
(a) 高低角；(b) 方位角

（2）垂直于给定方向将目标呈现面积划分成若干单元区

为了准确地评定装甲车辆目标的易损性，垂直于给定方向将装甲车辆目标分成若干不同的单元区，而后分别考虑射弹对每个单元区的毁伤情况，这些单元区是给定方向下装甲车辆目标呈现面积的主要区域，假设各单元区具有相同的易损性。例如，对坦克目标，可分为：①发动机舱（不含燃料）；②燃料箱（装满燃料）；③弹药（弹药支架及其堆放区）；④乘员舱（不计弹药暴露面积）；⑤悬挂系统和传动装置；⑥炮管；⑦装甲侧缘；⑧除火炮和传动装置以外的外部部件。

对于含有大部件的某些单元区,又可划分为多个子单元,如发动机可分为汽化器、线圈、分配器等。早期的研究采用人工的方法计算,因此根据目标易损区域划分单元,现在采用计算机进行计算,通常将目标的呈现面划分为大小相同的区域,如图 5.6.2 所示。

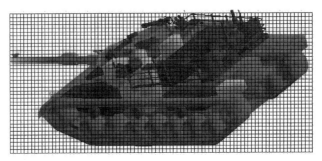

图 5.6.2　目标呈现面的单元划分

(3) 确定射弹贯穿的部件及对部件的毁伤情况

针对每个单元或子单元,根据射弹的参数确定沿着攻击方向射弹贯穿的部件以及对部件的毁伤情况,表 5.6.1 为某坦克在方位角为 30°、高低角为 0° 被 127 mm 装药直径破甲弹攻击时各单元所贯穿的部件及部件的毁伤情况。例如贯穿的外部部件、防护装甲(包括装甲厚度)、内部部件、部件或装甲之间的间距以及对部件的穿孔直径等信息[6]。

表 5.6.1　某坦克各单元内弹药贯穿部件表（方向角 30°，高低角 0°，装药直径 127 mm）

单元	子单元	外部部件	车体或炮塔厚度/mm	部件A孔径/mm	内部部件A的总防护厚度+外部部件防护厚度		内部部件A	部件B孔径/mm	内部部件B的总防护厚度		内部部件B
					钢板/mm	空间/mm			钢板/mm	空间/mm	
1	1 (a)	内行动轮(不含轮毂)	81.3	22.4	106.7	1 016.0	乘员	13.7	157.5	1 346.2	燃料箱
	1 (b)	内行动轮(不含轮毂)	81.3	22.4	106.7	1 016	乘员				
2		内行动轮轮毂	81.3	15.7	106.7	991	乘员				
3			50.8		182.9	254	发动机				
4			76.2		50.8	254	弹药				

续表

单元	子单元	外部部件	车体或炮塔厚度/mm	部件A孔径/mm	内部部件A的总防护厚度+外部部件防护厚度		内部部件A	部件B孔径/mm	内部部件B的总防护厚度		内部部件B
					钢板/mm	空间/mm			钢板/mm	空间/mm	
5							装甲侧缘				
...											
m											

根据部件的穿孔直径或剩余侵彻深度，确定该部件导致目标不同级别的毁伤概率，通常采用模拟试验方法得到。图 5.3.1 所示是传动装置毁伤概率随装药直径的变化曲线。

（4）将部件的毁伤转换为装甲车辆目标的毁伤

装甲车辆目标由很多部件组成，部件的毁伤导致目标不同级别及不同程度的毁伤。针对坦克车辆目标，国外建立了一套标准评价表，给出了基本部件毁伤与坦克目标毁伤的关系。表 5.6.2~表 5.6.4 为某型坦克的毁伤评价表[6]。

表 5.6.2 某坦克毁伤程度评价表（以内部部件毁伤为依据）

部件		毁伤级别		
		M	F	K
武器	主炮用弹药	1.00	1.00	1.0
	机枪弹药	0.00	0.10	0.0
	并列机枪	0.00	0.10	0.0
	主炮	0.00	1.00	0.0
	炮塔高射机枪	0.00	0.05	0.0
	主炮制退机构	0.00	1.00	0.0
	驱动控制机构	1.00	0.00	0.0
	驾驶员潜望镜	0.05	0.00	0.0
	发动机	1.00	0.00	0.0
	单侧油箱漏油	0.05	0.00	0.0
	高低机	0.00	1.00	0.0
	火力控制系统	0.00	0.95	0.0

续表

部件		毁伤级别		
		M	F	K
内部通信设备	全部设备	0.30	0.05	0.0
	车长用设备	0.00	0.05	0.0
	射手用设备	0.00	0.05	0.0
	车长和射手用设备	0.30	0.05	0.0
	装填手用设备	0.00	0.00	0.0
	驾驶员用设备	0.30	0.00	0.0
	旋转式分电箱	0.35	0.20	0.0
	炮塔接线盒	0.35	0.10	0.0
	无线电设备	0.25	0.25	0.0
	方向机	0.00	0.95	0.0

表5.6.3 某坦克的毁伤程度评价表（以外部部件毁伤为依据）

部件	毁伤级别		
	M	F	K
诱导轮	1.00	0.00	0.0
行动轮（前）			
一个	0.50	0.00	0.0
两个	0.75	0.00	0.0
行动轮（后）	0.20	0.00	0.0
行动轮（其他）	0.05	0.00	0.0
链轮	1.00	0.00	0.0
履带	1.00	0.00	0.0
履带导向齿	0.05	0.00	0.0
履带支托轮	0.00	1.00	0.0
主炮管	0.00	1.00	0.0
主炮炮膛排烟器	0.00	0.05	0.0

表 5.6.4　某坦克的毁伤程度评价表（以人员伤亡或失能为依据）

部件	毁伤级别		
	M	F	K
车长	0.30	0.50	0.0
射手	0.10	0.30	0.0
装填手	0.10	0.30	0.0
驾驶员	0.50	0.20	0.0
两名乘员失能			
车长和射手	0.65	0.95	0.0
车长和装填手	0.65	0.70	0.0
车长和驾驶员	0.90	0.60	0.0
射手和装填手	0.55	0.65	0.0
射手和驾驶员	0.80	0.55	0.0
装填手和驾驶员	0.80	0.50	0.0
唯一幸存者			
车长	0.95	0.95	0.0
射手	0.95	0.95	0.0
装填手	0.95	0.95	0.0
驾驶员	0.90	0.95	0.0

根据毁伤元贯穿某一单元区对装甲以及车辆内、外部件的毁伤，结合毁伤程度评价表，将部件的毁伤转换为车辆目标不同级别的毁伤。例如，车长和装填手已伤亡或失去战斗能力，则坦克破坏程度评价结果为：M = 0.65，F = 0.70，K = 0。作出这样评价的理由是：尚存的乘员有射手和驾驶员，坦克还具有机动能力，由于驾驶员要充当装填手，与射手配合继续作战，因此，坦克的机动性有所降低。此时射手已移至车长位置代行指挥，射手需完成处置伤员与替补装填手配合操作和发射武器弹药、代行车长职责，这就大大降低坦克的火力，所以坦克受损后仅有 35% 的机动能力和 30% 的有效火力。

如果弹药毁伤元（杆式侵彻体或射流）贯穿多个部件，而每个部件都将导致目标不同级别的毁伤，这时应将每个部件的 M、F 和 K 级毁伤概率值按照生存法则"加"，即得到该单元的总毁伤概率值。例如 P_{M1} 和 P_{M2} 分别为某区域后方的两个内部部件使坦克遭受的 M 级毁伤概率值，则该单元内的 M 级毁伤概率值为：

$$P_M = 1-(1-P_{M1})(1-P_{M2}) \tag{5.6.2}$$

表 5.6.5 为表 5.6.1 中各区域内部件毁伤造成的车辆不同级别的毁伤概率。图 5.6.3 所示为目标呈现面均匀划分单元时计算得到的各个级别的毁伤概率分布。

表 5.6.5 各单元区造成目标的毁伤概率及易损面积

单元	子单元	平均 M	平均 F	平均 K	呈现面积/cm²	易损面积/cm²		
						A_M	A_F	A_K
1	1(a)	0.69	0.79	0.30	12.90	8.90	10.19	3.87
	1(b)	0.68	0.72	0.29	9.68	6.58	7.55	2.84
2		0.50	0.56	0.02	0.65	0.32	0.39	0.00
3		1.00	0.00	0.00	9.68	9.68	0.00	0.00
4		1.00	1.00	1.00	15.48	15.48	15.48	15.48
5		0.00	0.00	0.00	13.55	0.00	0.00	0.00
6		0.00	0.00	0.00	20.32	0.00	0.00	0.00
…								
m								

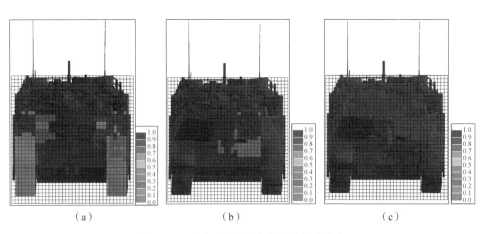

图 5.6.3 某坦克目标各级别毁伤概率分布
(a) M 级；(b) F 级；(c) K 级

(5) 确定各单元的易损面积

各单元的易损面积为：

$$A_{Di} = A_{Pi} P_{D/hi} \tag{5.6.3}$$

式中，A_{Pi} 为第 i 个单元的呈现面积；$P_{D/hi}$ 为弹药命中第 i 个单元时对车辆的毁伤概率；D 表示毁伤级别，可取 M、F 或 K 级。

例如，一个呈现面积为 0.3 m² 的单元，弹药命中该单元造成车辆 M 级毁伤的概率为 0.4，则该单元 M 级毁伤的易损面积为 0.12 m²。

(6) 确定给定方向上的车辆总呈现面积及易损面积

将每个单元的呈现面积相加即为车辆在给定方向上的总呈现面积，即

$$A_P = \sum A_{Pi} \tag{5.6.4}$$

命中目标条件下对目标的毁伤概率为：

$$P_{D/H} = \sum_{i=1}^{n} P_{D/Hi} \tag{5.6.5}$$

式中，$P_{D/Hi}$ 为命中目标且弹道通过单元 i 毁伤目标的概率；n 为单元总数。

而

$$P_{D/Hi} = P_{h/Hi} \cdot P_{D/hi} = P_{h/Hi} \cdot \frac{A_{Vi}}{A_{Pi}} \tag{5.6.6}$$

式中，$P_{h/Hi}$ 为命中目标条件下命中单元 i 的概率；$P_{D/hi}$ 为弹道通过单元 i 时对目标的毁伤概率。

将式 (5.6.5) 代入式 (5.6.1) 得：

$$A_V = A_P \cdot \sum P_{D/Hi} = A_P \cdot \sum P_{h/Hi} \cdot \frac{A_{Vi}}{A_{Pi}} \tag{5.6.7}$$

如果射弹在某一方向上命中目标的位置是均匀随机分布的，则

$$P_{h/Hi} = \frac{A_{Pi}}{A_P} \tag{5.6.8}$$

式 (5.6.7) 可写为：

$$A_V = A_P \cdot \sum \frac{A_{Pi}}{A_P} \cdot \frac{A_{Vi}}{A_{Pi}} = \sum A_{Vi} \tag{5.6.9}$$

在此情况下，目标的总易损面积等于各单元易损面积之和。如果射弹在此方向上命中目标的位置不是均匀分布的，则需要根据命中点的分布规律对各单元的易损面积加权求和。

(7) 各方向的目标易损面积

为了全面表征某坦克目标在特定弹药作用下的易损性，需要计算全方位、多角度的目标易损面积，需要评估的目标方位一般由弹药可能攻击的方位确定，例如一些弹药只能从目标上方攻击，就不需要评估车辆底部方位的易损性。评估的角度数目决定评估的详细程度和精度，评估的角度越多，后续计算效能的精度越高，但是需要的时间越长，提供的数据量越多。

表 5.6.6 为高低角 0°~90°（间隔 30°）、方位角 0°~360°（间隔 45°）计算得到的坦克某毁伤级别的易损面积表。

表 5.6.6　某坦克某毁伤级别各方位的易损面积　　　　　　　　　　m²

高低角/(°)	方位角/(°)				
	0	45	90	...	315
0		7.42	6.50		
30		11.55	11.53		
...				易损面积	
90					

实际应用时，当弹药的高低角、方位角和表中数据不同时，可采用线性插值的方法计算得到，例如，当弹药的高低角是 15°、方位为 60°时，首先插值得到高低角为 15°、方位角分别为 45°和 90°时的易损面积值 9.475 m² 和 9.015 m²；然后，再插值得到高低角是 15°、方位为 60°时的易损面积 9.322 m²。

5.6.2　受损状态分析法

20 世纪末，美国学者首次提出了易损性空间的概念，并以框图的形式表示了易损性分析所涉及的过程以及相互之间的复杂关系。如图 5.6.4（左侧）所示，将目标易损性评估分为 4 个空间[33-36]。

空间 1：初始条件空间。该空间描述了目标、弹药（威胁）、遭遇初始条件（如弹药攻击方向、弹药命中点位置等）。空间 1 包括了各种各样的目标、弹药及遭遇条件，其中点的数目是无穷的。

空间 2：部件毁伤状态空间。该空间描述了目标被弹药攻击后车辆所有关键部件所处的受损状态（Degraded States，DS），通常以部件毁伤状态矢量的形式表示。假设车辆目标有 n 个关键部件，则此空间是一个 n 维空间，每个矢量的元素值为 0 或 1，分别表示部件不毁伤与毁伤。该空间所表示的毁伤状态数目最大值为 2^n。

空间 3：目标性能客观度量空间。该空间描述由于部件不同的毁伤状态（空间 2）导致的目标性能的降低情况。例如自动装填机毁伤引起的射击速度的降低；传动系统换向齿轮的毁伤引起车辆向前运动的机动性降低等。空间 2 中的不同点（多个）可能会映射到空间 3 中的同一点。

空间 4：目标战场能力度量空间。该空间描述的是目标战场应用能力受损情况，由运动功能损失、火力功能损失、灾难性毁伤等几个子空间组成。

前面介绍的列表评估法根据弹目遭遇初始条件评估车辆目标部件的毁伤状态（空间 1 到空间 2），再根据部件的毁伤状态及毁伤评估表得到目标的毁伤

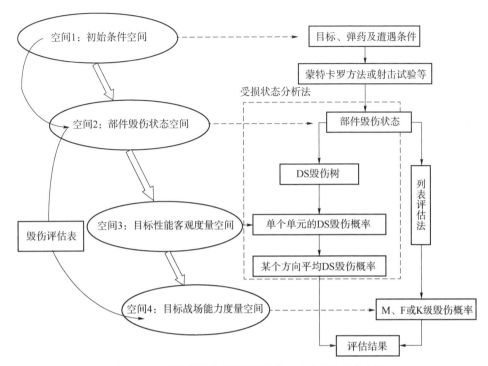

图 5.6.4 目标易损性的评估相关的 4 个空间及评估方法

情况（空间 2 到空间 4），完全绕过了空间 3，定义了空间 2 中每个点与空间 4 中每个子集的映射关系。

受损状态分析法（Degraded States Vulnerability Methodology，DSVM）的核心是建立空间 2 到空间 3 和空间 3 到空间 4 的映射关系，即车辆部件毁伤、车辆功能损伤、车辆战场应用能力之间的关系，如图 5.6.4 右侧所示。

下面介绍受损状态分析法（DSVM）对装甲车辆目标的评估过程。

5.6.2.1 装甲车辆目标受损状态

根据装甲车辆的基本功能，将装甲车辆的受损分为 6 个大类，分别为运动（M）、火力（F）、探测（A）、通信（X）、乘员（C）及灾难性（K），每个能力受损大类又分为从"未毁伤"到"完全毁伤"的多个不同的受损级别，见表 5.6.7。这些级别全面地描述了车辆目标可能出现的各种受损状态，无遗漏且彼此不重复，每组关键部件的毁伤状态定能和某种受损级别相对应[36]。

装甲车辆受损状态的组合数目为 $4\times18\times3\times8\times6\times4=41\ 772$，因此，该方法也称为高分辨率易损性评估方法。

表 5.6.7 装甲车辆能力受损类型及级别划分

能力受损类型	各类能力受损级别	
运动（M）	M0：未毁伤	M2：速度明显降低
	M1：速度略有降低	M3：运动功能完全丧失
火力（F）	F0：未毁伤	F9：F2 与 F3 与 F4
	F1：主要武器毁伤	F10：F2 与 F5
	F2：行进中不能发射弹药	F11：F3 与 F4
	F3：射击时间增长	F12：F4 与 F5
	F4：射击精度下降	F13：F2 与 F3 与 F4 与 F5
	F5：辅助武器毁伤	F14：F2 与 F3 与 F5
	F6：F2 与 F3	F15：F2 与 F4 与 F5
	F7：F2 与 F4	F16：F3 与 F4 与 F5
	F8：F3 与 F4	F17：F1 与 F5（火力功能完全丧失）
探测（A）	A0：未毁伤	A2：目标探测能力完全丧失
	A1：目标探测能力下降	
乘员（C）	C0：无乘员伤亡	C4：C1 和 C2
	C1：驾驶员伤亡	C5：C1 和 C3
	C2：车长伤亡	C6：C2 和 C3
	C3：炮手伤亡	C7：全部乘员伤亡
通信（X）	X0：未毁伤	X3：外部通信能力丧失
	X1：内部通信功能丧失	X4：X1 与 X2
	X2：外部通信能力小于 90 m	X5：X1 与 X3（丧失全部通信能力）
灾难性（K）	K0：无灾难性毁伤	K2：油箱爆炸
	K1：弹药爆炸	K3：K1 和 K2

注：表中字母表示能力受损类型，数字表示各类的受损级别。

5.6.2.2　受损状态的毁伤树

目标的性能降低是由关键部件的毁伤引起的，受损状态易损性分析方法同样用毁伤树描述关键部件毁伤与车辆受损级别的关系。

部件的毁伤状态用[0,1]之间的值表示，其中 0 表示部件完全丧失原有功能，1 表示部件保持原有功能，而[0,1]之间的值则表示某些不服从 Bernoulli 分布规律的部件功能丧失情况，如油泵转速、供油量等。图 5.6.5～图 5.6.27 所示为某装甲车辆各受损级别的毁伤树[37]。

第 5 章 车辆目标易损性

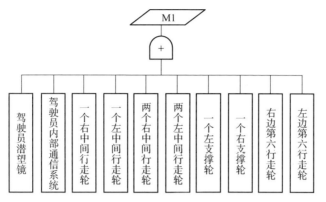

图 5.6.5 M1 级毁伤树

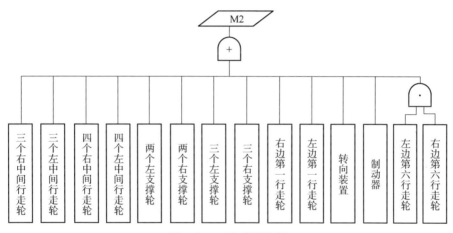

图 5.6.6 M2 级毁伤树

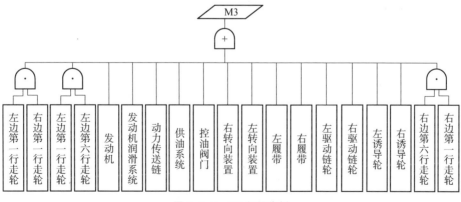

图 5.6.7 M3 级毁伤树

■ 目标易损性评估及应用

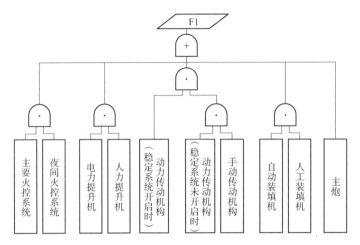

图 5.6.8　F1 级毁伤树

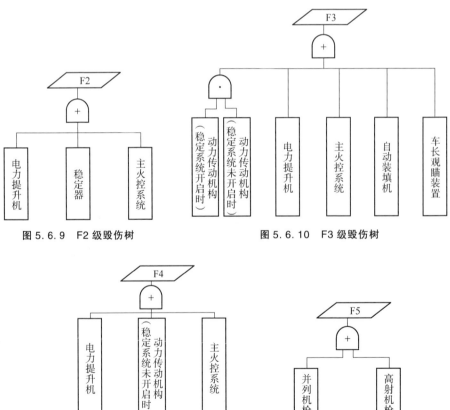

图 5.6.9　F2 级毁伤树

图 5.6.10　F3 级毁伤树

图 5.6.11　F4 级毁伤树

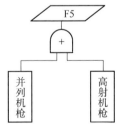

图 5.6.12　F5 级毁伤树

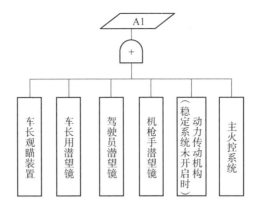

图 5.6.13　A1 级毁伤树

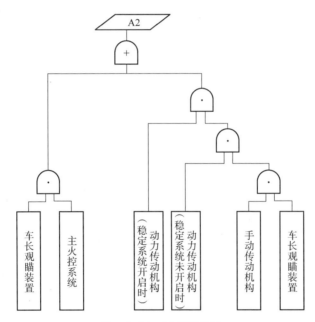

图 5.6.14　A2 级毁伤树

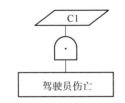 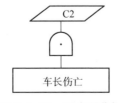 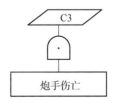

图 5.6.15　C1 级毁伤树　　图 5.6.16　C2 级毁伤树　　图 5.6.17　C3 级毁伤树

■ 目标易损性评估及应用

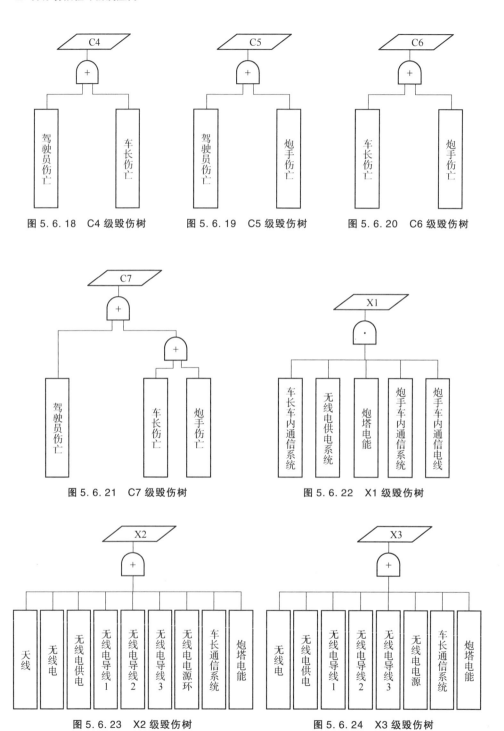

图 5.6.18　C4 级毁伤树　　　图 5.6.19　C5 级毁伤树　　　图 5.6.20　C6 级毁伤树

图 5.6.21　C7 级毁伤树　　　图 5.6.22　X1 级毁伤树

图 5.6.23　X2 级毁伤树　　　图 5.6.24　X3 级毁伤树

第 5 章 车辆目标易损性

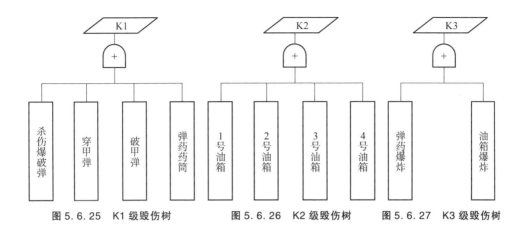

图 5.6.25　K1 级毁伤树　　　　图 5.6.26　K2 级毁伤树　　　　图 5.6.27　K3 级毁伤树

5.6.2.3　车辆受损状态的概率及其分布

为了分析车辆目标受弹药攻击后其受损状态及各受损状态出现的概率，同列表评估法一样，在垂直车辆受攻击方向的投影面内将目标划分为很多单元，计算每个单元格内受弹药攻击时目标的受损状态，并在单元格内采用随机的方法改变射线（攻击线）位置，运算多次（见表 5.6.8），统计得到受损状态的概率值，该概率值是平均概率。如果考虑弹药命中位置的散布，同样可以得到每个单元内的加权受损状态概率值，见表 5.6.9。表中 DS 状态的数字分别对应表 5.6.7 中的受损级别，如 300202 表示运动功能完全丧失（M3）、火力未毁伤（F0）、探测未毁伤（A0）、车长伤亡（C2）、通信未毁伤（X0）、油箱爆炸（K2）。

表 5.6.8　单个单元每次计算的受损状态

计算序号（10 次运算）	DS 状态
1	000200
2	000200
3	000202
4	000200
5	000200
6	200202
7	000200
8	000200

续表

计算序号（10 次运算）	DS 状态
9	300202
10	300202

表 5.6.9　单个单元受损状态概率计算结果

DS 状态	DS 概率（不加权）	DS 概率（加权）
000200	0.600 0	0.000 009 7
300200	0.100 0	0.000 001 6
300202	0.100 0	0.000 001 6
000202	0.100 0	0.000 001 6
200202	0.100 0	0.000 001 6

完成每个单元的受损状态概率计算后，可以得到车辆目标详细的易损性分析结果，该结果包括三方面的信息：①此攻击方向车辆出现的各受损状态及其概率值，见表 5.6.10，该结果表明了目标最易出现的受损情况及出现的概率；②受损状态概率分布，如图 5.6.28 所示，该结果表明了弹药攻击位置与受损状态的关系；③各能力受损级别发生的概率，见表 5.6.11，表明了目标主要性能受损状态及发生的概率，例如表格中第 2 行第 2 列的数据表示装甲车辆出现速度轻微降低的概率为 19.24%。

表 5.6.10　受损状态概率分布表（目标为某型坦克，弹药为大口径穿甲弹，周向方位 0°）

受损状态	受损状态概率值
000000	0.320 41
300000	0.047 44
000401	0.042 56
000002	0.026 85
...	...
100201	0.000 16
111251	0.000 16
311252	0.000 13
391002	0.000 13
091351	0.000 11

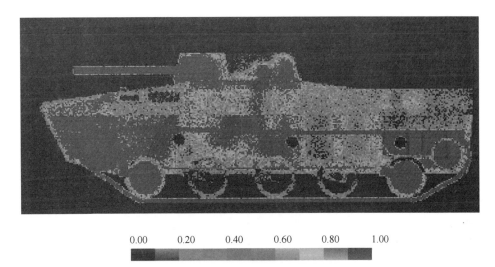

图 5.6.28 受损状态概率分布图（某级别）

表 5.6.11 各能力受损级别的概率表

能力级别	运动（M）	火力（F）	探测（A）	乘员（C）	通信（X）	灾难性（K）
0	0.748 0	0.650 9	0.753 5	0.349 7	0.888 0	0.482 3
1	0.192 4	0.220 3	0.246 5	0.041 4	0.000 1	0.468 2
2	0.010 2	0.000 0	0.000 0	0.040 2	0.000 1	0.028 1
3	0.049 5	0.001 8	—	0.091 7	0.003 1	0.021 4
4	—	0.000 0		0.327 1	0.000 0	—
5	—	0.000 0		0.004 6	0.108 7	
6	—	0.000 0		0.066 5	—	—
7	—	0.000 0		0.078 7		
8	—	0.000 0		—		
9		0.127 0				
10	—	0.000 0				
…		…				
17	—	0.000 0				

从受损状态易损性分析方法的输出信息可以看出，该方法的优点是：①不仅考虑了目标的运动、火力功能，还考虑了目标的乘员、通信以及探测能力；②提供了更详细的受损状态；③能够计算一种状态发生时另一种状态出现的概率，例如，可以很方便地计算出当没有灾难性毁伤发生时，车辆丧失所有乘员（C7）的概率（0.482 3×0.078 7＝0.038）。

参考文献

[1] 闫清东,张连第,赵毓芹. 坦克构造与设计(上册)[M]. 北京:北京理工大学出版社,2006.

[2] 张自强,赵宝荣,张锐生,等. 装甲防护技术基础[M]. 北京:兵器工业出版社,2000.

[3] 胡金锁,李治源,李小鹏,等. 电磁装甲技术原理及其有限元分析[M]. 北京:兵器工业出版社,2005.

[4] Driels M R. Weaponeering: conventional weapon system effectiveness[M]. Reston, Virginia: American Institute of Aeronautics and Astronautics, Inc, 2004.

[5] 王树山. 终点效应学(第二版)[M]. 北京:科学出版社,2019.

[6] 王维和,李惠昌. 终点弹道学原理[M]. 北京:国防工业出版社,1988.

[7] 郑振忠. 装甲装备战斗毁伤学概论[M]. 北京:兵器工业出版社,2004.

[8] 王儒策,赵国志. 弹丸终点效应[M]. 北京:北京理工大学出版社,1993.

[9] Simonson III S C. Algorithms for the analysis of penetration by shaped charge jets: UCRL-LR-109887[R]. Livermore, California: Lawrence Livermore National Laboratory, 1992.

[10] Christman D R, Gehring J W. Analysis of high-velocity projectile penetration mechanics[J]. Journal of Applied Physics, American Institute of Physics, 1966, 37(4): 1579-1587.

[11] Dinovitzer A S, Szymczak M, Brown T. Behind-armour debris modeling[C]. 17th International Symposium on Ballistics, Midrand, South Africa, 1998: 23-27.

[12] 付塍强. 目标毁伤数字仿真平台及其模型库系统的建立[D]. 南京:南京理工大学,2004.

[13] Walker J D. Modern impact and penetration mechanics[M]. Cambridge: Cambridge University Press, 2021.

[14] Hohler V, Kleinschnitger K, Schmolinske E, et al. Debris cloud expansion around a residual rod behind a perforated plate target[C]. Proc. 13th Int. Symp. Ballistics, 1992: 327-334.

[15] Yarin A L, Roisman I V, Weber K, et al. Model for ballistic fragmentation and behind-armor debris [J]. International Journal of Impact Engineering, 2000, 24 (2): 171-201.

[16] Mayseless M, Sela N, Stilp A J, et al. Behind the armor debris distribution function [C]. Stockholm, Sweden: 13th International Symposium on Ballistics, 1992: 77-85.

[17] Weber K, Hohler V, Kleinschnitger K, et al. Debris cloud expansion behind oblique single plate targets perforated by rod projectiles [C]. Proceedings of the 17th International Symposium on Ballistics, Midrand, South Africa, 1998: 207-214.

[18] Verolme J L. Behind-armour debris modelling for high-velocity fragment impact (Part 2) [R]. Rijswijk, Netherlands: Prins Maurits Laboratorium TNO, 1997.

[19] Yarin A L, Roisman I V, Weber K, et al. Model for ballistic fragmentation and behind-armor debris [J]. International Journal of Impact Engineering, 2000, 24 (2): 171-201.

[20] 陈焌良. 典型坦克在杆式穿甲弹作用下的易损性评估 [D]. 南京: 南京理工大学, 2023.

[21] 黄正祥, 祖旭东. 终点效应 [M]. 北京: 科学出版社, 2014.

[22] Jiao W J, Chen X W. Approximate solutions of the Alekseevskii-Tate model of long-rod penetration [J]. Acta Mechanica Sinica, 2018, 34 (2): 334-348.

[23] Tate A. Long rod penetration models—part II. extensions to the hydrodynamic theory of penetration [J]. International Journal of Mechanical Sciences, 1986, 28 (9): 599-612.

[24] Anderson C E, Riegel J (Jack) P. A penetration model for metallic targets based on experimental data [J]. International Journal of Impact Engineering, 2015 (80): 24-35.

[25] Anderson JR C E, Orphal D L. An examination of deviations from hydrodynamic penetration theory [J]. International Journal of Impact Engineering, 2008, 35 (12): 1386-1392.

[26] Yossifon G, Yarin A L. Behind-the-armor debris analysis [J]. International Journal of Impact Engineering, 2002, 27 (8): 807-835.

[27] 李文彬, 沈培辉, 王晓鸣, 等. 射弹倾斜撞击靶板二次破片散布试验研究 [J]. 南京理工大学学报 (自然科学版), 2002 (03): 263-266.

[28] Mayseless M, Sela N, Stilp A J, et al. Behind the armor debris distribution

function [C]. 13th Int. Symp. Ballistics, Stockholm, Sweden, 1992: 77-85.

[29] Bless S, Tolman J, Mcdonald J. Behind-armor fragments from tungsten rods penetrating steel [J]. Procedia Engineering, 2013 (58): 355-362.

[30] Zukas J A, Nicholas T, Swift H F, et al. Impact dynamics [M]. New York: Wiley, 1982.

[31] Heider N, Weber K, Weidemaier P. Experimental and numerical simulation analysis of the impact process of structured KE penetrators onto semi-infinite and oblique plate targets [C]. Adelaide, South Australia: 21st International Symposium on Ballistics, 2004.

[32] Goldsmith W. Non-ideal projectile impact on targets [J]. International Journal of Impact Engineering, 1999, 22 (2-3): 95-395.

[33] Deitz P H, Ozolins A. High-resolution vulnerability methods and applications [R]. Aberdeen Proving Ground Maryland: Army Ballistic Research Laboratory, 1990.

[34] Deitz P H. A V/L taxonomy for analyzing ballistic live-fire events [C]. Proceedings of the 46th Annual Bomb & Warhead Technical Symposium. 1996: 13-15.

[35] Baker W E, Smith J H, Winner W A. Vulnerability/lethality modeling of armored combat vehicles-status and recommendations [R]. Aberdeen Proving Ground, Maryland: Army Research Laboratory, 1993.

[36] Walbert J N. The mathematical structure of the vulnerability spaces [R]. Aberdeen Proving Ground, Maryland: Army Research Laboratory, 1994.

[37] Burdeshaw M D, Abell J M, Price S K, et al. Degraded states vulnerability analysis of a foreign armored fighting vehicle [R]. Aberdeen Proving Ground, Maryland: Army Research Laboratory, 1993.

第 6 章
战术导弹易损性

战术导弹是用于毁伤战役、战术目标的导弹,其射程通常在 1 000 km 以内,多属近程导弹。主要用于打击敌方战役战术纵深内的核袭击兵器、集结的部队、坦克、飞机、舰船、雷达、指挥所、机场、港口、铁路枢纽和桥梁等目标。20 世纪 50 年代以后,常规战术导弹曾在多次局部战争中被大量使用,成为现代战争中的重要武器之一。

6.1 战术导弹结构及组成

战术导弹（TBM）能够飞行很远的距离，将所携载荷输送到目标区，大功率的火箭发动机将导弹加速到弹道导弹的高度，根据所携载荷类型决定开舱或爆炸位置。战术导弹一般由载荷、动力、导引及控制舱段等组成。

6.1.1 战术导弹的载荷

战术导弹可以携带不同的载荷，其战斗部有以下几种类型：①整体式高能炸药战斗部；②内置式高能炸药战斗部；③整体式大容积化学战斗部；④内置式大容积化学战斗部；⑤高能子母战斗部。

6.1.1.1 整体式和内置式战斗部

整体式战斗部的壳体是导弹结构的一部分，前后端通过一定的方式和导弹的其他舱段连接；内置式战斗部是将战斗部放置在导弹壳体内部，战斗部有自己独立的壳体，如图6.1.1所示。根据战斗部装填物质的不同，又分为高能炸药战斗部和化学战斗部。

高能炸药战斗部内部装填高能炸药，在目标区炸药爆炸驱动壳体形成高速破片、压缩周围空气形成冲击波，靠破片和冲击波毁伤目标。

为了满足对不同目标的攻击能力，导弹可选用不同类别的战斗部，如自然破片战斗部、预制破片战斗部、连续杆战斗部、定向战斗部等。

化学战斗部内部装填有毒化学物质，这些有毒物质可通过呼吸或皮肤吸收进入人或家畜体内，使其在几分钟内死亡或伤残。化学战斗部的结构和整体式高能战斗部的相似，有毒物质放置在一个柱形或锥形容器内，炸药爆炸使战斗

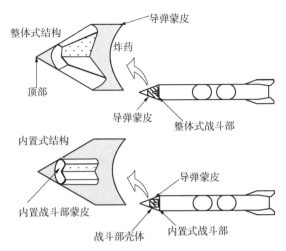

图 6.1.1　整体式和内置式高能炸药战斗部的结构示意图

部解体,从而使有毒物质扩散到周围环境中。

无论是整体式战斗部还是内置式战斗部,一般都位于制导和控制舱之后,主要由战斗部壳体、炸药装药(化学物质)、引信机构及传爆序列等组成。

6.1.1.2　子母战斗部

子母战斗部主要由子弹和抛射装置组成,如图 6.1.2 所示,抛射装置大多位于战斗部中心,周围排放子弹药(根据战斗部结构分多层放置)。当战斗部得到引信启动指令后,点燃抛射装置内的抛射药,形成高压气体,加速子弹药使其飞离母弹。子弹接近目标时,子弹引信作用,子弹爆炸,形成冲击波、高速破片或射流、EFP 等毁伤元,毁伤目标。

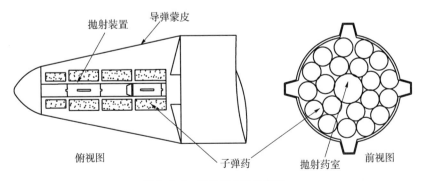

图 6.1.2　子母战斗部示意图

子母战斗部增大了战斗部的杀伤面积,提高了战斗部的效率,在反机场跑道、反装甲集群目标等方面得到广泛的应用。

6.1.2 战术导弹的动力舱段

动力装置为战术导弹提供飞行动力,主要由发动机系统和燃料供给系统组成,下面以"战斧"巡航导弹为例分析其结构特点。

(1) 发动机系统

由于战术导弹采用吸气式发动机,不能从静态起飞,所以起飞时必须用固体火箭发动机作为助推器来发射。助推器串联在导弹尾部,工作时间很短,仅几秒钟,待主发动机工作后抛弃。毁伤战术导弹大都在飞行过程或终段,所以不考虑助推器。

涡喷、涡扇发动机(初期为 J402-CA-400 涡喷发动机,后期为 F107-WR-400 涡扇发动机)位于后弹体内,弹体中部为燃料箱,其喷管直通弹体尾部,可弹出的吸气斗位于后弹体下方,发射前缩回弹体内,发射后弹出,空气通过进气道进入燃烧室,主发动机才能工作。

战斧巡航导弹的涡扇发动机安装在尾锥内铝质框架上,框架的蒙皮是 2219-T62 铝合金板材,框架为 2219-T6 铝合金锻件。

整个发动机长 772 mm,最大直径 307 mm,重 58 kg。主要由进气道、风扇、低压压气机、高压压气机、燃烧室、高压涡轮、低压涡轮和尾喷管等部件组成。结构如图 6.1.3 所示。

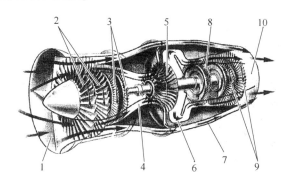

1—发动机进气口;2—轴流风扇;3—低压压气机;4—扩压段;5—高压压气机;
6—环形燃烧室;7—旁通气流;8—高压涡轮;9—低压涡轮;10—尾喷管。
图 6.1.3 F107-WR 涡扇发动机结构示意图

进气道:为亚声速、平直环形进气道,前接整体式钟形进气口。

风扇:2 级轴流式。每级叶片和盘均为整体 17-4PH 钢铸件。压缩比为 2.08。不带进气导流片的风扇能防水和防外来物损坏。

低压压气机:一个没有级间漏气的四级轴流式压气机,前面两级用作风扇机，经风扇压缩的空气，一半送到外涵道，另一半送到第三级和第四级。经低压压气机压缩的空气流，送到高压压气机。高压压气机是形状固定的单级离心式压气机，由单级轴流式高压涡轮驱动。而低压压气机由一个逆转的二级轴流式低压涡轮驱动。经离心式压气机压缩的空气流，送到燃烧室，燃料通过装在高压轮轴上的甩油盘喷入燃烧室，与燃油混合、燃烧形成高温燃气，推动涡轮旋转，最后通过尾喷管与从涵道进入的空气混合后排出，产生推力。

高压压气机：单级离心式，由高压涡轮驱动。叶轮是17-4PH钢铸件。压缩比为3.89，转速为64 000 r/min。机匣是两端式结构，两端之间用螺钉连接，前段罩着低压涡流式压气机，后段罩着高压离心式压气机。为了在机动飞行时减小陀螺力矩，高、低压转子设计成反方向旋转。

燃烧室：离心甩油环形燃烧室。燃油从发动机前端的空心轴流入，然后从高压压气机轴上的转动甩油盘喷出。

高压涡轮：单级轴流式。导向器位于燃烧室组件内。非冷却的涡轮铸件用电子束焊在高强度合金钢轴上。导向叶片和工作叶片均不冷却，机匣由从压气机引来的空气冷却，以保证工作叶片和叶匣的径向间隙不变。

低压涡轮：2级轴流式。

尾喷管：有一个中心锥体保证内外涵道气流掺合，锥体内布置了后支点。外涵空气流经铝制涵道进入排气喷管。尾喷管包括发动机后框，由涵道支撑，喷管与涵道又得到中接机匣后端支撑，但不和发动机热端相连。

此外，发动机系统还包括控制系统、润滑系统、点火启动系统等。

控制系统：液压机械式控制，由液压机构、流量计、流量调控计算机和截流阀组成。接收从弹体制导系统传输的电压信号，在慢车和最大速度之间调节发动机转速；控制减速和加速时的燃油流量；按导航系统指令迅速切断或供应燃油。启动、加速、稳定和减速均为自动转速控制。

润滑系统：自足式独立滑油系统。由1个增压泵、3个回油泵、1个大约0.8 L的小油箱、1个油滤和燃油-滑油冷却系统组成。3个回油泵中，2个用于涡轮轴承回油槽回油，1个用于齿轮箱回油。

点火启动系统：点火和启动同时完成，主要是1个装有固体药柱的点火器，也是启动器。利用固体火药燃烧产生的火焰和燃气点火与启动。火焰从启动器喷出后直接进入燃烧点火室，而燃气从启动器喷出直接冲击高压涡轮。

（2）燃料供给系统

巡航导弹的燃料供给系统由增压和高压泵组件、油门开关、调节器、输油环和燃油箱等部分组成。燃油为RJ-4或者JP-9，参数见表6.1.1。

表 6.1.1　"战斧"巡航导弹燃料参数表

性能参数	RJ-4	JP-9
热值/gal①（加仑，英热量单位）	140 000	142 000
黏度/cP	60	24
冰点/℃	<-40	<-53.9
闪点/℃	65.6	110
密度（15 ℃以下）/(kg·m^{-3})	1.08×10^3	0.94×10^3
平均化学式	$C_{12}H_{20}$	$C_{10.6}H_{16.2}$
C∶H	0.6	0.65
平均相对分子质量	164	143

6.1.3　战术导弹的导引和控制舱段

制导系统是导引和控制导弹飞向目标的仪表、设备的总称，常有前导引、后控制的说法。导引系统不断测量导弹实时的运动参数，并与发射前规定的导弹运动状况进行比较，得出运动偏差，及时向导弹发出修正偏差、正确跟踪目标的控制指令，而控制系统就是要执行命令，根据导引系统发出的修正指令，改变导弹飞行姿态，保持其稳定飞行，控制导弹攻击目标，可见，导引系统是测量飞行误差，控制系统是修正飞行误差。

6.1.3.1　导引舱段

作战任务不同，所用的制导系统不同，如"战斧"BGM-109B 的制导设备为改进型 AN/DPW-23 地形轮廓匹配系统，而 BGM-109A 为地形匹配辅助惯性导航系统，BGM-109C/D 为地形匹配和景象匹配修正的惯性导航系统。

惯性制导系统由陀螺仪、加速度仪、万向架和计算机等关键部件组成。现代巡航导弹大都采用捷联式惯性制导，惯性制导装置直接安装在弹体上，通过计算机排除弹体角运动影响后，获得巡航导弹飞行所需的运动参数值。但巡航导弹在连续飞行几个小时后，其固有累积误差可能达到最大值，再加上受气象和推进系统性能等影响，可能导致偏离预定目标较大的距离，因此巡航导弹还需要加装位置修正系统，定期修正惯导累积误差，提高制导精度。目前"战斧"巡航导弹上普遍使用的修正系统有地形匹配系统（TERCOM）和数字景像

---

① 1 gal=4.546 09 L。

匹配系统（DSMAC）。

地形匹配是一种利用地形海拔高度特征进行位置识别的制导方式，以校正惯导系统误差，该系统主要由雷达高度表、气压高度表及计算机组成。

数字景像匹配制导系统是一种利用目标地区的景象特征进行定位的制导体制。主要由成像传感器、图像处理装置、数字相关器和计算机等组成。

6.1.3.2 控制舱段

导弹控制系统是自动稳定和控制导弹绕质心运动的整套装置。其主要功能是：在各种干扰情况下，稳定导弹姿态，保证导弹飞行姿态角偏差在允许范围内；根据制导指令，控制导弹姿态角，以调整导弹的飞行方向，修正飞行路线，使导弹准确命中目标。

飞行中导弹绕质心运动通常用3个飞行姿态角（滚动、偏航和俯仰）及其变化率描述。其姿态控制系统一般由3个基本通道组成，分别稳定和控制导弹的滚动、偏航和俯仰姿态。各通道组成基本相同，由敏感装置、变换放大装置和执行机构组成。

①敏感装置用于测量导弹的姿态变化并输出信号，通常采用位置陀螺仪、惯性平台和速率陀螺仪等惯性器件。位置陀螺仪是利用二自由度陀螺仪的稳定性提供导弹姿态角测量基准，通过角度传感器输出与导弹姿态角偏差成比例的电信号。惯性平台是为导弹提供测量坐标基准，利用弹体相对于惯性平台框架间的转动来产生姿态角信号。速率陀螺仪是利用单自由度陀螺仪的进动性，来测量导弹的姿态角速率，经换算给出导弹姿态角变化信号。有些导弹还采用加速度计等作为敏感装置，以实现弹体载荷和质心偏移的最小控制。

②变换放大装置用于对各姿态信号和制导指令信号按一定控制规律进行运算、校正和放大并输出控制信号。姿态控制系统按传递的信号形式，可分为模拟式和数字式。在模拟式姿态控制系统中，所传递的信号是连续变化的物理量，主要由校正网络和放大器等组成。在数字式姿态控制系统中，所有信号都被转化为数字量，变换放大装置通常由弹上计算机兼顾，其变换放大装置又称为控制计算装置。

③执行机构，又称伺服机构，有电动、气动和液压等类型。用于将电信号转变成机械动作，其工作过程是：根据控制信号驱动舵面或摆动发动机，产生使弹体绕质心运动的控制力矩，以稳定或控制导弹的飞行姿态。产生控制力矩的方式有舵面气动控制和推力向量控制两类。舵面气动控制方式是由伺服机构（或舵机）驱动空气舵产生气动控制力矩，它能有效地稳定和控制导弹在大气

层内飞行；推力向量控制方式是由伺服机构改变推力向量产生控制力矩，它有燃气舵、液体（或气体）二次喷射、摆动发动机、摆动喷管或姿态控制发动机等控制方式。推力向量控制方式在大气层外也能使用，但必须在发动机工作情况下进行。导弹姿态控制系统中的敏感装置、变换放大装置和执行机构等与弹体（控制对象）一起构成导弹姿态控制闭环回路。大型导弹（火箭）的姿态控制系统多采用姿态角、姿态角速度和线加速度的多回路闭环控制。当制导指令信号为零时，如果导弹在干扰力矩作用下使弹体姿态角发生变动，则敏感装置敏感其信号，经过回路负反馈产生控制力矩与干扰力矩相平衡；当干扰力矩消除后，控制力矩自动消失，从而使导弹的姿态角保持稳定。当制导指令信号不为零时，信号经过闭环回路产生控制力矩，控制导弹的姿态角，以实现导弹的控制。

6.2 关键部件及失效模式

战术导弹由很多系统和部件组成，部件或部件组合毁伤使导弹不能完成战斗任务，下面简单分析战术导弹的关键部件及其失效模式[1]。

（1）燃料箱毁伤

如果推进装置的燃料箱被破片击中，可能引起燃烧或爆炸，导致相邻关键部件的二次毁伤或者整个导弹的灾难性毁伤；如果燃料箱结构毁伤，由于燃料供应不足，导弹失去机动能力，不能到达预定的攻击点，也就失去了击中预定目标的能力。

（2）再入控制失效模式

下面这些关键部件的失效将影响导弹的控制能力。

①惯性微处理器单元受损：如果此部件被破片毁伤，惯性测量单元不能测量导弹飞行中的偏差，这些的数据丢失会使导弹失去最佳撞击点。

②控制阀受损：该部件控制侧向喷嘴的气体流量。该部件毁伤将使导弹失去一个控制动力装置，但该部件是冗余部件，要使导弹完全失控，需要多个控制阀同时被毁伤。

③气源：再入装置包含一个气源发生器，如果气源发生器受到破片撞击，则会影响控制能力。

④雷达单元：再入装置仅包括一套雷达单元，主要为再入装置在大气层内运动时提供飞行信息，如果它被破片击中而毁伤，则会影响再入装置的控制能力。

⑤微处理器：如果微处理器毁坏，它将不能处理从雷达和惯性微处理器单元送来的信息，导弹不能发送控制指令。此外，该部件毁伤将影响战斗部爆炸的位置。

（3）电源毁伤

①能量供给：导弹的很多系统（如雷达、微处理器以及内置微处理器单元）都是由电源提供能量。如果电源被毁伤，导弹无法控制甚至无法引爆携带的载荷。

②电力传输：由导线、开关等部件的毁伤引起。

（4）结构毁伤

如果导弹结构被破坏到足够程度，将导致整个导弹的结构毁伤。

①结构被穿孔或切割：当很多破片或大破片撞击侵彻导弹结构或直接撞击时，由于导弹结构的主要承力部件被破片穿孔或切割，使其丧失承载能力，将导致导弹的结构毁伤。

②超压作用使导弹结构毁伤：当外部爆炸冲击波的超压很高时，使导弹结构材料屈服，导致导弹结构毁伤。

③导弹连接处穿孔或切割：如果大量或大破片撞击导弹结构连接处时，会使这些连接部件失效，导致导弹结构毁伤。

一般情况下，单个小破片不会使导弹结构毁伤。

（5）载荷部分毁伤

载荷是导弹毁伤目标的主要部件。导弹战斗部类型不同，使其毁伤的要求也不同。

①整体式高爆炸药战斗部：使内部的高能炸药燃烧或爆炸。

②装填大量液体化学物质的战斗部：以足够的能量撞击容器使其破裂，使内部装填物泄露。

③子母战斗部：穿透内部所携带的子弹。

6.3　战斗部在空气中爆炸形成冲击波的特性

反战术弹道导弹战斗部（ATBM）在空气中爆炸时，所释放出的爆轰产物快速膨胀并压缩周围空气，由此导致空气的速度和压力迅速增大，形成强烈的冲击波，引起导弹毁伤。冲击波以炸点为中心，以球面形式向外运动，波后空气的密度和压力的分布呈非线性，冲击波以及其后的气流称为爆炸冲击波，由此引起的毁伤称为冲击波毁伤。

战斗部爆炸后，距炸点近处是一个主要由爆轰产物组成的气态球状云团，而距炸点远处，爆炸冲击波衰减为声波，压力约等于周围空气的压力[2]。距炸点较近和较远区域冲击波的速度及压力有很大不同，根据离炸点距离不同，可分为近场冲击波和远场冲击波。因为近场内空气冲击波和爆轰产物共同作用在目标上，因此也称为复合爆炸冲击波；远场内，只有受冲击的空气作用在目标上。

6.3.1 冲击波近场特性

图 6.3.1 为球形装药爆炸时，冲击波运动到不同位置时，冲击波压力-距离分布曲线[2,3]。由于爆轰气体的膨胀，在波阵面后面又形成了第二个冲击波，所以冲击波阵面后产物的压力分布在冲击波后出现一个不连续的压力峰值，第二个冲击波往回运动，降低了爆轰产物的运动速度，但由于在中心处发生反射，增加了总的冲击波强度。在近区内，温度、质点速度和密度都是随时间变化的连续函数，曲线如图 6.3.2 所示。

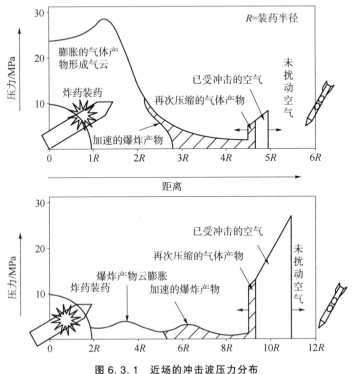

图 6.3.1 近场的冲击波压力分布

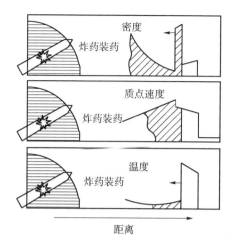

图 6.3.2　距炸点 $5R$ 处的温度、质点速度和密度

6.3.2　冲击波远场特性

分别以冲击波运动到 25 倍装药半径和 50 倍装药半径为例，分析冲击波远场特性，压力曲线如图 6.3.3 所示。

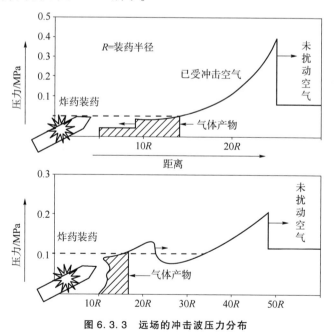

图 6.3.3　远场的冲击波压力分布

距炸点较远处，空气的扰动变成稳定衰减的冲击波，爆轰产物的惯性使产物迅速膨胀，所以在冲击波后面出现一个低压区，压力低于周围空气初始

压力。在实际试验数据基础上，分析了破片相对于冲击波阵面的相对位置。图 6.3.4 所示为一个典型试验的记录。

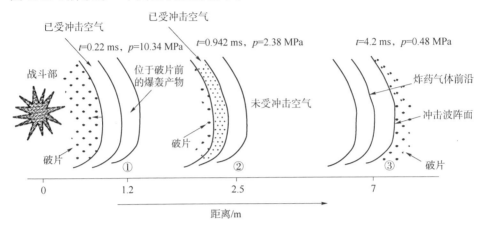

图 6.3.4 在不同位置和时刻破片和冲击波位置关系

根据试验数据得到的气体产物云团直径和运动速度随时间的变化曲线分别如图 6.3.5 和图 6.3.6 所示。破片在 2 ms 左右追上其前方的气体产物，此时其运动速度约为 2 000 m/s。气体产物云团直径在 4~5 ms 时达到最大，并且云团的高速膨胀出现瞬态静止。如果在破片追上冲击波时遇到目标，破片和冲击波同时作用在目标上，此时作用在目标上的能量最大，对目标的毁伤能力最强；如果在此点之后遇到目标，破片将先碰到目标，应该单独分析冲击波和破片对目标的毁伤效应。下面首先分析冲击波的特性参数。

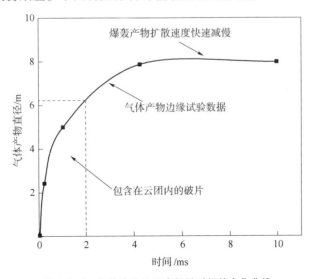

图 6.3.5 气体产物云团直径随时间的变化曲线

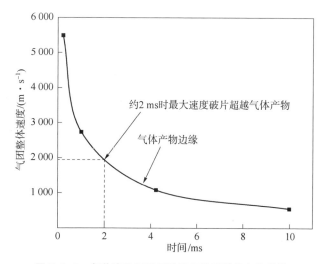

图 6.3.6　气体产物云团运动速度随时间的变化曲线

6.3.3　冲击波特性参数

图 6.3.7 为炸药爆炸形成冲击波的典型压力-时间曲线，前面是一个具有陡峭前沿的正压区，后面跟着一个负压区。图中，p_0 为环境大气压力；p_m 为冲击波峰值压力；$\Delta p_m = p_m - p_0$ 为冲击波超压峰值；t_a 为冲击波到达目标时刻；t_d 和 t_a^- 分别为冲击波的正压和负压持续时间。

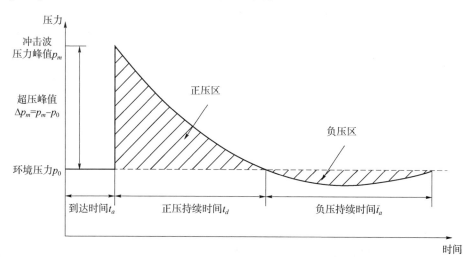

图 6.3.7　炸药爆炸形成冲击波的典型压力-时间曲线

冲击波正压阶段的压力衰减规律可用 Friedlander 公式描述[4]：

$$p(t) = p_0 + \Delta p_m(1-t/t_d) e^{-\alpha t/t_d} \quad (6.3.1)$$

式中，$p(t)$ 为 t 时刻（假设 t_a 为 0）冲击波阵面压力；α 为波形修正系数。

与目标毁伤相关的空气冲击波特征参数包括冲击波超压峰值、正压作用时间、比冲量 i 等。其中，比冲量 i 为作用在目标单位面积上的冲量。因为爆炸冲击波正压远大于负压，负压区对目标的毁伤可以忽略不计，因此比冲量为图 6.3.7 中压力曲线正压区的面积，即[4]：

$$i = \int_{t_a}^{t_a+t_d} p(t) \mathrm{d}t \quad (6.3.2)$$

下面介绍计算这些参数的公式及其理论依据——爆炸相似定律。

6.3.3.1 爆炸相似定律

不同质量的炸药在不同距离处对目标的毁伤能力不同，可通过爆炸相似定律建立不同尺寸炸药爆炸产生的冲击波特性之间的比例关系。最常用的爆炸相似定律为 Hopkinson-Cranz 缩放定律（又称立方根定律）[5]，其基本含义为：当类型、形状相同，质量不同的两团炸药在相同的大气环境中爆炸时，相同比例距离 Z 处产生的冲击波具有自相似性[6]。比例距离的定义为：

$$Z = \frac{R}{\sqrt[3]{W}} \quad (6.3.3)$$

式中，R 为波阵面到装药中心之间的距离；W 为装药质量。

Hopkinson-Cranz 缩放定律具体含义如图 6.3.8 所示，假设有一直径为 D_0 的炸药，目标距炸药中心距离为 R，炸药爆炸产生的冲击波作用在目标上的超压峰值为 Δp_m，正压持续时间为 t_d，比冲量为 i。根据 Hopkinson-Cranz 缩放定律，如果目标放置在距装药直径为 ζD_0 炸药的 ζR 处，且爆炸时大气条件相同，则该炸药爆炸产生的冲击波与前者相似，其作用在目标上的超压峰值为 Δp_m，正压持续时间为 ζt_d，比冲量为 ζi。Hopkinson-Cranz 缩放中，所有具有压力或速度量纲的量在缩比中均不改变。

几乎所有的战斗部试验都在地面上进行，而反导战斗部通常在高空中爆炸。不同海拔高度处的大气环境不同，而 Hopkinson-Cranz 缩放定律并没有考虑环境因素的影响，因此不同海拔高度处冲击波超压随比例距离 Z 的变化规律并不同，如图 6.3.9 所示。

常用 Sachs 缩放定律[7]预测不同海拔处（环境压力不同）的冲击波超压。Sachs 缩放定律中定义了如下量纲为 1 的量。

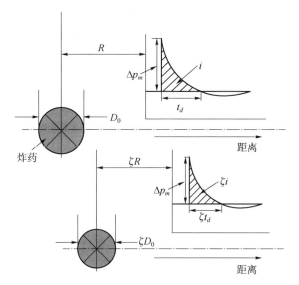

图 6.3.8　Hopkinson 相似定律示意图

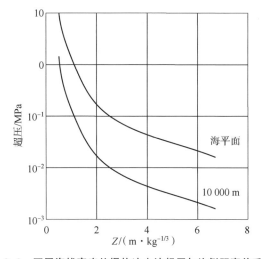

图 6.3.9　不同海拔高度处爆炸冲击波超压与比例距离关系曲线

量纲为 1 的压力 $\bar{p}$：

$$\bar{p} = \frac{p}{p_0} \tag{6.3.4}$$

量纲为 1 的比冲量 $\bar{i}$：

$$\bar{i} = \frac{i c_0}{E^{1/3} p_0^{2/3}} \tag{6.3.5}$$

式中，c_0 为空气中声速；E 为炸药爆炸释放的能量。

量纲为 1 的距离 $\bar{R}$：

$$\bar{R} = \frac{R p_0^{1/3}}{E^{1/3}} \tag{6.3.6}$$

根据 Sachs 缩放定律，海拔高度 h 处的冲击波特征参数可以通过海平面处的冲击波特征参数得到。冲击波超压为：

$$\Delta p^{(h)} = \Delta p^{(sl)} \frac{p_0^{(h)}}{p_0^{(sl)}} \tag{6.3.7}$$

式中，Δp 为冲击波超压值；变量中上标（h）和（sl）分别表示海拔高度 h 和海平面处的冲击波特征参数。

正压持续时间为：

$$t_d^{(h)} = t_d^{(sl)} \frac{c_0^{(sl)}}{c_0^{(h)}} \left(\frac{p_0^{(sl)}}{p_0^{(h)}}\right)^{\frac{1}{3}} \left(\frac{E^{(sl)}}{E^{(h)}}\right)^{-\frac{1}{3}} \tag{6.3.8}$$

比冲量为：

$$i^{(h)} = i^{(sl)} \frac{c_0^{(sl)}}{c_0^{(h)}} \left(\frac{E^{(sl)}}{E^{(h)}}\right)^{-\frac{1}{3}} \left(\frac{p_0^{(sl)}}{p_0^{(h)}}\right)^{-\frac{2}{3}} \tag{6.3.9}$$

6.3.3.2 冲击波到达时间

Kinney[8] 给出的计算冲击波运动到达时间的公式：

$$t_a = \frac{1}{c_0} \int_{r_i}^{R} \left(\frac{7 p_0}{7 p_0 + 6 p}\right)^{\frac{1}{2}} \mathrm{d}R \tag{6.3.10}$$

式中，r_i 为装药半径；c_0 为环境的空气声速。

6.3.3.3 超压峰值

Kinney[8] 给出的计算冲击波超压峰值的公式如下：

$$\Delta p_m = p_0 \frac{808[1 + (Z/4.5)^2]}{\sqrt{1 + (Z/0.048)^2} \sqrt{1 + (Z/0.32)^2} \sqrt{1 + (Z/1.35)^2}} \tag{6.3.11}$$

Henrych[9] 给出的公式如下：

$$\Delta p_m = \begin{cases} \dfrac{1.379}{Z} + \dfrac{0.543}{Z^2} - \dfrac{0.035}{Z^3} + \dfrac{0.000\,613}{Z^4}, & 0.05 \leqslant Z \leqslant 0.3 \\ \dfrac{0.607}{Z} - \dfrac{0.032}{Z^2} + \dfrac{0.209}{Z^3}, & 0.3 < Z \leqslant 1 \\ \dfrac{0.064\,9}{Z} + \dfrac{0.397}{Z^2} + \dfrac{0.322}{Z^3}, & 1 < Z \leqslant 10 \end{cases} \tag{6.3.12}$$

上述公式中 Δp_m 的单位均为 MPa，并且适用情况为球形裸装药（TNT）在无限空气（标准大气环境）中爆炸。

Dewey 和 Sperrazza[10] 根据试验结果，结合 Sachs 缩放定律，给出如下超压峰值计算公式：

$$\Delta p_m = p_0 \left[\frac{0.262}{Z p_0^{1/3}} + \frac{1.068}{(Z p_0^{1/3})^2} + \frac{14.024}{(Z p_0^{1/3})^3} + \frac{2.785}{(Z p_0^{1/3})^4} \right] \quad (6.3.13)$$

6.3.3.4 正压持续时间

正压持续时间 t_d 是计算超压-时间历程所需的一个重要参数，Kinney[8] 给出的计算公式：

$$\frac{t_d}{W^{\frac{1}{3}}} = \frac{980[1+(Z/0.54)^{10}]}{[1+(Z/0.02)^3][1+(Z/0.74)^6]\sqrt{1+(Z/6.9)^2}} \quad (6.3.14)$$

式中，t_d 的单位为 ms。

6.3.3.5 比冲量

由于式（6.3.2）的积分过程比较复杂，Kinney[8] 给出了计算比冲量的经验公式：

$$i = \frac{6.7 \left[1+\left(\frac{Z}{0.23}\right)^4\right]^{1/2}}{Z^2 \left[1+\left(\frac{Z}{1.55}\right)^3\right]^{1/3}} \quad (6.3.15)$$

Henrych[9] 给出的公式为：

$$\frac{i}{W^{1/3}} = \begin{cases} 9.81 \times \left(663 - \frac{1115}{Z} + \frac{629}{Z^2} + \frac{100.4}{Z^3}\right), & 0.4 \leq Z \leq 0.75 \\ 9.81 \times \left(-32.2 + \frac{211}{Z} - \frac{216}{Z^2} + \frac{80.1}{Z^3}\right), & 0.75 < Z \leq 3 \end{cases} \quad (6.3.16)$$

6.3.3.6 冲击波后状态参数

利用兰钦-雨果尼奥（Rankine-Hugoniot）方程及空气特征参数，可确定冲击波速度、质点速度、密度和波阵面后空气动压。

冲击波速度为[2]：

$$U_s = c_0 \left(1 + \frac{\gamma+1}{2\gamma} \frac{\Delta p_m}{p_0}\right)^{\frac{1}{2}} \quad (6.3.17)$$

式中，γ 为气体绝热指数。

冲击波阵面后质点运动速度可通过下式计算：

$$u = \frac{c_0 \Delta p_m}{\gamma p_0}\left(1 + \frac{\gamma+1}{2\gamma}\frac{\Delta p_m}{p_0}\right)^{-\frac{1}{2}} \qquad (6.3.18)$$

波阵面后空气密度 ρ 及波阵面前空气密度 ρ_0 可用下式联系：

$$\frac{\rho}{\rho_0} = \frac{2\gamma p_0 + (\gamma+1)\Delta p_m}{2\gamma p_0 + (\gamma-1)\Delta p_m} \qquad (6.3.19)$$

动压可表示为：

$$q = \frac{1}{2}\rho u^2 \qquad (6.3.20)$$

根据兰钦-雨果尼奥方程可得：

$$q = \frac{\Delta p_m^2}{2\gamma p_0 + (\gamma-1)\Delta p_m} \qquad (6.3.21)$$

对于空气，常温下 $\gamma = 1.4$。因此，式（6.3.17）~式（6.3.21）又可写为：

$$U_s = c_0\left(1 + \frac{6\Delta p_m}{7 p_0}\right)^{\frac{1}{2}} \qquad (6.3.22)$$

$$u = \frac{5 c_0 \Delta p_m}{7 p_0 \left(1 + \frac{6\Delta p_m}{7 p_0}\right)^{\frac{1}{2}}} \qquad (6.3.23)$$

$$\frac{\rho}{\rho_0} = \frac{\left(7 + \frac{6\Delta p_m}{p_0}\right)}{\left(7 + \frac{\Delta p_m}{p_0}\right)} \qquad (6.3.24)$$

$$q = \frac{5\Delta p_m^2}{2(7 p_0 + \Delta p_m)} \qquad (6.3.25)$$

6.3.4 战斗部装药的 TNT 当量质量

上述大多数公式都是针对 TNT 裸装药的爆炸，事实上，用于战斗部中的炸药类型很多，并且战斗部装药外都有壳体，这些因素都会影响冲击波的特征参数，因此需要给出战斗部装药 TNT 当量质量的计算方法。

6.3.4.1 炸药类型的影响

对于爆热为 Q_{vi} 的某一炸药装药，装药质量为 W_i 时，其 TNT 当量质量为：

$$W_{\text{TNT}} = \frac{Q_{vi}}{Q_{v\text{TNT}}} W_i = \eta W_i \qquad (6.3.26)$$

式中，W_{TNT} 为 TNT 当量质量；Q_{vTNT} 为 TNT 的爆热；η 为炸药的 TNT 当量系数，几种常见炸药的 TNT 当量系数见表 6.3.1[6]。

表 6.3.1 常见炸药的 TNT 当量系数

炸药类型	B 炸药	黑索金	奥克托今	Pentolite 50/50	特屈儿	C-4	PBX 9404
η	1.148	1.185	1.256	1.129	1.000	1.078	1.277

6.3.4.2 战斗部壳体的影响

战斗部爆炸时，炸药释放出的能量一部分消耗于壳体的变形、破碎和对破片的抛射，另一部分消耗于爆轰产物的膨胀和形成冲击波，与裸装药相比，带壳装药形成冲击波的超压要小，因此需要将战斗部的实际装药等效为裸装药。

可采用 Fano[11] 提出的方程计算战斗部的等效装药质量：

$$W_U = W_{TNT}\left(0.6 + \frac{0.4}{1+2M/C}\right) \quad (6.3.27)$$

式中，W_{TNT} 为战斗部实际装填炸药的 TNT 等效质量；M 为战斗部圆柱段单位长度壳体的质量；C 为战斗部圆柱段单位长度炸药的质量。

也可采用 Fish[1] 提出的方程计算战斗部的等效装药质量：

$$W_U = 1.19 \times W_{TNT}\left[\frac{1+M/C(1-M')}{1+M/C}\right] \quad (6.3.28)$$

式中，M' 的表达式为：

$$M' = \begin{cases} M/C, & M/C \leq 1.0 \\ 1.0, & M/C > 1.0 \end{cases} \quad (6.3.29)$$

6.4 破片侵彻靶板的计算模型

为了达到对目标最大程度的毁伤，破片必须具有足够的侵彻能力，破片的侵彻能力与破片的形状、质量、速度等因素有关。下面介绍几个常用的破片侵彻计算模型。

6.4.1 THOR 侵彻方程

THOR 侵彻方程由美国于 20 世纪 60 年代初期建立，可用于估算破片侵彻靶板时的剩余速度、极限穿透速度和剩余质量，计算破片剩余速度的 THOR 方程为[12]：
$$v_r = v_0 - 0.3048 \times 10^{C_0}(61024eA)^{\alpha_0}(15432.4m_0)^{\beta_0}(\sec\theta)^{\gamma_0}(3.28084v_0)^{\lambda_0}$$
(6.4.1)

式中，v_r 为破片剩余速度（m/s）；v_0 为破片的着靶速度（m/s）；e 为靶板厚度（m）；A 为破片的最大截面积（m²）；m_0 为破片的初始质量（kg）；θ 为破片入射方向和靶板法线之间的夹角；C_0、α_0、β_0、γ_0、λ_0 为与靶板材料有关的常数。

破片能穿透靶板的最小速度为极限穿透速度，如果破片的着靶速度低于极限穿透速度，破片不能穿透靶板，用于计算极限穿透速度的 THOR 方程为：
$$v_c = 0.3048 \cdot 10^{C_1}(61024eA)^{\alpha_1}(15432.4m_0)^{\beta_1}(\sec\theta)^{\gamma_1} \quad (6.4.2)$$

计算破片穿透靶板后剩余质量的 THOR 方程为：
$$m_r = m_0 - 0.648 \times 10^{C_2-4}(61024eA)^{\alpha_2}(15432.4m_0)^{\beta_2}(\sec\theta)^{\gamma_2}(3.28084v_0)^{\lambda_2}$$
(6.4.3)

式中，m_r 为破片的剩余质量（kg）；C_1、α_1、β_1、γ_1、λ_1、C_2、α_2、β_2、γ_2、λ_2 为与靶板材料有关的常数。

对于不规则钢质破片侵彻不同材料靶板，方程中的常数见表6.4.1，方程的适用范围见表6.4.2。

表6.4.1 THOR方程的常数

参数	镁	2024-T3铝合金	铸铁	钛合金	表面硬化钢	低碳钢	高强度钢	铜	铅
C_0	6.904	7.047	4.84	6.292	4.356	6.399	6.475	2.785	1.999
α_0	1.092	1.029	1.042	1.103	0.674	0.889	0.889	0.678	0.499
β_0	-1.17	-1.072	-1.051	-1.095	-0.791	-0.945	-0.945	-0.73	-0.502
γ_0	1.05	1.251	1.028	1.369	0.989	1.262	1.262	0.846	0.655
λ_0	-0.087	-0.139	0.523	0.167	0.434	0.019	0.019	0.802	0.818
C_1	6.349	6.185	10.153	7.552	7.694	6.523	6.601	14.065	10.955
α_1	1.004	0.903	2.186	1.325	1.191	0.906	0.906	3.476	2.735
β_1	-1.076	-0.941	-2.204	-1.314	-1.397	-0.963	-0.963	-3.687	-2.753
γ_1	0.966	1.098	2.156	1.643	1.747	1.286	1.286	4.27	3.59
C_2	-5.945	-6.663	-9.703	-2.318	-1.195	-2.507	-2.264	-5.489	-1.856
α_2	0.285	0.227	0.162	1.086	0.234	0.138	0.346	0.34	0.506
β_2	0.803	0.694	0.673	0.748	0.744	0.835	0.629	0.568	0.35
γ_2	-0.172	-0.361	2.091	1.327	0.469	0.143	0.327	1.422	0.777
λ_2	1.519	1.901	2.71	0.459	0.483	0.761	0.88	1.65	0.934

表 6.4.2　THOR 方程的适用范围

靶板材料	靶板厚度/mm	破片的着靶速度/(m·s^{-1})	破片质量/g
镁	1.3~76.0	152~3 200	0.97~16
2024-T3 铝合金	0.5~51.0	366~3 353	0.32~16
铸铁	4.8~14.0	335~1 859	0.97~16
钛	1.0~30.0	213~3 170	0.19~16
表面硬化钢	3.6~13.0	762~2 987	0.97~16
低碳钢	8.0~25.0	183~3 658	0.32~53
高强度钢	1.5~25.0	335~3 475	0.97~16
铜	1.8~25.0	152~3 170	0.97~16
铅	1.3~76.0	152~3 200	0.97~16

6.4.2　钝头柱形破片侵彻靶板机理

如图 6.4.1 所示，钝头破片撞击靶板时，破片在靶板中引起沿撞击方向的质点位移，造成撞击区域周边靶板的剪切变形，从靶板材料中挤凿出冲塞块，导致剪切冲塞式破坏。Recht 和 Ipson[13-15]基于能量守恒定律深入分析了钝头破片对靶板的冲塞式穿孔过程，建立了破片剩余速度和剩余质量的解析模型。

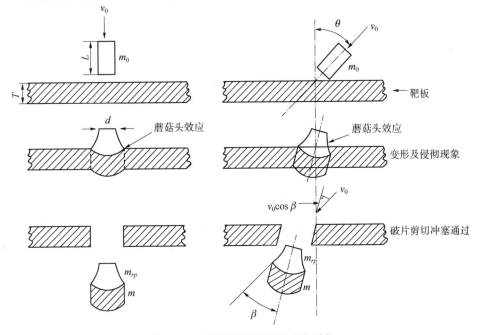

图 6.4.1　钝头破片对靶板的侵彻过程

6.4.2.1 破片正撞击靶板时的剩余速度

如图 6.4.1 所示,直径为 d、长度为 L 的柱形破片以速度 v_0 正撞击厚度为 T 的靶板,根据动量守恒,撞击前破片的动量等于穿靶后破片的剩余动量、冲塞块的动量和传递给靶板的动量之和,即:

$$m_0 v_0 = m v_{rm} + m_{rp} v_{rp} + I \quad (6.4.4)$$

式中,m 为塞块质量(kg);v_{rm} 为塞块的质心速度(m/s);m_{rp} 为破片的剩余质量(kg);v_{rp} 为剩余破片的质心速度(m/s);I 为破片传递给靶板的冲量(kg·m/s),由靶板材料剪切强度和被靶板阻碍的破片材料引起。

根据能量守恒,破片撞击前的动能等于穿靶后破片的剩余动能、塞块的动能、侵彻过程中破片损失质量的动能、破片和靶板碰撞过程中消耗的能量、剪切靶板材料耗散的功之和,即:

$$\frac{m_0 v_0^2}{2} = \frac{m v_{rm}^2}{2} + \frac{m_{rp} v_{rp}^2}{2} + \frac{(m_0 - m_{rp}) v_0^2}{2} + E_f + W_s \quad (6.4.5)$$

式中,E_f 为破片和塞块碰撞过程中因弹塑性变形损失的能量(J);W_s 为剪切靶板材料消耗的功(J)。

破片撞击靶板的过程中,破片和塞块均被压缩并达到相同速度,随后弹性势能释放,减慢了破片的速度而加快了塞块的速度。记碰撞过程中塞块的速度增量为 Δv_{rm},根据动量守恒可得:

$$v_{rm} = v_r + \Delta v_{rm} \quad (6.4.6)$$

$$v_{rp} = v_r - \frac{m}{m_{rp}} \Delta v_{rm} \quad (6.4.7)$$

式中,v_r 为破片和塞块组合体的质心剩余速度。破片剩余速度通常低于质心剩余速度,而塞块剩余速度通常高于质心速度。

则破片和塞块碰撞过程中变形所消耗的总能量 E_f 等于碰撞前后动能之差,即:

$$E_f = \frac{m}{m_{rp} + m} \frac{m_{rp} v_0^2}{2} - \frac{m_{rp} + m}{2 m_{rp}} m (\Delta v_{rm})^2 \quad (6.4.8)$$

将方程(6.4.8)代入方程(6.4.5)可解得 W_s 为:

$$W_s = \frac{m_{rp} v_0^2}{2} \frac{m_{rp}}{m_{rp} + m} - \frac{1}{2} (m_{rp} + m) v_r^2 \quad (6.4.9)$$

当着靶速度等于极限穿透速度,即 $v_0 = v_{50N}$ 时,$v_r = 0$,代入上式可得

$$(W_s)_{50} = \frac{1}{2} m_{rp} v_{50N}^2 \frac{m_{rp}}{m_{rp} + m} \quad (6.4.10)$$

将方程（6.4.7）~方程（6.4.8）代入方程（6.4.5）得破片的剩余速度为：

$$v_r = \frac{m_{rp}}{m_{rp}+m}\sqrt{v_0^2 - v_{50N}^2} \qquad (6.4.11)$$

由式（6.4.11）可知，要计算剩余速度，必须要首先计算塞块质量和破片的极限穿透速度，塞块质量可由下式计算：

$$m = \frac{\rho_m \pi D^2 T}{4} \qquad (6.4.12)$$

式中，ρ_m 为靶板密度（kg/m³）；D 为侵彻过程中塞块的直径，根据试验结果，通常为 1.25 倍破片直径。

钢质破片正碰撞钢质和铝质靶板的极限穿透速度（v_{50N}）可采用下述经验公式计算[13,16]：

$$v_{50N} = \begin{cases} C_T \left(\dfrac{T}{d}\right)^{0.75} & \text{紧凑型破片} \\ C_T \left(\dfrac{T}{d}\right)^{0.75} \left(\dfrac{L}{d}\right)^{-0.5} & \text{长杆形破片} \end{cases} \qquad (6.4.13)$$

式中，C_T 为与靶板材料的硬度有关的经验参数，其表达式如下：

$$C_T = \begin{cases} -0.006\,20(BHN)^2 + 3.28(BHN) + 184 & \text{钢质靶板} \\ -0.001\,61(BHN)^2 + 0.75(BHN) + 300 & \text{铝质靶板} \end{cases} \qquad (6.4.14)$$

式中，C_T 的单位为 m/s；BHN 为靶板材料的布氏硬度。

Schonberg 等[17]根据多组试验结果，给出以下修正的 C_T 表达式：

$$C_T = C\left[\sigma_u\left(\frac{T}{d}\right)\left(\frac{\rho_t}{\rho_p}\right)^2\right]^{1/3} \qquad (6.4.15)$$

式中，C 为常数，取为 122.16；σ_u 为靶板材料的极限抗拉强度；ρ_t 和 ρ_p 分别为靶板和破片材料的密度。

6.4.2.2　斜撞击时破片的偏转角度和剩余速度

如图 6.4.2 所示，当破片以入射角 θ 斜侵彻靶板时，破片和塞块的运动方向均发生了变化，定义破片、塞块和组合体质心的剩余速度方向与破片入射速度方向的夹角（偏转角）分别为 β_p、β_f 和 β，破片和塞块剩余速度方向的夹角为 β_j。由图中几何关系可知，$\beta_j = \beta_f - \beta_p$，$\beta \approx \beta_p + \dfrac{1}{2}\beta_j$。因此，为求解斜侵彻时破片的剩余速度，需计算破片和塞块的偏转角度。

破片的偏转角 β_p 是碰靶初速 v_0 和极限穿透速度 v_{50} 的函数，方程为[13-15]：

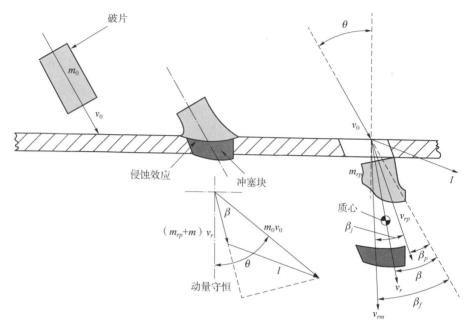

图 6.4.2 破片斜侵彻靶板的过程

$$\beta_p = \frac{1}{2}\arcsin\left[\frac{\sin(2\beta_x)}{(v_0/v_{50})^2 + (v_0/v_{50})\sqrt{(v_0/v_{50})^2 - 1}}\right] \quad (6.4.16)$$

式中，β_x 的表达式如下：

$$\beta_x = \begin{cases} \theta & \text{钝头破片} \\ \dfrac{\pi}{8}\{1 + \sin[2.25(\theta - 0.222\pi)]\} & \text{尖头或拱形头部破片} \end{cases}$$

$$(6.4.17)$$

式（6.4.16）中，破片的极限弹道速度由下式计算：

$$v_{50} = v_{50N}\sec\theta \quad (6.4.18)$$

如果破片和塞块的剩余速度近似相等，则

$$\beta_f = \frac{\theta}{3} \quad (6.4.19)$$

最终，破片的剩余速度为：

$$v_r = \sqrt{\frac{m_0}{m_{rp}+m} \cdot \frac{m_0 + m\sin^2\beta}{m_0 + m}} \cdot \sqrt{v_0^2 - v_{50}^2} \quad (6.4.20)$$

式中，塞块的质量由下式计算：

$$m = \frac{\rho_m \pi D^2 T \sec\theta}{4} \quad (6.4.21)$$

6.4.2.3 破片质量损失

破片的质量在穿透靶板后会部分损失,主要有三个原因:①破片和靶板接触后,碰撞过程接触面上方的靶体内形成激波形式的驻波,穿过驻波的破片材料被侵蚀。②当破片侵蚀结束后,破片继续变形,头部呈蘑菇头形状,而一些凸出的材料在侵彻过程中从破片上被剪切掉,造成破片质量损失,图6.4.3所示为由侵蚀和剪切造成的破片质量损失。③当破片撞击速度较高或入射角度较大时,破片会部分破碎。下面分别介绍计算不同模式造成的破片质量变化的公式。

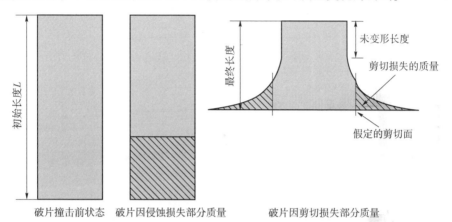

图6.4.3 因侵蚀和剪切损失的破片质量

①由侵蚀导致的破片质量变化可通过下式计算[18]:

$$m_{rp}/m_0 = 1 + (m/2m_0)\ln\{(1+1/Q)/[1+(v_0/C_p)^2/Q]\} \quad (6.4.22)$$

式中,$Q = \sigma_p/(\rho_f C_p^2)$,$\sigma_p$ 为破片材料的动态屈服强度,C_p 为破片材料中的塑性波波速。

②由侵蚀和剪切共同导致的破片质量变化可通过下式计算:

$$\frac{m_{rp}}{m_0} = 1.28\left[(Q+1) + \frac{v_0}{C_p}\left(\frac{m}{m_0+m}\right)\right] - (1.28Q+0.28)\exp\left[-\frac{v_0}{QC_p}\left(\frac{m}{m_0+m}\right)\right]$$

$$(6.4.23)$$

③当破片撞击速度小于某一临界破碎速度时,破片不破碎,硬度 R_c 为30的钢质破片的临界破碎速度 v_c 为:

$$v_c = 610\left(1 + \frac{\rho_p U_p}{\rho_t U_t}\right)\sec\theta \quad (6.4.24)$$

式中,ρ_p 和 ρ_t 分别为破片和靶板的材料密度(kg/m³);U_p 和 U_t 为破片和靶板材料内的 Hugoniot 应力波波速。

破片破碎后的剩余质量可由下式计算[2]:

$$m_{rp}/m_0 = \exp[-\rho_p C_{pl} v_0 \cos\theta/(\sigma_p L)] \qquad (6.4.25)$$

式中，C_{pl} 为破片轴向塑性波波速，$C_{pl} = 1.61\sqrt{\dfrac{\sigma_p g}{\rho_p}}$。

6.4.2.4 靶后二次碎片

破片和靶板碰撞过程中产生的强拉伸波使破片和靶板破碎，形成靶后二次碎片。斯威夫特（Swift）[2]做了很多靶后二次碎片的试验，发现二次碎片的分布呈中空的椭球形，靶板的二次碎片分布在椭球的外侧，破片的二次碎片分布在椭球的内侧，图 6.4.4 所示为试验得到的不同方向上二次碎片速度和破片初速的关系。图中 β_f 表示二次碎片飞散方向偏离破片入射方向的角度，不同角度二次碎片的速度 v_f 和其碎片最大速度 v_{fm} 的比值可根据下式计算：

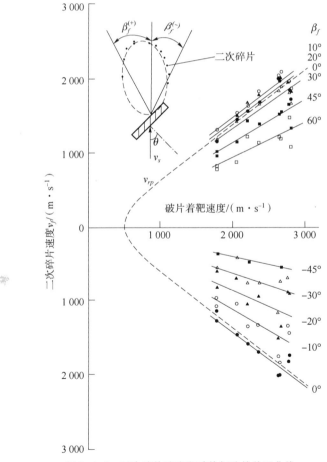

图 6.4.4　二次碎片速度和破片初速的关系曲线
（钢质柱形破片，靶板为厚 9.5 mm 的 2024-T4 铝板，入射角 45°）

$$\frac{v_f}{v_{fm}} = \frac{\sec|\beta_f - \gamma|}{1 + (a/b)^2 \tan^2|\beta_f - \gamma|} \tag{6.4.26}$$

式中，$\frac{a}{b} = 1.6$；$\gamma = \frac{\theta}{3}$；$v_{fm}$ 的表达式如下：

$$v_{fm} = v_{rp}[1 + (a/b)^2 \tan^2\gamma]\cos\theta \tag{6.4.27}$$

式中，v_{rp} 为破片的剩余速度。飞散方向和破片入射方向相同（$\beta_f = 0$）的二次碎片的速度等于 v_{rp}，即 $v_f(\beta_f = 0) = v_{rp}$。

在一定角度范围内的破片数目为：

$$\frac{N_f}{N_{fm}} = \frac{\tan\beta_f}{\tan\beta_{fm}} \tag{6.4.28}$$

式中，N_f 是包含在角度 β_f 内的破片数目；β_{fm} 为 β_f 的最大值；N_{fm} 为包含在角度 β_{fm} 内的破片数目。β_{fm} 和破片入射角的关系为：

$$\beta_{fm} = 26 + 0.3\theta \tag{6.4.29}$$

试验得到的不同角度范围内所含破片百分比如图 6.4.5 所示。

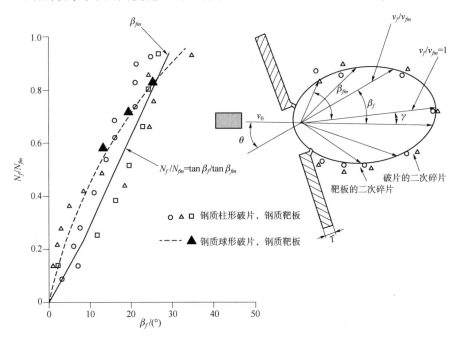

图 6.4.5　二次碎片数目分布（破片的着靶速度范围为 1 500~3 000 m/s）

靶板的二次碎片总数为：

$$N_m = a(v_0/v_{50N} - 1)^b(\cos\theta)^c + 1 \tag{6.4.30}$$

当靶板材料为铝时，常数 a、b、c 分别为：

$$\begin{cases} a = 41\exp\left[-1.073\left(\dfrac{T}{d}-2.46\right)^2\right] \\ b = 3[1-(T/d)/4] \\ c = 1 \;(5456\text{H}117 \text{ 铝板}) \end{cases} \quad (6.4.31)$$

当靶板材料为钢时，$c=2$，常数 a、b 的表达式分别为：

$$\begin{cases} a = 48\left(\dfrac{T}{d}-0.248\right)^{0.39}, \; b=3.6\exp\left(-\dfrac{1.6T}{d}\right), & T/d \geq 0.25 \\ a = 0, & T/d < 0.25 \end{cases} \quad (6.4.32)$$

6.5 杆条侵彻机理

6.5.1 杆条侵彻靶板的极限穿透速度

一些地对空或空对空导弹战斗部（如离散杆战斗部）中装有高密度杆条破片，战斗部爆炸后，这些杆条获得很高的速度。当杆条破片正撞击靶板时，杆条侵彻能力较强，当具有一定的攻角时，其侵彻能力大大降低。图 6.5.1 为具有攻角杆条撞击靶板的关系示意图。其中，杆条长度为 L，杆条直径为 D，v 为杆条的撞靶速度，β 为杆条轴线与速度的夹角（攻角），靶板厚度为 T。

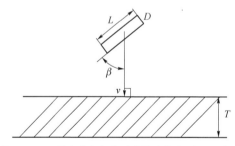

图 6.5.1　具有攻角杆条垂直撞击靶板关系示意图

Wollmann[1,19] 提出了计算杆条垂直侵彻靶板时相对侵彻深度（侵彻深度与杆长之比）的表达式：

$$\left(\dfrac{P}{L}\right) = \left(1.0 - \dfrac{D}{L}\right)\mu\,(1.0-\mathrm{e}^{-v/0.6})^8 + 2.64\dfrac{D}{L}\left(\dfrac{v}{4}\right)^{2/3} \quad (6.5.1)$$

式中，$\mu = \sqrt{\rho_P/\rho_T}$，$\rho_P$ 为杆条材料密度（kg/m^3），ρ_T 为靶板材料密度（kg/m^3）。

有攻角情况时，杆条侵彻深度的计算方程为：

$$P = (P_0 - P_1)\mathrm{e}^{-a\left(\frac{\beta}{\beta_{\text{crit}}}\right)^2} + P_1 \quad (6.5.2)$$

式中，P_0 为攻角为 0° 时杆条的侵彻深度，P_1 为攻角为 90° 时杆条的侵彻深度，有

$$P_0 = L(P/L)_0 \tag{6.5.3}$$

$$P_1 = D(P/L)_1 \tag{6.5.4}$$

式（6.5.3）和式（6.5.4）中，$(P/L)_0$ 和 $(P/L)_1$ 分别表示杆条攻角为 0° 和 90° 时的相对侵彻深度，由式（6.5.1）计算。

式（6.5.2）中，有

$$a = 0.2 \left(\frac{L}{D}\right)^{0.8} \tag{6.5.5}$$

杆条带攻角侵彻靶板时，当杆条尾部不与侵彻坑壁碰撞时，杆条的侵彻能力不受攻角影响。如图 6.5.2 所示，由几何关系可知，不影响杆条侵彻能力的最大攻角，即临界攻角 β_{crit} 的计算公式为：

$$\beta_{\text{crit}} = \arcsin\frac{H/D - 1.0}{2(L/D)} \tag{6.5.6}$$

式中，H 为侵彻孔直径（m）。

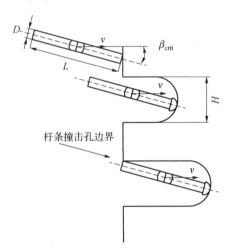

图 6.5.2 临界攻角的几何关系示意图

侵彻孔直径与杆条直径的比值计算公式为[20]：

$$\frac{H}{D} = \sqrt{\frac{Y_P}{R_T} + 2\frac{\rho_P}{R_T}(v-U)^2} \tag{6.5.7}$$

式中，U 为侵彻速度：

$$U = v - \mu(v^2 + A)^{\frac{1}{2}}/(1-\mu^2) \tag{6.5.8}$$

$$A = 2(R_T - Y_P)(1-\mu^2)/\rho_T \tag{6.5.9}$$

式中，Y_P 和 R_T 分别为杆条强度和靶板阻力。

若杆条材料为钨合金，靶板材料为装甲钢，侵彻孔直径与杆条直径的比值也可通过如下经验公式计算[21]：

$$\frac{H}{D} = 1.1524 + 3.388 \times 10^{-4} v + 1.286 \times 10^{-7} v^2 \qquad (6.5.10)$$

利用式（6.5.2）~式（6.5.10）可以计算有攻角杆条对半无限厚靶板的侵彻深度。为计算有攻角杆条对有限厚靶板的极限穿透速度，Lloyd[1]假设有攻角杆条侵彻厚度为 T 的靶板可等效为无攻角杆条侵彻厚度为 T_0 的靶板，T_0 和 T 的关系为：

$$T_0 = T \frac{P_0}{P} \qquad (6.5.11)$$

无攻角杆条对厚度为 T_0 的靶板的极限穿透速度可通过下式计算[1]：

$$v_{L0} = \frac{B}{\sqrt{m}} \sqrt{A_P^{3/2} \left(\frac{T_0}{A_P^{\frac{1}{2}}}\right)^n} \qquad (6.5.12)$$

式中，v_{L0} 为杆条的极限穿透速度（m/s）；A_P 为杆条的着靶面积（mm²）；m 为杆条的质量（g）；B 和 n 为试验确定的常数，与杆条和靶板的材料有关，其取值见表 6.5.1。

表 6.5.1　B 和 n 的取值

杆条材料	靶板材料	B	n
钢	装甲钢	93.24	1.75
钨合金	装甲钢	94.0	1.82
钨合金或钢	铝	39.84	1.89
钨合金	低碳钢	71.69	1.82

将式（6.5.11）代入式（6.5.12），可得有攻角杆条对靶板的极限穿透速度 v_L 为：

$$v_L = \frac{B}{\sqrt{m}} \sqrt{A_P^{3/2} \left(\frac{T \frac{P_0}{P}}{A_P^{\frac{1}{2}}}\right)^n} \qquad (6.5.13)$$

6.5.2　杆条对薄靶板的切口长度

杆条对结构的毁伤能力除与侵彻深度有关外，还与切口长度有关，当杆条的切口长度大于一定值时，可引起导弹结构失效，从而造成战术导弹的失稳。下面分析杆条斜侵彻钢板时的切口长度。

如图 6.5.3 所示，长为 L 的杆条沿水平弹道飞向目标靶板，Ω 是水平弹道和它在目标靶上投影之间的夹角，ϕ 是杆的速度与杆轴之间的夹角，θ 是运动轨迹线和铅垂线所组成的面与运动轨迹线和杆轴形成的面之间的夹角。

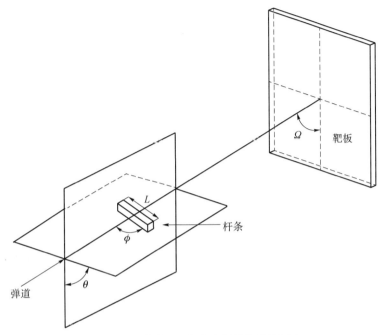

图 6.5.3　杆条和目标靶之间的关系示意图

则杆条切割靶板形成的切口长度可由下面公式计算[2]：

$$s = L\sin\phi\sqrt{1+\cos^2\theta\cot^2\Omega} \qquad (6.5.14)$$

6.6　爆炸冲击波和破片对导弹结构的毁伤

战斗部炸点距目标较近时，作用在目标上的能量很大，对导弹的结构具有较强的毁伤能力，通常采用压力-比冲量（p-I）曲线表示冲击波对导弹目标结构的毁伤规律，如图 6.6.1 所示，曲线表示作用在目标上压力与冲量和目标毁伤程度之间的关系。

实际上，战斗部爆炸后，通过冲击波和破片两种途径将能量传递给目标，即使破片不能侵入或穿透目标，仍有动量传递给目标。因此，研究导弹的结构易损性时，必须将冲击波和破片对目标的作用结合在一起分析。

冲击波的总能量 E_B 可由下式计算[2]：

■ 目标易损性评估及应用

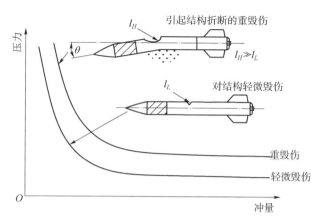

图 6.6.1 典型导弹目标的 p-I 曲线

$$E_B = \frac{pI}{2\rho_0 c_0} \quad (6.6.1)$$

式中，p 为冲击波的压力；I 为冲击波的冲量；ρ_0 为空气初始密度；c_0 为空气中的声速。

战斗部爆炸形成的破片作用在目标上的有效能量为：

$$E_F = \frac{1}{2}\sum_{i=1}^{N} m_i v_i^2 \quad (6.6.2)$$

式中，N 为碰撞目标的破片总数；v_i 为破片碰撞目标的速度；m_i 为破片质量。

根据目标结构吸收的能量，可以预测目标的失效模式，作用在导弹目标上的总能量为：

$$E_T = E_B + E_F = \frac{pI}{2\rho_0 c_0} + \frac{1}{2}\sum_{i=1}^{N} m_i v_i^2 \quad (6.6.3)$$

战斗部可能对目标造成的毁伤情况，如图 6.6.2 所示。不管破片是否侵彻目标，破片的能量都作用在导弹结构上，削弱其强度，再加上冲击波的能量，增强了对目标的毁伤，可将导弹看作是一个某处受力的悬臂梁。b、a、L 为导弹的初始几何参数，作用在目标上的总能量为 E_T，用一个作用在导弹前部的等效静态载荷所做的功表示[2]：

$$U_m = \frac{1}{2} p_m y_m \quad (6.6.4)$$

式中，y_m 为最大弹性挠度；p_m 为等效静态载荷。

最大挠度为：

$$y_m = -\frac{p_m L^3}{3EJ} \quad (6.6.5)$$

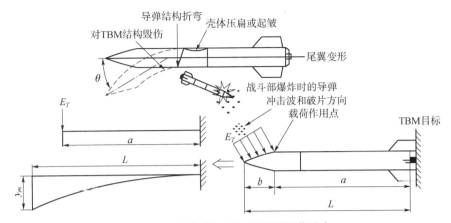

图 6.6.2 冲击波和破片对目标的毁伤形式

式中，J 为导弹截面的惯性矩；E 为弹性模量。

导弹截面可等效为一个圆环，其惯性矩为：

$$J = \pi R^3 t \tag{6.6.6}$$

式中，t 为导弹模拟结构截面圆环厚度；R 为导弹半径。

则最大挠度可写为：

$$y_m = -\frac{p_m L^3}{3\pi E R^3 t} \tag{6.6.7}$$

等效静态载荷所做的功可写为：

$$U_m = -\frac{p_m^2 L^3}{6\pi E R^3 t} \tag{6.6.8}$$

目标接受的冲击波和破片的能量等于等效载荷所做的功，所以

$$\frac{pI}{2\rho_0 c_0} + \frac{1}{2}\sum_{i=1}^{N} m_i v_i^2 = \frac{-p_m^2 L^3}{6\pi E R^3 t} \tag{6.6.9}$$

解得

$$p_m = \left[\frac{-6\pi E R^3 t}{L^3}\left(\frac{pI}{2\rho_0 c_0} + \frac{1}{2}\sum_{i=1}^{N} m_i v_i^2\right)\right]^{\frac{1}{2}} \tag{6.6.10}$$

根据战斗部作用在目标上的总功，则可算出弯曲应力：

$$\sigma_m = \frac{M_{\max} c}{J} = \frac{p_m L c}{J} \tag{6.6.11}$$

式中，$M_{\max}$ 为最大力矩；c 为导弹截面上相对于弹轴的距离（$c = R$ 处应力最大）。

则战斗部爆炸在目标上产生的最大应力为：

$$\sigma_m = \frac{Lc}{J}\left[\frac{-6\pi ER^3 t}{L^3}\left(\frac{pI}{2\rho_0 c_0}+\frac{1}{2}\sum_{i=1}^{N}m_i v_i^2\right)\right]^{\frac{1}{2}} \quad (6.6.12)$$

将式（6.6.10）代入式（6.6.5），可得最大挠度为：

$$y_m = \left[\frac{-6\pi ER^3 t}{L^3}\left(\frac{pI}{2\rho_0 c_0}+\frac{1}{2}\sum_{i=1}^{N}m_i v_i^2\right)\right]^{\frac{1}{2}}\frac{L^3}{3EJ} \quad (6.6.13)$$

这里利用简支梁理论研究了战斗部爆炸对导弹结构的毁伤，最大变形量是在导弹长度的基础上推得的，下面详细介绍计算过程。图 6.6.3 所示为导弹的受载情况，以导弹顶点为坐标原点 O，轴线方向为 x 轴，竖直向上为 y 轴建立直角坐标系。

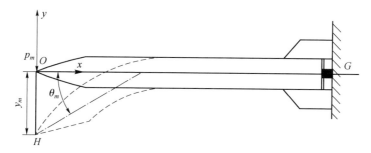

图 6.6.3　导弹受载情况示意图

最大力矩 $M = -p_m x$，弹性梁的方程为：

$$\frac{d^2 y}{dx^2}=\frac{M(x)}{EJ} \quad (6.6.14)$$

则

$$EJ\frac{d^2 y}{dx^2}=-p_m x \quad (6.6.15)$$

积分得

$$EJ\frac{dy}{dx}=-\frac{1}{2}p_m x^2+C_1 \quad (6.6.16)$$

根据初始条件，可计算积分常数 C_1，因为点 G 固定，$x=L$，$\theta=\dfrac{dy}{dx}=0$，将此条件代入式（6.6.16）可得：

$$C_1 = \frac{1}{2}p_m L^2 \quad (6.6.17)$$

将 C_1 代入式（6.6.16），方程变为：

$$EJ\frac{dy}{dx}=-\frac{1}{2}p_m x^2+\frac{1}{2}p_m L^2 \quad (6.6.18)$$

两边积分得

$$EJy = -\frac{1}{6}p_m x^3 + \frac{1}{2}p_m L^2 x + C_2 \qquad (6.6.19)$$

当 $x = L$ 时，$y = 0$，则

$$C_2 = -\frac{1}{3}p_m L^3 \qquad (6.6.20)$$

则式（6.6.19）可写为

$$EJy = -\frac{1}{6}p_m x^3 + \frac{1}{2}p_m L^2 x - \frac{1}{3}p_m L^3 \qquad (6.6.21)$$

即：

$$y = \frac{p_m}{6EJ}(-x^3 + 3L^2 x - 2L^3) \qquad (6.6.22)$$

$x = 0$ 时，得到最大挠度 y_m 为 $y_m = -\dfrac{2p_m L^3}{6EJ}$，即为式（6.6.5）。

由式（6.6.22）得

$$\theta_m = \left(\frac{\mathrm{d}y}{\mathrm{d}x}\right)_H = \frac{p_m L^2}{2EJ} \qquad (6.6.23)$$

根据上面的方程可以计算导弹结构任意截面处的应力、导弹结构的最大挠度以及弯曲角度，由此可以判定导弹的毁伤情况。

6.7 引爆弹药的碰撞弹道

不同的战术导弹携带不同类型的战斗部，其中应用最多的是高能炸药战斗部，当高速破片撞击导弹战斗部时，可能发生以下三种情况：①冲击起爆；②燃烧转爆轰；③炸药反应但随后熄灭[2]。具体出现何种毁伤情况，与撞击破片质量、形状、速度、入射角度等因素有关。图6.7.1所示为战斗部的响应与破片撞击条件的关系示意图。

当破片以低速大着角撞击战斗部时，破片跳飞的可能性较大，产生冲击起爆的概率较小，这类撞击条件所在区域称为低风险区；当破片速度增加到极限穿透速度之上时，破片穿透战斗部壳体并且嵌在入口处，此时破片很热，并且进口处不能通风，这意味着压力和热量被封闭在战斗部内，使内部的炸药发生燃烧反应，当炸药燃烧产生的热量和散失的热量平衡时，出现稳定燃烧现象；

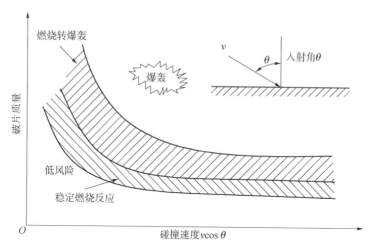

图 6.7.1　不同碰撞条件下战斗部反应示意图

当燃烧产生的热量大于散失的热量时，出现燃烧转爆轰现象，这与破片侵彻孔大小、深度以及是否贯穿（影响通风情况）等因素有关。当破片速度很高时，在炸药中形成高压脉冲，直接使炸药爆炸，这类撞击条件所在区域称为冲击起爆区。

6.7.1　冲击起爆模型

战术导弹战斗部装药的外面都有金属壳体，破片穿透导弹及战斗部的壳体，引爆炸药，如图 6.7.2 所示。

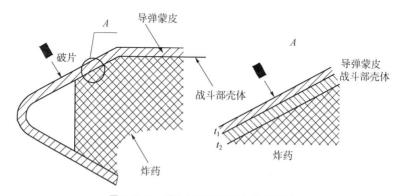

图 6.7.2　破片撞击起爆战斗部示意图

裸装药的起爆原因是冲击起爆，撞击速度是决定炸药是否起爆的主要因素。此外，影响因素还包括炸药性能、破片材料、头部形状、破片的迎阻面积和入射角。破片必须具有一定的长度来维持破片和炸药界面的高压，和裸装药相比，战斗部壳体提高了炸药起爆的临界速度。

下面分析破片撞击覆有壳体炸药的过程，如图6.7.3所示[2,22]。

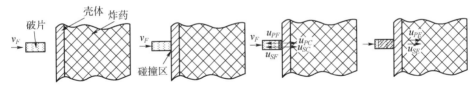

图6.7.3 破片冲击起爆带壳炸药的过程

破片以速度 v_F 撞击炸药壳体时，破片内质点速度 $u_F = v_F$，炸药壳体内质点速度 $u_C = 0$，碰撞后瞬间，冲击波以速度 u_{SC} 进入炸药壳体，反射回破片的速度为 u_{SF}，碰撞时存在一个压缩区，该区内破片和壳体的压力及质点速度相等，$p_F = p_C$。破片和壳体界面处质点速度为：

$$u_{PC} = v_F - u_{PF} \tag{6.7.1}$$

或

$$u_{PF} + u_{PC} = v_F \tag{6.7.2}$$

破片速度由 v_F 降到了 $v_F - u_{PF}$，压缩区的压力可由下式计算：

$$p_C = p_F = \rho_{0C}(C_C + S_C u_{PC})u_{PC} \tag{6.7.3}$$

式中，炸药壳体和破片内压力分别为 $p_C = \rho_{0C} u_{SC} u_{PC}$，$p_F = \rho_{0F} u_{SF} u_{PF}$；状态方程为 $u_S = C + S u_P$，u_S 为冲击波速度；C 为材料中声速，S 为经验系数；下标 C 表示战斗部壳体，F 表示破片，0 表示初始值。则

$$p_F = \rho_{0F}(C_F + S_F u_{PF})u_{PF} = \rho_{0F} C_F u_{PF} + \rho_{0F} S_F u_{PF}^2 \tag{6.7.4}$$

$$p_C = \rho_{0C}(C_C + S_C u_{PC})u_{PC} \tag{6.7.5}$$

将式（6.7.1）代入式（6.7.4），得

$$p_F = \rho_{0F} C_F(v_F - u_{PC}) + \rho_{0F} S_F(v_F - u_{PC})^2 \tag{6.7.6}$$

因为 $p_C = p_F$，所以

$$u_{PC}^2(\rho_{0C} S_C - \rho_{0F} S_F) + u_{PC}(\rho_{0C} C_C + \rho_{0F} C_F + 2\rho_{0F} S_F v_F) - \rho_{0F}(C_F v_F + S_F v_F^2) = 0 \tag{6.7.7}$$

解此方程可得壳体内质点速度：

$$u_{PC} = \frac{-(\rho_{0C} C_C + \rho_{0F} C_F + 2\rho_{0F} S_F v_F) \pm \sqrt{(\rho_{0C} C_C + \rho_{0F} C_F + 2\rho_{0F} S_F v_F)^2 - 4(\rho_{0C} S_C - \rho_{0F} S_F)(-\rho_{0F})(C_F v_F + S_F v_F^2)}}{2(\rho_{0C} S_C - \rho_{0F} S_F)^2} \tag{6.7.8}$$

将式（6.7.8）代入式（6.7.4）和式（6.7.5），即可求得 p_F、p_C 和 u_{PF}。

冲击波在壳体传播过程中发生衰减，其衰减规律为

$$p_i = p_C e^{-\alpha h} \quad (6.7.9)$$

式中，p_i 为冲击波到达壳体和炸药交界面处衰减后的强度；α 为衰减系数；h 为壳体厚度。

该强度冲击波对应的质点运动速度 u_i 可通过下式求得：

$$p_i = u_i \rho_{0C}(C_C + S_C u_i) \quad (6.7.10)$$

与式（6.7.1）~式（6.7.5）相似，炸药中形成的初始冲击波压力和质点速度可通过以下两式求得：

$$\rho_{0E}(C_E + S_E u_{PE})u_{PE} = \rho_{0C}[C_C + S_C(2u_i - u_{PE})](2u_i - u_{PE}) \quad (6.7.11)$$

$$p_E = \rho_{0E}(C_E + S_E u_{PE})u_{PE} \quad (6.7.12)$$

式中，下标 E 表示炸药。

非均质炸药的冲击起爆阈值既与冲击波压力有关，又与冲击波脉冲的持续时间有关。脉冲宽度为轴向和侧向稀疏波到达中心的最短时间，近似计算公式为

$$\tau = \min\left\{\frac{2L}{u_{SF}}, \frac{R}{C_F}\right\} \quad (6.7.13)$$

式中，R 和 L 分别为破片的半径和长度；C_F 为受冲击压缩后破片材料内的声速，其表达式为：

$$c_F = \frac{C_F \rho_{0F}\sqrt{(S_F+1)\rho_F - \rho_{F0}}}{[S_F \rho_{F0} - (S_F-1)\rho_F]^{3/2}} \quad (6.7.14)$$

式中，ρ_F 为受压缩后破片材料的密度，其表达式为：

$$\rho_F = \frac{u_{SF}}{u_{SF} - u_{PF}}\rho_{F0} \quad (6.7.15)$$

得到炸药内冲击波压力和脉冲的持续时间后，即可结合以下判据判断炸药是否被起爆：

$$p_E u_{PE} \tau = C \quad (6.7.16)$$

式中，C 为常数，与炸药的类型有关，通常通过试验确定。

6.7.2 Jacobs-Roslund 冲击起爆方程

除前述的冲击起爆模型外，也常用一些经验方程预测高速破片对炸药的冲击起爆能力，如可用于计算冲击起爆临界速度的 Jacobs-Roslund 经验方程，其形式为[1,23,24]：

$$v_C = \frac{A}{\sqrt{D\cos\theta}}(1+B)\left(1+\frac{CT}{D}\right) \quad (6.7.17)$$

式中，v_C 为使炸药爆炸的临界撞击速度（km/s）；A 为炸药感度系数（$mm^{\frac{3}{2}}/\mu s$）；

B 为破片形状系数；C 为盖板的保护系数；T 为盖板厚度（mm）；D 为破片主要尺寸（mm）；θ 为破片撞击的入射角。

表 6.7.1 为不同学者根据试验得到的不同情况时 Jacobs-Roslund 方程的参数取值。

表 6.7.1 Jacobs-Roslund 常数

材料或破片形状	参数	取值	数据来源
PBX-9404	A	2.05	文献[25]
平头圆柱	B	0.1	
圆头圆柱		1.0	
钽	C	1.86	
复合材料		2.96	
B 炸药	A	3.33	文献[26]
平头圆柱	B	0	文献[26]
球形		0.5	文献[27]
钢	C	1.603 6	文献[26]
COMP-B	A	3.273	文献[28]
TNT（压制）		1.895	
特屈儿（多孔）		1.491	
PBX-9404		2.182	

Dickinson 等[24]的研究表明，破片的形状系数 B 也可通过下式计算：

$$B = 1.77 - 0.007\,25\alpha \qquad (6.7.18)$$

式中，α 为破片头部的锥角，范围为 70°～160°，如图 6.7.4 所示。如果破片为正圆柱形，头部锥角大于 160°，其形状系数为：

$$B = \frac{T}{D} \qquad (6.7.19)$$

对于立方体破片，如果不是面撞击的情况，则 α 为：

$$\alpha = 180 - 2\beta \qquad (6.7.20)$$

式中，β 为最接近目标面的破片面与目标面的夹角，如图 6.7.4 所示。

式（6.7.17）中的系数 C 体现了盖板的保护作用，可通过试验得到；主要尺寸参数 D 表示允许冲击波卸载的侵彻体长度，对于柱形破片，该参数为圆柱直径，但对于长方体，该参数取最小边长，不过由此计算得到的速度值较大；另一种方法就是取各边的平均值，准确地确定冲击波卸载的临界尺寸需要

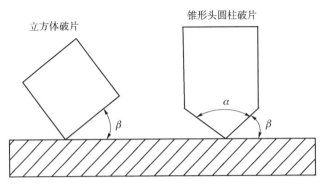

图 6.7.4 立方体和锥形头部破片撞击靶板的角度关系

进行很多的试验。

破片对炸药的冲击起爆概率可根据下式计算（该方程以 Weibull 函数为基础建立[1]）：

$$P(v_r) = \begin{cases} 1-\exp[-B_5(v_r-B_6)^{B_7}], & v_r \geqslant B_6 \\ 0, & v_r < B_6 \end{cases} \quad (6.7.21)$$

式中，$P(v_r)$ 为破片以速度 v_r 撞击时炸药的起爆概率；常数 B_6、B_7 和 B_5 的表达式为：

$$\begin{aligned} B_6 &= v_{\min} \\ B_7 &= -\frac{1.9}{\ln\left(\dfrac{v_{\mathrm{mid}}-v_{\min}}{v_{\max}-v_{\min}}\right)} \\ B_5 &= -\frac{4.61}{(v_{\max}-v_{\min})^{B_7}} \end{aligned} \quad (6.7.22)$$

式中，$v_{\min}$ 和 $v_{\max}$ 分别为破片以最有利和最不利的姿态撞击炸药时，冲击起爆炸药的最小和最大临界速度，可通过 Jacobs-Roslund 方程计算；v_{mid} 介于两者之间，需要通过试验或经验的方法得到，也可简单取两者的平均值进行估算。

6.7.3 入射角的影响

入射角对高速破片是否引爆威胁战斗部的影响很大，图 6.7.5 所示为入射角对破片是否引燃或引爆战斗部的关系图，由图可知，破片的入射角度越大，引燃或引爆战斗部需要的破片撞击速度越高。因为破片要引燃或引爆战斗部中的炸药，必须具有一定的质量和速度，破片入射角度越大，其在侵彻过程中因侵蚀而损失的质量越多,甚至可能破碎,所以破片的剩余质量减小。

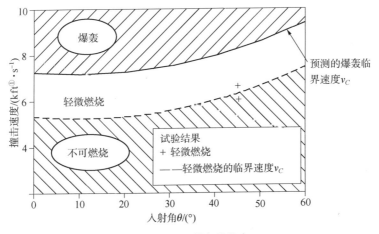

图 6.7.5 入射角的影响

总体上讲,整体式战斗部比内置式战斗部更容易被引爆,因为内置式战斗部导弹蒙皮与战斗部壳体之间的间隙较大,破片撞击内置战斗部壳体的入射角 θ_2 较撞击整体式战斗部壳体的入射角 θ_1 更大,如图 6.7.6 所示。

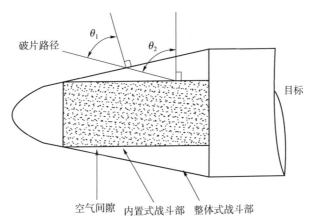

图 6.7.6 入射角对整体式和内置式战斗部起爆的影响

破片对两种战斗部的侵彻过程如图 6.7.7 所示。对于整体式战斗部,破片撞击时首先侵彻导弹蒙皮,然后侵彻战斗部壳体,撞击时在蒙皮中形成初始冲击波,然后通过战斗部壳体向炸药中传播。蒙皮及战斗部壳体厚度、材料中的

---

① 1 kft = 304.8 m。

声速影响破片的极限穿透速度以及向炸药中传播的冲击波强度,进而影响对炸药的起爆能力。

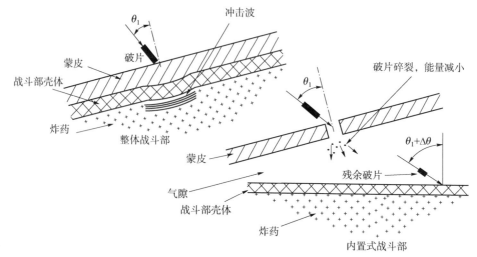

图 6.7.7 破片对整体式和内置式战斗部撞击侵彻作用过程示意图

对于内置式战斗部,穿过蒙皮的破片剩余质量和速度减小、入射角度变大,空气间隙的存在使靶后二次破片覆盖面积增大,传递给战斗部的总能量及能量密度减小,所以毁伤内置式战斗部更困难。

6.8 子母弹药相对破片的易损性

子母弹药战斗部内部排列很多柱形子弹药,如果一个子弹药被引爆,其壳体形成大量高速破片飞向相邻子弹药,破片侵彻相邻子弹药并引爆之,离被引爆的子弹药越近,破片的数目密度越高,子弹药越容易被引爆;距离越远,撞击破片的数量和能量都减小,则子弹药不易被引爆。距炸点不同距离处的子弹药可能遭受不同程度的毁伤。试验表明,相邻子弹药的易损性与子弹间隔距离有关,下面讨论爆炸弹药引爆相邻弹药(殉爆)的概率,该模型已经通过试验验证。

Picatinny 兵工厂建立了一个预测炸药对破片撞击敏感程度的分析方程[1,29],该工作的目的是提高人们预测高能弹药易损性和分析安全间隔距离的能力。大部分工作建立在英美两国的理论研究和试验基础上,并建立了计算产生高速爆轰所需临界速度的方程。此方程为：

$$v_b = 0.3048 \times \sqrt{\frac{K_f \exp(0.64 t_a / \sqrt[3]{m})}{0.11 \times m^{\frac{1}{3}}(1 + 0.4 t_a / \sqrt[3]{m})}} \qquad (6.8.1)$$

式中，K_f 为炸药感度常数，由试验结果确定，部分炸药的 K_f 值见表6.8.1[29]；t_a 为装药壳体厚度（mm）；v_b 为临界速度（m/s）；m 为破片质量（g）。方程的基本假设为：①破片必须穿透装药壳体；②破片形状为长方体；③破片垂直撞击壳体；④破片和壳体均由低碳钢制成。

表 6.8.1 部分炸药的感度常数 K_f

炸药类型	K_f
Pentolite	2.780×10^6
RDX/TNT（70/30）	3.244×10^6
RDX/TNT（60/40）	4.148×10^6
Torpex	3.554×10^6
TNT	1.630×10^7
Amatol	1.454×10^7

由方程知，临界速度与破片质量有关，如果临界速度已知，能够计算使炸药爆轰的最小破片质量和相邻弹药的间隔距离。

根据弹药的间隔距离和临界速度，引爆子弹药的概率由下式计算：

$$P = 1 - e^{-N_e} \qquad (6.8.2)$$

式中，N_e 为击中子弹药的有效破片数，其值为：

$$N_e = \frac{N(m)}{d^2} A \qquad (6.8.3)$$

式中，A 为子弹药的呈现面积；$N(m)$ 为质量大于 m 的破片数目，可用 Mott 或 Held 破片分布模型计算；d 为子弹药之间的距离。

采用 Cyclotol 和 Pentolite 炸药进行了试验，并与方程计算结果进行比较，结果表明计算结果比实际试验值低[30]。

参考文献

[1] Lloyd R. Physics of direct hit and near miss warhead technology [M]. Reston,

Virginia: AIAA, 2001.

[2] Lloyd R. Conventional warhead systems physics and engineering design [M]. Reston, VA: AIAA, 1998.

[3] Backman M E. Terminal ballistics [R]. China Lake CA: Naval Weapons Center, 1976.

[4] Kiwan A R. An overview of high-explosive (HE) blast damage mechanisms and vulnerability prediction methods [R]. Aberdeen Proving Ground, Maryland: Army Research Laboratory, 1997.

[5] Baker W E, Westine P S, Dodge F T. Similarity methods in engineering dynamics: theory and practice of scale modeling [M]. Elsevier, 2012.

[6] Baker W E, Cox P A, Kulesz J J, et al. Explosion hazards and evaluation [M]. Elsevier, 1983.

[7] Sachs R G. The dependence of blast on ambient pressure and temperature [R]. Aberdeen Proving Ground Maryland: Army Ballistic Research Laboratory, 1944.

[8] Kinney G F, Graham K J. Explosive shocks in air [M]. Springer Science & Business Media, 2013.

[9] Henrych J. The dynamics of explosion and its use [M]. Amsterdam: Elsevier, 1979.

[10] Dewey J, Sperrazza J. The effect of atmospheric pressure and temperature on air shock and appendixes I and II [R]. Aberdeen Proving Ground, Maryland: Army Research Ballistic Laboratory, 1950.

[11] Needham C E. Blast waves [M]. Springer, 2010.

[12] Ben-Dor G, Elperin T, Dubinsky A. High-speed penetration dynamics: engineering models and methods [M]. World Scientific, 2013.

[13] Ipson T W, Recht R F. Ballistic perforation by fragments of arbitrary shape [R]. NWC TP 5927, Dahlgren, VA: Naval Warfare Center, 1977.

[14] Recht R F, Ipson T W. Ballistic perforation dynamics [J]. Journal of Applied Mechanics, 1963, 30 (3): 384-390.

[15] Ipson T W, Recht R F. Ballistic-penetration resistance and its measurement [J]. Experimental Mechanics, Springer, 1975, 15 (7): 249-257.

[16] Schonberg W, Ryan S. Predicting metallic armour performance when impacted by fragment-simulating projectiles-model review and assessment [J]. International Journal of Impact Engineering, 2021 (158): 104025.

[17] Schonberg W, Ryan S. Predicting metallic armour performance when impacted by fragment-simulating projectiles-model adjustments and improvements[J]. International Journal of Impact Engineering, 2022（161）: 104090.

[18] Recht R F. Taylor ballistic impact modelling applied to deformation and mass loss determinations[J]. International Journal of Engineering Science, Elsevier, 1978, 16（11）: 809-827.

[19] Luttwak G. Oblique and yawed rod penetration[C]. Saint-Malo, France: 5th International Symposium on the Behavior of Dense Media under High Dynamic Pressures, 2003.

[20] Lee M, Bless S. Cavity dynamics for long rod penetration[R]. Institute for Advanced Technology, The University of Texas at Austin, 1996.

[21] Bjerke T W, Silsby G F, Scheffler D R, et al. Yawed long-rod armor penetration[J]. International Journal of Impact Engineering, 1992, 12（2）: 281-292.

[22] 董小瑞, 隋树元. 破片对屏蔽炸药的撞击起爆研究[J]. 华北工学院学报, 1999（03）: 236-238.

[23] Fishburn B D. An analysis of impact initiation of explosives and the currently used threshold criteria[R]. Fort Belvoir, VA: Defense Technical Information Center, 1990.

[24] Dickinson D L, Wilson L T. The effect of impact orientation on the critical velocity needed to initiate a covered explosive charge[J]. International Journal of Impact Engineering, Elsevier, 1997, 20（1-5）: 223-233.

[25] Bahl K L, Vantine H C, Weingart R C. Shock initiation of bare and covered explosives by projectile impact[R]. CA, USA: Lawrence Livermore National Lab, 1981.

[26] James H R, Grixti M A, Cook M D, et al. The dependence of the response of heavily-confined explosives on the degree of projectile penetration[C]. The Tenth Symposium (International) on Detonation, 1993: 346-349.

[27] 方青, 卫玉章, 张克明, 等. 射弹倾斜撞击带盖板炸药引发爆轰的条件[J]. 爆炸与冲击, 1997（02）: 153-158.

[28] Billingsley J P, Adams C L. Remarks on certain aspects of solid explosive detonation via small projectile impact[R]. Army Missile Command Redstone

Arsenal Al Systems Simulation and Development Directorate, 1989.

[29] Rindner R M. Establishment of safety design criteria for use in engineering of explosive facilities and operations. detonation by fragment impact [R]. Dover NJ: Picatinny Arsenal, 1959.

[30] Rindner R M. Response of explosive to fragment impact [R]. Dover NJ: Picatinny Arsenal, 1966.

第 7 章
舰船目标易损性

舰船属综合性作战平台，主要分为水面舰艇和潜艇两大类，水面舰艇又可分为 3 类：以航空母舰、两栖攻击舰等大型水面舰艇为代表的兵力投送型战斗舰艇；以巡洋舰、驱逐舰、护卫舰等为代表的火力投送型战斗舰艇；以支援保障舰、维修舰、运输舰等为代表的后勤保障型舰艇[1]。本章主要介绍典型舰船目标、反舰船弹药特性及威力场、舰船目标毁伤级别与毁伤模式、舰船构件及整体的毁伤判据和舰船目标的易损性评估方法。

7.1 典型舰船目标分析

分别以航空母舰和潜艇为例,分析舰船目标的结构布局及系统组成。

7.1.1 航空母舰的结构及系统组成

7.1.1.1 航空母舰结构

航空母舰(常简称为航母)是一种以搭载舰载机为主要武器的军舰,舰体通常拥有供飞机起降的巨大飞行甲板、坐落于左右其中一侧的舰岛及甲板下方的机库。航空母舰是目前最大的武器系统平台,发展至今已是现代海军不可或缺的武器,也是海战最重要的战列舰艇之一。

(1) 分层布置

航空母舰按吨位可分为大、中、小三类,航空母舰的内部分层可以根据舰的大小确定,大、中型航空母舰的主舰体一般分为 10 层左右,上层建筑一般有 7 层左右。图 7.1.1 所示为某大型航空母舰的结构示意图,舰体内的舱室按甲板层序大致如下[2]:第 1 层为飞行甲板,主要分为起飞区、回收区和停机区;第 2 层为吊舱甲板,首部主要布置弹射气缸和附属设备,中部是飞行员住舱、食堂、空中作战办公室以及空中交通管制中心,尾部布置有阻拦索装置及其附属设备,舷侧设有飞机弹射系统;第 3、4 层甲板中部是机库大开口,两舷设置了维修人员和雷达人员的住舱，弹射系统下方设有弹射系统动力装置，首部为锚链舱，尾部为系缆装置舱；第 5 层甲板大部分是机库、附属舱以及设备舱；第 6 层甲板为飞机修理场；第 7 层甲板为士兵舱和生活舱室；第 8 层甲板为食品库和行政办公室。第 8 层甲板以下 3 层主要是发电机舱、弹药舱和航空燃油舱。

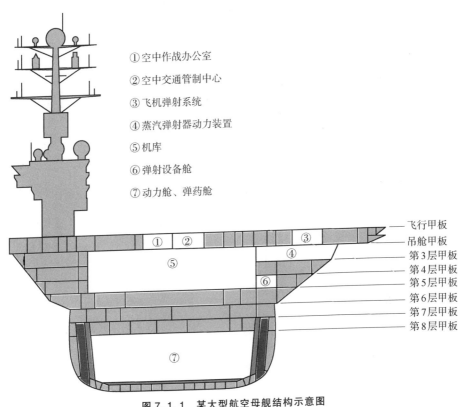

图 7.1.1　某大型航空母舰结构示意图

（2）飞行甲板

航空母舰的飞行甲板分为 3 个功能区，分别提供飞机起飞、降落和调运的作业场地。起飞区设有蒸汽弹射器、燃气导流板等；降落区设有阻拦索和菲涅尔透镜等；调运区设有飞机升降机等。

（3）上层建筑

上层建筑是舰船甲板室与船楼的统称，均位于上甲板之上。上层建筑主要设有航行指挥室、作战指挥室、空管中心、飞行员准备室、舰面操作室等，还有信息接收、观测室和高级舰员的居住舱室以及风机室、配电房等辅助舱室。

7.1.1.2 航空母舰系统组成

大部分航空母舰由动力系统、武器系统、作战保障系统、通信系统、电力系统和其他系统组成,各系统又由分系统或部件组成。

（1）动力系统

动力系统产生动力,是保障舰船航行能力、机动性和安全性的关键系统,主要由推进系统、功率传递系统和辅助管路系统组成,如图 7.1.2 所示。

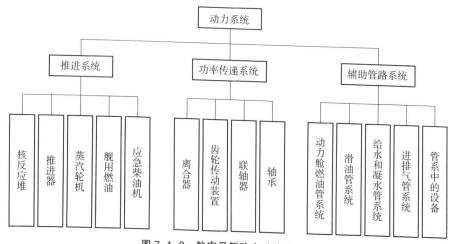

图 7.1.2 航空母舰动力系统的组成

推进系统是舰船的动力来源,常被称为主机。以前航空母舰的动力来源为燃油机,现在已经发展有核动力航空母舰,比如"尼米兹"级航空母舰中的 USS John C. Stennis CVN-74 航空母舰配备有 2 座 A4W 核反应堆、4 座蒸汽轮机,此外,还有 4 台应急柴油机,为航空母舰的航行提供充足的动力。

功率传递系统将推进系统产生的功率传递给推进器,再将推进器产生的推力经过轴承传给船体,推动舰船运动。该系统主要包括离合器、齿轮传动装置、联轴器、轴、轴承和轴封等。

辅助管路系统主要包括动力舱燃油管系统、滑油管系统、给水和凝水管系统、进排气管系统以及这些管系中包含的设备等。

（2）武器系统

航空母舰的武器系统是配备在航空母舰上用来完成作战过程中攻击与防御任务的武器和控制设备,主要由武器、火力控制和探测系统等组成,如图 7.1.3所示。舰载机为航空母舰的主要攻击武器,可配备导弹、鱼雷和炸弹等。舰炮以及近程导弹防御系统为航空母舰的主要防御武器。航空母舰的火力控制系统由作战指挥系统、观察瞄准仪器、计算机和火控雷达组成。航空母舰的探测系统一般包括对空搜索雷达、平面搜索雷达和追踪雷达。

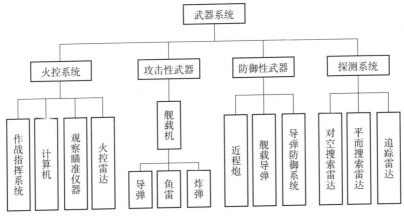

图 7.1.3 航空母舰武器系统的组成

(3) 作战保障系统

作战保障系统是武器系统发挥功能的保证系统,航空母舰的作战保障系统具有其自身的特点。航空母舰的作战保障系统主要有舰载机起飞保障系统、舰载机降落保障系统、舰载机起降协调系统和弹药传输系统,包含有蒸汽弹射器、燃气导流板、升降梯、飞行甲板、飞行控制室、机库、舰岛、阻拦索、光学降落系统、飞行员以及舰员,如图 7.1.4 所示。

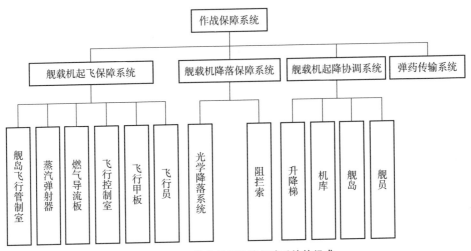

图 7.1.4 航空母舰作战保障系统的组成

蒸汽弹射器、燃气导流板、飞行控制室和飞行甲板为舰载机的起飞提供方便；光学降落系统和飞行甲板上的阻拦索用于引导完成作战任务的舰载机安全降落在航空母舰上；升降梯用于作战时将存储于机库中的舰载机调到飞行甲板；舰岛上的控制台用于协调舰载机的起飞与降落，为舰载机有序起飞和降落提供保障。

（4）通信系统

作战时，为了便于航空母舰内部通信、对空探测以及战舰之间相互联系，航空母舰自带一套完备的通信系统。航空母舰的通信系统一般包括天线、收发信机、通话器等。

（5）电力系统

电力系统主要功能是产生、输送、分配和使用电能，包括一次电力网和二次电力网，主要由原动机、发电机、供配电网络、电能储存系统和负载组成[3]，如图7.1.5所示。原动机包括核能反应堆、蒸汽轮机；供配电网络及保护模块由电缆、汇流排、断路器和保护装置等组成，用于传输电能和自动识别、排除电网故障，变、配电模块则可将电能分配至船舶各个用电设备，以维持其正常运转；电能储存系统则用于在故障状态下为重要负载提供短时电能供给。

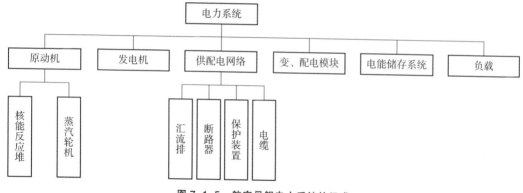

图 7.1.5　航空母舰电力系统的组成

（6）其他系统

航空母舰的其他系统有舱室大气环境控制系统、消防系统、日用水系统、海上补给系统、专用项目系统等。

7.1.2　潜艇的结构

7.1.2.1　潜艇的舱段分布

潜艇是能够在水下运行的舰艇。自第一次世界大战后，潜艇得到广泛运用。作为许多国家海军的重要装备,其功能包括攻击敌人军舰或潜艇、近岸保护、突破封锁、侦察和掩护特种部队行动等。

潜艇采用舱段式布局,其目的是:隔开不同用途的舱室,使其工作时互不干扰;缩短耐压艇体的纵向跨度,保证艇体有足够的结构强度;保证破损后的抗沉性和提高潜艇的生命力。一般潜艇由武器舱(鱼雷舱和导弹舱)、指挥控制舱、动力舱(蓄电池舱、柴油机舱、电机舱或核反应堆舱、主机舱)、液舱、住舱等组成。

图7.1.6所示为某型核动力攻击型核潜艇,其舱段分布说明见表7.1.1。

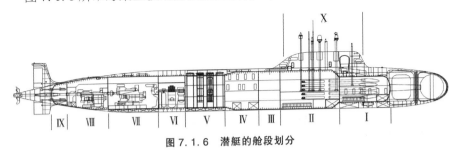

图 7.1.6 潜艇的舱段划分

表 7.1.1 潜艇舱室分布

序号	舱室	具体说明
Ⅰ	指挥舱	包括战斗指挥系统、操纵系统和航海保证系统等
Ⅱ	鱼雷舱	舱内设置有鱼雷、鱼雷发射管和电源,以及鱼雷发射板等辅助发射设备
Ⅲ	辅助设备舱	—
Ⅳ	住舱	—
Ⅴ	导弹舱	包括导弹、导弹发射井等
Ⅵ	核反应堆舱	模块化反应堆
Ⅶ	涡轮机舱	包括主涡轮齿轮装置
Ⅷ	电机舱	包括主推力轴承、电动机和电容器等
Ⅸ	舵机舱	包括后舱驱动器、传动轴和尾部配平油箱等
Ⅹ	升降控制舱	包括升降装置(潜望镜、雷达天线等)和驾驶室等

7.1.2.2 潜艇的壳体结构

现代潜艇的艇体结构主要有单、双壳体两种形式,如图7.1.7所示。图中上层建筑为舷间舱壳板向上延伸部分,一般具有非耐压性,其作用是:保护布置在耐压艇体之外上层的各种设备、装置和管系；作为轻外壳构成完整流线型的一部分，达到降低潜艇水下航行阻力的目的。

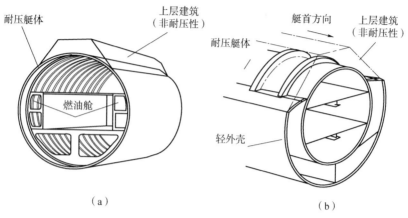

图 7.1.7　单壳体和双壳体耐压艇体结构图
(a) 单壳体耐压艇体；(b) 双壳体耐压艇体

我国和俄罗斯潜艇均采用双壳体结构形式，而美国和欧洲海军潜艇一般采用单壳体结构形式。单壳体潜艇的艇体仅由一层耐压壳体组成，耐压艇体直接暴露在外。单壳体潜艇比双壳体潜艇少了一层轻外壳，没有双壳体潜艇复杂的舷侧空间结构，其结构相对简单。单壳体潜艇的耐压艇体没有任何保护，在发生撞击事故和遭受反潜武器打击时，耐压艇体容易破损并导致舱室进水。单壳体潜艇储备浮力小（10%～15%），又采用大分舱结构，一旦耐压艇体破损进水，失事舱室的进水量往往比艇的储备浮力大得多。潜艇很难靠排出压载水舱中的水而获得浮力重新上浮到水面，失事潜艇容易丧失自救能力后沉入海底。

双壳体潜艇的耐压艇体由非耐压壳与耐压壳组成，艇体外侧的壳称为轻外壳，艇中段部分为耐压壳体，其余为非耐压的轻型结构。由于双壳体潜艇耐压艇体多了一个保护壳，耐压艇体在事故中遭到撞击后破损进水的概率要比单壳体潜艇低得多。双壳体潜艇储备浮力往往高达 30% 左右，其舷侧空间较大，非耐压壳与耐压壳体之间有许多的支撑加固结构，并且有较厚的水层阻隔。在被鱼雷攻击时，双壳体潜艇的耐压艇体损伤程度比单壳体潜艇小。

7.2　反舰船弹药特性分析

现代海战中，攻击水面舰船主要依靠反舰导弹和鱼雷等弹药；攻击潜艇主要依靠鱼雷等弹药。

7.2.1 反舰导弹战斗部

国外比较著名的反舰导弹有：美国的"捕鲸叉"（图 7.2.1）、"战斧"，俄罗斯的 3M-80，法国的"飞鱼"等。这些反舰导弹具有亚声速、超声速或高超声速飞行的能力，具有很高的精度和巨大的威力。反舰导弹常采用的战斗部有爆破战斗部、穿甲/半穿甲和聚能战斗部，部分反舰导弹使用的战斗部类型见表 7.2.1。反舰导弹战斗部主要用于打击主甲板以下至飞机库的舱段，具有侵彻、冲击波、破片、引燃等多种破坏效应。

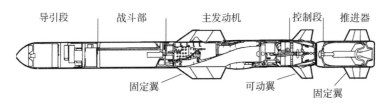

图 7.2.1 "捕鲸叉"反舰导弹示意图

表 7.2.1 反舰导弹战斗部[4]

国家	型号	战斗部类型	战斗部质量/kg
美国	捕鲸叉 RGM-84	半穿甲爆破型	295
美国	战斧	爆破型	450
俄罗斯	3M-80	半穿甲爆破型	300
法国	飞鱼	半穿甲爆破型	165
德国	鸬鹚 I	半穿甲型及爆破型	160

反舰导弹半穿甲战斗部头部的结构形状有两种[5]：尖卵形和平板形。飞鱼系列导弹战斗部、鸬鹚导弹战斗部以及战斧巡航导弹等都是尖卵形头部结构，如图 7.2.2（a）所示。该类型战斗部结构特点是弹体头部尖锐，战斗部的壳体壁较厚，向后逐渐减薄。为保证侵彻时的弹体强度，炸药前部装填惰性材料，避免侵彻时炸药早炸。尖卵形头部结构的优点是战斗部在穿甲过程中受力状态较好，缺点是稳定性差，斜撞击时容易跳弹，因此，头部必须采取防跳弹措施。捕鲸叉式反舰导弹战斗部为平板形头部结构，如图 7.2.2（b）所示。这种头部结构的优点是战斗部与目标撞击时稳定性好，具有良好的防跳弹性能；缺点是战斗部在穿甲过程中受力状态较差。

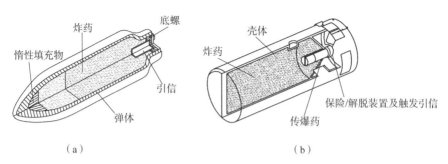

图 7.2.2 典型半穿甲战斗部结构示意图
(a) 尖卵形头部结构；(b) 平板形头部结构

7.2.2 鱼雷战斗部

鱼雷是一种具有自推进能力、在水下移动，并攻击舰船水线下船身的弹药，可利用水面舰船、潜艇发射或飞机投掷。由于鱼雷的装药量大且在水下爆炸，对舰艇的破坏力大，是一种重要的反舰艇武器。第二次世界大战中，由鱼雷与炮弹、炸弹联合作用击沉的大中型水面舰船约占35%，位居第一位。鱼雷按破坏力，可分为轻型和重型；按制导方式，可分为无导引（非自导）、自主导引和线控导引；按攻击对象，可分为反舰鱼雷和反潜鱼雷。

现代鱼雷常采用的战斗部类型为爆破型和聚能型。一般重型或超重型鱼雷采用爆破战斗部，如美国的MK46、俄罗斯的65型鱼雷、英国的Spearfish、法国的F21等。轻型鱼雷两种类型战斗部都有，如法国、意大利联合研制的MU90及美国的MK50采用聚能战斗部；美国的MK54、意大利A244/S采用爆破战斗部[6]。部分鱼雷战斗部的装药质量见表7.2.2。

表 7.2.2 部分鱼雷战斗部的装药质量[4]

国家	型号	装药质量/kg	等效 TNT 质量/kg	装药类型
美国	MK-46	—	—	PBXN-103
	MK-48	295	544	PBXN-103
	MK-54	44	108	PBXN-103
俄罗斯	Type-65	450/557	—	—
	Type-53	265~400	265~400	TNT
英国	Spearfish	300	—	PBX
法国	F21	—	—	PBX B2211
德国	DM2A4	255	460	PBX

非自导鱼雷的战斗部前端呈光滑卵形体，战斗部内腔主要装填高能炸药。为了提高鱼雷运动的稳定性，应尽量降低鱼雷的重心位置。为满足这种要求，

有些鱼雷的战斗部段内并非全部装填炸药,通过装药的不同配置方法降低鱼雷的重心。图 7.2.3 所示是一种没有自导装置的鱼雷战斗部[7],战斗部内部上方用铜板隔离出一个空腔,使战斗部重心下降,其头部纵横交错的隔板起加强作用。有些战斗部采用压舱铅调整重心,以便降低重心位置和减小鱼雷静倾。

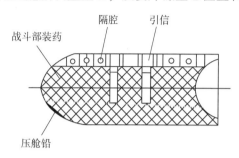

图 7.2.3　非自导鱼雷战斗部示意图

自导鱼雷的头部一般多呈平头[7],如图 7.2.4(a)所示。自导鱼雷的前部装有换能器,使用非触发引信的鱼雷,在战斗部段壳体上方安装有非触发引信的接收线圈。图 7.2.4(b)为 MK46 鱼雷战斗部示意图,内装有炸药、非触发引信感应线圈、磁铁及起爆装置。

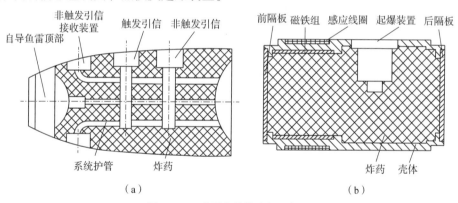

图 7.2.4　自导鱼雷战斗部示意图
(a)某型自导鱼雷战斗部;(b)MK46 鱼雷战斗部

7.3　爆破战斗部水下爆炸载荷分析

爆破战斗部在水下爆炸时,在水中形成爆炸冲击波和内部充斥着高温高压气体的气泡,并进一步产生各种派生载荷[1],如图 7.3.1 所示。

■ 目标易损性评估及应用

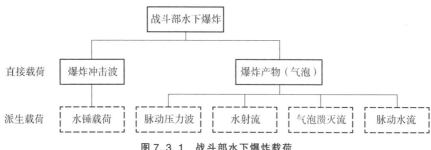

图 7.3.1　战斗部水下爆炸载荷

水下爆炸冲击波以球面波的形式传播，冲击波压力呈指数衰减。冲击波的初始传播速度大于水中声速，但随着冲击波的传播，速度逐渐下降至水中声速。由于通常情况下水域有限，水中冲击波往往要受到自由水面、水底的影响，或水面和水底的共同影响。当冲击波达到水面时反射形成稀疏波，由于水不能受拉，在稀疏波的作用下水面附近的水发生空化，这一现象被称为片空化（bulk cavitation）。当空化区域闭合时，空化区域上方的水在大气压和重力作用下下落并与下方的水碰撞，产生水锤（water hammer）载荷。试验和数值模拟得到的水下爆炸作用，典型水面附近的压力时程曲线如图 7.3.2 所示。从图中可以看出，虽然水锤载荷的压力远小于入射冲击波，但载荷对应的冲量与入射冲击波在同一数量级。

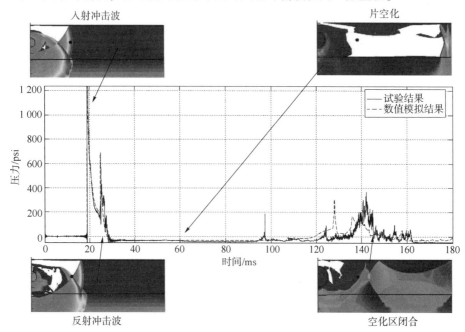

图 7.3.2　水下爆炸形成的典型载荷[8]（水面附近）

冲击波传播的同时，气泡在内部压力的作用下开始膨胀，气泡内的压力降低。由于膨胀过程中的惯性效应，当气泡达到最大半径时，静水压大于气泡内压力。因此，气泡在静水压的作用下收缩。这个脉动过程不断循环多次，直至气泡能量完全耗散，并且气泡脉动过程中会在液体中产生脉动压力波。第一次气泡脉动产生的压力峰值约为冲击波压力峰值的 10%～15%，产生的冲量则与冲击波相当。气泡脉动引起水介质的往复运动，产生的载荷被称为脉动水流或滞后流。当气泡在结构表面（船底或者潜艇外壳）附近振荡时，随着气泡体积的减小，气泡溃灭产生的高速水射流也会作用在结构表面产生载荷。

水下爆炸释放的总能量大约 53% 用于形成冲击波，47% 用于气泡的脉动。冲击波能量中，爆炸总能量的 20% 在早期传播过程中损失，而剩下的 33% 会作用于结构造成破坏。气泡脉动能量中，约 13% 的爆炸总能量在第一个气泡膨胀/收缩期间耗散，17% 作为压力脉冲在第一次气泡体积最小时损失，剩余的能量（17%）通常留在第二次脉动中。

虽然水下爆炸产生的载荷类型众多，但并非所有载荷均有成熟的工程计算模型。基于现有研究，本节仅介绍计算自由场爆炸冲击波载荷、边界反射冲击波载荷、气泡振荡载荷和气泡射流载荷的工程计算模型。

7.3.1 自由场爆炸冲击波载荷

7.3.1.1 Cole 公式

Cole[9]提出使用以下方程描述水下爆炸冲击波自由场压力随时间的衰减规律

$$p(t) = p_m \cdot e^{-\frac{t}{\theta}}, 0 \leq t \leq \theta \tag{7.3.1}$$

式中，$p(t)$ 为自由场中不同时刻的压力（MPa）；p_m 为压力峰值（MPa）；θ 为衰减系数（ms）。

与空气中爆炸类似，水下冲击波威力参数与装药量和距离的关系可以根据相似定律计算，冲击波压力峰值可表示为

$$p_m = K_1 \left(\frac{W^{1/3}}{R} \right)^{A_1} \tag{7.3.2}$$

式中，W 为炸药质量（kg）；R 为到爆心的距离（m）；K_1 和 A_1 为与炸药类型相关的参数。

衰减系数 θ 可表示为

$$\theta = K_2 W^{1/3} \left(\frac{W^{1/3}}{R} \right)^{A_2} \tag{7.3.3}$$

式中，K_2 和 A_2 为与炸药类型相关的参数。

比冲量是冲击波压力对时间的积分，即

$$i = \int_0^{t_\infty} p(t) \, dt \tag{7.3.4}$$

式中，i 为比冲量（kPa·s）；t_∞ 为积分上限。由于压力随着时间逐渐衰减，积分上限通常取为 6.7θ，比冲量可进一步写为：

$$i = K_3 W^{1/3} \left(\frac{W^{1/3}}{R} \right)^{A_3} \tag{7.3.5}$$

式中，K_3 和 A_3 为与炸药类型相关的参数。

冲击波能流密度 $e(\text{m·kPa})$ 为单位面积上冲击波携带的能量，定义为

$$e = \frac{1}{\rho c} \int_0^{t_\infty} p^2(t) \, dt \tag{7.3.6}$$

式中，ρ 和 c 分别为水的密度和水中声速。

与比冲量类似，能流密度可进一步表示为

$$e = K_4 W^{1/3} \left(\frac{W^{1/3}}{R} \right)^{A_4} \tag{7.3.7}$$

式中，K_4 和 A_4 为与炸药类型相关的参数。

由于 Cole 提出的公式形式简单，与试验结果吻合较好，一直被各国舰船抗爆研究者引用，是世界各国公认的计算冲击波参数的公式。不少学者得到了不同类型炸药对应的参数，分别见表 7.3.1 和表 7.3.2。表 7.3.1 中，$w = W^{1/3}/R$。

7.3.1.2 Zamyshlyaev 公式

当 $t > \theta$ 时，式（7.3.1）预测的结果不准确，苏联学者 Zamyshlyaev[15] 将冲击波压力衰减分为 3 个阶段：指数衰减阶段、倒数衰减前段、倒数衰减后段。装药为 TNT 时，各阶段的压力计算模型如下：

① 指数衰减阶段：

$$p(t) = p_m e^{-\frac{t}{\theta}}, \quad 0 \leq t \leq \theta \tag{7.3.8}$$

② 倒数衰减前段：

$$p(t) = 0.368 p_m \frac{\theta}{t} \left[1 - \left(\frac{t}{t_p} \right)^{1.5} \right], \quad \theta < t \leq t_1 \tag{7.3.9}$$

式中，t_p 为冲击波正压作用时间（s），可以表达为

$$t_p = \frac{r_0}{c} (850 \overline{p_h}^{0.81} - 20 \overline{p_h}^{1/3} + m) \tag{7.3.10}$$

式中，$m = 11.4 - 1.06 \bar{r}^{-0.13} + 1.51 \bar{r}^{-1.26}$，$\bar{r} = R/r_0$，$r_0$ 为装药的半径（m）；$\overline{p_h} = p_h / p_{\text{atm}}$，$p_h = p_{\text{atm}} + \rho g h$ 是爆炸中心附近的静水压（Pa），p_{atm} 是大气压（Pa），h 是爆炸中心的深度（m）。

表 7.3.1 不同类型装药的冲击波相关参数[9]

炸药类型	装药密度 /(kg·m^{-3})	p_m			θ				i				e		
		K_1	A_1	适用范围	K_2	A_2	适用范围		K_3	A_3	适用范围		K_4	A_4	适用范围
TNT	1 520	53.3	1.13	0.078<w<1.57	0.1	−0.24	—		5.88	0.89	0.078<w<0.95		83	2.05	0.078<w<0.95
PETN	1 600	64.5	1.2	0.067<w<3.3	0.1	−0.24	—		7.72	0.92	0.1<w<1		171	2.16	0.1<w<1
彭托利特①	1 600	55.5	1.13	0.082<w<1.5	0.1	−0.24	—		9.26	1.05	0.088<w<1		106	2.12	0.088<w<1

① 组分为 50/50 PETN/TNT。

目标易损性评估及应用

表 7.3.2 不同类型装药的冲击波相关参数

来源	炸药类型	装药密度 /(kg·m⁻³)	p_m K_1	A_1	K_2	θ A_2	K_3	i A_3	K_4	e A_4	适用范围
文献[10]	TNT	1 600	52.4	1.13	0.084	-0.23	5.75	0.89	84.4	2.04	$3.4<p_m<138$
	彭托利特	1 710	56.5	1.14	0.084	-0.230	5.73	0.91	92.0	2.04	$3.4<p_m<138$
	HBX-1①	1 720	56.7	1.15	0.083	-0.29	6.42	0.85	106.2	2.00	$3.4<p_m<60$
	HBX-3②	1 840	50.3	1.14	0.091	-0.218	5.33	0.90	90.9	2.02	$3.4<p_m<60$
	H-6	1 760	59.2	1.19	0.088	-0.28	6.58	0.91	115.3	2.08	$10.3<p_m<138$
文献[11]	TNT	—	52.12	1.18	0.092	-0.185	6.52	0.98	94.34	2.155	—
	PENT	—	56.21	1.194	0.086	-0.257	6.518	0.903	103.11	2.094	
	HBX-1	—	53.51	1.144	0.092	-0.247	7.263	0.856	106.8	2.039	
	核爆	—	1.06E4	1.13	3.627	-0.22	4.5E4	0.91	1.15E7	2.04	
文献[12]	HBX-1	1 720	56.7	1.15	0.083	-0.29	6.42	0.85	106.2	2.00	—
	彭托利特	1 710	56.5	1.14	0.084	-0.23	5.73	0.91	92	2.04	
文献[13]	HBX-1	1 720	56.1	1.37	0.088	-0.29	6.15	0.95	107.2	2.26	—
	HBX-3	1 840	54.3	1.18	0.091	-0.218	6.70	0.80	114.4	1.97	
	TNT	1 566	52.5	1.13	0.094	-0.18	4.91	0.95	88.3	2.07	
文献[14]	HLZY-1	1 798	49.0	1.11	0.132	-0.22	6.46	0.91	109.5	2.02	—
	HLZY-3	1 796	56.2	1.17	0.11	-0.22	5.90	0.91	113.7	2.08	
	RS211	1 638	59.6	1.17	0.101	-0.23	5.99	0.93	122.6	2.09	
	RDX	1 650	60.468	1.099	0.044	-0.722	6.455	1.085	128.249	2.116	

① 组分为 40/38/17/5 RDX/TNT/A1/D-2 Wax。
② 组分为 45/30/20/5 RDX/TNT/A1/D-2 Wax。

式 (7.3.9) 中，t_1 可通过式 (7.3.11) 求出

$$\frac{\bar{t}_1}{(\bar{t}_1+5.2-m)^{0.87}}=4.9\times10^{-13}p_m\bar{r}\theta\frac{c}{r_0} \tag{7.3.11}$$

式中，$\bar{t}_1=ct_1/r_0$。

指数衰减阶段和倒数衰减前段，p_m 和 θ 通过下述方程求解：

$$p_m=\begin{cases}44.1\times\left(\dfrac{W^{1/3}}{R}\right)^{1/5}, & 6\leqslant\bar{r}<12 \\ 52.4\times\left(\dfrac{W^{1/3}}{R}\right)^{1/3}, & 12\leqslant\bar{r}<240\end{cases} \tag{7.3.12}$$

$$\theta=\begin{cases}0.45r_0\cdot\bar{r}^{0.45}, & \bar{r}<30 \\ 3500\cdot\dfrac{r_0}{c}\sqrt{\lg\bar{r}-0.9} & \bar{r}\geqslant30\end{cases} \tag{7.3.13}$$

③倒数衰减后段：

$$p(t)=p^*\left[1-\left(\frac{t}{t_p}\right)^{1.5}\right], t_1<t<t_p \tag{7.3.14}$$

$$p^*=\frac{717.3r_0}{\bar{r}(\bar{t}+5.2-m)^{0.87}} \tag{7.3.15}$$

$$\bar{t}=\frac{c}{r_0}t \tag{7.3.16}$$

7.3.1.3　Geer 及 Hunter 公式

Geer 和 Hunter[16]提出使用双指数形式的函数描述冲击波压力随时间的变化，当炸药为 TNT 时，冲击波压力随时间的变化规律为

$$p(t)=p_m(0.8251e^{-1.338\frac{t}{\theta}}+0.1749e^{-0.1805\frac{t}{\theta}}), \quad 0\leqslant t\leqslant7\theta \tag{7.3.17}$$

图 7.3.3 为式 (7.3.1)（单指数衰减形式）和式 (7.3.17)（双指数衰减形式）的计算结果与试验结果的对比。由图可知，双指数衰减形式的函数在 $0\leqslant t\leqslant7\theta$ 范围内均能较好地描述冲击波压力随时间的衰减。

7.3.1.4　Henrych 公式

Henrych[17]给出的计算 TNT 球形装药水中爆炸形成冲击波超压的计算公式为

$$\begin{cases}\Delta p_m=\dfrac{34.8}{\bar{R}}+\dfrac{11.3}{\bar{R}^2}-\dfrac{0.24}{\bar{R}^3}, & 0.05\leqslant\bar{R}\leqslant10 \\ \Delta p_m=\dfrac{28.8}{\bar{R}}+\dfrac{135.9}{\bar{R}^2}-\dfrac{174.7}{\bar{R}^3}, & 10<\bar{R}\leqslant50\end{cases} \tag{7.3.18}$$

式中，Δp_m 为冲击波超压峰值（MPa）；$\bar{R}=R/W^{1/3}$。

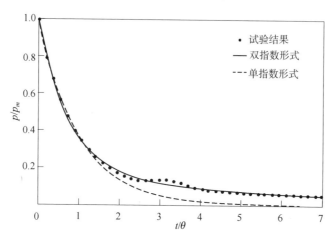

图 7.3.3　Geer 模型与 Cole 模型和试验结果的对比

7.3.2　界面对冲击波载荷的影响

上一节介绍了计算自由场中爆炸冲击载荷的方法，实际情况中，冲击波载荷会受到自由水面和水底等界面的影响。通常以炸点的相对沉深 $\bar{H}$（装药沉没深度 H 与装药半径 r_0 之比）和水介质的相对深度 $\bar{d}$（水深 d 与装药半径 r_0 之比）作为衡量界面影响和水中爆炸分类的标准[18]。当 $\bar{H} \geqslant 5 \sim 10$、$\bar{d} \geqslant 10 \sim 20$ 时，为深水中爆炸，可视为无限水介质中爆炸；当 $\bar{d} < 10$ 时，为浅层水中爆炸，自由水面和水底均会对水中冲击波的传播产生影响；当 $\bar{H} < 5$ 时，不管水介质的深浅，均为浅水爆炸或近自由水面爆炸，而当装药距水底距离小于装药半径或置于水底表面爆炸时，称为水底裸露爆炸。

7.3.2.1　水面的影响

深水爆炸时，冲击波的能量没有溢出水面，冲击波在自由水面的反射一般为线性反射，此时自由液面反射的稀疏波未追上入射波，冲击波的峰值没有受到影响，而冲量受到影响，可采用镜像法计算水面对冲击波压力的影响；反之，若有部分冲击波能量溢出水面，则为浅水爆炸，此时自由水面反射产生的稀疏波会卷入入射波，冲击波的特性受到影响，情况较复杂，本书不再详细阐述。

线性反射时，直达波遇到反射稀疏波后，水面附近的压力变化出现"截断"（cutoff）现象。反射稀疏波可视作装药关于水面的镜像位置发出，如图 7.3.4 所示，截断时间 t_0 可近似写为

7.3.3 气泡振荡阶段

7.3.3.1 气泡变化

气泡最大半径可表示为：

$$R_{\max} = K_5 \left(\frac{W}{H+9.8}\right)^{1/3} \quad (7.3.27)$$

式中，$R_{\max}$ 为气泡最大半径（m）；K_5 为与炸药类型相关的参数；H 为炸点距自由液面的距离。

气泡第一次脉动周期可表示为：

$$T_{b1} = K_6 \frac{W^{1/3}}{(H+9.8)^{5/6}} \quad (7.3.28)$$

式中，T_{b1} 为气泡第一次脉动周期（s）；K_6 为与炸药类型相关的参数。不同炸药类型对应的气泡相关参数见表 7.3.4。

表 7.3.4 不同炸药类型对应的气泡相关参数

数据来源	炸药类型	装药密度/(kg·m⁻³)	K_5	K_6
文献 [10]	TNT	1 600	3.50	2.11
	彭托利特	1 710	4.09	2.52
	RDX	1 820	4.27	2.63
	HBX-3	1 840	4.27	2.63
	H-6	1 760	4.09	2.52
文献 [11]	TNT	—	3.383	2.064
	PENT	—	3.439	2.098
文献 [12]	HBX-1	1 720	3.95	2.41
	彭托利特	1 710	3.52	2.11
文献 [14]	彭托利特	1 680	3.383	2.064
	RDX	1 650	3.046	2.079
	HBX-1	—	3.775	2.302

7.3.3.2 气泡振荡载荷

Zamyshlyaev[19] 计算气泡振荡阶段的压力变化时，分为两个阶段：气泡膨胀收缩段和脉动压力段，各阶段的压力变化如下。

气泡膨胀收缩阶段：

$$p(t) = \frac{1}{\bar{r}}\left(\frac{0.0686\bar{p}_h^{0.96}}{\xi} + 0.5978\bar{p}_h^{0.62}\frac{1-\xi^2}{\xi^{0.92}} - 3.01\bar{p}_h^{0.65}\xi^{0.36}\right) - \frac{1.73\times 10^4}{\bar{r}\,\bar{p}_h^{0.43}}(1-\xi^2)\xi^{0.1}, \quad t_p < t \leq T_{b1} - t_2$$

(7.3.29)

$$\xi = \sin\left(\frac{\pi \bar{t}}{2\bar{t}_m}\right) \tag{7.3.30}$$

$$\bar{t}_m = \frac{4\,350}{\bar{p}_0^{0.83}} - \frac{30.7}{\bar{p}_0^{0.35}} + m \tag{7.3.31}$$

$$t_2 = 3\,290\,\frac{r_0}{p_0^{0.71}} \tag{7.3.32}$$

其中变量含义同 7.3.1 节。

脉动压力阶段：

$$p(t) = p_{m1}\mathrm{e}^{-(t-T)^2/\theta_1^2}, \quad T_{b1} - t_2 < t \leq T_{b1} + t_2 \tag{7.3.33}$$

式中，

$$p_{m1} = \frac{39 + 24p_0}{\bar{r}_{bc}} \tag{7.3.34}$$

$$\theta_1 = 2.07\times 10^4\,\frac{r_0}{p_0^{0.41}} \tag{7.3.35}$$

$$\bar{r}_{bc} = \frac{r_{bc}}{r_0} \tag{7.3.36}$$

$$r_{bc} = \sqrt{R^2 + \Delta H^2 - 2R\Delta H\sin\phi} \tag{7.3.37}$$

$$\Delta H = 13.2\,\frac{W^{11/24}}{(10.3 + H)^{5/6}} \tag{7.3.38}$$

式中，p_{m1} 为二次脉动的压力峰值（Pa）；θ_1 为二次脉动压力衰减常数（s）；r_{bc} 是测点距气泡中心的距离（m）；ϕ 为爆心和观测点之间连线与水平线的夹角；ΔH 为气泡上浮量。

7.3.4 气泡射流载荷

实际情况中，气泡射流形状并不规则，为建立计算气泡射流载荷的模型，通常将气泡射流简化为与其截面积相同，长度为 l_j、直径为 d_j 的圆柱形水射流，如图 7.3.5 中的虚线框中所示。

对于 TNT 炸药，计算气泡射流载荷的方法如下[20,21]。

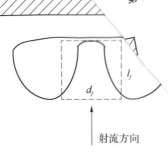

图 7.3.5 简化气泡射流的方法

(1) 水射流直径

水射流直径可取气泡直径的 1/10,由式(7.3.36)可得

$$d_j = \frac{2R_{\max}}{10} = 0.7\left(\frac{W}{H+9.8}\right)^{1/3} \tag{7.3.39}$$

式中,d_j 为水射流直径(m)。

(2) 水射流速度

水射流速度为

$$v_j = 8.6\sqrt{(\Delta p + \rho_w v_B^2/2)/\rho_w} \tag{7.3.40}$$

式中,v_j 为水射流速度(m/s);Δp 为气泡内外环境压差(Pa);ρ_w 为水的密度(kg/m³);v_B 为气泡迁移速度(m/s);$\rho_w v_B^2/2$ 为气泡排水迁移动压。

(3) 气泡溃灭时间

气泡溃灭时间是水射流形成、演变、施压到消失的时间,大于水射流对壁板施加作用的时间。不考虑重力,自由场情况下气泡溃灭时间为:

$$\tau_1 = 0.915 R_{\max}\sqrt{\frac{\rho_w}{\Delta p}} \tag{7.3.41}$$

有固体边界条件下,气泡溃灭时间为:

$$\tau_2 = 0.915\left(1+0.41\frac{R_{\max}}{2L}\right)R_{\max}\sqrt{\frac{\rho_w}{\Delta p}} \tag{7.3.42}$$

式中,L 为初始气泡中心到固壁的距离。

水射流作用到固壁上的时间与气泡到达最小体积时的时间差为:

$$\Delta T_j = \Delta \tau_j \cdot \tau_1 \tag{7.3.43}$$

式中,$\Delta \tau_j$ 为比例系数。文献[22]试验得到的 $\Delta \tau_j$ 与 $L/R_{\max}$ 的关系如图 7.3.6 所示,二者呈非单调关系。$L/R_{\max}=0.6\sim0.7$ 时,$\Delta \tau_j$ 获得最大值;$L/R_{\max}=1$

当 $\Delta\tau_j = 0$；$L/R_{max} > 1.2$ 时，$\Delta\tau_j < 0$。

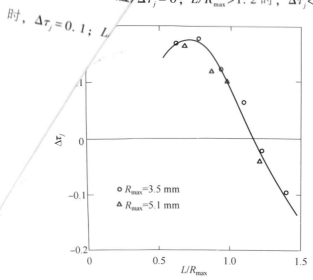

图 7.3.6 $\Delta\tau_j$ 与 L/R_{max} 的关系

(4) 气泡射流压力及时间

当水射流作用于结构时，产生持续时间非常短暂的水锤冲击压力，紧随其后的是由驻压产生的压力波动。

水锤压力：

$$p_{wh} \approx \rho_w c_w v_j \qquad (7.3.44)$$

式中，c_w 为水中声速。

水锤压力持续时间为：

$$t_{wh} = \frac{d_j}{2c_w} \qquad (7.3.45)$$

虽然水锤压力很高，但 t_{wh} 大体上为几十至一百多微秒，因此不是造成结构损伤的主要载荷。

紧随水锤压力之后的驻压为：

$$p_s = \rho_w v_j^2/2 \qquad (7.3.46)$$

事实上，p_{wh} 可理解为高速运动的水流突然遇到固壁时所形成的一个持续时间短暂的压力脉冲，而 p_s 则是随后水柱冲击固壁的流体动压力。

驻压 p_s 的作用时间 t_s 为射流水柱的长度除以速度，则：

$$t_s = \frac{l_j}{v_j} = \frac{4m_j}{\rho_w \pi d_j^2 v_j} = \frac{158.9 \times 4}{66.7^{3/2} \times 4.85 \times 0.35^2 \times \pi} \cdot \frac{W^{1/3}}{(H+9.8)^{5/6}} \approx 0.3 T_{b1}$$

$$(7.3.47)$$

水射流作用区域为圆形，压力沿径向的分布规律为：
$$p_r = p_j \cdot e^{-122(\hat{s}/R_s)^2}, 0 \leq r_{\hat{s}} \leq R_s \tag{7.3.48}$$
式中，r_s 为距水射流中心的径向距离；R_s 为水射流前端触及壳板的半径，可认为等于水射流半径。可见，壁板中心受到最大压力，边缘压力较小。

结合试验数据，简化的水射流载荷曲线如图 7.3.7 所示。

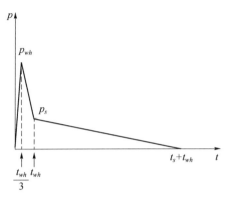

图 7.3.7 简化的水射流载荷曲线

7.4 舱室内爆炸载荷分析

按照结构的约束程度，舱室内爆炸可分为 3 类：完全泄出、部分泄出和完全密闭，如图 7.4.1 所示。

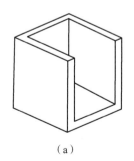　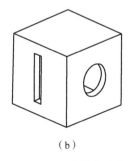　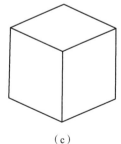

（a）　　　　　　　　（b）　　　　　　　　（c）

图 7.4.1 内爆的分类

（a）完全泄出；（b）部分泄出；（c）完全密闭

图 7.4.2 所示为部分泄出结构壁面处测得的内爆压力-时间曲线。与外部爆炸不同,装药在结构内爆炸时,作用在舱室结构的载荷有两类,即冲击波压力和爆轰产物膨胀产生的准静态气体压力,两类载荷对结构的破坏作用主要体现为:前者在密闭空间内部不断反射并在角隅处叠加,使结构发生塑性大变形及撕裂,对于总体结构来说,属于结构损伤和局部性破坏;后者在结构损伤和局部性破坏基础上,使结构解体和整体破坏[1]。

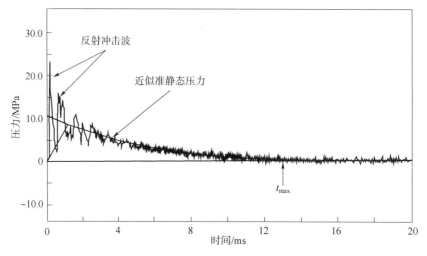

图 7.4.2 壁面处测得的内爆压力-时间曲线(部分泄出结构)

7.4.1 反射冲击波压力

Baker[23]建立了内爆反射冲击波压力的简化模型,模型的假设如下:

①将入射波冲击波在壁面处的反射视为规则反射。

②只考虑前 3 次反射冲击波,并且第 2 次反射冲击波的超压峰值和冲量为第 1 次反射冲击波的一半,第 3 次的超压峰值和冲量为第 2 次的一半。

③冲击波压力波形简化为具有突跃前沿的三角形,各反射冲击波的压力持续时间均为 $T_r = 2i_r/p_r$,其中 i_r 和 p_r 为第 1 次反射冲击波的比冲量和超压峰值。

④各反射冲击波的到达时间间隔均为 $t_s = 2t_a$,t_a 为第一次反射冲击波到达时间。

根据上述假设,简化后的舱室内任一点反射冲击波压力如图 7.4.3 所示,图中 p_{ri} 为第 i 次反射波压力峰值。

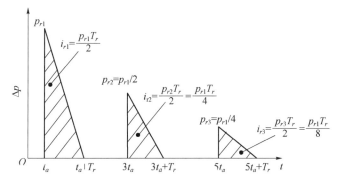

图 7.4.3　简化后的反射冲击波压力

反射冲击波压力和比冲量表示为

$$\begin{cases} p_{r2} = p_{r1}/2 \\ i_{r2} = i_{r1}/2 \\ p_{r3} = p_{r1}/4 \\ i_{r3} = i_{r1}/4 \\ p_{r4} = 0 \\ i_{r4} = 0 \end{cases} \quad (7.4.1)$$

7.4.2　准静态压力及比冲量

7.4.2.1　Baker 模型

Baker[23]使用如图 7.4.4 所示的实线表征内爆准静态压力，分为线性上升阶段和指数衰减阶段。取图中时刻 t_1 为冲击波反射阶段的终点，由 7.4.1 节可知

$$t_1 = 5t_a + T_r \quad (7.4.2)$$

指数衰减阶段压力可表示为

$$p(t) = (p_{qs} + p_0)\mathrm{e}^{-ct} \quad (7.4.3)$$

式中，p_{qs} 为准静态压力峰值（Pa）；p_0 为环境压力（Pa）；c 为指数衰减系数；t 为时间（s）。

当舱内压力下降至环境压力时，$t = t_{\max}$，即准静态压力持续时间。定义图 7.4.4 中的阴影面积为气体的比冲量，其可表示为：

$$i_g = \int_0^{t_{\max}} [p(t) - p_0]\mathrm{d}t = \frac{p_{qs} + p_0}{c}(1 - \mathrm{e}^{-ct_{\max}}) - p_0 t_{\max} \quad (7.4.4)$$

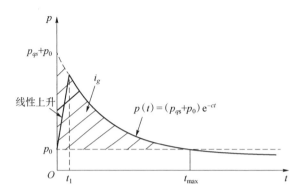

图 7.4.4　准静态压力随时间的变化（Baker 模型）

需要说明的是，由于 t_1 始终大于零，因此 i_g 始终大于实际气体比冲量（图 7.4.4 中实线和直线 $p=p_0$ 围成的面积），但二者相差较小，因此可采用 i_g 近似代替实际气体比冲量[23]。

准静态压力峰值与装药量及结构容积相关，而持续时间与结构的容积、泄压面积及爆炸能量的释放特性等因素相关，Anderson 等[24]基于量纲分析和试验结果，给出了计算 p_{qs}、t_{max} 和 i_g 的经验公式。

舱室内部准静态压力峰值 p_{qs} 为

$$p_{qs} = \begin{cases} 1.336 p_0 \left(\dfrac{E}{p_0 V}\right)^{0.6717} - p_0, & \dfrac{E}{p_0 V} \leqslant 350 \\ 0.1388 p_0 \dfrac{E}{p_0 V} - p_0, & \dfrac{E}{p_0 V} > 700 \end{cases} \quad (7.4.5)$$

式中，E 为炸药释放的总能量（J），可通过炸药质量乘以炸药的爆热得到；V 为结构的容积（m³）。

准静态压力持续时间 t_{max} 为

$$t_{max} = 0.4284 \frac{V}{c_0 \alpha_e A_s} \left(\frac{p_{qs}+p_0}{p_0}\right)^{0.3638} \quad (7.4.6)$$

式中，c_0 为空气中的声速（m/s）；A_s 为结构的内表面积（m²）；α_e 为有效泄爆面积比，对于单层结构，有

$$\alpha_e = \frac{A_v}{A_s} \quad (7.4.7)$$

式中，A_v 为泄爆孔面积（m²）。

对于多层结构

$$\frac{1}{\alpha_e} = \sum_{i=1}^{N} \frac{1}{\alpha_i} \quad (7.4.8)$$

式中，α_i 为第 i 层结构的有效泄爆面积比。

指数衰减系数 c 为

$$c = \frac{1}{t_{\max}} \ln\left(\frac{p_{qs}+p_0}{p_0}\right) \qquad (7.4.9)$$

比冲量为

$$i_g = \left\{\frac{p_{qs}}{\ln[(p_{qs}+p_0)/p_0]} - p_0\right\} t_{\max} \qquad (7.4.10)$$

上述公式的适用范围为

$$0 \leqslant \frac{a_e A_s}{V^{2/3}} \leqslant 0.3246 \qquad (7.4.11)$$

7.4.2.2 MOTISS 模型

美国舰船易损性计算软件 MOTISS[25] 中采用下述公式计算内爆时舱室内壁承受的冲击波比冲量和准静态比冲量。冲击波比冲量为

$$i_{\text{shock}} = \frac{0.1465 R_{nd}^{-1.0976} p_0^{2/3} (E_w W)^{1/3}}{c_0} \qquad (7.4.12)$$

式中，E_w 为单位质量 TNT 爆炸释放的能量（J/kg）；W 为装药的 TNT 当量质量（kg）；R_{nd} 为量纲为 1 的炸高，其表达式为

$$R_{nd} = \frac{R p_0^{1/3}}{(E_w W)^{1/3}} \qquad (7.4.13)$$

式中，R 为炸点距舱室内壁距离（m）。

准静态阶段比冲量为

$$i_{\text{quasi}} = 3050 W^{1/3} \left(\frac{W}{V}\right)^{0.185} \left(\frac{A_v}{V^{2/3}}\right)^{-0.8} e^{-0.588\left(\frac{A_v}{V^{2/3}}\right)} \qquad (7.4.14)$$

7.5 舰船目标毁伤级别及毁伤模式

7.5.1 舰船目标毁伤级别

美国将水面舰船的毁伤分为三个级别[26]：

M 级毁伤——运动级毁伤，舰船不能继续航行，或所有发动机停止工作。

F 级毁伤——武器系统毁伤，舰船武器不能正常工作。

SW 毁伤——舰船关键部件出现结构毁伤，所有舱段出现不可控的进水，并在 20 min 内浸没并失控，舰船在 1 h 内沉没。

对于潜艇，仅存在一个毁伤级别，即 SW 级毁伤，对应情况为潜艇壳体破裂，内部进水。

7.5.2 水面舰船的毁伤模式

7.5.2.1 水下爆炸作用

水中爆炸对水面舰船的破坏程度取决于装药质量、炸点相对舰船的距离和方位，根据作用在舰船上的毁伤载荷特性及威力场结构，水下爆炸场可分为接触爆炸和非接触爆炸，其中非接触爆炸又可分为近场爆炸和中远场爆炸[27]。

接触爆炸是指装药爆炸时与舰船直接接触，此时作用在舰船上的载荷主要为冲击波载荷和爆轰产物。两者的联合作用使船体壳板遭到严重破坏，形成大穿孔，同时，爆炸区域机械设备及人员也会遭受毁伤；靠近炸点的舱壁也因为直接受到冲击波的影响而破裂，或者因为船体的变形而导致舱壁变形；舰船其他区域没有破损或只有轻微破损。水下接触爆炸不仅会使舰船产生严重的局部破损，还会造成舰船的结构变形、构件撕裂及技术装备损伤。由于爆炸引起的强烈振动，会使非爆炸区的电器设备短路起火、弹药和可燃气体产生爆炸等。

近场爆炸是指炸药在舰船附近（爆距在气泡最大半径左右）爆炸，此时作用在舰船上的载荷主要为冲击波载荷和气泡射流载荷。以炸点位于船舯正下方为例，近场爆炸对舰船的毁伤过程如图 7.5.1 所示。装药爆炸后，冲击波首先以球面波的形式作用在船底，使船底产生局部变形甚至破口。随后气泡不断膨胀，在气泡膨胀的作用下，舰船中拱出现整体变形。船体的局部破坏与整体的中拱变形相互影响，一方面，局部破口会降低船体梁的中剖面惯性矩，从而影响到船体梁的总体强度；另一方面，整体中拱变形反过来也会加剧船舯底部局部裂纹的扩展。受舰船边界结构和自由水面边界的影响，气泡外形不再是球形。气泡收缩过程中，船体停止中拱变形，由于船舯部的水被气泡排开，无法为船体的船舯处提供足够浮力，在自身重量的作用下，船体产生总体的中垂破坏。同时，气泡收缩过程中会失稳形成高速水射流，产生非常高的局部压力，直接对舰体产生冲击作用，使船体再次出现中拱变形，大大增强爆炸气泡对舰体的破坏作用。

中远场爆炸时，作用在舰船上的载荷主要为冲击波载荷、气泡脉动载荷和气泡脉动形成的滞后流载荷，中远场爆炸时水锤载荷的作用也不能忽略。若冲击波或气泡脉动的频率与船体大梁的自然振荡频率相匹配，那么船体大梁内产

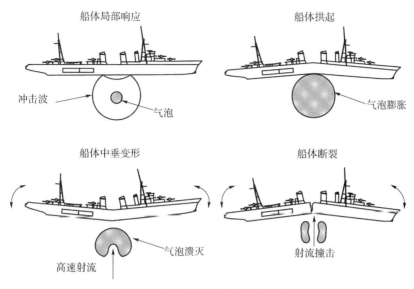

图 7.5.1 水下近场爆炸对舰船的毁伤过程

生的弯矩会引起舰船出现总体鞭状震荡（whipping）响应，可能导致整船的一个截面或几个截面上形成塑性铰，纵桁被拉压至屈服或失稳，舷侧出现自上而下的皱褶。同时，舰船在爆炸作用下产生剧烈的冲击运动，随后是升沉和纵摇运动，同时伴随着砰击。这些运动通过船体结构传递到舰船内的各种机械装置、设备、仪器等，造成这些设备的冲击损伤。

对于船体结构来说，水下接触爆炸往往导致船体结构局部破损进水，但一般不会导致中大型水面舰艇沉没，而距离舰船合适距离（爆距在一倍气泡最大半径附近）的水下非接触爆炸，当引起的局部损伤与总体损伤相互耦合时，则有可能出现一枚鱼雷炸断一艘中大型水面舰艇的情况[20]。

7.5.2.2　侵爆作用

侵爆战斗部对舰船的毁伤机理主要是侵彻舷侧外板并进入舰船舱室内爆炸。穿甲过程中，战斗部可使穿孔附近区域的装甲板产生大量裂纹，在甲板内侧产生大量的层裂破片，造成二次毁伤效果，损伤内部设备及杀伤人员。内爆作用下，冲击波的作用会使舱室的板架结构变形，甚至沿角隅部位发生撕裂失效，而战斗部和破片形成的穿孔削弱舱室壁板结构的整体强度，进一步加剧破坏作用。侵爆产生的毁伤可能扩展到水线以下，使舱舱大量进水，再加上海浪的冲击使部分舰体解体。

7.5.3 水下爆炸作用下潜艇的毁伤模式

潜艇在遭受水下爆炸攻击时，耐压壳体结构在水下爆炸冲击载荷作用下产生总体、局部塑形大变形，导致失去对静水压力的承载能力，甚至破口导致潜艇倾覆、沉没。非耐压壳体结构的总体、局部弹塑性变形和破损可导致压载水舱进水而无法上浮，以致潜艇丧失生命力。冲击波及气泡载荷联合作用下，圆柱壳结构损伤主要分为塑性损伤和动力屈曲两种形式，不同结构的损伤特性如下[28]：

①横向强力构件（横舱壁、实肋板、肋骨）在冲击波及气泡联合作用下产生直接动塑性损伤而失去承载能力。

②在冲击波及气泡联合作用下，耐压壳体产生大面积塑性凹陷损伤，甚至产生撕裂破口。

③横向强力构件在冲击波作用下已经产生初始损伤，降低了临界压力后，由于静水压力作用而产生动力或静力屈曲。

④冲击波作用下，壳体结构产生总纵弯曲运动，在受压一侧产生失稳损伤，丧失总纵强度。由于冲击波以球面波的形式传播，作用在结构上的载荷时空分布不均匀，在壳体结构上产生冲击动弯矩。冲击波过后，由于附加惯性力的作用，结构产生刚体运动和总纵弯曲的自由振动，受压一侧可能产生壳板的纵向失稳损伤，丧失总纵强度。

⑤横向强力构件在前期冲击波作用下产生初始损伤，降低了临界压力后，由于气泡脉动载荷和静水压力的联合作用而产生动力屈曲。当潜艇在深水时，尤其是接近极限水深工作时，一旦遭遇水下爆炸，将十分危险。一方面，冲击波阶段对肋骨产生初始损伤，降低其临界应力；另一方面，低频的气泡脉动载荷将与静水压力叠加在一起，相当于潜艇继续增加了工作水深，同时，由于动载荷的放大效应，潜艇结构容易产生环向的失稳损伤，丧失承载能力。

⑥气泡脉动作用下，壳体结构产生总纵弯曲运动，受压一侧产生失稳损伤，丧失总纵强度。已有研究结果表明，气泡脉动频率与结构固有频率相近时，将诱发结构的鞭状运动，这种总体的强迫振动响应在壳体内部产生巨大的弯曲正应力。然而，通常潜艇的极限弯矩远大于爆炸载荷诱导的鞭状运动所能产生的最大弯矩，从材料强度的角度看，鞭状运动并不能对结构产生明显的损伤。但鞭状运动引起的壳体弯曲正应力则可能与静水压力叠加在一起，超过结构的临界应力，使耐压壳体结构发生完全的屈曲破坏，这种形式的破坏将直接导致耐压壳体结构的垮塌。

通常情况下，气泡脉动诱导的鞭状运动效应要明显比冲击波载荷下的总纵弯曲严重。

7.6 舰船构件的毁伤

水面舰船是由甲板、舱壁、舷侧外板和双层底等形成的空间板架，肋板、舷侧肋骨和甲板横梁等形成的横向框架，以及底部、舷侧和甲板纵桁形成的纵向框架构成的复杂空间板架结构，而加筋平板结构因其质量小、强度高而成为舰船结构的主要设计形式。本节主要介绍冲击波载荷和侵爆弹侵彻作用下金属板架的毁伤判据，对于战斗部破片对金属板架结构的侵彻，已在本书第 6 章详细介绍，此处不再赘述。

7.6.1 空气中爆炸冲击波作用下金属板架的损伤

金属平板在爆炸冲击波作用下的损伤模式与冲击波强度及分布特性有关。根据炸药与平板的相对位置，作用在平板的冲击波载荷可视为局部载荷或均布载荷。不同情况时金属平板的损伤模式见表 7.6.1[29]。

表 7.6.1 金属平板在冲击载荷作用下的损伤模式

损伤模式	子模式	具体描述	均布载荷	局部载荷
模式 I	—	非弹性大变形	是	是
	I a	非弹性大变形（支座处部分颈缩）	是	—
	模式 I b	非弹性大变形（支座处完全颈缩）	是	—
	模式 I c	非弹性大变形，受载区有颈缩环，但未开裂	—	是
模式 II	—	支座处拉伸破坏	是	—
	II*	支座处部分拉伸破坏，板中心挠度随冲量增加而增大	是	是
	II*c	板中心区域部分撕裂	—	是
	II a	支座处全部拉伸破坏，板中心挠度随冲量增加而增大	是	—
	II b	支座处全部拉伸破坏，板中心挠度随冲量增加而减小	是	—
	II c	中央区域完全撕裂	—	是
模式 III	—	支座处剪切破坏	是	—
花瓣形破口	—	平板中心撕裂，形成的花瓣状金属片从爆炸点向外翻卷	—	是

对于舰船中常使用的加强筋板架结构，加筋的存在影响了结构的整体抗弯刚度，也改变了结构局部抗破损能力。加筋板的失效模式不仅与冲量大小、加载方式及支承条件有关，而且与加筋的数量、刚度及布置方式密切相关。均布加载时，加筋板存在类似于平板的失效模式。局部加载时，加筋板的变形和失效与平板差异较大。随着冲量的增加，加筋板的失效依次表现为：局部鼓包(并受加筋的限制)，板格在加筋侧面处发生颈缩，板格在加筋侧面处部分撕裂，板格沿加筋侧面完全撕裂形成花瓣形破口，加筋撕裂。

7.6.1.1　冲击载荷作用下板架的变形

由文献[29, 30]的研究可知，板架未开裂前，其中心变形和承受冲量的关系可由以下公式计算。

对于圆形平板

$$\left(\frac{\delta}{t}\right)_c = 0.425\phi_c + 0.277 \quad (7.6.1)$$

对于矩形平板

$$\left(\frac{\delta}{t}\right)_q = 0.471\phi_q + 0.001 \quad (7.6.2)$$

对于矩形加筋板

$$\left(\frac{\delta}{t_e}\right)_{qs} = 0.73\phi_{qs} - 4.0 \quad (7.6.3)$$

式中，δ 为板架中心变形；t 为平板板厚；t_e 为矩形加筋板等效板厚，其表达式为

$$t_e = t + \frac{V_s}{B \cdot L} \quad (7.6.4)$$

式中，V_s 为加强筋体积；B、L 分别为矩形加筋板的宽和长。

式(7.6.1)~式(7.6.3)中，ϕ_c、ϕ_q、φ_{qs} 分别为圆形平板、矩形平板和矩形加筋板的量纲为1的冲击系数，表达式分别为：

$$\phi_c = \frac{I[1+\ln(R/R_0)]}{\pi R t^2 (\rho\sigma_s)^{1/2}} \quad (7.6.5)$$

$$\phi_q = \frac{I}{2t^2(BL\rho\sigma_s)^{1/2}} \quad (7.6.6)$$

$$\phi_{qs} = \frac{I}{2t_e^2(\rho\sigma_s)^{1/2}} \quad (7.6.7)$$

式中，I 为板架承受的冲量；R 为圆形平板的半径；R_0 为圆形平板冲量作用区域的半径；ρ 为板架材料密度；σ_s 为板架材料的静态屈服强度。

7.6.1.2 板架破坏的临界冲量计算

文献［25］给出了一种计算使板架破坏的临界冲量的方法。当板架的中心挠度达到临界值 W_u 时,板架边界撕裂并破坏,此时板架承受的临界冲量 I_c 可以表示为

$$I_c = \frac{W_u}{W_{CF}} \sqrt{\frac{M_e R_u}{t_s}} \qquad (7.6.8)$$

式中,W_{CF} 为变形修正因子;t_s 为考虑加强筋后板架的等效厚度;M_e 为板架的单位面积等效质量;R_u 为板架的单位面积极限抗力。各个参数的表达式分别如下。

变形修正因子

$$W_{CF} = \left[R_{nd}^2 P_{SP} \left(\frac{a}{b}\right)^2 \right]^{-0.1} \qquad (7.6.9)$$

式中,R_{nd} 为量纲为 1 的炸距,具体表达式见式(7.4.13);a 和 b 分别为板架的长、短边;P_{SP} 为量纲为 1 的参数:

$$P_{SP} = \frac{b}{t_s} \left(\frac{\sigma_y}{E}\right)^{1/2} \qquad (7.6.10)$$

式中,σ_y 和 E 分别为板架材料的屈服强度和弹性模量。

t_s 的计算方法如下

$$t_s = \frac{12 I_x}{b^3} \qquad (7.6.11)$$

式中,I_x 为板架沿长边弯曲时的等效惯性矩。

板架的单位面积等效质量为

$$M_e = K_{LM} t_s \rho \qquad (7.6.12)$$

式中,K_{LM} 为载荷质量系数(此处等于1);ρ 为板架材料的密度。

板架的单位面积极限抗力为

$$R_U = \frac{10 M_B}{z^2} \qquad (7.6.13)$$

式中,z 为塑性铰线位置,其表达式为

$$z = \frac{b}{2} \left[\sqrt{3 + \left(\frac{b}{a}\right)^2} - \left(\frac{b}{a}\right) \right] \qquad (7.6.14)$$

M_B 为板架短边的极限弯矩承载力,其表达式为

$$M_B = \frac{F_{DS} Z_B}{B_B} \qquad (7.6.15)$$

式中，F_{DS} 为板架动态设计强度；Z_B 为板架短边的塑性截面模量；B_B 为沿短边方向加强筋的间距。

板架动态设计强度的表达式为

$$F_{DS} = K_E F_{DI} [\sigma_y + E_H(\sigma_u - \sigma_y)] \qquad (7.6.16)$$

式中，K_E 为材料静态强度增强系数（船用钢取 1）；F_{DI} 为材料动态强度增强系数（船用钢取 1）；E_H 为应变硬化参数（船用钢取 0）；σ_y 为板架材料的抗拉屈服强度；σ_u 为板架材料的极限抗拉强度。

板架的临界中心挠度值 W_u 与其所允许的支座最大转角 θ_{max} 有关（通常取 $4°$[31]）。当 $z<b/2$ 时，有

$$W_u = \frac{b}{2} \tan \theta_{max} \qquad (7.6.17)$$

当 $z \geq b/2$ 时，有

$$W_u = z\tan \theta_{max} + \left(\frac{a}{2} - z\right) \tan\left\{\theta_{max} - \arctan\left[\tan \theta_{max} \Big/ \left(\frac{2z}{b}\right)\right]\right\} \qquad (7.6.18)$$

7.6.2 水中冲击波作用下金属板的响应

总体来说，水中爆炸引起的金属平板的失效模式与空气中爆炸基本一致。

7.6.2.1 接触爆炸作用下板架破口尺寸计算

水下接触爆炸作用下，舰船板架破口尺寸与炸点位置、战斗部类型、装药质量及板架的结构形式、尺寸、材料等多种因素有关。因此，通过理论方法计算板架结构在水下接触爆炸下的破口尺寸比较困难，常常利用经验公式估算。

① 吉田隆根据第二次世界大战中舰船破损资料及试验结果，给出了船体板架在水下接触爆炸下的破口半径经验公式为

$$R_d = 6.4aW^{0.38}/t \qquad (7.6.19)$$

式中，R_d 为破口半径（m）；t 为板厚（mm）；a 为结构特征系数，有加强结构的平板取 $a=0.62$，而平板取 1；W 为炸药质量（kg）。

该经验公式基于第二次世界大战时期日本海军舰船的毁伤情况建立，当时舰船结构的连接形式多为铰接，并且钢材韧性相对目前的要低。因此公式的估算精度不足，其中经验系数有待重新测定。

② Keil[32] 给出破口半径和板厚、药量的关系为

$$R_d = 0.070\ 4\sqrt{\frac{W}{t}} \qquad (7.6.20)$$

使板架产生破口的临界装药质量 W_c（kg）为：

$$W_c = 2.72t \quad (7.6.21)$$

③Rajendran[33]考虑了板架材料强度对破口尺寸的影响,给出如下的计算公式

$$R_d = \sqrt{\frac{2\,000\eta W E_{\text{TNT}}}{\pi t \sigma_y \varepsilon_f}} \quad (7.6.22)$$

式中,E_{TNT} 为单位质量 TNT 的能量(MJ/kg),密度为 1 630 kg/m³ 的 TNT 为 4.44 MJ/kg;σ_y 为材料的静态屈服应力(MPa);ε_f 为材料的失效应变;η 为装药能量转化为板变形能的百分比,板架材料为高强度低碳钢时,取值为 0.123 6。

④文献 [18] 表明,当爆炸中心与舰船外壳的距离为某一最佳距离 R_0 时,爆炸所造成的破坏作用最大。最佳距离 R_0 可用下式求出

$$R_0 = 0.35 W^{1/3} \quad (7.6.23)$$

试验结果表明,触发水雷直接在船舷旁爆炸时,对船舷所造成的破洞大致为一个椭圆形,椭圆形的长轴沿着船舷方向,长、短轴的比值为 3∶1,即

$$\frac{R}{L_1} = \frac{1}{3} \quad (7.6.24)$$

式中,R 为破口宽度(m);L_1 为破口长度(m)。由于破口周围会出现凹陷和裂缝,定义凹陷和裂缝在内的长度为破损长度 L_2(m),L_2 通常大于 L_1。

破口和破损长度均可由下式计算

$$L_i = K_i \frac{\sqrt{W}}{\sqrt[3]{\delta}} \quad (7.6.25)$$

式中,δ 为舰船壳板厚度(cm);K_i 为计算破损或破口长度的经验系数,其值见表 7.6.2。

表 7.6.2 经验系数 K_i 的取值

爆炸距离	K_1	K_2
紧靠舰壳	0.85	1.10
最佳距离	1.20	1.55

⑤文献 [34] 通过对多组加筋板水下接触爆炸试验,得出 907A 钢板接触爆炸时,式 (7.6.25) 中的系数 K_i 取 0.37。

⑥上述经验公式均未考虑加强筋对破孔的影响,朱锡等[35]引入加强筋相对刚度因子来描述加强筋强弱对板架结构破口的影响程度,其表达式为:

$$C_j = 100 \frac{\sqrt[4]{I}}{\sqrt[3]{W}} \tag{7.6.26}$$

式中，I 为加强筋在板架弯曲方向上的剖面惯性矩（m^4）。C_j 不同时，加强筋对板架破口范围的影响程度见表 7.6.3。

表 7.6.3　C_j 不同时加强筋对板架破口范围的影响程度

C_j 范围	>9	7~9	4~7	<4
加强筋的影响	可限制破口范围，加强筋无较大破坏	对破口范围有较大影响	对破口范围有一定影响	对破口范围影响较小

由表 7.6.3 可知，$C_j>7$ 时，加强筋对破口范围的影响较大，此时板架破口尺寸可由下式计算：

$$L_p = 0.063 \times \frac{\sqrt{W}}{\sqrt[3]{h} \cdot \bar{I}^{0.153}} \tag{7.6.27}$$

式中，h 为板架结构的板厚；$\bar{I}$ 为加强筋相对刚度（m^3），其表达式为

$$\bar{I} = \frac{I_Z}{b_Z} + \frac{I_H}{b_H} \tag{7.6.28}$$

式中，I_Z 和 I_H 分别为纵、横加强筋在板架弯曲方向的剖面惯性矩（m^4）；b_Z 和 b_H 分别为纵、横加强筋间距（m）。

有加强筋的板架结构的板厚 h 可按照面积等效的原则计算。首先求出加强筋的等效板厚 h_e，然后与原始板厚 h_0 叠加得到板架的等效厚度，其计算公式为：

$$h_e = \frac{S_Z}{b_Z} + \frac{S_H}{b_H} \tag{7.6.29}$$

$$h = h_0 + h_e \tag{7.6.30}$$

式中，S_Z、S_H 分别为纵、横加强筋的截面积（m^2）。

7.6.2.2　水中冲击波作用下平板的变形

水中冲击波作用下，平板的变形可用与式（7.6.1）~式（7.6.3）相似的量纲为 1 的模型计算，根据 Rajendran 等[33]的试验结果，对于圆形平板

$$\left(\frac{\delta}{t}\right)_c = 0.541\phi_c - 0.433 \tag{7.6.31}$$

对于矩形平板

$$\left(\frac{\delta}{t}\right)_q = 0.533\phi_q + 0.277 \tag{7.6.32}$$

与空气中不同，水中冲击波作用时，由于流固耦合效应的影响，很难确定平板承受的冲量，因此式（7.6.31）和式（7.6.32）中计算 ϕ_c、ϕ_q 时，冲量取水中入射冲击波的冲量，其表达式为

$$I = 6\,359\, \frac{W^{0.63}}{R^{0.89}} \tag{7.6.33}$$

式中，W 为炸药的 TNT 当量质量（kg）；R 为炸点距平板距离。

7.6.2.3 Taylor 平板理论

Taylor 平板理论将船体外壳假设为无约束刚性平板，当水中入射冲击波接触平板时，在其表面完全反射；与此同时，平板开始运动，并向水中反射稀疏波；当水中总压力降为 0 时，平板运动速度也达到峰值。

如图 7.6.1 所示，当入射冲击波压力随时间变化的形式为 $p_0 = p_m e^{-t/\theta}$ 时，平板的运动方程为

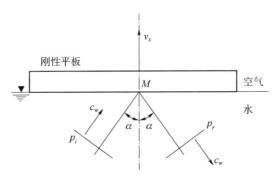

图 7.6.1 Taylor 平板理论

$$m_s \frac{\mathrm{d}v_s(t)}{\mathrm{d}t} + \frac{\rho_w c_w}{\cos \alpha} v_s(t) = 2p_m e^{-t/\theta} \tag{7.6.34}$$

式中，$m_s = M/A$，M 为平板质量，A 为平板面积；v_s 为平板速度；ρ_w 和 c_w 分别为水的密度和水中声速；α 为入射冲击波方向和平板法线之间的夹角。

定义

$$\beta = \rho_w c_w \theta / m_s \tag{7.6.35}$$

可得平板的最大速度 v_m 和达到该速度的时间 t_m 分别为

$$v_m = \frac{2p_m \theta}{m_s} \beta^{\frac{\beta}{1-\beta}} \tag{7.6.36}$$

$$t_m = \theta \frac{\ln \beta}{\beta - 1} \tag{7.6.37}$$

Taylor 平板理论做了较多简化，其预测的平板速度峰值与试验结果的相对误差约为 ±20%[11]。

7.6.3 侵爆战斗部对舰船甲板及侧弦的侵彻能力

通常情况下，侵爆战斗部的直径远大于甲板及侧弦厚度，战斗部侵彻过程中较难形成塞块，由此做出以下假设：

①侵彻过程中，战斗部在极限穿透速度下的动能即为穿透靶板所需的能量。

②忽略侵彻后塞块的质量。

由假设①可得到：

$$E = \frac{1}{2}mv_c^2 \quad (7.6.38)$$

式中，E 为穿透靶板所需的能量（J）；m 为战斗部质量（kg）；v_c 为战斗部对靶板的极限穿透速度（m/s）。

由能量守恒定理得，穿透靶板消耗的能量为：

$$E = \frac{1}{2}m(v_0^2 - v_r^2) \quad (7.6.39)$$

式中，v_0 为战斗部撞击靶板时的速度（m/s）；v_r 为战斗部穿透靶板的剩余速度（m/s）。

因此，剩余速度为：

$$v_r = \sqrt{v_0^2 - v_c^2} \quad (7.6.40)$$

战斗部的极限穿透速度可采用 K. A. 贝尔金公式计算[36]

$$v_c = \frac{6060 \cdot \sqrt{k\sigma_s(1+\varphi)} \cdot d^{0.75} \cdot h^{0.7}}{m^{0.5} \cdot \cos\alpha} \quad (7.6.41)$$

式中，σ_s 为靶板材料的屈服极限（MPa）；h 为靶板厚度（m）；d 为战斗部直径（m）；α 为战斗部的入射角（°）；φ 的表达式为

$$\varphi = 6160 \cdot C_e/C_m \quad (7.6.42)$$

式中，$C_m = m/d^3$ 和 $C_e = h/d$ 分别为侵爆战斗部的相对质量和靶板的相对厚度。

k 为考虑了战斗部结构特点和装甲受力状态的效力系数，对于尖头穿甲弹，有

$$k = \frac{2\sqrt{2}}{3}C_e^{0.5}\left(\frac{0.2653i}{1+\varphi} + 0.034\right) \quad (7.6.43)$$

对于钝头穿甲弹，有

$$k = \frac{2\sqrt{2}}{3}C_e^{0.5}\left(\frac{0.2245i}{1+\varphi} + 0.034\right) \quad (7.6.44)$$

式（7.6.43）和式（7.6.44）中，i 为弹头形状系数，其表达式为

$$i = \begin{cases} \dfrac{8-5n_2}{15n_1} \cdot \sqrt{(1-n_2)(2n_1+n_2-1)} + n_2^2 & (尖头) \\ (0.9 \sim 0.95) \times (8/15)(\sqrt{2n_1-1}/n_1) & (钝头) \end{cases} \quad (7.6.45)$$

式中，n_1 为战斗部头部曲率半径与战斗部半径之比；n_2 为战斗部头部钝化半径与战斗部半径之比（对于尖头战斗部，$n_2=0$）。

7.7 舰船整体毁伤判据

由于舰船结构复杂，并且水下爆炸载荷类型较多，为了快速评估弹药作用下舰船的毁伤程度，学者们建立了许多估算舰船整体毁伤程度的方法及判据。

7.7.1 水下非接触爆炸对舰船的毁伤判据

7.7.1.1 水面舰船

(1) 冲击波超压峰值标准

苏联曾对战争中缴获的舰船隔舱进行水中爆炸试验，由试验数据分析获得冲击波超压峰值对舰船的毁伤标准。该标准规定[37]：水中冲击波压力峰值为 7.85~9.81 MPa 时，舰船一层底（外壳）被破坏；冲击波压力峰值为 16.67~19.61 MPa 时，二层底被破坏；冲击波压力峰值为 68.65 MPa，舰船的三层底被破坏。

文献[7,37]给出了舰艇目标的超压毁伤判据为：$p_m \geq 81.1$ MPa 时，可使有装甲的驱逐舰重创乃至沉没；$p_m \geq 68.6$ MPa 时，可击沉没有防护的水面舰艇；$p_m \geq 35.6$ MPa 时，可使潜艇沉没和水面舰艇严重毁伤；$p_m \geq 30.4$ MPa 时，可使水面舰艇受到中等毁伤。

文献[38]给出了水下非接触爆炸时，不同峰值超压对舰船的毁伤程度，见表 7.7.1。

表 7.7.1 不同超压峰值作用下舰船的毁伤程度

超压峰值/MPa	毁伤程度
0~0.4	所有舰船均安全
0~2	所有军用舰船均安全
2~4	照明灯破裂、敏感电子设备损坏、脆性材料制成的元件破裂

续表

超压峰值/MPa	毁伤程度
4~6	损坏电子产品、配电盘、电器；船员受轻伤，舰船可能部分丧失机动和作战能力
6~8	严重损坏电子设备、配电盘、电器，发电机故障，机械外壳破裂；船员多处受伤，舰船机动和作战能力显著降低
8~12	舰船变形和开裂，机器设备严重损坏，地脚螺栓断裂，船员多人伤亡；舰船失去机动和作战能力，需要停泊并进造船厂维修
12~16	船体和舱壁严重变形和开裂，舱室被淹没，机器设备被破坏，多名船员死亡；舰船完全丧失机动和战斗能力，需要停泊多月并进造船厂维修
16~27	舰船可能沉没，舱壁开裂，机器设备普遍被破坏，多名船员死亡；如果舰船未沉没，仍可进行维修
250~350	舰船可能立即沉没；如果舰船未沉没，破坏无法修复
350~500	舰船可能断裂、翻船并沉没；如果舰船未沉没，破坏无法修复
>500	舰船立刻沉没

（2）冲量破坏标准

文献[18]研究表明，沿用单一的冲击波压力峰值作为舰船毁伤判据并不全面，应采用冲量作为判断毁伤的标准。冲击波冲量作用下，破坏舰船的装药量计算式为：

破坏双层舰底船

$$W \geqslant \left[\frac{\left(h_1+h_2+\dfrac{\rho_0}{\rho}h_0\right)r}{11\,760}\right]^{1.5}(2K\rho A_M)^{0.75} \qquad (7.7.1)$$

破坏单层舰底船

$$W \geqslant \left(\frac{hr}{11\,760}\right)^{1.5}(2K\rho A_M)^{0.75} \qquad (7.7.2)$$

式中，W 为炸药的 TNT 当量质量（kg）；h_1 和 h_2 分别为上、下壳板厚度（m）；ρ_0 和 h_0 分别为上、下层壳板间填塞物的密度（kg/m³）和厚度（m）；h 为单层舰底船的壳体厚度（m）；r 为装药中心到壳板的距离（m），由图 7.7.1 可知，$r=\sqrt{a^2+R^2}$，R 为破坏范围的半径（m）；ρ 为壳体材料密度（kg/m³）；K 为动载系数，由于水的可压缩性较小，并且加载速度较快，取 $K \approx 2$；A_M 为壳体材料的单位体积破坏功（J/m³），不同材料的取值见表 7.7.2。

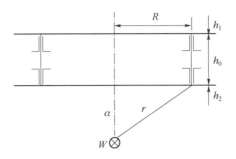

图 7.7.1 冲量破坏标准的变量示意图

表 7.7.2 部分金属材料的单位体积破坏功

材料名称	$A_M/(\mathrm{J}\cdot\mathrm{m}^{-3})$	材料名称	$A_M/(\mathrm{J}\cdot\mathrm{m}^{-3})$
软钢	1.079×10^8	灰口铁	5×10^5
中等硬度钢	1.118×10^8	可锻铸铁	2.65×10^7
硬钢	1.334×10^8	青铜	1.069×10^8
高强度合金钢	1.52×10^8	超高强度合金钢	2.452×10^8

表 7.7.3 所示为破坏单层舰底船时（取 $A_M=1.118\times10^8$ J/m³），由式（7.7.2）得到的不同距离和船体厚度时能破坏船体的装药质量[18]。20 世纪 80 年代初期我国某地进行的一次实炸试验中，壳体厚 10 mm，装药量 204.5 kg，距离 22.05 m，船体破坏严重，与表 7.7.3 中的结果一致。

表 7.7.3 不同距离和船体厚度时能破坏船体的装药质量

h/mm	r/m	W/kg
6	15	54.2
8	15	83.5
10	15	116.7
10	22	207.2

（3）冲击因子毁伤标准

为了简洁描述舰船结构的冲击环境，需要考虑炸药质量、爆距、爆炸方位等因素，为此人们定义了冲击因子。对于同一舰船，若冲击因子相等，则认为其水下爆炸冲击响应近似相同。根据冲击波的作用位置不同，冲击因子可以分为龙骨冲击因子（Keel Shock Factor，KSF）和壳板冲击因子（Hull Shock Factor，HSF），如图 7.7.2 所示。考虑冲击波对水面舰船的毁伤时，常用龙骨

冲击因子描述；而对于潜艇的毁伤，常用壳板冲击因子描述。两类冲击因子的表达式分别为

$$\text{KSF} = \frac{\sqrt{W}}{R_1}\left(\frac{1+\sin\theta}{2}\right) \tag{7.7.3}$$

$$\text{HSF} = \frac{\sqrt{W}}{R_2} \tag{7.7.4}$$

式中，θ 为炸点位置与船底的连线与水平面的夹角。

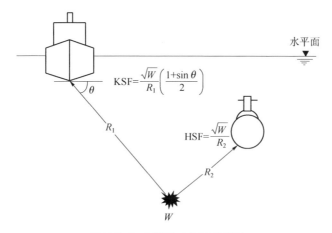

图 7.7.2　两类冲击因子示意图

当战斗部位于水底爆炸时，需考虑水底反射的影响，冲击因子中应加入反射系数，即

$$\text{SF} = \frac{\sqrt{K_1 W}}{R} \tag{7.7.5}$$

式中，K_1 为水底反射系数，硬质海底一般取 1.5。

英国国防部认可的冲击因子破坏标准见表 7.7.4。需要说明的是，冲击因子为有量纲量，文献 [18，37] 给出的冲击因子对应的单位为英制单位，本书中已将其转换为国际单位。

表 7.7.4　不同冲击因子时舰船的毁伤程度[18,37]

冲击因子 /($\text{kg}^{1/2}\cdot\text{m}^{-1}$)	对舰船的毁伤程度	冲击因子 /($\text{kg}^{1/2}\cdot\text{m}^{-1}$)	对舰船的毁伤程度
0.44	较难应付的损伤	2.22	严重的机械失灵
0.24~0.49	武器系统 10% 失灵	2.89	全部机械失灵
0.56~0.89	武器系统 90% 失灵	3.78	船体穿透

续表

冲击因子 /(kg$^{1/2}$·m^{-1})	对舰船的毁伤程度	冲击因子 /(kg$^{1/2}$·m^{-1})	对舰船的毁伤程度
0.56~1	动力机械系统10%失灵	4.89	潜艇壳体严重穿透
1.33~1.78	动力机械系统90%失灵	4.44~5.11	潜艇壳体开始变形
1.56~1.78	重要电子设备失灵	13.33	船体断裂

文献[39]给出了不同龙骨冲击因子时舰船的毁伤程度,见表7.7.5。需要说明的是,随着科技进步和舰船防护水平的提升,表7.7.4和表7.7.5中的数据不一定完全适用新型舰船毁伤评估,仅供参考。

表7.7.5 不同龙骨冲击因子时舰船的毁伤程度[39]

冲击因子/(kg$^{1/2}$·m^{-1})	对舰船的损伤程度
<0.22	损伤程度有限,通常可认为无影响
0.22~0.33	照明和电器故障,管路可能破裂
0.33~0.44	管道可能破裂,机械故障
0.44~1.11	常规机械故障
≥1.11	对舰船具有杀伤力

7.7.1.2 潜艇

非接触爆炸时,可以毁坏的潜艇耐压壳体厚度可用下面的经验公式估算[37]:

$$\delta_k = \frac{41\,649W}{R_g^2(p_k-p_H)^2} \tag{7.7.6}$$

式中,δ_k为非接触爆炸可毁坏的耐压壳体厚度(cm);R_g为爆炸中心到耐压壳体的距离(m);p_k为潜艇的临界耐压强度(MPa);p_H为潜艇所在深度的静水压(MPa)。

7.7.2 水下接触爆炸对舰船目标的毁伤判据

7.7.2.1 水面舰船

舰船对毁伤的承受能力与舰船的大小及类型有关:对于某些中小型舰船,当破口宽度大于6~7 m时,就足以使其在几分钟内沉没;而对于一些大中型船舶,通常认为至少破口能引起两个以上舱室同时进水,才可能使其受重伤

(难以自救或沉没)。根据统计和经验数据[37]，对于大中型水面舰船，所承受的最大允许破口宽度的统计值为 $L_{p\max} = 13$ m。

7.7.2.2 潜艇

对于双层壳体潜艇，通常认为只有当潜艇内壳体遭受毁伤时潜艇才受到重创。接触爆炸对潜艇的毁伤主要采用两个参数表征：破坏半径和毁伤壳体厚度[37]。

(1) 破坏半径

设鱼雷接触爆炸时，对潜艇的破坏半径为 R_k。当 R_k 大于潜艇外壳到耐压壳体的距离 R 时，会引起潜艇严重损伤乃至沉没。破坏半径由下式估算：

$$R_k = 1.25 \cdot \left(\frac{W}{p_0}\right)^{\frac{1}{3}} \tag{7.7.7}$$

式中，p_0 为爆心处静水压力，$p_0 = 1.03(1+0.1H)$ (kg/cm²)；H 为爆心处水深 (m)。该模型没有考虑潜艇耐压壳体的厚度，因此没有完整表达潜艇抗毁伤能力。

(2) 毁伤壳体厚度

鱼雷在潜艇外壳体爆炸处可以毁坏的耐压壳体厚度为 δ_k (cm)，当 δ_k 大于潜艇实际耐压壳体厚度 δ 时，会重创潜艇或使其沉没，认为达到毁伤目的。计算 δ_k 的经验公式为

$$\delta_k = 0.208 \left(\frac{W}{R^{1.5}}\right)^{\frac{1}{1.4}} \tag{7.7.8}$$

小型潜艇耐压壳体厚度 δ 一般为 8~14 mm；中型潜艇为 16~28 mm；大型潜艇为 22~42 mm。

7.7.3 内爆对水面舰船的毁伤

当战斗部侵入舰船内部并爆炸时，通常采用毁伤区域法或内爆毁伤半径表征目标的毁伤程度。

7.7.3.1 毁伤区域法

毁伤区域法是指用毁伤区域（该区域内的舰船设备和结构均被毁伤）的大小表征内爆对舰船目标毁伤程度的一种方法。如图 7.7.3 所示，毁伤区域在竖直方向不超过甲板，水平方向不超过水密舱壁。舱壁的间距相对甲板高度较大，因此毁伤区域可视为主轴沿纵向的椭球体。通过判断毁伤区域的范围是否与设备或结构相交，可以确定设备或结构是否被损坏。

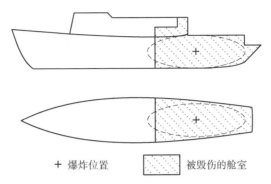

+ 爆炸位置　▨ 被毁伤的舱室

图 7.7.3　椭球体形的毁伤区域

Gates[40]总结了第二次世界大战期间内爆对舰船舱室毁伤的大量数据，给出了 TNT 当量和毁伤区域体积的上、下限的关系，如图 7.7.4 所示。构件尺寸和舱室体积会影响舰船的毁伤程度，由于小型舰船的构件尺寸和舱室体积较小，因此，在相同的 TNT 当量时，毁伤区域体积更大，大型舰船则相反。因此毁伤区域体积上限对应小型舰船，而下限对应大型舰船。

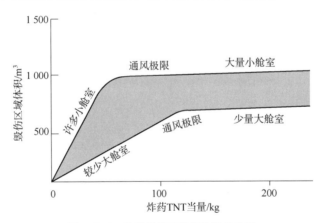

图 7.7.4　炸药质量和毁伤体积的关系

7.7.3.2　内爆毁伤半径

内爆毁伤半径的概念与毁伤体积相似，认为位于毁伤半径内的舰船结构或部件均被毁伤，其表达式为[25]

$$R = C \sqrt[3]{W} \tag{7.7.9}$$

式中，R 是毁伤半径（m）；C 为与目标类型有关的参数，北约设计小型舰船时，不同目标采用的参数见表 7.7.6。

表7.7.6 内爆毁伤半径的参数（适用于北约小型舰船）

目标类型	C	目标类型	C
5 mm 厚舱壁	1.9	舱壁/甲板后的电气/电子部件	1.4
2 mm×5 mm 厚双层舱壁	1.2	4 mm 厚甲板	2.5
轻型机械设备	2.2	双层甲板，每层4 mm 厚	1.25
舱壁/甲板后的轻型机械设备	1.1	双层底	1.5
电气/电子部件	2.8		

参 考 文 献

[1] 王树山. 终点效应学（第二版）[M]. 北京：科学出版社，2019.

[2] 杨砚世. 侵爆战斗部对航母毁伤评估方法研究[D]. 南京：南京理工大学，2015.

[3] 伍赛特. 船舶电力推进系统的技术特点及发展趋势研究[J]. 机电信息，2019（15）：159-160.

[4] Webster K G. Investigation of close proximity underwater explosion effects on a ship-like structure using the multi-material arbitrary Lagrangian Eulerian finite element method [D]. Virginia Tech, 2007.

[5] 李向东，王议论，钱建平，等. 弹药概论（第2版）[M]. 北京：国防工业出版社，2017.

[6] 丁振东，王团盟. 鱼雷战斗部威力评估技术现状与发展[J]. 鱼雷技术，2016，24（01）：37-42.

[7] 韩鹏，李玉才. 水中兵器概论（鱼雷分册）[M]. 西安：西北工业大学，2007.

[8] Costanzo F A. Underwater explosion phenomena and shock physics [C]. Structural Dynamics, Volume 3. Jacksonville, Florida USA：Springer, 2010：917-938.

[9] Cole R H. Underwater explosions [M]. Princeton University Press, 1948.

[10] Swisdak JR M M. Explosion effects and properties. part Ⅱ. explosion effects in water [R]. Silver Spring Maryland：Naval Surface Weapons Center White Oak Lab, 1978.

[11] Reid W D. The response of surface ships to underwater explosions [R]. Canberra, Australia：Defence Science and Technology Organization, 1996.

[12] Thiel M A. Revised similitude equations for the underwater shock-wave performance of Pentolite and HBX-1 [R]. Whiteoak, Maryland: Naval Ordnance Laboratory, 1961.

[13] Coleburn N L, Roslund L A, Heathcote T B, et al. Improvements in underwater explosion systems: field tests, phase Ⅱ [R]. Whiteoak, Maryland: Naval Ordnance Laboratory, 1966.

[14] Hu J, Chen Z, Zhang X, et al. Underwater explosion in centrifuge part Ⅰ: validation and calibration of scaling laws [J]. Science China Technological Sciences, Springer, 2017, 60 (11): 1638-1657.

[15] Zamyshlyaev B V, Yakovlev Y S. Dynamic loads in underwater explosion [R]. Naval Intelligence Support Center Washington DC Translation Div, 1973.

[16] Geers T L, Hunter K S. An integrated wave effects model for an underwater explosion bubble [J]. The Journal of the Acoustical Society of America, Acoustical Society of America, 2002, 111 (4): 1584-1601.

[17] Henrych J. The dynamics of explosion and its use [M]. Amsterdam: Elsevier, 1979.

[18] 北京工业学院八系《爆炸及其作用》编写组. 爆炸及其作用（下）[M]. 北京: 国防工业出版社, 1979.

[19] 刘建湖. 舰船非接触水下爆炸动力学的理论与应用 [D]. 无锡: 中国船舶科学研究中心, 2002.

[20] 王海坤. 水下爆炸下水面舰船结构局部与总体耦合损伤研究 [D]. 北京: 中国舰船研究院, 2018.

[21] 汪玉. 实船水下爆炸冲击试验及防护技术 [M]. 北京: 国防工业出版社, 2010.

[22] Tomita Y, Shima A. Mechanisms of impulsive pressure generation and damage pit formation by bubble collapse [J]. Journal of Fluid Mechanics, 1986 (169): 535-564.

[23] Baker W E, Cox P A, Kulesz J J, et al. Explosion hazards and evaluation [M]. Elsevier, 1983.

[24] Anderson C E, Baker W E, Wauters D K, et al. Quasi-static pressure, duration, and impulse for explosions (e. g. HE) in structures [J]. International Journal of Mechanical Sciences, 1983, 25 (6): 455-464.

[25] Stark S A. Definition of damage volumes for the rapid prediction of ship vulnerability to AIREX weapon effects [D]. Virginia Tech, 2016.

[26] Driels M R. Weaponeering: conventional weapon system effectiveness [M]. Reston, VA: American Institute of Aeronautics and Astronautics, 2004.

[27] 金键, 朱锡, 侯海量, 等. 水下爆炸载荷下舰船响应与毁伤研究综述 [J]. 水下无人系统学报, 2017, 25 (06): 396-409.

[28] 杨棣. 水下爆炸下舰艇典型结构塑性损伤研究 [D]. 哈尔滨：哈尔滨工程大学，2015.

[29] Chung Kim Yuen S, Nurick G N, Langdon G S, et al. Deformation of thin plates subjected to impulsive load: part Ⅲ - an update 25 years on [J]. International Journal of Impact Engineering, 2017 (107): 108-117.

[30] Park B-W, Cho S-R. Simple design formulae for predicting the residual damage of unstiffened and stiffened plates under explosion loadings [J]. International Journal of Impact Engineering, 2006, 32 (10): 1721-1736.

[31] Healey J, Ammar A, Vellozzi J, et al. Design of steel structures to resist the effects of HE explosions [R]. Ammann and Whitney New York, 1975.

[32] Keil A H. The response of ships to underwater explosions [R]. Washington DC: David Taylor Model Basin, 1961.

[33] Rajendran R, Narasimhan K. Deformation and fracture behaviour of plate specimens subjected to underwater explosion—a review [J]. International Journal of Impact Engineering, 2006, 32 (12): 1945-1963.

[34] 刘润泉，白雪飞，朱锡. 舰船单元结构模型水下接触爆炸破口试验研究 [J]. 海军工程大学学报，2001 (05): 41-46.

[35] 朱锡，白雪飞，黄若波，等. 船体板架在水下接触爆炸作用下的破口试验 [J]. 中国造船，2003 (01): 49-55.

[36] 王儒策，赵国志. 弹丸终点效应 [M]. 北京：北京理工大学出版社，1993.

[37] 孟庆玉，张静远，宋保维. 鱼雷作战效能分析 [M]. 北京：国防工业出版社，2003.

[38] Szturomski B. The effect of an underwater explosion on a ship [J]. Scientific Journal of Polish Naval Academy, 2015, 2 (201): 57-73.

[39] Nawara T. Exploratory analysis of submarine tactics for mine detection and avoidance [D]. Monterey CA: Naval Postgraduate School, 2003.

[40] Gates P J. Surface warships: an introduction to design principles [M]. Brassey's Defence Publishers, 1987.

第 8 章
建筑物的易损性

  建筑物通常指供人居住、工作、学习、生产、经营及进行其他社会活动的工程设施，包括民用和军用建筑物，本章所指的建筑物主要指军用建筑物。军用建筑物种类很多，按用途可以分为两大类：一是作为掩体，为作战人员或设备提供必要的防护，如指挥中心、碉堡等；二是作为车辆通行、飞机起飞的通道，如桥梁、机场跑道等。军用建筑主用材料为钢筋混凝土，用于毁伤建筑物的弹药主要有侵爆弹、爆破弹等。

  建筑物功能不同，其组成构件和建造方式不同，在毁伤元作用下的毁伤机理不同，如地面楼房在冲击波作用下，部分房间或整体结构坍塌而破坏；跑道在冲击波作用下产生爆坑，影响飞机起降；冲击波作用下，桥面产生倾斜或断裂，桥梁通行能力下降或丧失。因此，不同建筑物的易损性评估方法也不同。本章介绍地面楼房、机场跑道、桥梁等三类建筑物的易损性评估方法。

8.1 典型建筑物目标特性分析

为了分析建筑物目标的易损性，需要确定建筑物的结构特性，如组成建筑物构件的尺寸、材料、加筋形式、承力形式等。为了增强战场生存能力，建筑物的原材料一般为钢筋混凝土，钢筋和混凝土是两种力学性能不同的材料，两者结合后却可以有效地工作[1]，主要原因包括：①混凝土硬化后，在与钢筋的接触表面产生黏结力，不会产生滑移；②两种材料的热膨胀系数相差较小，温度变化不会使二者之间产生过大相对变形而破坏黏结；③混凝土的包覆可以有效防止内部钢筋的锈蚀，增强结构的耐久性。除此以外，钢筋混凝土还具有承载力高、耐久性好、耐火性强、取材容易等优点。

8.1.1 地面楼房

无论功能简单还是复杂，楼房都包含了基础的结构构件，这些构件组成楼房的骨架，承受各种外部载荷，支承楼房。楼房的结构构件按照承力形式，可以分为轴心受力构件（如以恒荷载作用为主的多层多跨房屋的内柱、腹杆等）、受弯构件（如梁、板等）、偏心受力构件（如框架柱、排架柱、剪力墙等）和受扭构件（螺旋楼梯、吊车梁等），如图8.1.1所示。

钢筋混凝土构件常见破坏形式是构件中抗扭钢筋和纵筋在载荷作用下屈服破坏，最终导致混凝土构件破坏，其毁伤形态主要与其基本结构特性及承载特性有关。因此，分析钢筋混凝土构件时，除了分析构件承力形式、截面形状、长度等基本信息，还需要分析构件的配筋形式和配筋率等。

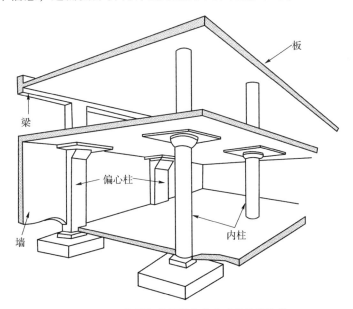

图 8.1.1　典型钢筋混凝土楼房建筑物及构件

8.1.1.1　轴心受力构件

在钢筋混凝土楼房建筑中，内柱是典型的轴心受力构件，柱在轴向压力的作用下可能产生材料破坏和失稳破坏两种形式，如图 8.1.2 所示。柱的截面有矩形、圆形、环形和多边形，配筋由纵向受力钢筋和箍筋绑扎或焊接形成钢筋骨架，如图 8.1.3 所示。其中，纵向钢筋除了与混凝土共同承担轴向压力外，还能承担由于初始偏心或偶然因素引起的附加弯矩产生的拉力；箍筋可以防止纵向钢筋在混凝土压碎之前压屈，保证纵筋与混凝土共同受力，直到构件破坏，箍筋对核心混凝土的约束作用可以在一定程度上改善构件最终可能发生突然破坏的脆性性质，螺旋形箍筋对混凝土有较强的环向约束，提高构件的承载力和延性。

柱的截面尺寸主要与可能承受的竖向载荷有关，其截面面积由所支承的楼层重力荷载产生的轴向压力值 N 及混凝土轴心抗压强度值 f_c 决定，表 8.1.1 所示为不同抗震等级建筑物柱截面计算公式。通常，柱的截面高和宽均大于 300 mm，高宽比小于 3，圆柱形截面的直径一般大于 350 mm，剪跨比（构件截面弯矩与剪力和有效高度乘积的比值）大于 2，短柱很少见[2]。非抗震情况

■ 目标易损性评估及应用

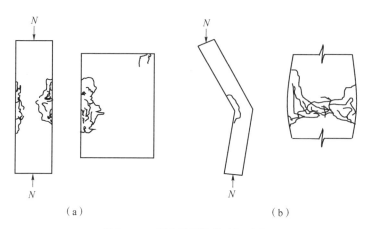

图 8.1.2 轴心受压柱的破坏形式
(a) 材料破坏；(b) 失稳破坏

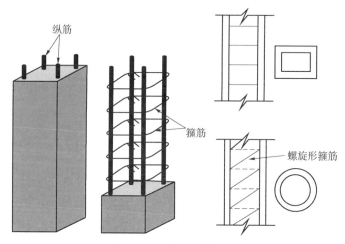

图 8.1.3 柱及配筋形式

下柱的纵向钢筋配筋率为 0.6%，抗震等级、结构类型及场地地基不同，配筋率不同，最大配筋率为 5%。

表 8.1.1 粗略估算柱截面面积的计算公式[3]

建筑抗震等级	外柱截面面积	内柱截面面积
一级	$1.4N/(0.7f_c)$	$1.3N/(0.7f_c)$
二级	$1.3N/(0.8f_c)$	$1.2N/(0.8f_c)$
三级	$1.2N/(0.9f_c)$	$1.1N/(0.9f_c)$

8.1.1.2 受弯构件

楼房建筑物中受弯构件主要包括梁和板,承受荷载产生的弯矩和剪力,如建筑物的楼盖和屋盖等。

通常,板的截面高度远小于板的宽度,现场浇筑的混凝土板为矩形截面,而预制板的截面形式则多种多样,如图 8.1.4 所示,有平板、槽形板及多孔板。板的厚度根据承载不同而大小不一,一般不小于 60 mm[4]。板内通常布置受力筋和分布筋,如图 8.1.5 所示,其中受力筋直径为 6~10 mm,钢筋类型为 HPB300 或 HPB235,间距为 70~200 mm。分布筋垂直于受力筋,在二者交点处焊接或绑扎,直径小于 6 mm,间距小于 250 mm。分布筋不仅可以固定受力筋,还可以承受混凝土因温度变化产生的拉应力,并将载荷均匀传递给受力筋。

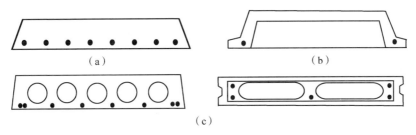

图 8.1.4　钢筋混凝土板截面形式
(a) 平板;(b) 槽形板;(c) 多孔板

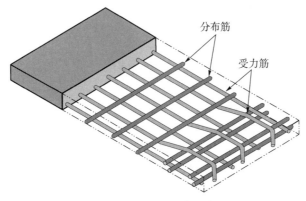

图 8.1.5　板的加筋形式

钢筋混凝土梁的截面有矩形、T 形等多种形式,如图 8.1.6 所示。梁的截面宽度一般大于 200 mm,梁的截面高度一般不小于其宽度,高宽比小于 4,其中，矩形截面梁高宽比通常为 2~3.5，T 形截面梁高宽比通常为 2.5~4。梁净跨与截面高度的比值（跨高比）一般大于 4。钢筋混凝土梁纵向受拉时，钢筋配筋率在 0.2%~2.5% 之间，加筋形式如图 8.1.7 所示，其中，受力筋直径一般大于 10 mm。箍筋直径一般大于 6 mm，对于截面高度大于 800 mm 的梁，箍筋直径大于 8 mm。

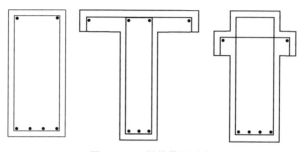

图 8.1.6　梁的截面形式

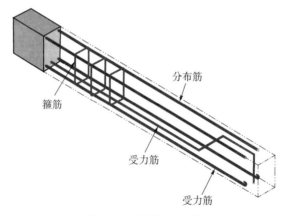

图 8.1.7　梁的加筋形式

8.1.1.3　偏心受力构件

当构件承受偏离截面形心的轴向力时，该构件称为偏心受力构件，包括偏心受压构件和偏心受拉构件，其中偏心受压构件应用较多，如框架柱、排架柱、剪力墙等。偏心距不同，构件受压时破坏形式不同，当偏心距较大且构件配筋率偏低时，钢筋受拉，首先屈服破坏，进而导致混凝土受压破碎，这是典型的受拉破坏；当偏心距较小时，构件截面全部受压或大部分受压、小部分受拉，其破坏特征一般是边缘混凝土首先产生破坏。

对于现浇的偏心受压柱，其截面一般为矩形，宽度大于 250 mm，柱长与截面高度比值一般小于 25，柱长与截面宽度比值一般小于 30。纵向钢筋一般设置在弯矩作用方向的两对边，钢筋通常为 HRB400 或 HRB500 级热轧钢筋，直径一般大于 12 mm，间距大于 50 mm。当混凝土强度≤C35 时，纵向受力钢筋的最小配筋率为 0.15%；当混凝土强度为 C40~C60 时，配筋率为 0.2%，最大配筋率为 3%（特殊情况可以为 5%）。箍筋一般采用封闭式箍筋，直径大于 6 mm，间距小于 400 mm。

8.1.1.4 受扭构件

建筑物中常见的受扭构件有雨篷梁、吊车梁、平面折梁、螺旋楼梯等，如图 8.1.8 所示。受扭构件可能受纯扭矩一种载荷作用，扭矩、剪力两种载荷共同作用或扭矩、弯矩和剪力三种载荷共同作用，其破坏面是一个空间扭曲面。

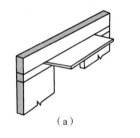

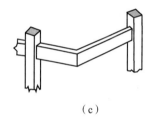

（a） （b） （c）

图 8.1.8　受扭构件
（a）雨篷梁；（b）吊车梁；（c）平面折梁

为提高构件的受扭矩承载力，受扭构件配置了数量合适的抗扭纵筋和箍筋。箍筋和纵向钢筋的配筋比例通常在一定范围内，纵向钢筋与箍筋的强度比值为 0.6~1.7。

8.1.2　机场跑道

机场跑道是机场中占地面积最大的建筑，也是飞机滑跑、起飞、着陆必备的通道。机场跑道的布局结构与机场类型有关，通常由一条或多条主跑道和滑行道、保险道等辅助跑道组成。机场跑道一般长为 2 000~5 000 m，宽为 30~100 m，混凝土层厚 150 mm 以上。根据跑道的承载能力，可以将其分为不同的等级，美国不同级别跑道对应的尺寸特征见表 8.1.2。表 8.1.3 为美、俄两国典型军用机场跑道参数[5]。

表8.1.2 美国不同级别跑道主要的尺寸

跑道类别	负荷类型	长/m	宽/m	混凝土层厚/mm
一级	重型轰炸机 大型运输机	2 500~5 000	60~100	>600
二级	中型轰炸机 歼击轰炸机	2 500 2 000	45~60 45	400 280~300
三级	歼击机	1 800~2 000	40	180~220
四级	教练机	<1 800	30	150~180

表8.1.3 美、俄典型军用机场跑道参数

机场	主跑道/(m×m)	副跑道/(m×m)	备注
爱德华基地	4 572×91.5	—	—
科特兰基地	4 076×91.5	4 572×91.5	—
怀特曼基地	3 780×61.0	—	战略空军
哥伦布基地	3 658×91.5	4 572×91.5	—
诺沃诺西亚基地	2 000×40.0	4 572×91.5	—
哈巴罗夫斯克	2 350×40.0	4 572×91.5	野战航空兵机场

根据战备等级或起降飞机的类型，机场跑道有土跑道、混凝土跑道等，混凝土跑道具有坚固耐久、强度高、平坦、洁净、表面粗糙易刹车以及养护费用少等特点，绝大多数军用机场跑道为混凝土跑道，其主要由面层、辅助层、碎石层、垫层和土基层等构成，如图8.1.9所示；少部分野战机场跑道为土跑道，通过对特定区域土质进行整平压实来供飞机起飞、着陆[5]。

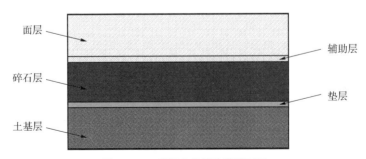

图8.1.9 混凝土机场跑道断面图

混凝土跑道的面层与飞机轮直接接触，面层要求表面平整、内部密实，材料通常要求具有较高的结构强度、刚度，抗腐蚀能力强，性能稳定，能够抵御温度、气候等自然因素的破坏，如混凝土或沥青材料等。常见的军用机场跑道面层通常为混凝土材料，抗压强度为 30 MPa 左右，抗弯强度为 5 MPa 左右，厚度一般为 400 mm 左右。

辅助层位于面层之下、碎石层之上，常为 30~50 mm 厚的沙子，其作用是将面层和基层隔开，减小二者之间的摩擦力。

第三层为 300 mm 厚的碎石层，其作用是保证面层结构的平整度和整体强度，防止错台和脱空，延长道面使用寿命。碎石层要求有很高的坚固性、抗冻性和水稳定性。常见的碎石层材料为石灰、水泥和沥青形成的稳定土或碎砂混合料，煤渣、高炉熔渣等和石灰组成的混合料，各种碎砂石混合料或天然砂砾，如低强度混凝土等。碎石层经过严格的碾压，相互之间嵌挤紧密，面层承受的机轮载荷可通过碎石层均匀传递到土基层。此外，由于水对碎石的物理作用较小，在降水后，基础强度不会随之降低，导致碎石层沉降，跑道不会发生沉陷。

垫层介于碎石层和土基层之间，其主要作用是改善土基的温度和湿度状况，以保证面层和基层的强度稳定性、水稳定性和结构稳定性，扩散由碎石层传下来的载荷，减少土基的变形。垫层材料要求有较好的水稳性和抗冻性，常用的材料包括砂、砾石、炉渣等组成的透水性垫层和由石灰石、水泥土或炉渣土等组成的稳定性垫层。

土基层是跑道最下面的一层，承受全部上层结构的自重和机轮载荷，其平整性和压实程度决定了整个跑道的结构稳定性。土基层以就地取材为原则，经过处理，使土质坚实稳定。

8.1.3 桥梁

不同国家在桥梁的结构形式与选材上有显著区别，如日本大多建造钢塔桥，中国大多建造混凝土塔桥，欧洲山地国家多见石拱桥，美国平原多见混凝土梁桥，在荷载设计等级与结构安全系数等方面也具有一定的差异。

桥梁按用途，可划分为公路桥、铁路桥、公路和铁路两用桥、农桥、人行桥、运水桥（渡槽）及其他专用桥梁（如通过管路、电缆等）。按桥梁全长和跨径，桥梁可分为特大桥、大桥、中桥和小桥等。《公路工程技术标准》规定的大、中、小桥划分标准见表 8.1.4。

表 8.1.4　大、中、小桥划分标准

桥涵分类	多孔跨径总长 L/m	单孔跨径 L_0/m
特大桥	$L \geqslant 500$	$L_0 \geqslant 100$
大桥	$L \geqslant 100$	$L_0 \geqslant 40$
中桥	$30 < L < 100$	$20 \leqslant L_0 < 40$
小桥	$8 \leqslant L \leqslant 30$	$5 \leqslant L_0 < 20$
涵洞	$L < 8$	$L_0 < 5$

按照基本受力形式,桥梁可大致分为梁式、拱式、悬索三种。此外,桥梁也可能是由几种不同体系的结构组合而成的,组合体桥一般采用钢筋混凝土建造;对于大跨径桥,常采用预应力混凝土或钢材修建。

8.1.3.1　梁式桥

梁式桥是一种在竖向荷载作用下无水平反力的结构,梁承受的弯矩较大,通常需用抗弯能力强的材料建造。目前应用较为广泛的是钢筋混凝土简支梁桥,主要由行车道梁、栏杆、桥墩、桥台、路堤组成,其结构如图 8.1.10 所示,跨径通常在 25 m 以下。

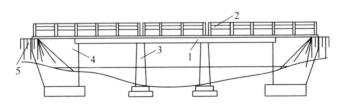

1—行车道梁;2—栏杆;3—桥墩;4—桥台;5—路堤。
图 8.1.10　典型的梁式桥

梁式桥的行车道是由支撑在桥墩上的钢筋混凝土板或梁构成的,目前常用板梁和预制 T 形梁。

板梁的板厚一般为跨度的 1/18~1/12,有现浇整体板和装配式板两种。行车道板内主钢筋直径一般大于 10 mm,人行道板内主钢筋直径大于 6 mm。板内同时设置分布筋,间距小于 250 mm,直径大于 6 mm。

为了减轻自重,节约材料,T 形梁一般用于跨径大于 8~10 m 的桥梁,T 形梁桥主要由主梁、横隔板、主梁翼板、路面、连接钢板和支墩组成,如图 8.1.11 所示,其中主梁间距一般为 1.3~1.7 m,高度为跨度的 1/16~

1/10，肋宽一般为 150~200 mm；横隔板高度一般为主梁高的 75%，宽度为 120~150 m，间距为 25~50 m。

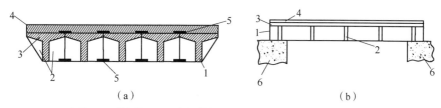

1—主梁；2—横隔板；3—主梁翼板；4—路面；5—连接钢板；6—支墩。

图 8.1.11　常见 T 形梁公路桥组成形式

（a）正视图；（b）侧视图

8.1.3.2　拱式桥

拱式桥分为上部结构和下部结构，上部为主拱圈和拱上建筑，下部为桥墩和基础，如图 8.1.12 所示。拱式桥通常采用圬工材料（如砖、石、混凝土等）和钢筋混凝土建造而成。拱式桥的主要承重结构是拱圈或拱肋，承重结构以受压为主，桥墩或桥台在竖向荷载作用下将承受水平推力。

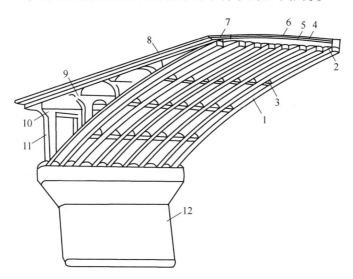

1—拱肋；2—预制拱波；3—横隔板；4—防水层；5—填料；6—路面；
7—人行道；8—侧墙；9—腹拱；10—盖梁；11—立柱；12—桥墩。

图 8.1.12　拱式桥的构造示意图

主拱圈为拱式桥的主要受力部分，由拱肋、拱波和横向联系组合而成。拱肋是主拱圈的主要骨架，承受外力载荷，其截面形式主要有矩形、倒 T 形、I 形、L 形、凹形、薄壁箱形等。矩形截面拱肋形式简单，建造方便，但易产生环向裂缝，一般只用于小跨径桥梁；倒 T 形、I 形、L 形截面拱肋可以将上缘伸入拱板，增强抗剪及抗拉能力，应用广泛；凹形截面拱肋不易环向裂缝，适用于特大跨径拱桥；薄壁箱形拱肋横向刚度大、稳定性好，适用于无支架施工的大跨径拱桥。有支架施工时，拱肋高度一般为主拱圈高度的 30%~50%，底宽一般为拱肋高度的 60%~100%，两波间混凝土面至拱肋底部高度一般为主拱圈的 60%~70%。

主拱圈截面有单波、多波、多波高低肋、悬半波等形式，拱波是主拱圈的组成部分，预制型拱波跨径一般为 1.3~2.0 m，厚度为 60~80 mm，矢高（主拱圈从拱顶到拱底的高度）约为跨径的 1/5~1/2；大型预制拱波的跨径为 3~5 m，矢跨比为 1/6~1/4；拱波宽度一般为 300~500 mm，便于人工搬运。

拱板一般采用现浇混凝土将拱肋、拱波结合成整体，近年来多采用波形和折线形拱板，拱板内一般布置 150 mm×150 mm 的钢筋网，钢筋直径为 6~8 mm。

常用横向联系构件有横系梁和横隔板。横系梁一般适用于中等跨度拱桥，间距为 3~3.5 m，厚度一般为 200 mm；横隔板有框架式和实心式两种，多用于大跨径和宽桥，间距一般小于 5 m。

8.1.3.3 悬索桥

悬索桥是由桥塔、主缆、加劲梁、鞍座、锚碇、吊索等构件组成，如图 8.1.13 所示。悬挂在桥塔上的强大缆索为主要承重结构，在竖向荷载作用下，缆索通过桥塔承受很大的拉力，因此需要在两岸桥台的后方修筑非常巨大的锚碇结构。

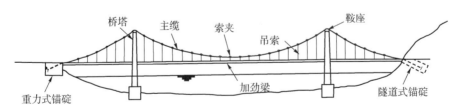

图 8.1.13 悬索桥的组成

悬索桥桥塔为柔性结构[6]，按照材料可分为石砌圬工塔、摆动式或下端固定式钢塔、混凝土体塔。桥塔基部承受巨大的弯矩和轴力。

主缆的结构与桥梁的跨度有关，中小跨径悬索桥主缆多使用钢绞线，大跨径悬索桥主缆多采用平行钢丝。大多数悬索桥桥面两侧布置双面主缆，主缆丝股外形多按六角形配置，有尖顶型和平顶型。

悬索桥加劲梁的结构形式有钢板梁、钢桁梁、钢箱梁、钢筋混凝土箱梁等，主要采用双绞加劲梁简支体系和连续加劲梁的连续体系两种力学体系，前者应用于目前建造的各种跨径悬索桥。

8.2 侵爆战斗部对建筑类介质的侵彻

可以通过多种方法计算侵爆战斗部对介质的侵彻能力，如试验分析法、数值仿真方法、理论计算方法（或经验公式）等，本节主要介绍侵爆战斗部侵彻混凝土、土壤、岩石等建筑类介质的理论计算方法或经验公式。

8.2.1 侵爆战斗部对混凝土的侵彻

侵爆战斗部对混凝土的侵彻问题与靶体的材料、结构动力学特征和破坏行为密切相关。混凝土靶具有非均质、各向异性、多项组分等特点，在强冲击载荷作用下，这些材料的变形、破坏及组分间的相互作用与加载强度及应变率密切相关，导致非常复杂的结构行为，使动力学特性研究非常困难。国内外关于侵爆战斗部对混凝土侵彻机理的研究较少，理论方法不成熟。而基于大量试验数据总结的经验或半经验侵彻公式，计算结果准确度高，计算过程也较为简单，因此，本节主要介绍两种常用的工程计算公式。

（1）Young 公式

美国圣地亚国家实验室（SNL）基于 3 000 多次多种介质侵彻试验数据，总结得到了侵爆战斗部对混凝土（也适用于岩石、自然土层）介质的侵彻模型，即 Young 公式[7,8]，战斗部对混凝土介质的侵彻深度为

$$h = \begin{cases} 0.000\,8S \cdot K_1 \cdot N \left(\dfrac{m}{A}\right)^{0.7} \ln(1+2.15v^2 \times 10^{-4}), & v < 61 \text{ m/s} \\ 0.000\,018S \cdot K_1 \cdot N \left(\dfrac{m}{A}\right)^{0.7} (v-30.5), & v \geq 61 \text{ m/s} \end{cases}$$

(8.2.1)

式中，h 为侵彻深度（m）；m 为战斗部质量（kg）；A 为战斗部最大横截面积（m²）；v 为战斗部撞靶速度（m/s）；K_1 的表达式如下：

$$K_1 = \begin{cases} 0.45m^{0.15}, & m < 181.4 \text{ kg} \\ 1, & m \geq 181.4 \text{ kg} \end{cases} \tag{8.2.2}$$

N 是弹头形状系数，对于卵形弹头，$N=0.18 l_{pn}/d + 0.56$ 或 $N=0.18(CRH-0.25)^{0.5}+0.56$，$l_{pn}$ 为战斗部头部长度（m），CRH 为战斗部头部曲率半径与弹径之比，称为形状系数；对于锥形弹头，$N=0.25 l_{pn}/d + 0.56$，d 为战斗部直径（m）；S 为考虑介质抗压强度的参数：

$$S = 0.085 K_e (11-r)(t_c T_c)^{-0.06} \left(\frac{35}{f_c}\right)^{0.3} \tag{8.2.3}$$

式中，$K_e = \left(\dfrac{F}{W_1}\right)^{0.3}$，$W_1$ 为靶宽度与战斗部直径之比，$F = \begin{cases} 20 & （钢筋混凝土） \\ 30 & （素混凝土） \end{cases}$，对于薄靶（$0.5 < W_1 < 2.0$），$F$ 取值应减小 50%，如果 $W_1 > F$，取 $K_e = 1$；r 为混凝土体积配筋率（试验数据中，配筋率大多为 1% ~ 2%）；f_c 为混凝土无约束抗压强度（MPa）；t_c 为混凝土养护时间（年），若大于一年，则取 $t_c = 1$；T_c 为靶厚度与战斗部直径的比值，取值范围为 0.5 ~ 6，如果大于 6，则取 $T_c = 6$。

应用中，通常取 $S = \left(\dfrac{30}{\sigma_{ty}}\right)^{0.35}$，$\sigma_{ty}$ 是混凝土屈服应力（MPa）。

Young 公式的适用范围为：7 MPa $< f_c <$ 124 MPa，$m >$ 5 kg，$v <$ 1 220 m/s。

（2）工程兵三所提出的侵彻模型

在国外常用的侵彻经验公式基础上，国内总参工程兵三所总结得到了弹体侵彻相似规律，并最终给出了战斗部侵彻混凝土经验公式的基本构架[10]。

$$\frac{h}{d} = K_2 \cdot N \cdot f \tag{8.2.4}$$

式中，N 的定义和计算方法同 Young 公式；f 为 $\dfrac{m}{\rho_c d^3}$、$\dfrac{f_c d^2}{mg}$ 和 $\dfrac{v}{dg}$ 的函数，ρ_c 为混凝土的密度（kg/m³），$g = 9.8$ m/s²；K_2 为质量修正因子

$$K_2 = \begin{cases} 1.15 m^{0.136}, & m \leq 400 \text{ kg} \\ 0.9 m^{0.136}, & 400 \text{ kg} < m < 1\ 500 \text{ kg} \\ 0.6 m^{0.136}, & 1\ 500 \text{ kg} \leq m \leq 2\ 500 \text{ kg} \end{cases} \tag{8.2.5}$$

在此基础上，根据大量试验数据，建立了比 Young 公式结构更合理、计算简便的钢筋混凝土靶侵彻深度计算公式：

$$\frac{h}{d} = \begin{cases} 0.057 K_2 N \dfrac{11-r}{11} \left(\dfrac{m}{\rho_c d^3}\right)^{0.5} \left(\dfrac{f_c d^2}{mg}\right)^{-0.33} \left(\dfrac{v^2}{dg}\right)^{0.5}, & 150 \text{ m/s} \leq v < 600 \text{ m/s} \\ 0.003\ 2 K_2 N \dfrac{11-r}{11} \left(\dfrac{m}{\rho_c d^3}\right)^{0.5} \left(\dfrac{f_c d^2}{mg}\right)^{-0.6} \left(\dfrac{v^2}{dg}\right)^{0.87}, & 600 \text{ m/s} \leq v \leq 1\ 200 \text{ m/s} \end{cases}$$

$$\tag{8.2.6}$$

8.2.2 侵爆战斗部对土壤的侵彻

战斗部以一定的速度和落角撞击并侵彻土壤地面,战斗部受土壤介质的阻滞做减速运动,为了计算战斗部在土壤中的侵彻深度,将土壤视为黏弹性材料,所受阻力是材料静抗力和战斗部运动速度的函数:

$$F = -\frac{1}{4}\pi d^2 (\gamma_{sL} + \beta_{sL} v^2) \quad (8.2.7)$$

式中,v 为战斗部撞击地面的速度;γ_{sL} 为土壤的静抗力常数;β_{sL} 为土壤的动抗力常数。土壤硬度不同,两个常数的值不同,表 8.2.1 为不同硬度土壤对应的常数表。

表 8.2.1 土壤抗力常数表

土壤类型	示例	γ_{sL}/MPa	$\beta_{sL}/(\text{kg} \cdot \text{m}^{-3})$
硬土	干砂、多年冻土、质地坚硬且稠密的黏土	5.17	880.2
中等硬度	黄土、土壤疏松、含湿沙的黏土、松散的湿沙	2.41	736.0
软土	湿软的泥土	1.10	632.4

战斗部的加速度为:

$$a = \frac{F}{m} = -\frac{\pi d^2}{4m}(\gamma_{sL} + \beta_{sL} v^2) \quad (8.2.8)$$

则战斗部在土壤中的运动方程可写为:

$$\frac{dv}{dt} = -\frac{\pi d^2}{4m}(\gamma_{sL} + \beta_{sL} v^2) \quad (8.2.9)$$

战斗部的侵彻深度为

$$h = \frac{2m}{\beta_{sL} \pi d^2}[\ln(\gamma_{sL} + \beta_{sL} v^2) - \ln \gamma_{sL}] \quad (8.2.10)$$

式中,m 为战斗部质量(kg)。

此外,也可以通过经验公式计算战斗部对土壤的侵彻深度,下面介绍几个常用的经验公式。

(1) Poncelet 公式及 Petry 公式

Poncelet 假设弹体在介质中做直线运动,根据弹体运动方程推导出战斗部对土壤侵彻深度 h 的计算公式[11],即

$$h = \frac{m}{2c_2 A} \ln\left(1 + \frac{c_2}{c_1} v^2\right) \quad (8.2.11)$$

式中,A 为战斗部的最大横截面积(m²);c_1 和 c_2 为阻力系数,其值见表 8.2.2。

表 8.2.2 土壤介质的阻力系数表

介质类型	c_1/(kg·ms^{-2})	c_2/(kg·ms^{-2})
硬土	1 120	1 760
普通土	520	1 470
软土	240	1 260

Petry 根据 Poncelet 公式提出了预测战斗部对土壤侵彻深度的经验公式[12]：

$$h = \frac{mK}{703A}\lg\left(1+\frac{v^2}{2\times10^4}\right) \quad (8.2.12)$$

式中，K 为经验系数，取值见表 8.2.3；其他参数含义同 Poncelet 公式。

表 8.2.3 经验系数 K

介质类型	K
软黏土	12~20
湿软黏土	55
普通土	5.1~7.1
硬砂土	2.5~2.8
硬黏土	30.~3.8
冰	4.0

（2）Young 公式

Young 公式也适用于计算战斗部对土壤的侵彻能力计算，对于土壤，参数 K_1 按下式计算：

$$K_1 = \begin{cases} 0.274m^{0.4}, & m<27.2\ \text{kg} \\ 1, & m \geq 27.2\ \text{kg} \end{cases} \quad (8.2.13)$$

对于常见类型的土壤，Young 公式中 S 取值见表 8.2.4。

表 8.2.4 常见类型土壤的 S 取值

序号	土壤类型	S
1	密实、干燥、黏结的砂，干燥的泥灰石，大量的土状石膏，透明石膏沉积	2~4
2	砾石沉积层，未黏结的砂，非常结实干燥的黏土	4~6
3	中等密实到松散的未黏结的砂（含水量不影响）	6~9
4	填土材料，取决于夯实情况	8~10

续表

序号	土壤类型	S
5	粉砂和黏土,中等以下含水量,坚硬,含水量影响较大	5~10
6	粉砂和黏土,潮湿、松散或非常松散的表层土	10~20
7	非常软的饱和黏土,抗剪强度很低	20~30
8	海洋黏性沉积层	30~60

根据试验数据拟合得到的 S 的近似表达式为[13]

$$S = 20.1 - 0.75E_s \tag{8.2.14}$$

式中,E_s 为土介质的压缩模量(MPa)。

(3)别列赞公式

假设战斗部侵彻过程中所受阻力的大小与弹的横截面积成正比。基于大量试验数据验证,得到了战斗部对土壤的最大侵彻深度计算公式为[14]

$$h = \lambda K \frac{m}{d^2} v \tag{8.2.15}$$

式中,$\lambda = 1 + 0.3(l_{pn}/d - 0.5)$ 为弹形系数,其中,l_{pn} 为弹体头部长度(m);d 为弹体直径(m);m 为弹体质量(kg);v 为战斗部撞击速度(m/s);K 为土壤的阻力系数,部分土壤的 K 值见表 8.2.5。

表 8.2.5 阻力系数 K 的取值表

土壤介质	松土	黏土	坚实黏土	坚实砂土	砂
$K/(\times 10^{-6} \mathrm{m}^2 \cdot \mathrm{s} \cdot \mathrm{kg}^{-1})$	17	10	7	6.5	4.5

8.2.3 侵爆战斗部对岩石的侵彻

岩石具有各向异性、非均匀、非连续等特点,并且大部分岩体中含有尺度不等的缺陷。目前常用的弹体对岩石的侵彻深度计算公式为基于试验数据得到的经验公式,如桑迪亚国家实验室(SNL)的 Young 公式和美国工程兵水道试验站(WES)的 Bernard 公式等。

(1)Young 公式

8.2.1 节介绍的 Young 公式也适用于弹体对岩石的侵彻深度计算,公式的形式与式(8.2.1)相同,除了参数 S 外,其他参数的含义及取值与 8.2.1 节的 Young 公式相同。

对于岩石介质,S 可以写为

$$S = 12(f_c Q)^{-0.3} \quad (8.2.16)$$

式中，f_c 为岩石无约束抗压强度（MPa）；Q 为表征岩石质量的指标，具体取值见表 8.2.6。

表 8.2.6 表征岩石质量的指标 Q

岩石状况	Q	岩石状况	Q
大块岩石	0.9	严重风化的岩体	0.2
互层岩体	0.6	冰冻粉碎的岩体	0.2
节理间距小于 0.5 m 的岩体	0.3	优质岩石	0.9
节理间距大于 0.5 m 的岩体	0.7	上等质量岩石	0.7
断裂、块状或开裂的岩石	0.4	中等质量岩石	0.5
严重断裂的岩体	0.2	低质岩体	0.3
轻微风化的岩体	0.7	质量很差岩石	0.1
中等风化的岩体	0.4		

（2）Bernard 公式

1977—1979 年，美国陆军工程兵水道试验站先后提出了计算战斗部侵彻岩石深度的 3 个公式，分别称为 Bernard 公式 A、公式 B 和公式 C[15]。

Bernard 公式 A：

$$\frac{\rho h}{m/A} = 0.2v \left(\frac{\rho}{f_c}\right)^{0.5} \cdot \left(\frac{100}{K_{\text{RQD}}}\right)^{0.8} \quad (8.2.17)$$

式中，ρ 为岩石密度（kg/m³）；h 为侵彻深度（m）；m 为战斗部质量（kg）；A 为战斗部横截面面积（m²）；f_c 为岩石无侧限抗压强度（Pa）；K_{RQD} 为岩石质量指标，其取值见表 8.2.7。

表 8.2.7 岩石质量指标取值表

序号	岩石质量	$K_{\text{RQD}}/\%$
1	很差	90~100
2	差	75~90
3	较好	50~75
4	好	25~50
5	很好	10~25

为便于计算，可以将式（8.2.17）转换为

$$h = 0.2 \frac{m}{A} \cdot \frac{v}{(\rho f_c)^{0.5}} \cdot \left(\frac{100}{K_{\text{RQD}}}\right)^{0.8} \tag{8.2.18}$$

Bernard 公式 B：

$$h = \frac{m}{A}\left[1.637\frac{v}{b} - \frac{a}{b^2}\ln\left(1 + 1.637\frac{b}{a}v\right)\right] \tag{8.2.19}$$

式中，$a = 1.6 f_c (K_{\text{RQD}}/100)^{1.6}$；$b = 3.6 (\rho f_c)^{0.5} \cdot (K_{\text{RQD}}/100)^{0.8}$。

Bernard 公式 C：

$$h = \frac{m}{A}\frac{N_{rc}}{\rho}\left[0.545\ 6v\frac{\rho^{0.5}}{f_{cr}^{0.5}} - \frac{4}{9}\ln\left(1 + 1.228v\frac{\rho^{0.5}}{f_{cr}^{0.5}}\right)\right] \tag{8.2.20}$$

式中，$f_{cr} = f_c (K_{\text{RQD}}/100)^{0.2}$；$N_{rc}$ 为弹头形状系数，

$$N_{rc} = \begin{cases} 0.863\left(\dfrac{4K_{\text{CRH}}^2}{4K_{\text{CRH}} - 1}\right)^{0.25} & \text{卵形弹头} \\ 0.805(\sin \eta_c)^{-0.5} & \text{锥形弹头} \end{cases} \tag{8.2.21}$$

式中，K_{CRH} 为的弹头卵形曲率半径与弹头直径之比；η_c 为弹头锥尖半角。

Bernard 公式主要基于直径为 7.62～25.9 cm、质量为 5.9～1 066 kg 战斗部以 300～800 m/s 的速度撞击抗压强度为 34.5～63.0 MPa 的岩石靶体试验得到的，侵彻深度是弹径的 3 倍以上。对于完整的岩石（$K_{\text{RQD}} > 90$），适用于弹径为 2.54～30.48 cm 的战斗部侵彻，误差的绝对值小于 20%；对于 $20 < K_{\text{RQD}} < 90$ 的岩石，适用于弹径为 10.16～30.48 cm 的战斗部侵彻，误差的绝对值小于 50%；对于 $K_{\text{RQD}} < 20$ 的破碎岩石，Bernard 公式不适用。此外，Bernard 公式也不适用于钝头、近似平头的战斗部或侵彻后呈蘑菇状、破裂或侵彻过程中发生翻滚、弹道路径严重改变等情况。

8.3 战斗部在建筑类介质内的爆炸

战斗部在攻击建筑物时，可能侵入建筑物周边的土壤，并在其中爆炸，也可能侵入建筑物构件的混凝土内爆炸，形成爆坑，从而对建筑物形成毁伤。爆坑呈漏斗形，从上至下依次为回落物层、破碎层和塑性区。图 8.3.1 所示为典型的爆坑形状及几何尺寸，本节主要介绍战斗部在单层介质（土壤、混凝土）和多层介质中爆炸时形成爆坑的计算模型。

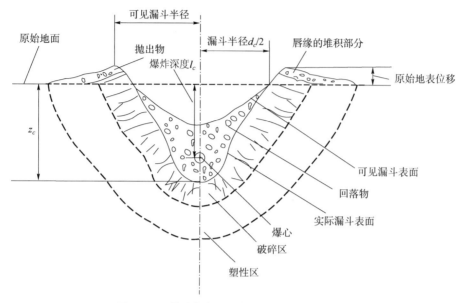

图 8.3.1 战斗部在单层介质中爆炸形成的爆坑

8.3.1 战斗部在土壤中爆炸形成的冲击波及爆坑

文献[16]根据试验结果,将战斗部在单层介质(混凝土或者土壤)中爆炸形成的爆坑相对深度 z 和相对直径 d 分别表示为

$$z = a_0 + a_1 l + a_2 l^2 + a_3 l^3 + a_4 l^4 + a_5 l^5 + a_6 l^6 \tag{8.3.1}$$

$$d = b_0 + b_1 l + b_2 l^2 + b_3 l^3 + b_4 l^4 + b_5 l^5 + b_6 l^6 \tag{8.3.2}$$

式中,$a_0 \sim a_6$ 和 $b_0 \sim b_6$ 分别是战斗部爆炸时产生的爆坑深度和直径拟合系数;l 为战斗部侵彻的相对深度。爆坑的相对深度、相对直径和战斗部侵彻相对深度表达式分别为

$$z = \frac{z_c}{W_e^{1/3}} \tag{8.3.3}$$

$$d = \frac{d_c}{W_e^{1/3}} \tag{8.3.4}$$

$$l = \frac{l_c}{W_e^{1/3}} \tag{8.3.5}$$

式中,W_e 为战斗部的等效装药量,$W_e = W\left(0.6 + \dfrac{0.4}{1+2M/c}\right)$;$W$、$M/c$ 分别为战斗部中炸药总质量(TNT 当量质量)、战斗部圆柱部单位长度的装药质量与壳体

质量之比。

爆坑特性方程拟合系数 $a_0 \sim a_6$ 和 $b_0 \sim b_6$ 可以通过试验或仿真数据得到，不同介质对应的拟合系数值不同。

美国根据大量的试验数据，得到了不同质量炸药在土壤中爆炸产生的爆坑直径和深度，如图 8.3.2 所示。由图 8.3.2 可知，受介质硬度等条件影响，相同质量炸药在一种介质中爆炸产生爆坑的特性参数并不相同，而是在一个区间内上下浮动，取在土壤介质中产生爆坑直径和深度的中间值，并按照式（8.3.1）和式（8.3.2）的形式对其拟合，如图 8.3.3 所示，得到两式中的拟合系数 $a_0 \sim a_6$ 和 $b_0 \sim b_6$（见表 8.3.1）。根据表 8.3.1 提供的参数及式（8.3.1）、式（8.3.2），可以快速地计算不同质量炸药在土壤介质中产生的爆坑深度和直径。

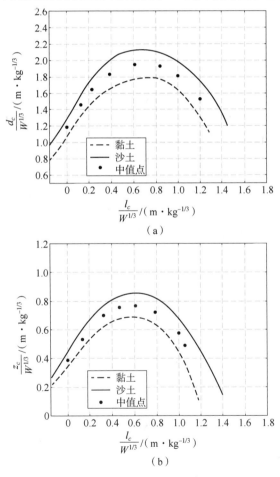

图 8.3.2 炸药在土壤介质中爆炸产生的爆坑特性参数与侵彻相对深度的关系
(a) 爆坑直径；(b) 爆坑深度

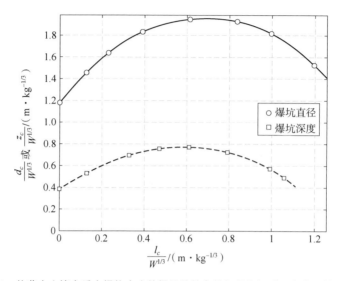

图 8.3.3　炸药在土壤介质中爆炸产生的爆坑特性参数与侵彻相对深度关系的拟合曲线

表 8.3.1　土壤介质中爆坑特性方程拟合系数

系数下标	0	1	2	3	4	5	6
a	0.386 4	1.179	-0.169 5	-2.513	3.051	-1.587	0.217 6
b	1.18	2.265	0.036 9	-7.747	12.8	-9.016	2.291

8.3.2　战斗部在混凝土中爆炸形成的冲击波及爆坑

根据炸药在混凝土介质中爆炸产生的爆坑试验数据（图 8.3.4），取炸药在混凝土中爆炸产生爆坑直径和深度的中间值，并按照式（8.3.1）和式（8.3.2）的形式对其拟合，如图 8.3.5 所示，得到两式中的拟合系数 $a_0 \sim a_6$ 和 $b_0 \sim b_6$（见表 8.3.2）。根据表 8.3.2 提供的参数及式（8.3.1）、式（8.3.2），可以快速地计算不同质量装药在混凝土介质中爆炸产生的爆坑深度和直径。

表 8.3.2　混凝土介质中爆坑特性方程拟合系数

系数下标	0	1	2	3	4	5	6
a	0.099 68	0.900 2	-0.722 5	6.009	-19.16	21.25	-8.24
b	0.527 1	4.945	0.8	-13.66	6.283	13.87	-11.1

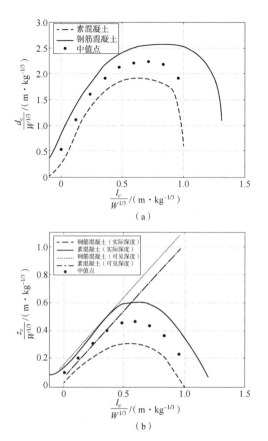

图 8.3.4　炸药在混凝土介质中爆炸产生的爆坑特性参数与侵彻相对深度的关系
（a）爆坑直径；（b）爆坑深度

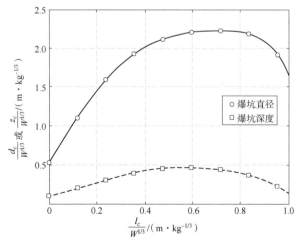

图 8.3.5　炸药在混凝土介质中爆炸产生的爆坑特性参数与侵彻相对深度关系的拟合曲线

8.3.3 战斗部在多层介质中爆炸形成爆坑的表征

有时战斗部会侵入多层介质中爆炸，并形成爆坑，例如在机场跑道内爆炸。为了便于分析，本节仅介绍战斗部在上层为混凝土、下层为土壤的双层介质中爆炸形成爆坑的情况。

战斗部在跑道内爆炸形成的爆坑随着侵入深度 l_c 的不同而不同，如图 8.3.6 所示，会出现混凝土崩落、混凝土层抛出、漏斗形爆坑、土壤内形成空腔且混凝土崩落、土壤内形成空腔、隆起并形成鼓包、土壤内形成空腔且跑道出现鼓包等几种典型的破坏形态。下面分析战斗部在跑道的土壤层爆炸形成爆坑的特性。

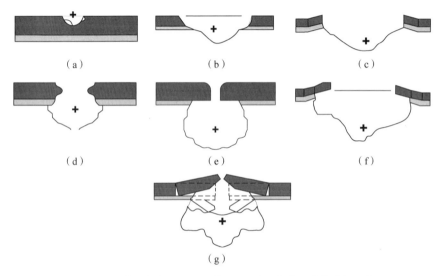

图 8.3.6 战斗部在混凝土跑道不同深度处爆炸形成的破坏形态
（a）混凝土崩落；（b）混凝土层抛出；（c）漏斗形爆坑；（d）土壤内形成空腔、混凝土崩落；
（e）土壤内形成空腔；（f）隆起并形成鼓包；（g）土壤内部形成空腔、跑道鼓包

战斗部在跑道土壤层内爆炸时形成的冲击波以球形波的形式向外传播，其峰值随着距离的增大而逐渐减小。如图 8.3.7 所示，假设战斗部炸点距混凝土层的距离为 d_b，炸点在混凝土层的投影点为 O，距 O 点 r 处混凝土层所受冲击波载荷 $P(r,t)$ 与其距炸点的距离及时间有关。该载荷对混凝土层产生冲击作用，当载荷增加到一定程度时，导致混凝土层承受的局部剪应力超过混凝土的屈服极限，从而引起混凝土层破坏。混凝土层破坏的条件是冲击波导致部分混凝土获得的速度超过其临界速度，临界速度 v_{CR} 为[16]

$$v_{CR} = \frac{2\sqrt{2}}{3}\sqrt{\frac{\sigma_{UD}}{\rho}} \tag{8.3.6}$$

式中，σ_{UD} 和 ρ 分别为跑道混凝土层材料的动态抗拉强度极限和密度。

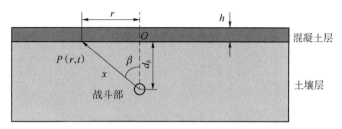

图 8.3.7 作用在混凝土层的冲击波载荷示意图

导致单位面积混凝土破坏的临界冲量（即临界比冲量）为

$$i_{CR} = \rho h v_{CR} = \frac{2\sqrt{2}}{3} h \sqrt{\rho \sigma_{UD}} \tag{8.3.7}$$

式中，h 为混凝土层厚度。若混凝土为加强混凝土，式（8.3.7）可写为：

$$i_{CR} = \frac{2\sqrt{2}}{3} h \left\{ \left[(1-q)\rho_{CD} + q\rho_{RD} \right] \left[(1-q)\sigma_{CD} + q\sigma_{RD} \right] \right\}^{1/2} \tag{8.3.8}$$

式中，q 为加强材料的体积比；σ 和 ρ 分别为材料的动态抗拉强度极限和密度，下标 CD 和 RD 分别表示混凝土材料和强化材料。

假设作用于混凝土层的冲击波载荷关于 O 点呈圆形对称分布，如图 8.3.8 所示，作用于单位面积混凝土层的冲量为：

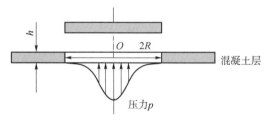

图 8.3.8 混凝土层破坏示意图

$$i = \frac{4}{\pi h^2} \int_0^{t_c} \int_0^R \int_0^{2\pi} p(\beta, r, t) \, d\beta dr dt \tag{8.3.9}$$

式中，R 为冲击波作用区域半径；t_c 为混凝土破坏时冲击波载荷的作用时间；此时的载荷 $p(r,t)$ 为：

$$p(r,t) = p(r) \exp\left(1 - \frac{t-t_a}{t_d}\right) \exp\left(-A \frac{t-t_a}{t_d}\right) \tag{8.3.10}$$

式中，t_a、t_d分别为冲击波到达作用界面的时间和正压持续时间；A 为冲击波衰减系数；考虑冲击波反射，并由图 8.3.7 所示的几何关系，$p(r)$ 可表示为：

$$p(r) = f_R \cdot p_m \cos(\beta) = f_R \cdot p_m \frac{d_b}{(d_b^2 + r^2)^{1/2}} \quad (8.3.11)$$

式中，p_m 为冲击波入射峰值压力；f_R 为冲击波反射系数；β 为冲击波入射方向与界面法线之间的夹角。

当作用于混凝土层的比冲量等于混凝土层破坏临界比冲量时，混凝土破坏。由式（8.3.9）和式（8.3.7）得

$$\frac{2\sqrt{2}}{3} h \sqrt{\rho \sigma_{UD}} = \frac{4}{\pi h^2} \int_0^{t_c} \int_0^R \int_0^{2\pi} p(\beta, r, t) \, \mathrm{d}\beta \mathrm{d}r \mathrm{d}t \quad (8.3.12)$$

由式（8.3.12）可计算得到战斗部在混凝土层下土壤内爆炸时形成爆坑的直径（$2R_c$），此式无法得到解析解，需要采用数值计算方法求解。

8.4 建筑物构件在冲击波作用下的毁伤准则

冲击波作用于建筑物时，对建筑物产生局部毁伤和整体毁伤，整体毁伤是指整个建筑物在冲击波静态和准静态压力作用下坍塌；局部毁伤指建筑物构件在冲击波作用下产生的弯曲、剪切等毁伤。建筑物构件主要包括建筑物的梁、柱、板等，这些构件在冲击波作用下毁伤模式不同，对应的毁伤判据和毁伤准则建立方法不同。由于现代建筑材料大多为钢筋混凝土，本节主要介绍钢筋混凝土构件的毁伤模式、毁伤判据及对应的毁伤准则。

8.4.1 构件的毁伤模式

均布爆炸载荷作用下，板、柱、梁等钢筋混凝土构件可能发生弯曲毁伤、剪切毁伤或二者的组合（即弯剪毁伤）[17]，如图 8.4.1 所示。弯曲毁伤通常表现为钢筋的屈服、拉断以及受压区混凝土的压碎；剪切毁伤通常表现为支座处发生直剪破坏或剪跨区发生斜剪破坏。

爆炸冲击波作用下，建筑物构件弯曲毁伤和剪切毁伤是两种相互独立的毁伤模式。当作用载荷以瞬态冲击为主时，构件主要发生边缘剪切毁伤；当作用载荷以准静态压力为主时，构件主要发生弯曲毁伤；当瞬态冲击和准静态压力同时作用时，构件同时发生剪切毁伤和弯曲毁伤，构件毁伤与载荷特性之间的关系如图 8.4.2 所示[18]。

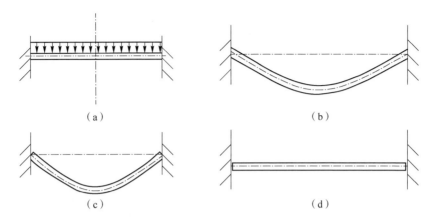

图 8.4.1 钢筋混凝土构件的不同毁伤模式
（a）初始状态；（b）弯曲破坏；（c）弯剪破坏；（d）剪切破坏

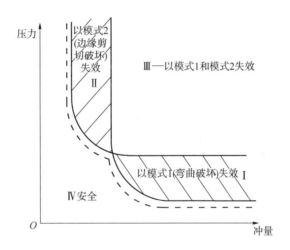

图 8.4.2 建筑物构件毁伤模式划分示意图

8.4.2 构件毁伤的判据

为了建立建筑物构件的毁伤准则，需要根据构件的类型、支承条件等确定合适、易用的构件毁伤判据。

在冲击波作用下，轴向受压柱剩余承载能力下降，损失的承载能力与原设计承载之比 D 可以用于判断受压柱是否毁伤[19]，当 D 大于构件损失的承载能力与原设计承载临界比值 D_c 时，构件毁伤。D 的取值与构件毁伤程度对应关系见表 8.4.1。这种判据的优点是具有明确的物理含义，并且独立于毁伤模式，

■ 目标易损性评估及应用

可以通过数值仿真或试验测试得到。

$$D = 1 - \frac{P_r}{P_d} \qquad (8.4.1)$$

式中，P_r 为毁伤后构件剩余的最大承载能力；P_d 为构件设计最大承载能力。

表 8.4.1 D 的取值与构件毁伤程度对应关系[19]

序号	构件毁伤程度	损失的承载能力比 D
1	轻度毁伤	0~0.2
2	中度毁伤	0.2~0.5
3	重度毁伤	0.5~0.8
4	坍塌	0.8~1.0

近爆冲击波载荷作用下，钢筋混凝土柱的最大残余位移往往发生在爆炸载荷集中区域，如图 8.4.3 所示，残余位移 w 是整体位移和中心爆炸载荷产生的局部位移之和，h 为冲击波作用方向上柱的厚度，定义 λ 为 w 与 h 之比，即

$$\lambda = \frac{w}{h} \qquad (8.4.2)$$

构件损失的承载比 D 与 λ 之间的对应关系如图 8.4.4 所示，由此可得 D 为[20]

$$D = 1.9 + 0.25\ln\lambda, \lambda \leqslant 0.015 \qquad (8.4.3)$$

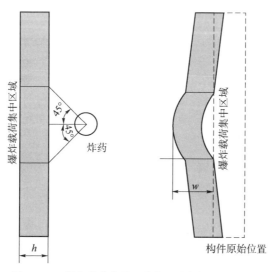

图 8.4.3 爆炸载荷作用下残余位移与柱深度示意图

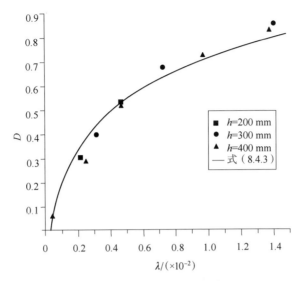

图 8.4.4 λ 与 D 的关系曲线

对于弯曲毁伤,最大延塑性变形通常出现在建筑物构件跨中位置,因此由构件跨中挠度与半跨长之比可以确定支座转角,并以此作为建筑物构件的毁伤判据。对于剪切毁伤,也可以采用支座转角判断建筑构件是否毁伤[21]。将建筑物构件毁伤按照支座转角大小分为轻度毁伤、中度毁伤、重度毁伤、完全破坏,具体含义及对应转角范围见表 8.4.2。

表 8.4.2 构件弯曲和剪切毁伤判据[21]

毁伤等级	含义	支座转角 $\theta/(°)$	剪切应变 $\gamma/\%$
轻度毁伤	钢筋首先屈服,混凝土被压碎	$0<\theta\leq 2$	≤ 0.5
中度毁伤	构件失去完整性	$2<\theta\leq 5$	$0.5<\gamma\leq 1$
重度毁伤	钢筋发生弯曲破坏	$5<\theta\leq 12$	$1<\gamma\leq 1.5$
完全毁伤	构件发生整体断裂等毁伤	$\theta>12$	$\gamma>1.5$

根据表 8.4.2 的支座转角,也可以获得构件每种毁伤程度对应的临界位移

$$w=\frac{b}{2}\tan\theta \tag{8.4.4}$$

式中,b 为构件的最小跨长;θ 为构件支座临界转角。

由于近爆冲击波载荷作用下建筑物构件的位移与炸药的比例距离相关,根据临界位移可以得到对应的炸药临界比例距离,如钢筋混凝土板毁伤程度与对应的构件位移、炸药比例距离范围见表 8.4.3[22]。

表 8.4.3 钢筋混凝土板的毁伤准则[22]

毁伤等级	中心位移 w/mm	比例距离 z/(m·kg$^{-1/3}$)
轻度破坏	$w<15$	$z>0.68$
中度破坏	$15 \leqslant w < 40$	$0.5 \leqslant z \leqslant 0.68$
重度破坏	$40 \leqslant w < 60$	$0.35 \leqslant z < 0.5$
完全破坏	$w \geqslant 60$	$z < 0.35$

Facedap[23]给出了以构件最大位移为标准的常用建筑物构件的毁伤临界条件，见表 8.4.4。其中，延性比指构件最大位移与构件跨中屈服位移的比值，位移比是指构件最大位移与跨长比值。

表 8.4.4 建筑物构件不同毁伤级别的毁伤临界条件

序号	构件类型	毁伤判据					
		中度破坏		重度破坏		完全破坏	
		延性比	位移比	延性比	位移比	延性比	位移比
1	钢筋混凝土梁	1	0.005	5	0.022	20	0.09
2	钢筋混凝土单向板	1	0.007	5	0.034	20	0.135
3	无拱钢筋混凝土双向板	1	0.015	5	0.08	20	0.31
4	带拱钢筋混凝土双向板	1	0.005	5	0.013	20	0.20
5	钢筋混凝土外立柱（弯曲）	1	0.003	5	0.014	20	0.054
6	钢筋混凝土内立柱（屈曲）	—	—	—	—	1	0.002
7	钢筋混凝土框架	1.3	0.014	6	0.066	12	0.133

8.4.3 冲击波作用下构件毁伤准则建立方法

目前，建立冲击波作用下承力类构件毁伤准则的方法有理论分析、数值模拟和试验方法等，数值模拟方法计算周期长，通用性差；试验方法耗费大。一般采用理论分析方法建立冲击波作用下构件的毁伤准则，理论分析方法主要有基于力学模型的等效单自由度分析方法和能量守恒法。

8.4.3.1 等效单自由度分析方法

（1）等效单自由度系统

爆炸冲击载荷作用下的钢筋混凝土构件可以等效为一个单自由度的弹簧-质量系统，图 8.4.5 所示为典型的等效单自由度弹簧-质量系统，等效系统任一瞬时的位移、速度、加速度等均与实际结构对应特征参量相等，实际结构与等效系统之间每一瞬时的应变能、动能和外力所做功也相等。通过等效单自由度系统，可以快速计算出实际构件的最大挠度、速度、加速度，从而基于结构或单元的最大位移建立构件的毁伤准则。

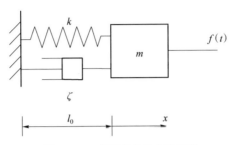

图 8.4.5　等效的单自由度系统

等效单自由度分析方法的原理是将均布质量和外载荷的结构单元等效为弹簧质量系统，确定系统的等效质量、等效抗力与等效载荷后，将等效质量、抗力、载荷代入单自由度系统运动方程计算结构单元的响应。如图 8.4.6 所示，冲击波载荷作用下两端简支梁运动方程为

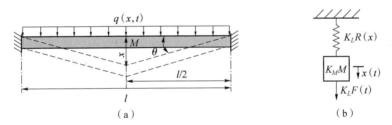

图 8.4.6　爆炸载荷作用下钢筋混凝土梁的等效
（a）爆炸载荷作用下的梁；（b）等效单自由度系统

$$K_{LM} M \ddot{x}(t) + C \dot{x}(t) + R(x) = F(t) \tag{8.4.5}$$

式中，$x(t)$ 为构件特征点的位移，$\ddot{x}(t)$ 为构件特征点的加速度；M 为构件总质量；$R(x)$ 为与构件特征点有关的抗力函数；$F(t)$ 为载荷时程函数，$F(t) = q(x,t)A_c$，A_c 为构件上冲击波的作用面积，$q(x,t)$ 为冲击波超压时程函数；K_{LM} 为载荷质量系数，$K_{LM} = K_M / K_L$，K_M 为等效质量系数，K_L 为等效载荷系数[24]；C 为构件的黏性阻尼系数，其值为

$$C = 2\zeta \sqrt{k \cdot M \cdot K_{LM}} \tag{8.4.6}$$

式中，k 为构件的弹性刚度；ζ 为系统的阻尼。

（2）抗力函数求解

由于任意时刻真实构件系统与等效单自由度系统在特征方向上的动能相

等，可求得等效质量系数 K_M 为

$$K_M = \frac{\int_0^l m(x)\varphi^2(x)\mathrm{d}x}{\int_0^l m(x)\mathrm{d}x} \tag{8.4.7}$$

式中，$m(x)$ 是构件质量分布函数；$\varphi(x)$ 是构件变形形状函数。

根据任意时刻真实构件系统上外部载荷做功与单自由度系统等效外力做功相等，可求得等效载荷系数 K_L 为

$$K_L = \frac{\int_0^l q(x,t)\varphi(x)\mathrm{d}x}{\int_0^l q(x,t)\mathrm{d}x} \tag{8.4.8}$$

式中，$q(x,t)$ 是构件表面载荷分布函数。

对于均布载荷下均布质量单跨梁结构，基于第一阶振型计算得到的 K_M 与 K_L 值见表 8.4.5。

表 8.4.5 等效载荷、质量与载荷质量系数[25]

边界条件	载荷图	变形范围	K_L	K_M	K_{LM}
简支边界		弹性	0.64	0.50	0.78
		塑性	0.50	0.33	0.66
固支边界		弹性	0.53	0.41	0.77
		弹塑性	0.64	0.50	0.78
		塑性	0.50	0.33	0.66

抗力函数 $R(x)$ 由特征点位移（如跨中挠度）与结构抗力之间的关系确定。以均布载荷下两端固支的钢筋混凝土梁为例，假设钢筋混凝土梁为理想弹塑性构件，只考虑弯曲变形，不考虑剪切变形，发生弯曲破坏时两端支座和跨中形成理想塑性铰，梁的极限弯矩为 M_p，梁的受力及变形过程如图 8.4.7 所示。

图 8.4.7（a）中，当钢筋混凝土梁支座两端出现塑性铰时，载荷与跨中位移分别为

$$F_1 = q_1 l = 12M_p/l \tag{8.4.9}$$

$$x_1 = q_1 l^4/(384EI_z) = \frac{12M_p l^2}{384EI_z} \tag{8.4.10}$$

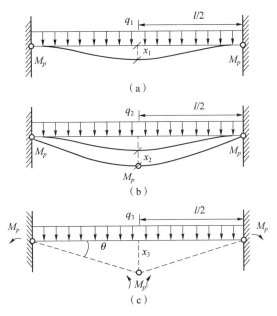

图 8.4.7 理想刚塑形梁的受力及变形示意图

(a) 支座出现塑性铰（弹性阶段）；(b) 跨中出现塑性铰（弹塑性阶段）；(c) 简化刚塑性模型

式中，F_1 为钢筋混凝土梁支座截面出现塑性铰时的载荷；q_1 为钢筋混凝土梁支座截面出现塑性铰时的线分布载荷；x_1 为钢筋混凝土梁的跨中位移；E 为混凝土的弹性模量；M_P 为钢筋混凝土梁截面塑性的极限弯矩（假定跨中和支座处塑性极限弯矩相等），可由式（8.4.11）计算；I_z 为钢筋混凝土梁截面的有效惯性矩，可由式（8.4.12）计算。

$$M_P = \rho_s b d^2 \sigma_{dy} \left(1 - \frac{\rho_s \sigma_{dy}}{1.7 \sigma_{dc}}\right) \quad (8.4.11)$$

$$I_z = \frac{bd^3}{2}(5.5\rho_s + 0.083) \quad (8.4.12)$$

$$\rho_s = A_s/(bd) \quad (8.4.13)$$

式中，ρ_s 为混凝土的钢筋配筋率；b 为梁横截面的宽度；d 为梁横截面的高度；σ_{dy} 为钢筋的屈服强度；σ_{dc} 为混凝土轴心抗压强度；A_s 为梁内钢筋的截面积之和。

构件的抗力就是促使构件恢复到无载荷静止位置的内力，因此，最大抗力即为构件能支持的最大载荷。构件弹性阶段的最大抗力为

$$R_1 = F_1 = 12M_P/l \quad (8.4.14)$$

弹性阶段弹簧刚度

$$k_1 = R_1/x_1 = 384EI_z/l^3 \quad (8.4.15)$$

图 8.4.7（b）中，当跨中出现塑性铰时，增加的载荷与跨中位移分别为

$$F_2 = q_2 l = 4M_p/l \tag{8.4.16}$$

$$x_2 = \frac{20M_p l^2}{384EI_z} \tag{8.4.17}$$

式中，F_2 为钢筋混凝土梁支座和跨中截面都出现塑性铰时的总载荷；q_2 为钢筋混凝土梁支座和跨中截面都出现塑性铰时增加的线分布载荷；x_2 为钢筋混凝土梁的跨中位移。

构件弹塑性阶段的最大抗力为

$$R_2 = F_1 + F_2 = 16M_p/l \tag{8.4.18}$$

弹塑性阶段弹簧刚度

$$k_2 = (R_2 - R_1)/x_2 = \frac{384EI_z}{5l^3} \tag{8.4.19}$$

当采用简化刚塑性模型时，混凝土梁变为图 8.4.7（c）中所示的完全屈服状态，但抗力不变，抗力与弹塑性阶段最大抗力一致，即

$$R_m = q_3 l = F_1 + F_2 = 16M_p/l \tag{8.4.20}$$

跨中位移为

$$x_3 = x_1 + x_2 = \frac{32M_p l^2}{384EI_z} \tag{8.4.21}$$

从而可以得到不考虑阻尼钢筋混凝土梁的等效单自由度模型为[25]

$$\begin{cases} K_{LM1} M \ddot{x} + k_1 x = F(t), & 0 < x \leq x_1 \\ K_{LM2} M \ddot{x} + R_1 + k_2 (x - x_1) = F(t), & x_1 < x < x_2 \\ K_{LM3} M \ddot{x} + R_m = F(t), & x \geq x_2 \end{cases} \tag{8.4.22}$$

式中，M 为钢筋混凝土梁的总质量；K_{LM1}、K_{LM2}、K_{LM3} 分别为钢筋混凝土梁的弹性、弹塑性、塑性阶段载荷质量系数。两端固支钢筋混凝土梁抗力函数模型如图 8.4.8（a）所示。

采用类似的方法可以推导出其他构件的抗力函数，如均布载荷作用下简支梁结构的极限抗力、弹性极限位移以及对应的弹簧常数分别为 $R_m = 8M_p/l$、$x_1 = 40M_p l^2/(384EI_z)$、$k_1 = 384EI_z/(5l^3)$，对应的抗力函数形式如图 8.4.8（b）所示。

采用等效单自由度方法计算构件动态响应时，通常假设爆炸载荷均匀加载于构件的表面，在远距离爆炸条件下可以接受；但是对于作用在构件上的非均布爆炸载荷，此方法存在较大的误差，因为计算时一般取构件中心处的载荷作为加载于构件上的均布载荷，近距离爆炸时，构件中心处超压与构件边缘超压相差较大，此种方法会导致计算结果偏高。

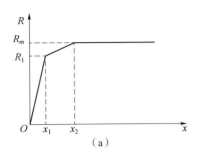
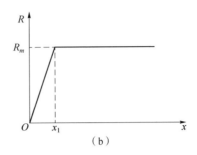

图 8.4.8　钢筋混凝土梁的抗力函数

（a）三线型抗力函数；（b）理想弹塑性抗力函数

为了提高计算精度，假设爆炸载荷加载在构件表面不同点的加载时间相同，但是加载的峰值压力不同，加载形式如图 8.4.9 所示[26]。然后，利用等效载荷和非等效载荷所做的虚功相等，将图 8.4.9 中非均布载荷转换为前文所述的均布载荷，代入等效单自由度系统运动方程进行计算。

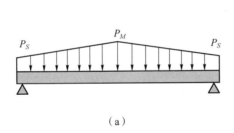
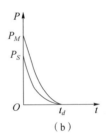

图 8.4.9　简化后的压力分布

（a）零时刻的加载载荷；（b）超压时程曲线

（3）构件的 P-I 毁伤准则

冲击波作用下建筑物构件毁伤准则中，应用范围最广泛的是超压-冲量（P-I）毁伤准则。P-I 毁伤准则常用 P-I 曲线描述，曲线上方表示构件毁伤，下方表示构件未毁伤。构建 P-I 曲线时，首先将爆炸冲击波载荷加载到建筑物构件，采用单自由度分析方法可以获得不同压力、冲量值的冲击波载荷作用下构件的转角或位移；然后，分别将对应于构件不同损伤程度的一系列压力-冲量临界值绘制于 P-I 图中；最后，根据建筑物构件毁伤的判据，将临界转角或位移对应的压力-冲量点连接起来形成 P-I 曲线。P-I 曲线的一般形式为

$$(P-P_0)(I-I_0) = C \qquad (8.4.23)$$

式中，P_0 为超压临界值；I_0 为冲量临界值；C 为与构件几何特征、材料特性有

关的常数。

式（8.4.23）两边同时除以 $P_0 I_0$，可转化为如下量纲为 1 的形式

$$(\overline{P}-1)(\overline{I}-1) = \overline{C} \tag{8.4.24}$$

式中，$\overline{P} = P/P_0$；$\overline{I} = I/I_0$；$\overline{C} = C/(P_0 I_0)$。

对于构件的剪切破坏，也可以采用单自由度计算方法得到构件在冲击波作用下的剪切破坏毁伤准则。由于建筑物构件的剪切破坏和弯曲破坏的发生时刻不同，剪切破坏是由构件的高阶振动引起的[27]，因此，可以单独建立构件的两种破坏的计算模型，通过弯曲响应计算获取构件的动态剪切力，作为构件剪切破坏的单自由度系统的外作用力，进而获取构件剪切破坏的 P-I 曲线，具体方法此处不再赘述。

8.4.3.2 能量守恒法

能量守恒法是建立钢筋混凝土构件 P-I 毁伤准则的另一种常用方法。为得到构件 P-I 毁伤准则中超压临界值 P_0 和冲量临界值 I_0，假设：①构件初始总能量全部转化为动能；②冲击波对构件作用过程中，构件在达到最大变形前所受载荷为常数。根据上述假设，建筑物构件在载荷持续时间内达到最大变形 x_{max} 前，结构所具备的应变能相当于爆炸荷载对结构所做功。对应的表达式为

$$\delta_K = \delta_Q \tag{8.4.25}$$

$$\delta_W = \delta_Q \tag{8.4.26}$$

式中，δ_K 为构件初始时刻的动能；δ_Q 为最大位移时刻构件的应变能；δ_W 为冲击波载荷使结构达到最大位移所做的功。对于一个完全弹性系统，系统的能量可以表示为

$$\delta_K = \frac{I^2}{2M} \tag{8.4.27}$$

$$\delta_Q = \frac{1}{2} K w_{max}^2 \tag{8.4.28}$$

$$\delta_W = P w_{max} \tag{8.4.29}$$

式中，w_{max} 为构件最大位移；P 为作用于构件的冲击波超压峰值；I 为作用于构件的冲击波冲量。

将式（8.4.27）~式（8.4.29）代入式（8.4.25）和式（8.4.26），可得超压临界值 P_0 和冲量临界值 I_0，分别为

$$P_0 = \frac{1}{2} K w_{max} \tag{8.4.30}$$

$$I_0 = \sqrt{K \cdot M} w_{max} \tag{8.4.31}$$

式中，w_{max} 由 8.4.2 节构件毁伤判据决定。

8.5 建筑物的易损性评估方法

楼房、机场跑道、桥梁三种目标的结构不同,易损性表征及计算方法也不同,本节分别介绍三种建筑物的易损性评估方法。

8.5.1 地面楼房易损性评估方法

弹药打击地面楼房建筑物时,可能存在两种情况:一种是战斗部侵入楼房内部爆炸,另一种是战斗部在楼房外部爆炸,前者属于密闭空间爆炸问题,后者属于空气中爆炸问题,两种情况下作用于建筑构件的冲击波载荷特性不同。本节首先分析战斗部在楼房内、外爆炸时作用于楼房上的冲击波载荷特性。

8.5.1.1 战斗部外部爆炸时作用在楼房上的冲击波载荷

当战斗部在楼房外部爆炸时,作用于楼房建筑物上的载荷参数与入射冲击波特性及建筑物结构组成、朝向等因素有关。冲击波作用于建筑物结构表面时形成反射冲击波,迎爆面超压增大,但建筑物屋顶或侧墙的超压并未增加,形成超压差,稀疏波从建筑物屋顶或侧墙边缘向迎爆面中心运动;在稀疏波的作用下,作用于建筑物屋顶或侧墙的气流方向发生改变,形成运动的旋风,然后演变成涡流,传播到建筑物结构两侧和顶部,最后传播到建筑物背面,如图 8.5.1 所示。不同阶段冲击波参数计算方法不同。

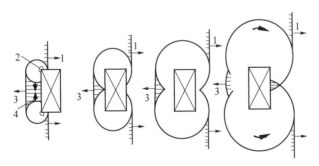

1—冲击波;2—涡流;3—反射冲击波;4—稀疏波。
图 8.5.1 战斗部在建筑物外爆炸时冲击波传播示意图(俯视图)

(1) 作用于迎爆面的冲击波载荷

冲击波作用于迎爆面时，因为反射作用使冲击波压力急剧上升、改变传播方向，产生反射波。迎爆面上点 A 处冲击波入射角 α 定义为爆心和作用点的连线与迎爆面法线之间的夹角，如图 8.5.2 所示。则该位置处冲击波反射波超压峰值是入射波压力峰值及入射角 α 的函数，反射超压 $\Delta P_{r\alpha}$ 可以写为[30]

$$\Delta P_{r\alpha} = C_{r\alpha} \Delta P_{so} \tag{8.5.1}$$

式中，ΔP_{so} 为冲击波入射超压峰值；$C_{r\alpha}$ 为反射超压系数，可以从图 8.5.3 获取。

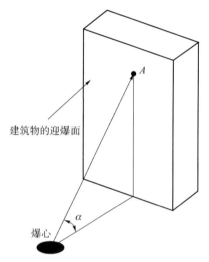

图 8.5.2　冲击波入射角示意图

建筑物迎爆面压力增加至 $\Delta P_{r\alpha}$，但迎爆面边缘以外的冲击波超压并未增加，因此形成了超压差，高压区的空气向迎爆面边缘以外的低压区流动，稀疏波也同时从迎爆面边缘以反射波后的声速向中间传播。经过 t_c 时间后，迎爆面所受的压力为环流超压 ΔP_s，此时迎爆面附近的气流处于相对稳定状态。

t_c 约等于稀疏波从迎爆面边缘开始运动到结构中心位置后又返回迎爆面边缘的时间[29]，可按如下公式计算

$$t_c = \frac{2S}{C_r} \tag{8.5.2}$$

式中，S 为楼房建筑物迎爆面半高和半宽中较小值；C_r 为反射区稀疏波的声速，可近似按下式计算

$$C_r = 20.05 \left[\frac{288(1+10^5 \Delta P_{SO})(7.08\times 10^5 + \Delta P_{SO})}{7.08\times 10^5 + 6\Delta P_{SO}} \right]^{0.5} \tag{8.5.3}$$

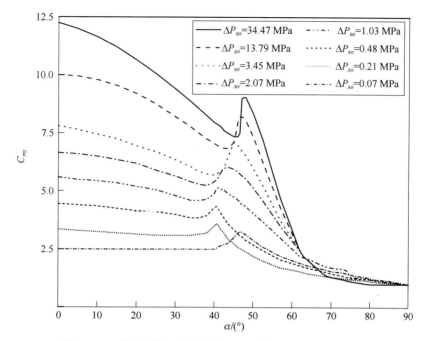

图 8.5.3　反射系数 $C_{r\alpha}$ 与入射角 α、入射超压峰值之间的关系

t_c 时间后，作用于迎爆面上冲击波超压可近似写为

$$\Delta P = \Delta P_a(t) + C_D q(t) \quad (8.5.4)$$

式中，$\Delta P_a(t)$ 为入射冲击波超压；C_D 为阻力系数，该值取决于冲击波波阵面速度和结构形状，取值范围为 0.8~1.0；$q(t)$ 为瞬态冲击波动压，可写为

$$q(t) = \frac{1}{2}\rho u^2(t) \quad (8.5.5)$$

式中，ρ 为流体的密度；$u(t)$ 为流体的速度。

上述计算可以得到作用于迎爆面的冲击波载荷，但计算过程较为复杂，也可以通过工程简化方法计算迎爆面上冲击波载荷。近似计算时，认为迎爆面所受到的压力分为反射压力作用和环流压力作用两个阶段，压力先从反射超压逐渐降低至环流压力，然后衰减至零。假设两个阶段压力均线性变化，则压力与时间的关系可用两条线段来表示，如图 8.5.4 所示，其中 $\Delta P_{r\alpha}$ 为反射超压，ΔP_s 为环流超压，且

$$\Delta P_s = \frac{1}{2}\Delta P_{r\alpha} \quad (8.5.6)$$

两个阶段冲击波压力近似写为

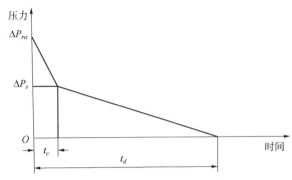

图 8.5.4 作用于迎爆面的冲击波载荷

$$\Delta P(t) = \begin{cases} \Delta P_{r\alpha}\left(1 - \dfrac{t}{2t_c}\right), & 0 < t \leqslant t_c \\ \dfrac{\Delta P_{r\alpha}}{2}\left(1 - \dfrac{t - t_c}{t_d - t_c}\right), & t_c < t < t_d \end{cases} \quad (8.5.7)$$

式中，t_d 为冲击波正压作用时间。

（2）作用于屋顶或侧墙的冲击波载荷

冲击波沿结构边缘发生绕射后，对屋顶或侧墙产生压力，其值等于冲击波超压与环绕结构的气流引起的阻压之和。作用于屋顶或侧墙的冲击波可近似分为加压和泄压两个阶段。第一阶段，压力从零增至 ΔP_R，并在 $t = L/D$（L 为楼房建筑物长，D 为冲击波波阵面传播速度）时增至最大值；第二个阶段，压力从 ΔP_R 逐渐衰减至零，如图 8.5.5 所示，屋顶或侧墙上任一位置 f 点处 ΔP_R 可写为

$$\Delta P_R(t) = C_E P_{sof}(t) + C_D q_{of}(t) \quad (8.5.8)$$

式中，C_E 是等效均布荷载系数，其值可根据 f 点处冲击波波长 L_w 与 L 的比值获取，具体如图 8.5.6 所示；$P_{sof}(t)$ 和 $q_{of}(t)$ 分别为 f 点的冲击波超压和动压的时间历程；C_D 为冲击波阻力系数，其值与动压 q_0 的大小有关，详见表 8.5.1。

表 8.5.1 阻力系数取值

动压 q_0/kPa	阻力系数 C_D
0~172.4	-0.4
172.4~344.7	-0.3
344.7~896.3	-0.2

第 8 章 建筑物的易损性

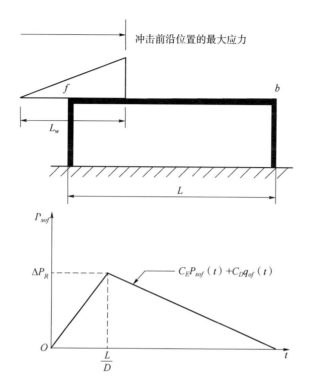

图 8.5.5 作用于屋顶或侧墙的冲击波载荷

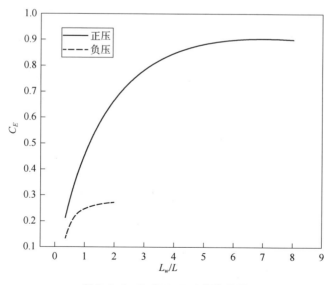

图 8.5.6 C_E 与 L_w/L 之间的关系

两个阶段作用于屋顶或侧墙的冲击波压力近似写为

$$\Delta P(t) = \begin{cases} \Delta P_R\left(\dfrac{t}{L/D}\right), & 0<t\leqslant L/D \\ \Delta P_R\left(1-\dfrac{t-L/D}{t_d-L/D}\right), & L/D<t<t_d \end{cases} \quad (8.5.9)$$

式中，t_d 为冲击波正压作用时间。

（3）作用于结构背面的冲击波载荷

如图 8.5.7 所示，作用于结构背面的冲击波分为三个阶段：当 $t=L/D$ 时，冲击波经过侧面和顶面达到背面，此前的冲击波压力 $\Delta P=0$；随着时间的增加，压力增大（假定压力线性增大），当 $t_m=2S/C_r$ 时，压力达到最大值 ΔP_b；随后，ΔP_b 在正压作用时间范围内随时间线性衰减为 0。其中 ΔP_b 根据试验结果分析近似为

$$\Delta P_b = \dfrac{2}{3}\Delta P_{so} \quad (8.5.10)$$

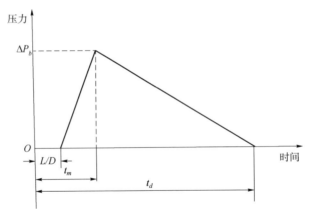

图 8.5.7　作用在结构背面的冲击波载荷

作用于结构背面的冲击波压力近似写为

$$\Delta P(t) = \begin{cases} 0, & t<L/D \\ \Delta P_b\left(\dfrac{t-L/D}{t_m-L/D}\right), & L/D<t\leqslant t_m \\ \Delta P_b\left(1-\dfrac{t-t_m}{t_d-t_m}\right), & t_m<t<t_d \end{cases} \quad (8.5.11)$$

（4）结构孔对冲击波载荷的影响

为了通风和采光，楼房建筑物通常设有门窗等，这些构件在冲击波作用下首先破碎（约 1 ms），冲击波沿着门窗进入建筑物内部，由于冲击波使门窗破

碎需要消耗一部分能量,最终的冲击波超压峰值变小。冲击波在建筑物每个开孔处均形成新的冲击波波阵面,在建筑物内部合并为一个内部冲击波,该冲击波开始时比外部冲击波弱,但由于反射作用,随后会变得比外部冲击波更强。文献 [30] 给出了结构内部压力变化的计算方法,即

$$\Delta P_i = C_L \frac{A_0}{V_0} \Delta t \quad (8.5.12)$$

式中,C_L 为渗透压力系数(kPa·m/ms),可由图 8.5.8 获得;ΔP_i 为结构内部压力增量(kPa);A_0 为洞孔面积(m²);V_0 为结构内腔的体积(m³);Δt 为计算时间步长(ms),可取作用在结构外表面冲击波持续时间的 5%~10%。

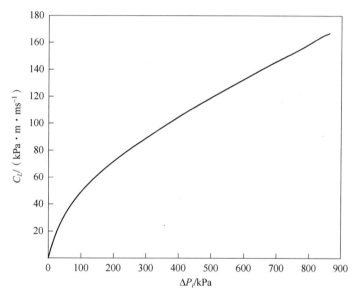

图 8.5.8　渗透压力系数 C_L 与压力增量之间的关系

式 (8.5.12) 适用于开孔较小且初始压力小于 1 MPa 的情况。如图 8.5.9 所示,对于开孔较大的情况,采用下式计算爆心与开孔中心连线位置上点 A 处冲击波压力 P_s[31]:

$$P_s = \begin{cases} P_{s0}\left(\dfrac{2d_c+b_0}{3b_0}\right)^{-1.5}, & d_c \geqslant 3b_0/2 \\ 0.75 P_{s0}(d_c/b_0)^{-0.4}, & b_0/2 \leqslant d_c < 3b_0/2 \end{cases} \quad (8.5.13)$$

式中,P_{s0} 为开孔处初始冲击波超压(kPa);d_c 为距开孔处的距离(m);b_0 为开孔的等效直径(m),即 $b_0 = (4A_0/\pi)^{0.5}$,A_0 为开孔面积。

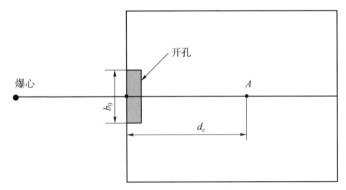

图 8.5.9 开孔结构示意图

8.5.1.2 战斗部在楼房内部爆炸时冲击波载荷特性

战斗部在建筑物内爆炸形成的反射冲击波载荷特性可以用多种方法得到，如 7.2 节介绍的 Baker 计算模型。此外，文献 [30] 也给出了一种内爆冲击波线性计算模型，假设内爆空间为长方体，如果房间很小或者各方向尺寸相差不大，作用于房间构件上的冲击波载荷相差较小，可将内爆冲击波对构件的作用分为反射冲击波压力载荷和准静态压力载荷两个阶段，如图 8.5.10（a）所示；如果房间长度很长，沿长度方向冲击波载荷变化较大，图 8.5.10（a）中的假设不再适用，处理方法是在原有的房间里虚构一个长度尺寸与房间宽度相等的空间（如图 8.5.10（b）中阴影部分所示），冲击波载荷在此虚构空间内传播，然后沿长度方向传播。内爆冲击波对构件的作用可分为反射冲击波压力载荷、虚构空间准静态压力载荷及真实房间内准静态压力载荷三个阶段，如图 8.5.10（b）所示。

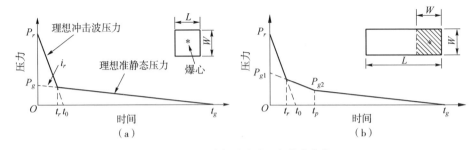

图 8.5.10 内爆冲击波理想载荷曲线

(a) 小房间或尺寸相近房间内冲击波载荷；(b) 狭长房间内冲击波载荷

对于图 8.5.10（a）中的情形，冲击波载荷可写为

第8章 建筑物的易损性

$$\Delta P(t) = \begin{cases} -\dfrac{P_r^2}{2i_r}t + P_r, & 0 < t \leq t_r \\ -\dfrac{P_g^2}{2i_g}t + P_g, & t_r < t < t_g \end{cases} \quad (8.5.14)$$

式中，P_r 和 i_r 分别表示反射冲击波压力和比冲量；P_g 和 i_g 分别表示准静态压力及其比冲量。上述四个参量可由 7.2 节计算模型得到。t_r 和 t_g 可分别由下式计算

$$t_r = \dfrac{2i_r i_g (P_r - P_g)}{P_r^2 i_g - P_g^2 i_r} \quad (8.5.15)$$

$$t_g = 2i_g / P_g \quad (8.5.16)$$

对于图 8.5.10（b）中的情形，冲击波载荷可写为

$$\Delta P(t) = \begin{cases} -\dfrac{P_r^2}{2i_r}t + P_r, & 0 < t \leq t_r \\ -\dfrac{P_{g1}^2}{2i_{g1}}t + P_{g1}, & t_r < t \leq t_p \\ -\dfrac{P_{g2}^2}{2i_{g2}}(t - t_p) + P_{g2}, & t_p < t < t_g \end{cases} \quad (8.5.17)$$

式中，参量含义与式（8.5.12）相同，P_{g1} 和 i_{g1} 表示虚构空间内准静态压力和比冲量，该虚构空间的长与原房间的宽相同；P_{g2} 和 i_{g2} 表示实际房间内准静态压力和比冲量；P_{g1}、i_{g1}、P_{g2} 和 i_{g2} 详细计算方法见 7.2 节。

$$t_r = \dfrac{2i_r i_{g1}(P_r - P_{g1})}{P_r^2 i_{g1} - P_{g1}^2 i_r} \quad (8.5.18)$$

$$t_p = \dfrac{L - W}{C_s} \quad (8.5.19)$$

$$t_g = 2i_{g2} / P_{g2} \quad (8.5.20)$$

式中，C_s 为声速。

8.5.1.3 楼房坍塌分析

由于楼房建筑物各承力构件之间存在力的传递，某个承力构件毁伤后，失去了原先的承力功能，楼房载荷将重新分配，如图 8.5.11 所示，其他构件承受的载荷增加，若超过其最大承载，会导致二次毁伤。此外，不同位置的同类构件，承载力不同，其毁伤后对整个楼房的影响也不同，如顶层的构件毁伤，则下层的构件几乎没有影响；底层构件毁伤，导致上层的构件毁伤，如

图 8.5.12 所示。因此，楼房建筑物在爆炸冲击波作用后，需要分析构件毁伤对楼房整体承力的影响，分析是否会引起其他构件的毁伤，甚至楼房的坍塌等。

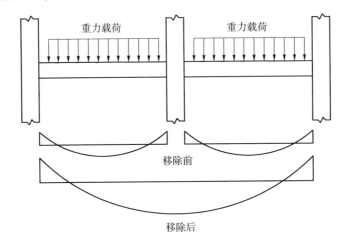

图 8.5.11　承力构件毁伤后受力重新分配

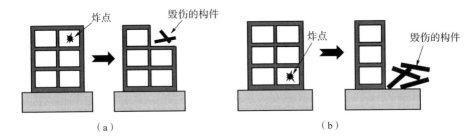

图 8.5.12　毁伤构件位置对楼房整体毁伤的影响
(a) 在顶层爆炸；(b) 在底层爆炸

可以采用数值分析方法、试验法或理论分析法评估构件毁伤对建筑物其他构件的影响，但目前应用较多的是数值分析法，建立毁伤后楼房的有限元模型，分析各构件的受力情况，分析引起的后续毁伤；楼房建筑物连续倒塌问题的理论分析模型较少，分析楼房建筑物连续倒塌大致可以分为以下步骤：

①将毁伤的构件从原建筑物中移除，建立毁伤后楼房建筑物的力学分析模型。

②分析构件移除后楼房建筑的载荷分配关系及各构件的承载特性，具体的分析方法包括线性静力法、非线性静力法、非线性动力法等[32]。

③依据构件失效准则，确定剩余构件是否毁伤。常见的构件失效准则有变形失效准则和承载失效准则，变形失效准则指剩余结构不能出现超过构件变形

能力极限的塑性变形[30]；承载失效准则指作用于剩余结构的载荷不能超过承载极限。

④重复步骤①~②，直至没有新的构件毁伤或建筑物完全坍塌为止。

8.5.1.4 楼房易损性评估

为了定量分析建筑物的易损性，采用建筑物损坏的结构体积占总结构体积的比例来衡量建筑物的毁伤程度。根据毁伤程度，将建筑物的毁伤分为轻度、中度和重度三个毁伤级别。

①轻度毁伤：建筑物损坏的结构体积占总结构体积的比例为 0~30%；

②中度毁伤：建筑物损坏的结构体积占总结构体积的比例为 30%~60%；

③重度毁伤：建筑物损坏的结构体积占总结构体积的比例为 60%~100%。

冲击波作用下，地面楼房的易损性用建筑物平均有效毁伤面积（MAE_{BLDG}）表征[16]。如图 8.5.13 所示，将楼房建筑物在垂直于弹药攻击方向的平面上投影，将投影区划分成一定大小的单元格，楼房建筑物平均有效毁伤面积 MAE_{BLDG} 为

$$MAE_{BLDG} = \sum_{i=1}^{n} \sum_{j=1}^{m} P_K(x_i, y_j) \times A_{cell} \qquad (8.5.21)$$

式中，n、m 分别为投影区网格的行数和列数；A_{cell} 为单个单元格面积；$P_K(x_i, y_j)$ 为弹药经过 (x_i, y_j) 位置打击时楼房建筑物的毁伤概率，其值为建筑物毁伤构件体积之和与建筑物所有构件总体积的比值

$$P_K(x_i, y_j) = \frac{V_d}{V_0} \qquad (8.5.22)$$

式中，V_0 为楼房建筑物的构件总体积；V_d 为爆炸冲击波直接作用及连续坍塌导致毁伤的构件体积之和。

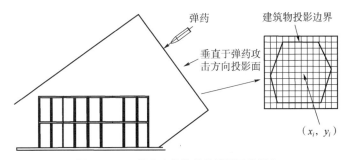

图 8.5.13　楼房建筑物的投影及网格划分

将弹药以不同落角、不同落速攻击建筑物不同方位时楼房建筑物平均有效毁伤面积构成楼房建筑物的易损性表格，见表 8.5.2，该表完整地表征了楼房

在弹药攻击下的易损性。

表 8.5.2 楼房建筑物的易损性　　　　　　　　　　　　　　　　m²

弹药落角/(°)	攻击方位/(°)	弹药落速/(m·s⁻¹)		
		500	**600**	...
30	0	1 000	1 300	...
	45	1 100	1 200	...
	90	1 050	1 350	...
	...	...	...	...
60	0	1 090	1 390	...
	45	1 150	1 410	...
	90	1 130	1 420	...
	...	...	...	...
...	...	...	...	...

8.5.2　机场跑道易损性评估方法

对于机场跑道，通常分为一个级别（Ⅰ级），即机场遭到打击后产生的爆坑能够阻止飞机起降，未毁伤跑道的长度或宽度无法提供安全的起降通道。

机场跑道的易损性采用弹药爆炸后在跑道中形成的爆坑直径表征[16]。根据得到的 TNT 裸装药质量及 8.2 节计算得到的战斗部侵入深度，按照 8.3 节的计算模型可以得到侵爆弹药攻击机场跑道形成的爆坑直径和深度。

战斗部爆炸形成的爆坑直径表征了机场跑道的易损性。爆坑直径越大，表明跑道相对该战斗部更易损，更容易被该弹药封锁。

将弹药以不同落角、不同落速攻击跑道时形成的爆坑直径构成跑道的易损性表格，见表 8.5.3，该表完整地表征了跑道在某弹药不同终点条件攻击时形成的爆坑尺寸。

表 8.5.3　弹药以不同落角、落速打击时跑道的爆坑直径　　　　　　　m

弹药落角/(°)	弹药落速/(m·s⁻¹)		
	500	**600**	...
10	0.3	0.32	...
20	0.31	0.35	...
30	0.34	0.38	...
...	...	...	...

8.5.3 桥梁易损性评估方法

通常用战斗部命中桥梁不同位置导致桥梁丧失通行宽度来表征桥梁的易损性。战斗部命中桥梁不同位置时，桥梁丧失的通行宽度不同，如桥面受纵梁支撑，战斗部直接命中桥面并爆炸时，很难在桥面形成直径较大的孔洞；战斗部命中支撑桥面的结构组件（如排架、纵梁和桥墩）时，可能引起桥面完全坍塌等，如图 8.5.14 所示。

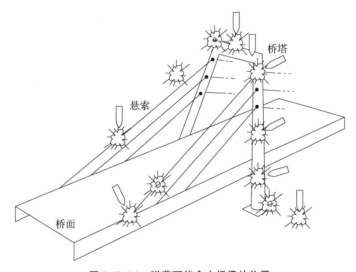

图 8.5.14　弹药可能命中桥梁的位置

桥梁的毁伤过程分析与楼房建筑物的类似，首先分析弹药战斗部爆炸后形成的冲击波载荷，计算作用于桥梁构件上的冲击波参数，计算构件的毁伤；建立毁伤后桥梁的力学分析模型，分析桥梁构件的后续毁伤或引起的坍塌；确定桥梁剩余承载能力及可通行的桥面宽度，得到桥梁丧失的通行宽度（BEI）。

弹药命中桥梁不同位置，引起桥梁通行能力的下降程度不同，桥梁丧失的通行宽度计算方法也不同，目前相关的研究较少。钢筋混凝土梁式桥可以通过以下公式大致预估 BEI[38]：

$$\mathrm{BEI} = \begin{cases} W_b & \text{任一桥墩毁伤} \\ W_d & \text{桥墩无毁伤,桥面毁伤} \\ 0 & \text{无构件毁伤} \end{cases} \qquad (8.5.23)$$

式中，W_b 为桥梁的桥面宽度；W_d 为桥面上毁伤区域的宽度。这种方法只考虑桥墩和桥面的毁伤，计算过程简单，适用于简单桥梁。

■ 目标易损性评估及应用

文献［39］给出了钢筋混凝土桥梁剩余载荷快速估算方法，该方法只考虑承受弯矩的桥面、梁、主箱梁等构件，战斗部命中不同构件时，丧失的通行宽度计算方法不同。

① 当桥面产生孔洞时，桥梁丧失的通行宽度（BEI）可写为

$$BEI_1 = W_{deck} \quad (8.5.24)$$

式中，W_{deck} 为战斗部命中桥面时引起的孔洞宽度，如图 8.5.15 所示。

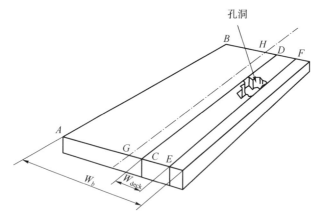

图 8.5.15 桥面毁伤形成的孔洞

② 当桥面支撑梁毁伤时，如图 8.5.16 所示，桥梁的剩余弯曲强度可写为

$$W_r = \frac{n - n_d}{n} W_d \quad (8.5.25)$$

式中，n 为沿宽度方向支撑梁总数；n_d 为毁伤的支撑梁数目；W_d 为桥梁设计弯曲强度。

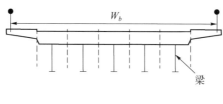

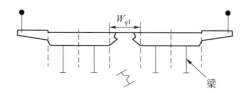

图 8.5.16 梁的毁伤

根据毁伤后桥梁剩余弯曲强度 W_r，可以计算桥梁剩余的承载能力 q_L，并计算得到承受 q_L 的对应桥面宽度 W_{q1}，此时，桥梁丧失的通行宽度可写为

$$\mathrm{BEI}_2 = W_b - W_{q1} \tag{8.5.26}$$

式中，W_b 为桥面原有宽度。

③当桥梁主箱梁毁伤时，如图 8.5.17 所示，根据主箱梁的毁伤状态（如破坏宽度为 W_{box}），可近似估算出剩余最大承受载荷弯矩 M_r，根据桥梁设计规范[40]计算 M_r 对应的桥面宽度 W_{q2}，此时，桥梁丧失的通行宽度可写为

$$\mathrm{BEI}_3 = W_b - W_{q2} \tag{8.5.27}$$

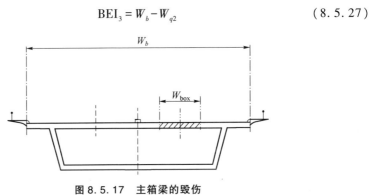

图 8.5.17 主箱梁的毁伤

④当弹药同时毁伤桥梁的桥面、梁、主箱梁构件时，则桥梁丧失的通行宽度为上述三个值的最大值，即

$$\mathrm{BEI} = \max\{\mathrm{BEI}_1, \mathrm{BEI}_2, \mathrm{BEI}_3\} \tag{8.5.28}$$

式中，若桥面、梁、主箱梁中第 i 类构件未毁伤时，其对应的 BEI_i 值为 0。

将弹药以不同落角、不同落速攻击距桥梁端面不同距离时桥梁丧失的通行宽度构成桥梁的易损性表格，见表 8.5.4，其中，BEI 为弹药命中桥梁宽度方向不同位置时，桥梁丧失通行宽度的平均值。该表完整地表征了桥梁在弹药攻击下的毁伤情况。

表 8.5.4　桥梁的易损性（距桥梁端面 10 m）　　　　　　　　m

弹药落角/(°)	弹药落速/(m·s⁻¹)		
	500	**600**	...
10	0.2	0.22	...
20	0.21	0.25	...
30	0.24	0.28	...
...	...	...	...

参 考 文 献

[1] 王铭明，杨德磊. 建筑结构 [M]. 成都：电子科技大学出版社，2017.
[2] 包世华，方鄂华. 高层建筑结构设计 [M]. 北京：清华大学出版社，1990.
[3] 葛晶，夏凯，马志新. 建筑结构设计与工程造价 [M]. 成都：电子科技大学出版社，2017.
[4] 熊丹安，王芳. 建筑结构 [M]. 广州：华南理工大学出版社，2017.
[5] 曹辰. 活性聚能装药反机场跑道毁伤效应研究 [D]. 北京：北京理工大学，2015.
[6] 铁道部大桥工程局，桥梁科学研究所. 悬索桥 [M]. 北京：科学技术文献出版社，1996.
[7] Young C W. Penetration equations [R]. Albuquerque, NM: Sandia National Labs., 1997.
[8] Young C W. Equations for predicting earth penetration by projectiles: an update [M]. Sandia National Laboratories, 1988.
[9] Ben-Dor G, Elperin T, Dubinsky A. High-speed penetration dynamics: engineering models and methods [M]. World Scientific, 2013.
[10] 金栋梁，何翔，刘瑞朝，等. 岩石侵彻深度经验公式 [C]. 全国工程结构安全防护学术会议，2005.
[11] 黄正祥，祖旭东. 终点效应 [M]. 北京：科学出版社，2014
[12] 王儒策，赵国志. 弹丸终点效应 [M]. 北京：北京理工大学出版社，1993.
[13] 董永香，冯顺山，李砚东，等. 土介质对低速弹丸的抗侵彻性能实验研究 [J]. 高压物理学报，2007（04）：419-424.
[14] Brown S J. Energy release protection for pressurized systems. part II: review of studies into impact/terminal ballistics [J]. Applied Mechanics Reviews, 1986, 39 (2): 177-201.
[15] 金丰年，徐汉中，王斌，等. Bernard 侵彻计算公式的比较分析 [J]. 解放军理工大学学报（自然科学版），2004（02）：45-47.

[16] Driels M R. Weaponeering: conventional weapon system effectiveness [M]. Reston, Virginia: American Institute of Aeronautics and Astronautics, Inc, 2004.

[17] Jones N. Structural impact [M]. New York: Cambridge University Press, 2012.

[18] Krauthammer T. Modern protective structures [M]. CRC Press, 2008.

[19] Shi Y, Hao H, Li Z-X. Numerical derivation of pressure-impulse diagrams for prediction of RC column damage to blast loads [J]. International Journal of Impact Engineering, 2008, 35 (11): 1213-1227.

[20] Cui J, Shi Y, Li Z-X, et al. Failure analysis and damage assessment of RC columns under close-in explosions [J]. Journal of Performance of Constructed Facilities 2015, 29 (5): B4015003.

[21] Ma G W, Shi H J, Shu D W. $P-I$ diagram method for combined failure modes of rigid-plastic beams [J]. International Journal of Impact Engineering, 2007, 34 (6): 1081-1094.

[22] 汪维. 钢筋混凝土构件在爆炸载荷作用下的毁伤效应及评估方法研究 [D]. 长沙: 国防科学技术大学, 2012.

[23] Oswald C J, Sherkut D. Facilities and component explosive damage assessment program (FACEDAP) theory manual Vl. 2 [R]. Omaha, NE: Southwest Research Inst., 1994.

[24] Biggs J M. Introduction to structural dynamics [M]. McGraw-Hill College, 1964.

[25] 周阳. 空地导弹对典型建筑物毁伤效能评估方法研究 [D]. 南京: 南京理工大学, 2021.

[26] Jones J, Wu C, Oehlers D J, et al. Finite difference analysis of simply supported RC slabs for blast loadings [J]. Engineering Structures, 2009, 31 (12): 2825-2832.

[27] Krauthammer T, Assadi-Lamouki A, Shanaa H M. Analysis of impulsively loaded reinforced concrete structural elements—Ⅱ. implementation [J]. Computers & Structures, 1993, 48 (5): 861-871.

[28] 钱七虎, 徐更光, 周丰峻. 反爆炸恐怖袭击安全对策 [M]. 北京: 科学出版社, 2005.

[29] 黄正祥, 祖旭东. 终点效应 [M]. 北京: 科学出版社, 2014.

[30] DOD U S. Structures to resist the effects of accidental explosions: UFC 3-340-02 [R]. USA: Department of Defense, 2008.

［31］ Kaplan K, Price P D. Accidental explosions and effects of blast leakage into structures ［R］. Redwood City CA: Scientific Service Inc, 1979.

［32］ 刘刚刚. 钢筋混凝土框架结构连续倒塌破坏机理研究 ［D］. 大连：大连理工大学, 2013.

［33］ 李青, 王树山, 马峰. 基于战术研究的桥梁毁伤评估模型 ［C］. 江苏省系统工程学会第十一届学术年会论文集. 江苏省系统工程学会（Systems Engineering Society of Jiangsu）, 2009: 7.

［34］ Bulson P S. Explosive loading of engineering structures ［M］. CRC Press, 1997.

［35］ Imbsen R A. AASHTO Guide specifications for LRFD seismic bridge design ［M］. AASHTO, 2009.

第 9 章
目标易损性的应用

目标易损性的应用范围很广,可应用于弹药毁伤效能评估及火力规划、目标战场生存力设计、弹药战斗部设计、引战配合设计与优化、目标防护设计、目标生存力评估及防护等诸多方面。

9.1 杀伤爆破类弹药对地面装备目标毁伤效能评估

杀伤爆破类弹药对地面装备目标毁伤效能评估的基本思想是基于目标易损性信息,结合弹药战斗部威力参数计算不同交会条件下弹药对目标的杀伤面积,根据弹药投放条件及落点精度,计算此类弹药对目标的毁伤效能。

9.1.1 弹药对地面装备目标的杀伤面积

为了计算弹药对地面装备目标的杀伤面积,首先建立表征弹目关系的坐标系;然后分析弹药战斗部威力,根据战斗部爆炸形成的静态威力场计算动态威力场;结合弹药战斗部形成的毁伤元特性及目标易损性信息计算特定终点条件下对目标的毁伤概率;最后,计算得到弹药对目标的毁伤矩阵及杀伤面积。

9.1.1.1 弹目关系及坐标系建立

图 9.1.1 所示为杀伤爆破弹药在空中爆炸时的弹目交会关系,弹药爆炸时距地面的高度为 h,弹药终点速度与地面的夹角为 ϕ。以战斗部炸点 W 在地面上的投影点 O 为原点建立地面坐标系。假设弹药的速度矢量与其轴线重合,与地面的交点为 R,定义 OR 为 x 轴,y 轴在地平面上过原点并垂直于 x 轴,z 轴由右手法则确定。

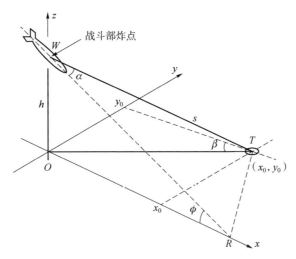

图 9.1.1　弹目交会关系及坐标系示意图

根据图 9.1.1，可以确定位于地面任意位置 (x_0, y_0) 处目标 T 相对于战斗部炸点 W 的高低角 β 和偏离战斗部轴线的角 α。

$$\beta = \arctan\left(\frac{h-t}{\sqrt{x_0^2+y_0^2}}\right) \quad (9.1.1)$$

式中，t 为目标高度。

$$\alpha = \arcsin\left(\frac{WT^2+WR^2-TR^2}{2\cdot WT \cdot WR}\right) \quad (9.1.2)$$

式中，

$$WT = s = \sqrt{(h-t)^2+x_0^2+y_0^2} \quad (9.1.3)$$

$$WR = \sqrt{h^2+\left(\frac{h}{\tan\phi}\right)^2} \quad (9.1.4)$$

$$TR = \sqrt{\left(\frac{h}{\tan\phi}-x_0\right)^2+y_0^2+t^2} \quad (9.1.5)$$

9.1.1.2　弹药战斗部威力分析

杀爆类弹药战斗部靠冲击波和破片毁伤目标，其威力分析要考虑冲击波威力和破片威力。冲击波威力可用战斗部裸装药等效 TNT 质量表征；战斗部的破片威力通过破片静态威力场数据表表征，见表 9.1.1，表中包含了战斗部静爆形成的破片飞散区间，各区间内破片的质量组数目，各质量组的破片平均质量、数目、阻力系数及形状系数。

表 9.1.1 破片静态威力场数据表

飞散区号	角度边界/(°)			破片速度/(m·s^{-1})			破片质量组数
	破片飞散区间左边界角度	破片飞散区间右边界角度	破片飞散区间中心角度	飞散区间左边界处破片速度	飞散区间右边界处破片速度	飞散区间中心处破片速度	
1	30.000	60.000	45.000	1 500	1 700	2 050	4
	各质量组破片的平均质量/g		0.440	2.500	4.500	10.61	—
	各质量组破片的数目/枚		88.9	9.9	17.8	35.6	—
	各质量组破片的阻力系数		1.5	1.5	1.5	1.5	
	各质量组破片的形状系数		0.005 2	0.005 2	0.005 2	0.005 2	
2	60.000	80.000	70.000	1 500	1 700	2 050	2
	各质量组破片的平均质量/g		0.80	3.200	—	—	—
	各质量组破片的数目/枚		21.9	43.0	—	—	—
	各质量组破片的阻力系数		0.97	0.97	—	—	
	各质量组破片的形状系数		0.003 1	0.003 1	—	—	
…	…	…	…	…	…	…	…

弹目交会时，由于弹药命中目标时具有一定的终点速度，破片速度是战斗部静爆时破片初速与弹药终点速度的叠加，因此，需要根据破片静态威力数据及弹药战斗部爆炸时的终点速度，计算破片的动态飞散区间及破片速度。

如图 9.1.2 所示，叠加弹药的终点速度后，破片飞散角、初始速度分别为：

$$\tan \alpha' = \frac{v_{s0}\sin \alpha}{v_c + v_{s0}\cos \alpha} \quad (9.1.6)$$

$$v_0 = \sqrt{v_{s0}^2 + v_c^2 + 2v_{s0} \cdot v_c \cos \alpha} \quad (9.1.7)$$

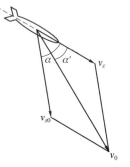

图 9.1.2 弹药终点速度和战斗部静爆时破片初速的叠加

式中，v_c 为弹药的终点速度；v_{s0} 为弹药战斗部静爆时的破片初速；v_0 为叠加弹药的终点速度后得到的破片初速；α 为破片的静态飞散角；α' 为破片的动态飞散角。

9.1.1.3 弹药对目标的条件毁伤概率

计算给定交会条件下杀伤爆破类弹药对装备目标的毁伤概率时，要分别考虑破片毁伤元和冲击波对目标的毁伤概率。

假设破片和冲击波对目标的毁伤相互独立，则杀爆类弹药对装备目标的毁伤概率为：

$$P_K = 1-(1-P_{KF})\cdot(1-P_{KB}) \quad (9.1.8)$$

式中，P_{KF}为破片对装备目标的毁伤概率；P_{KB}为冲击波对装备目标的毁伤概率。下面分别介绍破片和冲击波对目标的毁伤概率计算方法。

（1）破片毁伤元对目标的毁伤概率

破片对目标的毁伤概率计算分为三个步骤：首先，根据破片动态威力场及弹目位置关系确定命中目标的破片质量、速度及高低角，考虑破片速度衰减，计算到达目标处破片的速度；其次，根据命中目标的破片质量、速度、高低角及目标易损性信息表（包含易损面积和暴露概率），计算命中破片作用下目标的易损性信息；最后，计算破片对目标的毁伤概率。

①到达目标处破片的速度。

破片在空中飞行时，受空气阻力作用，速度不断减小，根据破片的运动方程可以计算破片飞行到目标处的速度。破片的运动方程为

$$\frac{1}{2}C_D\rho\bar{A}v^2 = -m\frac{dv}{dt} = -m\frac{dv}{ds}\frac{ds}{dt} = -mv\frac{dv}{ds} \quad (9.1.9)$$

式中，C_D为破片的阻力系数；ρ为空气密度；m为破片质量；v为破片的运动速度；$\bar{A}$为破片的平均迎风面积，对于不规则破片，可由式（9.1.10）计算

$$\bar{A} = Km^{2/3} \quad (9.1.10)$$

式中，K为破片形状系数，从表9.1.1中获取。

式（9.1.9）可以写成如下形式

$$ds = \frac{-2mdv}{C_D\rho\bar{A}v} \quad (9.1.11)$$

对式（9.1.11）积分可得

$$\int_0^s ds = \int_{v_0}^{v_s} \frac{-2m}{C_D\rho\bar{A}v}dv \quad (9.1.12)$$

通常情况下，C_D是破片速度v的函数，需要采用数值计算方法才能求解上式。为了简化计算，假设C_D为常数（可从表9.1.1中获取），则对式（9.1.12）积分得：

$$v(s) = v_0 e^{-\frac{C_D\rho\bar{A}}{2m}s} \quad (9.1.13)$$

式中，v_0为破片初速（动态）；$v(s)$为破片飞行距离s后的速度；s为弹目之间的距离，可由式（9.1.3）计算。

② 破片对装备目标的毁伤概率计算。

目标位置处破片的数目密度为：

$$\rho_{ij} = \frac{K_{ij}}{2\pi \cdot s^2 (\cos \alpha'_{j+1} - \cos \alpha'_j)} \quad (9.1.14)$$

式中，下标 i 表示破片质量组；j 表示破片飞散区间；K_{ij} 为第 j 个破片飞散区内（动态）第 i 个破片质量组的破片数目（见表9.1.1）；α'_j、α'_{j+1} 为第 j 个破片飞散区间的角度边界。

第 j 个破片飞散区内第 i 个破片质量组的破片对 (x,y) 处目标的毁伤概率为：

$$P_{KF(i,j)}(x,y) = \mathrm{PE}_i (1 - \mathrm{e}^{-\rho_{ij} \cdot A_{Vi}}) \quad (9.1.15)$$

式中，PE_i 为第 i 个质量组破片作用下目标的暴露概率；A_{Vi} 为第 i 个质量组破片作用下目标的易损面积；PE_i 和 A_{Vi} 与破片的质量、速度、高低角有关。

设覆盖目标的动态破片飞散区间为 L 个（由目标大小和弹目位置关系决定），考虑各个质量组的破片，则破片场对装备目标的毁伤概率为：

$$P_{KF}(x,y) = 1 - \prod_{j=1}^{L} \prod_{i=1}^{N(j)} [1 - P_{KF(i,j)}(x,y)] \quad (9.1.16)$$

式中，$N(j)$ 为第 j 个动态破片飞散区间内破片的质量组数目。

③ 目标易损信息获取。

表4.5.1表征了目标的易损性，其与破片的质量、速度、高低角有关。当破片质量、速度、高低角确定时，可通过查表或插值的方法获取目标的易损面积 A_{Vi} 和暴露概率 PE_i，其中，在给定高低角、质量和速度的破片作用下，目标暴露概率为目标易损面积不为0的方位角个数与所计算方位角个数的比值。

（2）冲击波对目标的毁伤概率

采用超压准则评估冲击波对地面装备目标的毁伤。如图9.1.3所示，当作用于目标的冲击波超压峰值小于 ΔP_{m1} 时，目标不毁伤；当作用于目标的冲击波超压峰值大于 ΔP_{m2} 时，目标100%毁伤；当作用于目标的冲击波超压峰值介于 ΔP_{m1} 和 ΔP_{m2} 之间时，目标的毁伤概率在 [0,1] 之间线性变化[1]。

由于冲击波从战斗部炸点以球面波形式向外传播，根据冲击波的

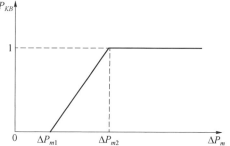

图9.1.3 目标毁伤概率与超压的关系

衰减规律可以得到冲击波衰减到 ΔP_{m1} 和 ΔP_{m2} 对应的距离 RB_2 和 RB_1，如图 9.1.4 所示。当弹目距离 s 小于 RB_1 时，冲击波对目标的毁伤概率为 1；s 大于 RB_2 时，冲击波对目标的毁伤概率为 0；s 介于 RB_1 和 RB_2 之间时，冲击波对目标毁伤概率从 1 到 0 线性变化。

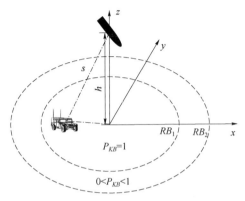

图 9.1.4　冲击波对不同区域内目标的毁伤能力

则战斗部爆炸形成的冲击波对装备目标的毁伤概率可写为

$$P_{KB} = \begin{cases} 1, & s < RB_1 \\ \dfrac{s - RB_2}{RB_1 - RB_2}, & RB_1 \leqslant s \leqslant RB_2 \\ 0, & s > RB_2 \end{cases} \quad (9.1.17)$$

9.1.1.4　弹药对目标的杀伤面积

弹药对目标的杀伤面积是目标毁伤概率与所在位置处微元面积乘积之和，即

$$A_L = \iint P_K(x, y) \, \mathrm{d}x \mathrm{d}y \quad (9.1.18)$$

由于很难得到 $P_K(x, y)$ 的显式方程，式 (9.1.18) 难以通过积分得到，实际应用中通常采用离散化方法计算弹药对目标的杀伤面积。如图 9.1.5 所示，将地面划分为 $N_x \cdot N_y$ 个大小相等的单元网格，由式 (9.1.8) 计算弹药对位于各网格中心的装备目标的毁伤概率 $P_K(x_m, y_n)$，得到弹药对不同位置处目标的毁伤概率分布表，也称为毁伤矩阵，见表 9.1.2。

则弹药对目标的杀伤面积可写为

$$A_L = \sum_{n=1}^{N_y} \sum_{m=1}^{N_x} P_K(x_m, y_n) \cdot A_{\mathrm{cell}} \quad (9.1.19)$$

■ 目标易损性评估及应用

式中,(x_m, y_n)为第m列n行单元网格中心的坐标;A_{cell}为单个网格的面积。

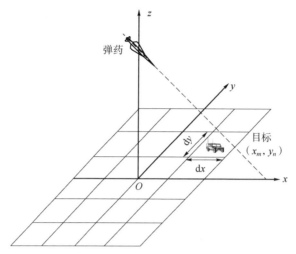

图 9.1.5 地面网格划分示意图

表 9.1.2 毁伤矩阵

y/m		x/m									
	...	-0.45	-0.35	-0.25	-0.15	-0.05	0.05	0.15	0.25	0.35	0.45	...
...	...	...	...	...	...	...	...	...	...	...	...
0.85	...	0	0	0	0	0	0	0	0	0	...
0.75	...	0	0	0	0	0	0	0	0	0	...
0.65	...	0	0	0	0	0	0	0	0	0	...
0.55	...	0	0.95	0.95	0.95	0.95	0.95	0.95	0.95	0.95	...
0.45	...	0	1	1	1	1	1	1	1	0.95	...
0.35	...	0	1	1	0	1	1	1	1	0.95	...
0.25	...	0	1	1	1	1	1	1	1	0.95	...
0.15	...	0.95	1	1	1	1	1	1	1	0.9975	...
0.05	...	0.95	1	1	1	1	1	1	1	0.9975	...
-0.05	...	0.95	1	1	1	1	1	1	1	0.9975	...
-0.15	...	0	1	1	1	1	1	1	1	0.95	...
-0.25	...	0	1	1	1	1	1	1	1	0.95	...
-0.35	...	0	0	0	0.985	1	0.985	0.985	0	0	0	...
-0.45	...	0	0	0	0.985	1	0.985	0.985	0	0	0	...
-0.55	...	0	0	0	0.9	1	0.985	0.9	0	0	0	...
-0.65	...	0	0	0	0.9	1	0.985	0.9	0	0	0	...

续表

y/m	...	x/m										...
		−0.45	−0.35	−0.25	−0.15	−0.05	0.05	0.15	0.25	0.35	0.45	
−0.75	...	0	0	0	0.9	1	0.9	0.9	0	0	0	...
−0.85	...	0	0	0	0	1	0	0	0	0	0	...
...	...	...	...	...	...	...	...	...	...	...	...	...

9.1.2 杀爆类弹药对地面装备目标的毁伤效能计算模型

9.1.2.1 目标毁伤函数

炸点周围不同位置处目标的毁伤概率不同,毁伤概率的等值线及分布如图 9.1.6 所示,等值线近似为椭圆形,在攻击方向和垂直于攻击方向上,毁伤概率均近似服从正态分布,毁伤概率的分布形态和卡尔顿函数的图形形态相似,因此,近似用卡尔顿函数表征弹药对不同位置处目标的毁伤概率[1],称该函数为卡尔顿毁伤函数。

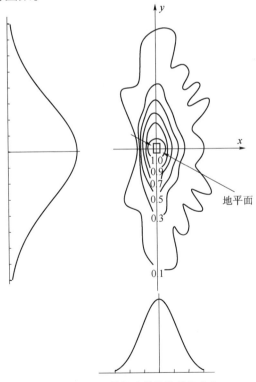

图 9.1.6 毁伤概率的等值线及分布

卡尔顿毁伤函数的数学表达式为：

$$P_K(x,y) = e^{-\left(\frac{x^2}{\text{WR}_x^2} + \frac{y^2}{\text{WR}_y^2}\right)} \quad (9.1.20)$$

式中，WR_x 和 WR_y 为卡尔顿毁伤函数的两个常数。图 9.1.7 所示为卡尔顿毁伤函数的三维图和在 xy 平面上的毁伤概率等值线，其形状为椭圆形。

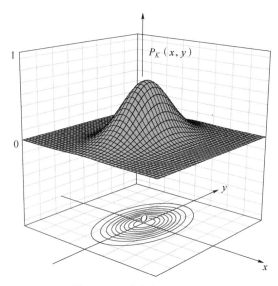

图 9.1.7　卡尔顿毁伤函数

WR_x 和 WR_y 值的大小决定 P_K 值的变化率，这两个值通常不相等，定义 WR_x 和 WR_y 的比值为 a，a 可近似表示为[1]：

$$a = \max\{1 - 0.8\cos\phi, 0.3\} \quad (9.1.21)$$

将式（9.1.20）代入式（9.1.18），得

$$A_L = \int_{-\infty}^{+\infty}\int_{-\infty}^{+\infty} e^{-\left(\frac{x^2}{\text{WR}_x^2} + \frac{y^2}{\text{WR}_y^2}\right)} dxdy \quad (9.1.22)$$

即

$$A_L = \pi \cdot \text{WR}_x \cdot \text{WR}_y \quad (9.1.23)$$

根据 WR_x 和 WR_y 的比值 a，可得

$$\text{WR}_x = \sqrt{A_L \cdot a/\pi} \quad (9.1.24)$$

$$\text{WR}_y = \text{WR}_x/a \quad (9.1.25)$$

用卡尔顿毁伤函数表示弹药对不同位置处目标的毁伤能力时，可简化弹药毁伤效能计算，但有时仍难以满足快速评估的需要，此时可将卡尔顿毁伤函数进一步简化。

为了便于计算后续弹药对目标的命中概率，保持弹药杀伤面积不变的条件

下，将卡尔顿毁伤函数简化为边界规则的"0-1"函数，如图9.1.8所示，该函数表示弹药对区域边界内目标的毁伤概率为1，对区域边界外目标毁伤概率为0，其函数形式为

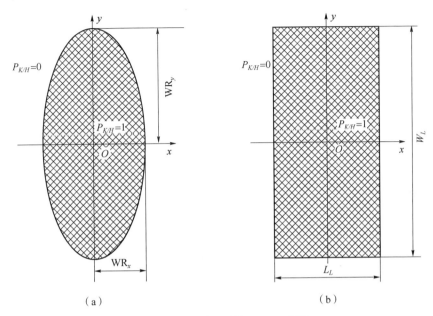

图 9.1.8　边界规则的"0-1"函数
(a) 椭圆边界; (b) 矩形边界

$$P_{K/H}(x,y) = \begin{cases} 1, & (x,y) \in R \\ 0, & (x,y) \notin R \end{cases} \quad (9.1.26)$$

式中，R 表示椭圆或矩形边界内的区域，椭圆的短半轴 WR_x 和长半轴 WR_y 分别由式 (9.1.24) 和式 (9.1.25) 计算得到；矩形的长和宽分别为

$$L_L = \sqrt{A_L \cdot a} \quad (9.1.27)$$
$$W_L = L_L/a \quad (9.1.28)$$

9.1.2.2　弹药杀伤区域与虚拟目标

弹药对目标的杀伤面积 (A_L) 越大，说明弹药对目标的毁伤能力越强，目标在该弹药作用下越易损，因此，A_L 不仅表征了弹药对目标的毁伤能力，还表征了目标在该弹药作用下的易损性。

弹药打击地面装备目标时，装备目标的尺寸相对于弹药杀伤面积较小，可看作一个点目标。假设弹药的杀伤区域为矩形，当弹药杀伤区域覆盖目标时，目标被毁伤，否则目标不被毁伤；反过来，可以把弹药看作一个点，将目标看

作和弹药杀伤区域形状、大小相同的区域,根据规则边界"0-1"函数的定义,当弹着点落入目标区域内时,目标被毁伤,落到该区域之外时,目标不被毁伤,如图9.1.9所示,称该区域为虚拟目标。既可以按照弹药杀伤区域是否覆盖目标的方法,也可以按照弹着点是否落入虚拟目标区域内的方法,计算弹药对目标的毁伤效能,两种计算方法得到的计算结果相同[1],后者计算弹着点落入虚拟目标的概率过程更简单。因此,评估弹药效能时,通常采用后一种方法计算弹药对目标的毁伤。

图9.1.9 弹药杀伤区域与虚拟目标

当弹药杀伤区域简化为矩形时,虚拟目标形状也为矩形,其长度 L_{ET} 和宽度 W_{ET} 分别为

$$L_{ET} = L_L \qquad (9.1.29)$$
$$W_{ET} = W_L \qquad (9.1.30)$$

9.1.2.3 弹着点的散布误差

(1)弹药散布误差的表征

影响弹着点分布的主要因素是弹药的投放精度,假设期望弹着点为 (x_0, y_0),由于弹着点存在散布,弹药实际落点一般在期望弹着点附近随机分布,常采用中间误差(x 方向为 REP、y 方向为 DEP)和圆概率误差(CEP)两种方式表征弹着点的散布。如图9.1.10所示,弹着点位于 $x = x_0 - \text{REP}$ 和 $x = x_0 + \text{REP}$ 两条直线间的概率为 50%;弹着点位于 $y = y_0 - \text{DEP}$ 和 $y = y_0 + \text{DEP}$ 两条直线间的概率为 50%。假设弹着点在两个方向上的分布概率密度函数分别为 $f_x(x)$ 和 $f_y(y)$,即

$$\int_{x_0-\text{REP}}^{x_0+\text{REP}} f_x(x)\,\mathrm{d}x = 0.5 \qquad (9.1.31)$$

$$\int_{y_0-\text{DEP}}^{y_0+\text{DEP}} f_y(y)\,\mathrm{d}y = 0.5 \qquad (9.1.32)$$

如图9.1.11所示,以期望弹着点为中心作一个圆,有 50% 的弹着点位于该圆内时,对应的圆半径称为圆概率误差(CEP)。REP、DEP 与 CEP 之间可以相互转换。

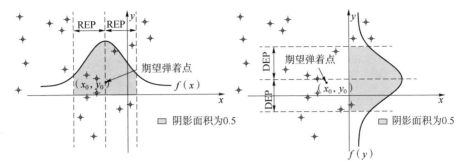

图 9.1.10　REP 和 DEP 的定义

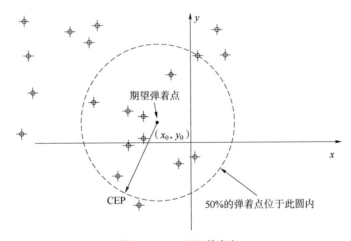

图 9.1.11　CEP 的定义

通常情况下，地面上弹着点服从正态分布，若弹着点的分布在 x 方向和 y 方向上相互独立，则弹着点分布概率密度函数为

$$f(x,y)=\frac{1}{2\pi\sigma_x\sigma_y}\exp\left\{-\frac{1}{2}\left[\frac{(x-x_0)^2}{\sigma_x^2}+\frac{(y-y_0)^2}{\sigma_y^2}\right]\right\} \quad (9.1.33)$$

式中，σ_x 和 σ_y 分别为命中位置在 x 和 y 方向的标准差；x_0 和 y_0 分别为弹着点在 x 和 y 方向的数学期望。弹着点服从正态分布时，其中间误差、圆概率误差计算方法分别如下。

① 弹着点服从正态分布时的中间误差计算。

对于正态分布而言，弹着点位于 $\pm\sigma$ 之间的概率为 68%，根据 REP、DEP 的定义，位于 $\pm$REP（或 $\pm$DEP）之间的概率为 50%，由此可得

$$\text{REP}=0.674\,5\sigma_x \quad (9.1.34)$$

$$\text{DEP}=0.674\,5\sigma_y \quad (9.1.35)$$

②弹着点服从正态分布时，其圆概率误差计算。

若弹着点散布服从圆形正态分布，即 $\sigma_x = \sigma_y$，可以求得

$$CEP = 1.1774\sigma_x = 1.1774\sigma_y \tag{9.1.36}$$

联立式（9.1.34）~式（9.1.36），可得

$$CEP = 1.7456REP = 1.7456DEP \tag{9.1.37}$$

实际上，大多数情况下弹着点散布是非圆正态分布。定义

$$\sigma_l = \max\{\sigma_x, \sigma_y\} \tag{9.1.38}$$

$$\sigma_s = \min\{\sigma_x, \sigma_y\} \tag{9.1.39}$$

当 $\sigma_s/\sigma_l \geq 0.5$ 时，可以近似看作圆形正态分布，CEP 为

$$CEP = 1.1774\frac{\sigma_x + \sigma_y}{2} = 0.5887(\sigma_x + \sigma_y) \tag{9.1.40}$$

当 $\sigma_s/\sigma_l < 0.5$ 时，可采用经验公式计算 CEP，即

$$CEP = 0.562\sigma_l + 0.617\sigma_s \tag{9.1.41}$$

（2）弹着点在法平面及地平面散布误差之间的转换

垂直于弹丸速度的平面称为法平面，其中对于空投弹药，既可以在地平面也可以在法平面上表征弹着点的散布误差，法平面及地平面上的散布误差之间存在一定的转换关系。

如图 9.1.12 所示，地平面上 x、y 方向中间误差分别为 REP、DEP，法平面上两个方向中间误差分别为 REP′、DEP′，由图中几何关系可知

$$REP' = REP \cdot \sin\phi \tag{9.1.42}$$

y 方向上，法平面和地平面上中间误差相同，即

$$DEP' = DEP \tag{9.1.43}$$

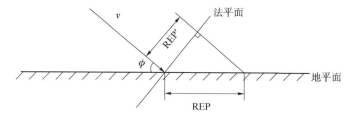

图 9.1.12　法平面与地平面上 x 方向中间误差关系示意图

9.1.2.4　单发弹药对目标的毁伤效能

单发弹药对装备目标的毁伤概率 P_K 为

$$P_K = P_H \cdot P_{K/H} \cdot R \tag{9.1.44}$$

式中，P_H 为弹药命中目标的概率；$P_{K/H}$ 为弹药命中目标条件下对其毁伤概率；R 为弹药的可靠度。

由 9.1.2.2 节的假设可知，弹药命中虚拟目标区时，弹药对目标的毁伤概率 $P_{K/H}$ 为 1，反之，弹药对目标的毁伤概率 $P_{K/H}$ 为 0。因此，弹药对目标的毁伤效能计算可以简化为

$$P_K = P_{H/T} \cdot R \tag{9.1.45}$$

式中，$P_{H/T}$ 为弹药命中虚拟目标的概率。

弹药命中虚拟目标的概率 $P_{H/T}$ 可以由弹着点散布的概率密度函数积分计算得到。假设弹药弹着点在 x 和 y 方向上均服从正态分布，并且相互独立，虚拟目标为矩形，以目标中心为原点，x 方向弹着点的概率密度函数为

$$f(x) = \frac{1}{\sigma_x \sqrt{2\pi}} \exp\left[-\frac{(x-x_0)^2}{2\sigma_x^2}\right] \tag{9.1.46}$$

式中，x_0 为弹着点在 x 方向的期望值；σ_x 为弹着点在 x 方向的标准差，如图 9.1.13 所示。

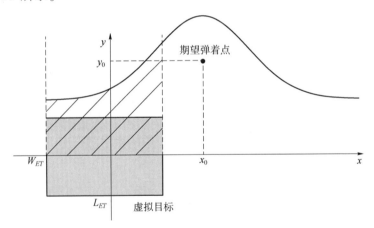

图 9.1.13 期望命中点与虚拟目标的关系

则弹着点落在 $-L_{ET}/2 \sim L_{ET}/2$ 区域内的概率为

$$P_{H/x} = \int_{-L_{ET}/2}^{L_{ET}/2} \frac{1}{\sigma_x \sqrt{2\pi}} \exp\left[\frac{-(x-x_0)^2}{2\sigma_x^2}\right] dx \tag{9.1.47}$$

同理，y 方向弹着点落在 $-W_{ET}/2 \sim W_{ET}/2$ 区域内的概率可以写为

$$P_{H/y} = \int_{-W_{ET}/2}^{W_{ET}/2} \frac{1}{\sigma_y \sqrt{2\pi}} \exp\left[\frac{-(y-y_0)^2}{2\sigma_y^2}\right] dy \tag{9.1.48}$$

式中，y_0 为弹着点在 y 方向的期望值；σ_y 为弹着点在 y 方向的标准差。

则弹药命中虚拟目标的概率为

$$P_{H/T} = P_{H/x} \cdot P_{H/y} \quad (9.1.49)$$

9.1.2.5 所需弹药数目计算

若单发弹药不能完全毁伤目标，往往需要发射多发弹药打击同一目标。假定各发弹药对目标的毁伤事件是相互独立的，根据式（9.1.45）计算出单发弹药对目标的毁伤概率 P_K，由式（9.1.50）可求解达到某一期望毁伤概率所需的弹药数目

$$n = \begin{cases} 1, & P_K \geq P_D \\ \lceil \log_{(1-P_K)}(1-P_D) \rceil, & P_K < P_D \end{cases} \quad (9.1.50)$$

式中，P_D 为目标期望毁伤概率。

9.2 杀爆类弹药对空中目标的毁伤效能评估

为评估杀爆类弹药对空中目标的毁伤效能，建立如图 9.2.1 所示的目联相对速度坐标系。图中，v_m 为弹药速度矢量；v_t 为目标速度矢量；弹药相对目标的运动速度为 $v_r = v_m - v_t$。目联相对速度坐标系原点 O 设在目标的几何中心；x_r 轴方向与相对速度矢量方向平行，向前为正；y_r 轴在通过 x_r 轴的铅垂面内，垂直于 x_r 轴，向上为正；z_r 轴由右手法则确定。Oy_rz_r 平面称为脱靶平面，ρ 为脱靶量，θ 为脱靶方位。

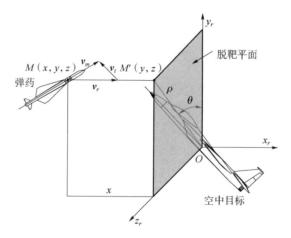

图 9.2.1 目联相对速度坐标系示意图

单发弹药对空中目标的毁伤效能为：

$$P = \iiint P_{D/H}(x,y,z) f(y,z) g(x) \mathrm{d}x \mathrm{d}y \mathrm{d}z \tag{9.2.1}$$

式中，$P_{D/H}(x,y,z)$ 为弹药战斗部在 $M(x,y,z)$ 处爆炸时对目标的毁伤概率，也称为条件毁伤概率；$f(y,z)$ 为终点处弹药的弹道分布概率密度函数；$g(x)$ 为战斗部炸点沿相对速度方向的分布概率密度函数。

9.2.1 条件毁伤概率

条件毁伤就是弹目交会姿态以及炸点确定条件下弹药对目标的毁伤能力，是计算弹药对目标毁伤效能的重要内容。杀爆类弹药对空中目标的毁伤机理包括直接命中毁伤、冲击波毁伤、破片毁伤。假设三者对目标的毁伤是相互独立事件，则杀爆类弹药对目标的条件毁伤概率可以表示为

$$P_{D/H}(x,y,z) = 1 - [1 - P_h(y,z)][1 - P_s(x,y,z)][1 - P_f(x,y,z)] \tag{9.2.2}$$

式中，$P_h(y,z)$ 为弹药直接命中毁伤目标的概率；$P_s(x,y,z)$ 为弹药战斗部在 $M(x,y,z)$ 处爆炸时形成的冲击波对目标的毁伤概率；$P_f(x,y,z)$ 为弹药战斗部在 $M(x,y,z)$ 处爆炸时形成的破片场对目标的毁伤概率。下面分别介绍三类毁伤概率的计算方法。

9.2.1.1 直接命中毁伤

直接命中毁伤是指弹药直接撞击目标导致的毁伤，需要根据终点处弹道判断弹药是否能直接碰撞目标，若弹药能够直接撞击到目标，则认为能够毁伤目标，直接命中毁伤概率 $P_h = 1$，否则 $P_h = 0$。

如图 9.2.2 所示，通常在目联相对坐标系下判断弹药是否能够直接命中目标，步骤如下：

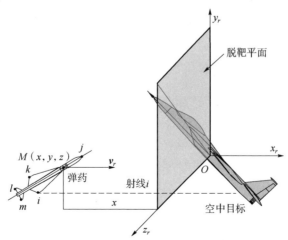

图 9.2.2 导弹是否直接命中目标示意图

①在弹药上选取一系列的特征点,特征点一般选取在弹药的外轮廓上,特征点选取得越多,直接命中判断越准确。

②从弹药上的每个特征点沿相对速度v_r方向形成系列射线,将这些射线分别与目标的每个面进行求交运算,判断射线与目标面是否有交点。

③若有1根或1根以上的射线与目标面有交点,说明弹药能够直接命中目标,否则弹药不能直接命中目标。

9.2.1.2 冲击波场对目标的毁伤

由第4章第4.6节可知,冲击波作用下空中目标的易损性可通过包络面或包络线表示,如图9.2.3所示。计算冲击波对目标的毁伤概率时,首先计算战斗部装药的TNT当量质量W,根据目标在冲击波作用下的易损性评估结果,通过插值得到战斗部装药质量为W时目标的易损性包络线(图9.2.3中的虚线)。若弹药炸点落在此包络线以内,则认为冲击波对目标的毁伤概率$P_s(x, y, z) = 1$;反之,$P_s(x, y, z) = 0$。

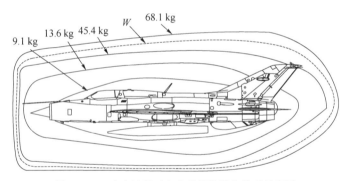

图 9.2.3 冲击波场对空中目标的毁伤关系示意图

9.2.1.3 破片场对目标的毁伤

如图9.2.4所示,根据弹药战斗部爆炸形成的破片场、爆炸时弹目姿态及位置关系,采用破片射线跟踪方法,可以得到命中目标的破片数目N_h及相应的破片参数$(m_i, v_i, \varphi_i, \eta_i)$ $(i = 1, 2, \cdots, N_h)$,其中,m_i为破片质量;v_i为破片速度;φ_i和η_i分别为破片相对目标的高低角和方位角(参见图5.6.1)。

命中目标的破片参数不同,对目标的毁伤能力不同。根据目标易损面积的定义,单枚破片命中目标时,目标的毁伤概率$P_i(m_i, v_i, \varphi_i, \eta_i)$为

$$P_i(m_i, v_i, \varphi_i, \eta_i) = \frac{A_v(m_i, v_i, \varphi_i, \eta_i)}{A_p(\varphi_i, \eta_i)} \quad (9.2.3)$$

式中，$A_v(m_i,v_i,\varphi_i,\eta_i)$ 为质量 m_i 的破片沿 (φ_i,η_i) 方向以速度 v_i 打击目标的易损面积，可由目标的易损性评估结果（类似于表 4.5.1）得到；$A_p(\varphi_i,\eta_i)$ 为目标沿 (φ_i,η_i) 方向的呈现面积。

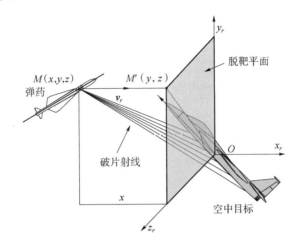

图 9.2.4 破片场与目标交会示意图

假设每枚破片对目标的毁伤是相互独立事件，根据生存法则，在 N_h 枚破片作用下，目标的毁伤概率为

$$P_f(x,y,z) = 1 - \prod_{i=1}^{N_h}[1 - P_i(m_i,v_i,\varphi_i,\eta_i)] \quad (9.2.4)$$

9.2.2 弹道及炸点分布概率密度函数

弹道分布概率密度函数用于描述弹药炸点位置在脱靶平面上的散布，对于非制导弹药，常用正态分布描述；对于制导弹药，常用圆概率分布描述，详见 9.1 节相关内容。

炸点沿 x_r 轴的散布一般服从一维正态分布，即

$$g(x) = \frac{1}{\sqrt{2\pi}\sigma_x}\exp\left[-\frac{(x-x_0)^2}{2\sigma_x^2}\right] \quad (9.2.5)$$

式中，σ_x 和 x_0 分别为炸点沿 x_r 轴散布的标准差和数学期望，与引信及目标的反射特性有关。

9.2.3 弹药对目标毁伤概率的数值求解方法

由上述弹药对目标条件毁伤概率的求解过程可以看出，弹药对目标的条件

■ 目标易损性评估及应用

毁伤概率涉及弹药的威力场、目标的易损性、弹目位置以及姿态关系等很多因素，无法用解析的方法得到，因此，也无法用解析的方法求解式（9.2.1），通常采用离散化的数值方法求解。

如图9.2.5所示，沿着平行目联相对速度坐标系三个坐标轴的方向，将目标的周围空间划分为大量的六面体单元，空间范围根据弹道散布和炸点散布的均方差确定。假设将目标周围空间离散化为 N 个单元，单元 i 的中心坐标为 $M(x_i,y_i,z_i)$，则战斗部在第 i 个单元中心位置处爆炸的概率为：

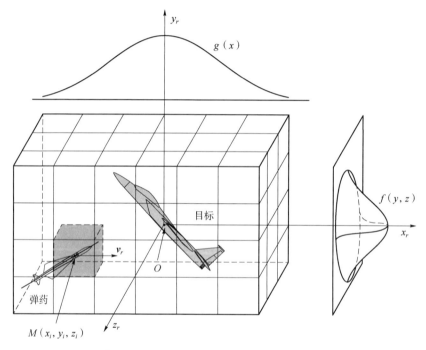

图 9.2.5　弹目位置及目标周围空间的离散化

$$P_{Hi} = \int_{z_i-\Delta z/2}^{z_i+\Delta z/2} \int_{y_i-\Delta y/2}^{y_i+\Delta y/2} \int_{x_i-\Delta x/2}^{x_i+\Delta x/2} f(y,z)g(x)\,\mathrm{d}x\mathrm{d}y\mathrm{d}z \qquad (9.2.6)$$

式中，Δx、Δy、Δz 分别为单元沿目联相对速度坐标系三个坐标轴方向的长度。

则式（9.2.1）可以写为：

$$P = \sum_{i=1}^{N} P_{Hi} P_{D/H}(x_i,y_i,z_i) \qquad (9.2.7)$$

式中，$P_{D/H}(x_i,y_i,z_i)$ 为弹药战斗部在 $M(x_i,y_i,z_i)$ 处爆炸时对目标的毁伤概率，由9.2.1节介绍的方法求解。

9.3 穿/破甲弹对装甲目标的毁伤效能评估

穿/破甲弹均是点杀伤弹药,只有命中目标,才具有毁伤目标的能力,主要用于打击坦克等装甲类目标。本节介绍目标易损性在穿/破甲类弹药对装甲目标毁伤效能评估方面的应用。

9.3.1 弹药终点条件及命中精度

影响穿/破甲弹对目标毁伤效能的终点条件包括弹药的终点速度、弹药相对目标的入射方向及弹道散布规律。对于破甲弹,弹药的终点速度影响引信的作用可靠性以及动态炸高,进而影响弹药对目标的毁伤能力;对于穿甲弹,弹药的终点速度直接影响其对目标的毁伤能力。弹药入射方向决定打击目标的方位,由于目标各方位的易损性不同,所以弹药打击目标的不同方位时,对目标的毁伤效能不同。

弹道的散布规律决定弹药命中目标不同位置的概率,通常用二维的正态分布函数描述其散布规律,如图9.3.1所示。假设瞄准点为装甲目标的某一位置(如坦克炮塔座),并作为目标坐标系的原点,则弹道散布的概率密度函数可写为:

$$f(y,z) = \frac{1}{2\pi\sigma_y\sigma_z} e^{-\left(\frac{y^2}{2\sigma_y^2} + \frac{z^2}{2\sigma_z^2}\right)} \tag{9.3.1}$$

式中,y、z 分别为弹着点沿横向和高低方向距瞄准点的距离;σ_y、σ_z 分别为射弹沿横向和高低方向的散布均方差。

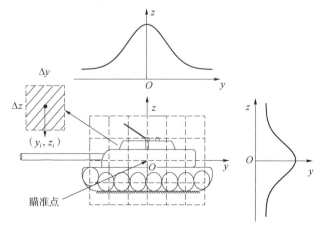

图 9.3.1 弹药瞄准点及命中点分布规律示意图

9.3.2 穿/破甲弹对目标的毁伤效能评估方法

通常用单发弹药命中目标条件下对目标的毁伤概率表征弹药对目标的毁伤效能，即：

$$P_D = P_H \cdot P_{D/H} \tag{9.3.2}$$

式中，P_H 为弹药命中目标的概率；$P_{D/H}$ 为弹药命中目标条件下对目标的毁伤概率。

式（9.3.2）中，弹药对目标的命中概率以及命中条件下对目标的毁伤概率均无法用解析的方法得到，主要是因为：①目标迎弹面的边界不规则，并且随弹药打击目标的方向变化；②弹药命中目标的位置具有随机性，命中目标不同位置时，弹药对目标的毁伤能力不同，这与目标的防护及关键部件的分布有关，并且计算过程非常复杂。通常采用下面两种方法求解：

①蒙特卡洛抽样法：根据弹药终点散布规律，采用蒙特卡洛方法大量抽样弹着点，即数字模拟打靶的方法，得到对目标的平均毁伤概率，即为单发弹药对目标的毁伤效能。

②网格扫描法：一种离散化的数值求解方法，将目标在迎弹面上的投影划分为网格单元。根据弹药终点散布规律求解弹药弹道通过各个网格单元的概率；结合目标易损矩阵表，计算单发弹药弹道通过各网格单元时对目标的毁伤概率，累加各个网格单元中心处对应的毁伤概率和命中概率的乘积，即为弹药对目标的毁伤效能。

第一种方法将弹药的命中和命中条件下对目标的毁伤问题结合在一起求解，无法直接应用前面得到的目标易损性数据，该方法计算时间长，计算效率低。第二种方法将弹药对目标的命中和毁伤问题分开求解，求解弹药对目标的毁伤时可直接应用目标易损性的评估结果，计算效率高。

下面介绍第二种方法的求解过程。

如图9.3.1所示，将目标投影到垂直弹药入射方向的平面内，并将目标的投影区域划分网格，则式（9.3.2）可以写为：

$$P_D = \sum_{i=1}^{n} P_{D/Hi} \cdot P_{Hi} \tag{9.3.3}$$

式中，P_{Hi} 为命中弹药弹道通过第 i 个网格单元的概率；$P_{D/Hi}$ 为弹药弹道通过第 i 个网格单元条件下对目标的毁伤概率；n 为覆盖目标的网格单元个数。

根据弹药终点弹道散布规律，弹药弹道通过任一网格单元的概率为：

$$P_{Hi} = \int_{z_i - \Delta z/2}^{z_i + \Delta z/2} \int_{y_i - \Delta y/2}^{y_i + \Delta y/2} f(y, z) \, dy \, dz \tag{9.3.4}$$

式中，y_i、z_i 为第 i 个网格单元中心坐标；Δy、Δz 分别为网格单元沿横向和高低方向的长度。

弹药弹道通过第 i 个网格单元条件下对目标的毁伤概率为：

$$P_{D/Hi} = \frac{A_{Vi}}{A_{\text{cell}}} \tag{9.3.5}$$

式中，A_{cell} 为第 i 个网格单元的面积；A_{Vi} 为第 i 个网格单元对应的目标易损面积，可直接应用类似于第 5 章表 5.6.6 所列的目标易损性评估结果。当弹药对目标的打击方向及命中目标的位置与表中不一致时，可采用插值的方法计算得到。

以某弹药为例，分别采用蒙特卡洛抽样法和网格扫描法计算了对某坦克目标的毁伤效能，结果见表 9.3.1。两种计算方法的结果基本一致，最大偏差为 -8.8%。

表 9.3.1　两种毁伤效能计算方法结果对比

方法	M 级毁伤概率	F 级毁伤概率	K 级毁伤概率
网格扫描法	0.359 0	0.474 9	0.582 1
蒙特卡洛抽样法	0.328 2	0.483 0	0.638 4
偏差/%	8.5	-1.7	-8.8

9.3.3　基于目标易损面积的快速毁伤效能评估方法

上述方法计算时间较长，本节介绍两种基于目标易损面积的快速毁伤效能评估方法，当计算精度要求不高时，可以选用。

（1）方法一

图 9.3.2 所示为目标在垂直弹药攻击平面上的投影，假设其长度为 L_T，宽度为 W_T。根据易损面积的定义，则单发弹药命中目标条件下对目标的毁伤概率为：

$$P_{D/H} = \frac{A_V}{A_P} \tag{9.3.6}$$

式中，A_P 为目标沿弹药打击方向的呈现面积，$A_P = L_T \cdot W_T$；A_V 为目标沿弹药打击方向的易损面积，可直接应用类似于第 5 章表 5.6.6 所列的目标易损性评估结果，当弹药对目标的打击方向及命中目标的位置与表中不一致时，同样可采用插值的方法计算得到。

假设弹药命中点的散布中心为目标的几何中心，弹药对目标的命中概率可近似表示为：

$$P_H = \int_{-L_T/2}^{L_T/2} \int_{-W_T/2}^{W_T/2} f(y,z)\,\mathrm{d}y\mathrm{d}z \qquad (9.3.7)$$

将式（9.3.6）和式（9.3.7）代入式（9.3.2），得弹药对装甲目标的毁伤概率为：

$$P_D = P_H \cdot P_{D/H} = \frac{A_V}{L_T W_T} \int_{-L_T/2}^{L_T/2} \int_{-W_T/2}^{W_T/2} f(y,z)\,\mathrm{d}y\mathrm{d}z \qquad (9.3.8)$$

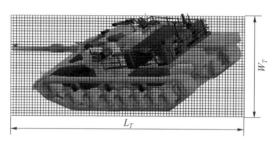

图 9.3.2　目标在垂直弹药打击平面上的投影及网格划分示意图

上述计算方法中，假设弹药命中目标不同位置时对目标的毁伤概率相同，相当于假设目标各处的易损性相同，如果目标各处的易损性差别不大，上述计算方法的精度可以满足工程计算的需要。

（2）方法二

将目标的易损区域等效为与其面积相同的规则形状（如圆形、椭圆或者矩形）的易损区域，并假设易损区域位于目标在迎弹面上投影区域的几何中心，如图 9.3.3 所示，则单发弹药对装甲车辆目标的毁伤概率可近似表示为：

$$P_D = P_{HV} \cdot P_{D/HV} \qquad (9.3.9)$$

式中，P_{HV} 为弹药命中易损区域的概率，可根据弹药终点的弹道散布规律计算；$P_{D/HV} = 1$。

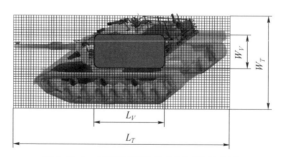

图 9.3.3　易损面积等效易损区域示意图

假设目标的易损区域是长度为 L_V、宽度为 W_V 的长方形，且

$$\frac{L_V}{W_V} = \frac{L_T}{W_T} = a \qquad (9.3.10)$$

由于 $A_V = L_V \cdot W_V$,则

$$W_V = \sqrt{\frac{A_V}{a}} \qquad (9.3.11)$$

根据弹药终点弹道散布规律,弹药命中等效易损区域的概率为:

$$P_{HV} = \int_{-L_V/2}^{L_V/2} \int_{-W_V/2}^{W_V/2} f(y,z) \, \mathrm{d}y \mathrm{d}z \qquad (9.3.12)$$

式中, $f(y,z)$ 为弹药终点弹道散布概率密度函数。

|9.4 侵爆类弹药对建筑物目标毁伤效能评估|

本节介绍侵爆类弹药对地面楼房、桥梁和机场跑道三类建筑物目标的毁伤效能评估方法。

9.4.1 侵爆类弹药对楼房建筑物毁伤效能评估

9.4.1.1 有效脱靶距离

对于楼房建筑物目标,当弹药命中建筑物时,对目标造成一定程度的毁伤;当弹药没有命中目标,而在目标外一定距离处爆炸时,仍有可能毁伤目标。目标外爆炸能够对目标造成毁伤的最大距离称为有效脱靶距离(EMD)。EMD 的大小表征了弹药对此类目标的毁伤能力,与弹药威力、目标易损性有关,与目标的实际尺寸无关,如图 9.4.1 所示。EMD 越大,说明弹药对目标的毁伤能力越强。

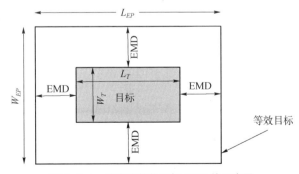

图 9.4.1 楼房建筑物目标 EMD 的示意图

弹药命中目标或者命中目标周围有效脱靶距离范围（EMD）内时，都可对目标造成毁伤，因此，弹药对地面楼房建筑物杀伤区域长度 L_{EP} 和宽度 W_{EP} 可分别表示为

$$L_{EP} = L_T + 2\mathrm{EMD} \tag{9.4.1}$$

$$W_{EP} = W_T + 2\mathrm{EMD} \tag{9.4.2}$$

不考虑弹药撞击角的影响，并假定弹药对目标的杀伤区域形状为正方形，弹药杀伤区域长度由式（9.4.3）计算：

$$L_{EP} = \sqrt{\mathrm{MAE}_{BLDG}} \tag{9.4.3}$$

式中，MAE_{BLDG} 为弹药对楼房建筑物的平均杀伤面积，由 8.5.1 节得到。

当 $L_{EP} > L_T$ 时，说明弹药在目标外爆炸对目标有毁伤能力，EMD 的值为

$$\mathrm{EMD} = \frac{L_{EP} - L_T}{2} = \frac{\sqrt{\mathrm{MAE}_{BLDG}} - L_T}{2} \tag{9.4.4}$$

当 $L_{EP} \leqslant L_T$ 时，说明弹药的杀伤威力较小，在目标外爆炸对目标没有毁伤能力，此时

$$\mathrm{EMD} = 0 \tag{9.4.5}$$

9.4.1.2 弹药对楼房建筑物杀伤区域

对于一个长、宽、高分别为 L_T、W_T 和 H_T 的楼房建筑物，如果弹药垂直命中目标，可以按照上述方法计算弹药杀伤区域的长度和宽度。当弹药以一定的落角打击建筑物目标时，如图 9.4.2 所示，若不考虑高度影响，则弹着点位于目标之外。实际上，由于高度的关系，弹药命中建筑物。为了修正建筑物高度对弹药杀伤区域的影响，引入目标阴影长度（L_{SH}）对弹药杀伤区域进行扩展，如图 9.4.3 所示，认为弹着点位于该扩展区域内时弹药也命中建筑物。L_{SH} 与建筑物高度 H_T、弹药落角 ϕ 以及有效脱靶距离 EMD 等参数相关，其计算公式为：

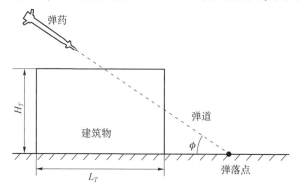

图 9.4.2　建筑物高度对弹药杀伤区域的影响示意图

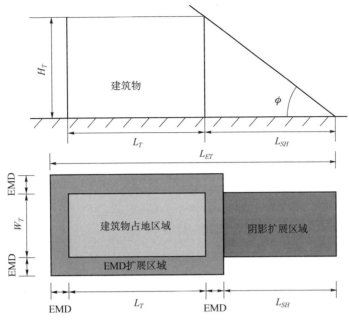

图 9.4.3 阴影长度 L_{SH} 示意图

$$L_{SH} = \frac{H_T}{\tan \phi} - \text{EMD} \tag{9.4.6}$$

当弹药竖直攻击建筑物或 $H_T/\tan \phi \leq \text{EMD}$ 时，L_{SH} 的值为 0。

经过两次修正后，弹药的杀伤区域长度 L_{EP} 可表示为：

$$L_{EP} = L_T + 2\text{EMD} + L_{SH} \tag{9.4.7}$$

则弹药对目标的杀伤区域面积为：

$$A_L = (L_T + 2\text{EMD}) \cdot (W_T + 2\text{EMD}) + L_{SH} W_T \tag{9.4.8}$$

弹药对目标杀伤区域的宽度为：

$$W_{EP} = \frac{A_L}{L_{EP}} \tag{9.4.9}$$

9.4.1.3　单发弹药对楼房建筑物目标的毁伤效能计算

侵爆弹对楼房建筑物的毁伤概率与弹药杀伤区域覆盖建筑物目标的比例、弹药杀伤区域覆盖目标时目标毁伤概率及弹药的可靠度等有关[1]，弹药对建筑物的毁伤概率为

$$\text{FD}_1 = E(F_C) \cdot P_{CD} \cdot R \tag{9.4.10}$$

式中，$E(F_C)$ 为弹药杀伤区域覆盖建筑物目标的比例期望值；P_{CD} 为弹药杀伤区域覆盖目标时目标的毁伤概率；R 为弹药作用的可靠度。

目标毁伤概率主要与弹药的杀伤区域尺寸、建筑物目标的实际尺寸及弹药杀伤区域对建筑物目标覆盖率有关。

(1) P_{CD} 的计算

当弹药的杀伤区域大于或等于目标尺寸时,弹药对目标的毁伤概率为

$$P_{CD}=1 \tag{9.4.11}$$

当弹药的杀伤区域小于目标尺寸时,弹药杀伤区域覆盖目标时,无法完全毁伤目标,此时弹药的毁伤概率可写为

$$P_{CD}=\frac{\mathrm{MAE}_{BLDG}}{L_T \cdot W_T} \tag{9.4.12}$$

(2) $E(F_c)$ 的计算

如图9.4.4所示,以 x 方向为例,弹药的杀伤区域中心相对于建筑目标中心的位置定义为 x,x 方向上弹药杀伤区域对建筑物的覆盖率为

$$F_R=\beta/L_T \tag{9.4.13}$$

式中,β 为 x 方向上弹药杀伤区域覆盖目标的宽度。

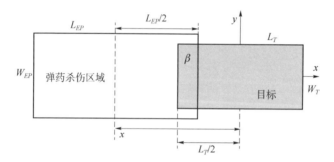

图9.4.4 弹药杀伤区域与建筑物的位置关系示意图

F_R 是关于 x 的函数,当 $x \in \left(-\dfrac{L_{EP}+L_T}{2}, \dfrac{L_{EP}+L_T}{2}\right)$ 时,弹药杀伤区域能够部分或全部覆盖目标。图9.4.5所示为弹药杀伤区域能够覆盖建筑物的边界位置,F_R 与 x 的关系如图9.4.6所示,图中,$s=\dfrac{L_{EP}+L_T}{2}$,$t=\dfrac{L_{EP}-L_T}{2}$。F_R 的表达式为

$$F_R=\begin{cases} \dfrac{L_{EP}+L_T}{2L_T}+\dfrac{x}{L_T}, & -\dfrac{L_{EP}+L_T}{2}<x\leqslant -\dfrac{L_{EP}-L_T}{2} \\ 1, & -\dfrac{L_{EP}-L_T}{2}<x\leqslant \dfrac{L_{EP}-L_T}{2} \\ \dfrac{L_{EP}+L_T}{2L_T}-\dfrac{x}{L_T}, & \dfrac{L_{EP}-L_T}{2}<x\leqslant \dfrac{L_{EP}+L_T}{2} \end{cases} \tag{9.4.14}$$

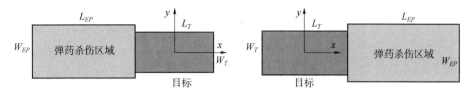

图 9.4.5　弹药杀伤区域不能覆盖建筑物的边界位置

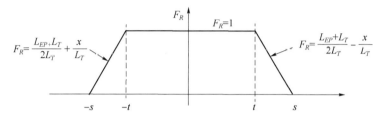

图 9.4.6　攻击方向（x 方向）上弹药杀伤区域对建筑物覆盖率

假设沿 x 方向的弹着点服从正态分布，弹药杀伤区域在 x 方向对建筑物的覆盖率的期望值 $E(F_R)$ 为

$$E(F_R) = \int_{-\infty}^{+\infty} F_R(x) g(x) \, dx$$

$$= \frac{1}{\sigma_x \sqrt{2\pi}} \left[\int_{-s}^{-t} \left(\frac{L_{EP} + L_T}{2L_T} + \frac{x}{L_T} \right) \exp\left(\frac{-x^2}{2\sigma_x^2} \right) dx + \int_{-t}^{t} \exp\left(\frac{-x^2}{2\sigma_x^2} \right) dx + \int_{t}^{s} \left(\frac{L_{EP} + L_T}{2L_T} - \frac{x}{L_T} \right) \exp\left(\frac{-x^2}{2\sigma_x^2} \right) dx \right]$$

(9.4.15)

式（9.4.15）简化为

$$E(F_R) = I_1 + I_2 + I_3 + I_4 - I_5 \tag{9.4.16}$$

式中，

$$\begin{cases} I_1 = \Phi(t) - \Phi(-t) \\ I_2 = \dfrac{L_{EP} + L_T}{2L_T} [\Phi(-t) - \Phi(-s)] \\ I_3 = \dfrac{L_{EP} + L_T}{2L_T} [\Phi(s) - \Phi(t)] \\ I_4 - I_5 = \dfrac{2\sigma_x}{L_T \sqrt{2\pi}} (e^{-a^2} - e^{-b^2}) \end{cases} \tag{9.4.17}$$

式中，$\Phi(p) = \dfrac{1}{\sigma_x \sqrt{2\pi}} \displaystyle\int_{-\infty}^{p} \exp\left(\dfrac{-x^2}{2\sigma_x^2}\right) \mathrm{d}x$；$\sigma_x = \dfrac{\text{REP}}{0.674\,5}$；$a = \dfrac{s}{\sigma_x \sqrt{2}}$，$b = \dfrac{t}{\sigma_x \sqrt{2}}$。

同理可得，弹药杀伤区域在 y 方向上对建筑物覆盖率的期望值为 $E(F_D)$，因此，弹药杀伤区域对建筑物面覆盖率的期望值为

$$E(F_C) = E(F_R) \cdot E(F_D) \tag{9.4.18}$$

9.4.2 侵爆类弹药对桥梁的毁伤效能评估

弹药对桥梁的单次打击毁伤概率主要由弹药命中桥梁的概率、命中条件下对桥梁的毁伤概率及弹药作用可靠度三个因素决定，因此，单发弹药对桥梁的毁伤概率为

$$P_K = P_H \cdot P_{D/H} \cdot R \tag{9.4.19}$$

式中，P_H 为弹药命中桥梁目标的概率；$P_{D/H}$ 为弹药命中情况下对桥梁的毁伤概率；R 为弹药作用可靠度。

假设弹着点沿 x 和 y 方向上均服从正态分布，且相互独立，P_H 可由式（9.1.47）~式（9.1.49）计算，但式（9.1.47）和式（9.1.48）中 L_{ET} 与 W_{ET} 与桥面尺寸、弹药攻击桥梁的方向有关。如图 9.4.7 所示，当弹药沿着桥面纵向攻击时，桥梁长度方向为攻击方向，即

$$L_{ET} = L_b \tag{9.4.20}$$
$$W_{ET} = W_b \tag{9.4.21}$$

式中，L_b 和 W_b 分别为桥梁实际长度和宽度。

当弹药沿着桥面横向攻击时，桥梁宽度方向为攻击方向，即

$$L_{ET} = W_b \tag{9.4.22}$$
$$W_{ET} = L_b \tag{9.4.23}$$

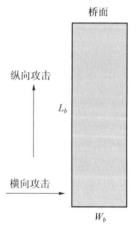

图 9.4.7 弹药对桥梁的攻击方向

弹药随机命中桥梁时，其毁伤概率可以写为[1]：

$$P_{D/H} = 1 - \exp\left(-\dfrac{\text{BEI}}{W_b}\right) \tag{9.4.24}$$

式中，BEI 是弹药作用下桥梁丧失的通行宽度，由 8.5 节计算得到。

9.4.3 侵爆类弹药对机场跑道毁伤效能评估

机场跑道的作用是供飞机起降。要保证飞机正常起降，一般需要一个最小的区域，该区域称为最小起降窗口。当跑道上不存在最小起降窗口时，意味着

跑道被封锁。因此，用跑道被封锁的概率表征弹药对跑道的毁伤效能。

假设弹药对跑道的破坏半径为 R_r，弹药命中最小起降窗口以外区域时，仍有可能对起降窗口产生破坏作用，相当于最小起降窗口被扩大，如图 9.4.8 所示，扩大后的最小起降窗口称为等效最小起降窗口，其长和宽分别为[2]

$$L_{Te} = L_{TO} + 2R_r \quad (9.4.25)$$

$$W_{Te} = W_{TO} + 2R_r \quad (9.4.26)$$

式中，L_{Te}、W_{Te} 分别为等效最小起降窗口的长和宽；L_{TO}、W_{TO} 分别为原最小起降窗口的长和宽。

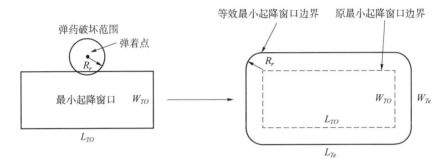

图 9.4.8　机场跑道等效起降窗口示意图

机场跑道的长、宽比较大，为了减小耗弹量，通常按照分段毁伤的方式对机场实施打击[3]。如图 9.4.9 所示，从跑道起点开始，向右以等间距设定瞄准线（第一段除外），直至跑道结束。由于弹着点具有随机性，这里假定弹着点沿跑道长度方向的散布服从正态分布，则弹着点均位于瞄准线两侧 $\pm 3\sigma$ 范围内，在两瞄准线之间的矩形范围内，最长的通道为矩形的对角线，当对角线长度小于飞机最小等效起降窗口长度时，该段跑道就不存在飞机起降窗口，因此，最大瞄准线间距（截断距离）为

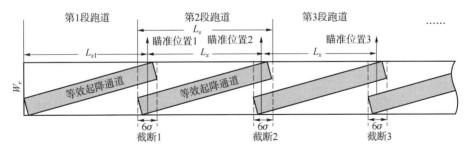

图 9.4.9　机场跑道最少截断次数

$$L_x = L_s - 6\sigma \quad (9.4.27)$$

式中，L_s 为等效最小起降窗口占机场跑道的最小长度，可由图 9.4.9 中的几何关系得到；σ 为弹着点沿跑道长度方向的散布标准差。

需要注意的是，跑道两端的截断距离比中间段要大 3σ 的长度，如第一段的截断距离为 $L_{x_1} = L_s - 3\sigma$，由图 9.4.9 中几何关系可知，截断整个跑道所需的最少截断次数 N_c 可以写为

$$N_c = \left\lfloor \frac{L_r - 6\sigma}{L_x} \right\rfloor \quad (9.4.28)$$

式中，L_r 为机场跑道的总长度。

若每段跑道均被截断，则整个机场跑道被截断，截断概率可以写为

$$PC_L = \prod_{i=1}^{N_c} PC_i \quad (9.4.29)$$

式中，PC_i 为第 i 段跑道被截断的概率。

跑道宽度一般大于最小起降窗口宽度，对于第 i 段机场跑道，宽度方向上只要有一个起降通道未被截断，机场跑道就仍然能够支持飞机的起降。为了计算弹药对跑道宽度方向上最小起降窗口的毁伤，如图 9.4.10 所示，将机场跑道宽度方向从一侧开始逐步搜索可能存在的最小等效起降窗口，假设搜索步长为 Δs（考虑到计算效率，Δs 可取最小起降窗口宽度的 1/5[2]），共搜索到 N_s 个起降窗口，N_s 为

$$N_s = \left\lfloor \frac{W_r - W_{TO}}{\Delta s} \right\rfloor + 1 \quad (9.4.30)$$

式中，W_r 为机场跑道的宽度。

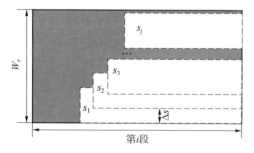

图 9.4.10　机场跑道宽度方向上的分解示意图

当宽度方向上所有可能的起降窗口均被截断时，第 i 段跑道才被截断，因此，第 i 段机场跑道被截断事件可表示为 $RC = \bigcap_{j=1}^{N_s} \{s_j \text{阻断}\}$，假设第 j 个最小等效起降窗口 s_j 截断概率为 PC_{s_j}，则第 i 段跑道被截断概率可以写为：

$$PC_i = \prod_{j=1}^{N_s} PC_{s_j} \quad (9.4.31)$$

可根据弹着点在跑道宽度方向散布概率密度函数计算弹药落入 s_j 内的概率，即为 PC_{s_j0}。

9.5 目标易损性在其他方面的应用

目标易损性的评估结果除了应用于弹药对目标的毁伤效能评估外，还可应用于弹药设计、引战配合、目标的早期设计及防护设计、目标生存力评估等方面，本节简单介绍在这些方面的应用。

9.5.1 在弹药战斗部设计方面的应用

弹药战斗部的类型不同，毁伤目标的毁伤元和毁伤目标的机理也不同，影响战斗部对目标毁伤能力的参数很多，如战斗部的炸药装药、战斗部结构、破片参数等，相应地，需要根据打击目标的类型及易损性进行战斗部设计。本节以预制破片战斗部为例，根据目标的易损性及弹药对目标的毁伤效能设计预制破片的参数。

9.5.1.1 战斗部的结构

图 9.5.1 所示的战斗部为预制破片战斗部，其外径为 d_o，内径为 d_i，长度为 L，内部装填高能炸药，外部排列瓦状预制破片。假设战斗部的内径、外径、长度、装填的炸药及预制破片的材料都已确定，主要根据对目标的毁伤效能优化预制破片的参数，确定单个破片的质量及破片总数。

在战斗部的炸药、预制破片的材料及内、外直径确定的条件下，战斗部预制破片和炸药的质量之比确定，破片的初速不变，可由 Gurney 公式计算

$$v_0 = \sqrt{2E}\sqrt{\frac{C/M}{1+0.5C/M}} \qquad (9.5.1)$$

式中，v_0 为破片初始速度；$\sqrt{2E}$ 是炸药的 Gurney 常数；C/M 为战斗部装填炸药质量与预制破片质量的比值。

炸药和预制破片的质量可分别根据式（9.5.2）和式（9.5.3）计算

$$C = \frac{1}{4}\pi d_i^2 L \rho_e \qquad (9.5.2)$$

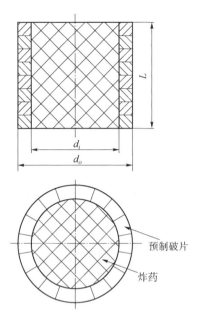

图 9.5.1 预制破片战斗部结构示意图

$$M = \frac{1}{4}\pi(d_o^2 - d_i^2)L\rho_f \qquad (9.5.3)$$

式中，ρ_e、ρ_f 分别为炸药和预制破片的材料密度。

战斗部爆炸形成的破片总数目为：

$$N = N_a \cdot N_c \qquad (9.5.4)$$

式中，N_c 为战斗部单层周向排列的预制破片数目；N_a 为战斗部轴向排列的预制破片层数。

单枚破片的质量为：

$$m = \frac{M}{N} \qquad (9.5.5)$$

战斗部爆炸后，破片的飞散角可用 Shapiro 模型[4]计算：

$$\alpha_0(x) = \arcsin\left[\frac{v_0(x)}{2D}\sin i\right] \qquad (9.5.6)$$

式中，$\alpha_0(x)$ 为泰勒角（弧度），是破片飞散方向与战斗部壳体法线方向之间的夹角；$v_0(x)$ 是战斗部轴向不同位置处破片的初速（m/s）；D 为炸药的爆速（m/s）；i 为爆轰波传播方向与战斗部壳体表面法线的夹角，如图 9.5.2 所示。

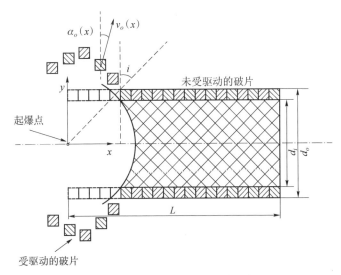

图 9.5.2 战斗部破片飞散角度示意图

9.5.1.2 弹药战斗部对某目标的毁伤效能

以某步兵战车为目标,计算战斗部采用不同质量的破片时对此目标的毁伤效能。目标在破片毁伤元作用下的易损性评估结果见表 9.5.1。

表 9.5.1 某步兵战车易损面积(M 级毁伤)

高低角/(°)	速度/(m·s^{-1})					质量/g
	200	500	1 000	1 500	2 000	
0	0.000 0	0.000 0	0.000 0	0.065 7	0.156 0	2
	0.000 0	0.000 0	0.120 0	0.152 0	0.241 5	4
	0.000 0	0.000 0	0.130 9	0.184 5	0.332 9	8
	0.000 0	0.000 0	0.156 0	0.291 0	0.560 0	16
	0.000 0	0.120 0	0.241 5	0.538 5	0.960 3	32
30	0.000 0	0.000 0	0.000 0	0.052 7	0.075 2	2
	0.000 0	0.000 0	0.038 4	0.072 8	0.083 5	4
	0.000 0	0.000 0	0.061 1	0.083 5	0.164 0	8
	0.000 0	0.000 0	0.075 2	0.163 7	0.257 6	16
	0.000 0	0.038 4	0.083 5	0.235 1	0.519 4	32
60	0.000 0	0.034 4	0.034 4	0.020 0	0.146 3	2
	0.000 0	0.034 4	0.034 4	0.141 5	0.212 2	4
	0.034 4	0.034 4	0.054 1	0.189 0	0.690 2	8
	0.034 4	0.034 4	0.146 3	0.235 0	1.959 0	16
	0.034 4	0.034 4	0.216 5	1.827 0	2.132 0	32

续表

高低角/(°)	速度/(m·s⁻¹)					质量/g
	200	500	1 000	1 500	2 000	
90	0.000 0	0.000 0	0.000 0	0.198 0	0.198 0	2
	0.000 0	0.000 0	0.000 0	0.198 0	0.198 0	4
	0.000 0	0.000 0	0.198 0	0.198 0	1.886 0	8
	0.000 0	0.000 0	0.198 0	1.494 0	1.990 0	16
	0.000 0	0.000 0	0.198 0	1.929 0	2.239 0	32

根据表9.5.1目标易损性的评估结果，分别计算了战斗部采用不同质量破片对此目标的杀伤面积，结果见表9.5.2和图9.5.3。

表9.5.2 战斗部采用不同质量破片时对目标杀伤面积（M级杀伤）

周向份数	42	46	50	56	63	72	88
轴向份数	30	32	35	39	43	49	60
破片质量/g	7.8	6.7	5.6	4.5	3.6	2.7	1.8
破片数目	1 260	1 472	1 750	2 184	2 709	3 528	5 280
M级杀伤面积/m²	264.3	330.2	353.0	387.1	402.6	388.2	370.2

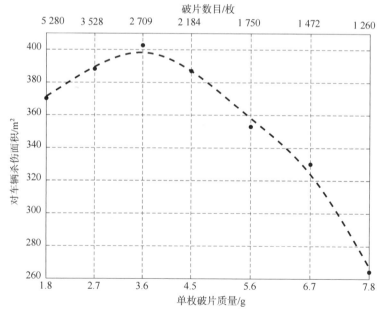

图9.5.3 战斗部对某步兵战车的杀伤面积与破片质量、数目的关系曲线

由图 9.5.3 知，当战斗部的单个破片质量为 3.6 g，破片数目为 2 709 枚时，对步兵战车的毁伤效能最高，以此为依据可以指导战斗部破片参数的设计。

9.5.2 在引战配合设计与优化方面的应用

引战配合设计主要是根据目标的易损特性、弹药战斗部的威力场及引信特性，确定引信的主要参数，实现最佳引战配合，提高弹药对目标的毁伤效能。本节以对空弹药为例，分析目标易损性在引战配合及引信延迟参数优化方面的应用。

9.5.2.1 引信最佳延迟时间确定

易损性评估可以定量化表征目标的易损特性，并确定目标的最易损区域或部位。为了提高弹药对目标的毁伤效能，期望战斗部爆炸形成的破片场能够正好覆盖目标的最易损区域。如图 9.5.4 所示，假设图中阴影部分是经过易损性分析得到的目标易损区域。当战斗部沿相对速度方向在 x_1 和 x_2 处爆炸时，破片飞散锥的前沿和后沿分别处在目标易损区域的后、前边界，所以，当战斗部在 $x_1 \sim x_2$ 之间爆炸时，形成的破片场正好覆盖目标的易损区域。

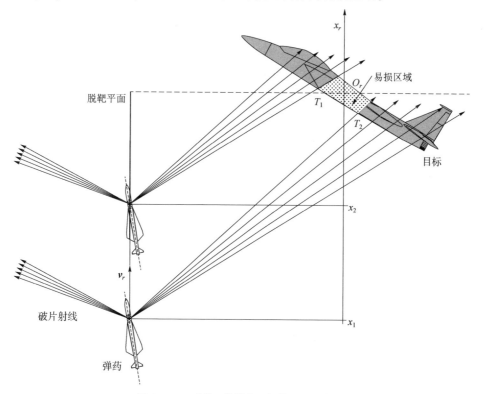

图 9.5.4 破片飞散锥和目标的关系示意图

根据战斗部爆炸形成破片场的前、后沿飞散角，首先在弹体坐标系下建立破片飞散锥面的方程，根据弹目姿态关系、位置关系和相对速度，可以得到破片飞散锥面在目联相对速度坐标系下的方程，将目标易损区域的边界点（如 T_1、T_2 点）代入破片飞散锥面方程，即可求得沿相对速度方向战斗部爆炸位置的边界值 x_2 和 x_1。

假设弹药的引信采用固定延迟时间引信，战斗部在 $x_1 \sim x_2$ 的中间处爆炸时，引信的延迟时间为：

$$\tau = \frac{\frac{1}{2}(x_1+x_2)-x_p}{v_r} \qquad (9.5.7)$$

式中，v_r 为弹药相对目标的速度；x_p 为引信启动时战斗部沿相对速度方向的位置。

由图 9.5.4 知，引信的最佳延迟时间除与弹目相对速度有关外，还与弹道的散布有关。当脱靶距离不同时，引信的最佳延迟时间也不同。通常取不同弹道时引信延迟时间的平均值作为最佳延迟时间。根据弹药终点弹道的散布规律，对弹道进行大量的抽样，假设过任一点 (y,z) 的弹道对应的引信延迟时间为 $\tau(y,z)$，取 $\tau(y,z)$ 的平均值作为引信的最佳延迟时间，该平均值为：

$$\tau = \frac{1}{N_p}\sum_{R=1}^{N_p}\tau(y,z)_R \qquad (9.5.8)$$

式中，R 为抽样弹道号；N_p 为弹道的抽样次数。

由引信的最佳延迟时间，进而可计算战斗部的最佳炸点位置为：

$$x_r = x_p + \tau v_r \qquad (9.5.9)$$

9.5.2.2 引信延迟时间函数的确定

当弹药以不同的攻击条件（如迎头、追尾、侧面攻击等）打击目标时，弹目的相对速度差距较大，如果采用固定延迟时间引信，按照平均延迟时间计算最佳炸点，就会出现大量的炸点不是最佳炸点，致使战斗部爆炸形成的破片场不能覆盖目标的易损区域，从而降低弹药对目标的毁伤效能。为了克服采用固定延迟时间引信的不足，根据相对速度与最佳延迟时间的关系，通常建立随相对速度变化的引信延迟函数，其中常用的一种引信延迟函数形式如下：

$$\tau = K_1 + \frac{K_2}{|v_r|+K_3} \qquad (9.5.10)$$

式中，K_1、K_2、K_3 为常数。

同样，对可能出现的各种弹目交会条件进行抽样，计算得到对应的最佳引信延迟时间，根据式（9.5.10）的形式拟合 v_r-τ 曲线，得到引信延迟时间函数的常数，如图 9.5.5 所示。

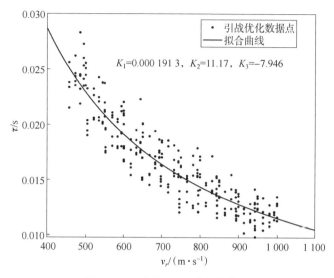

图 9.5.5　引信延迟函数拟合曲线

9.5.3　在目标设计早期阶段的应用

在目标设计阶段引入易损性分析，能得到目标的易损部位并找到易损性漏洞，进而优化目标设计，以降低目标易损性。图 9.5.6 所示为目标设计的不同阶段，为修复易损性漏洞而改变目标设计所需的成本[5]。由于目标设计后期，其主要结构布置已确定，此时根据分析结果修改设计，低效且昂贵。在设计的早期阶段，为修复易损性问题而改变设计的成本则相对最少。因此，为优化目标设计，需在目标设计早期引入易损性分析。

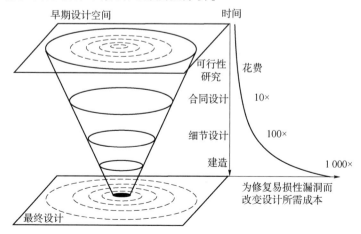

图 9.5.6　目标不同设计阶段时修复易损性漏洞所需成本

■ 目标易损性评估及应用

以护卫舰为例,计算并比较了三种不同结构护卫舰的易损性[6]。图 9.5.7 和图 9.5.8 所示为三种护卫舰结构和划分的水密舱段,结构 1 舰船为典型现代护卫舰,其上层建筑延续至舰船两侧;结构 2 舰船的上层建筑相对较小;结构 3 舰船为三体船,三个窄长的船体共用一个主甲板及上层建筑,并且上层建筑最小,包含位于舰尾和舰中附近的两部分。

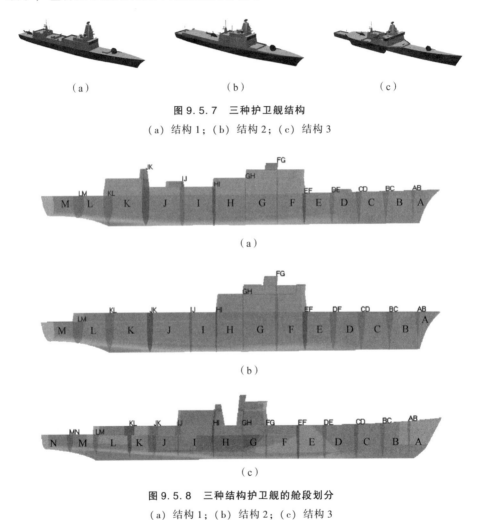

图 9.5.7　三种护卫舰结构
(a) 结构 1;(b) 结构 2;(c) 结构 3

图 9.5.8　三种结构护卫舰的舱段划分
(a) 结构 1;(b) 结构 2;(c) 结构 3

由于是设计的早期阶段,目标模型并没有考虑舰船的管路及电缆系统,考虑的系统包括运动系统、舰炮系统、空射反舰导弹系统、位于舰尾的防空导弹系统、位于舰首的防空导弹系统、直升机系统。各系统在舰船上的分布见表 9.5.3 中的深色区域。

表 9.5.3　三种结构舰船的系统分布

系统	结构类型		
	结构 1	结构 2	结构 3
运动系统			
舰炮系统			
空射反舰导弹系统			
防空导弹系统（舰尾）			
防空导弹系统（舰首）			
直升机系统			

为计算不同结构舰船的易损性，假设反舰导弹在水面上沿垂直于舰船舷侧方向攻击舰船。首先在每个舱段内沿垂直于攻击方向划分网格（图 9.5.9），导弹命中位置位于网格中心。计算得到各舱段被命中时舰船设备、舱段和各分系统的易损性（即毁伤概率，详细计算方法参考 9.3 节），乘以舱段被命中的概率（各舱段被命中概率沿船身方向呈正态分布），求和即得到各分系统的易损性。图 9.5.10 所示为三种结构舰船各分系统的易损性计算结果，结构 1 舰船的舰首防空导弹系统和直升机系统的易损性最低，结构 2 舰船的舰炮系统易损性最低，而结构 3 舰船其余三类系统的易损性最低。下面分别介绍三种结构舰船各分系统易损性的区别。

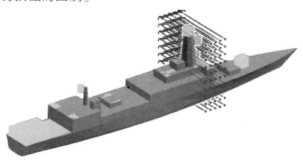

图 9.5.9　在舱段内垂直攻击方向的网格划分

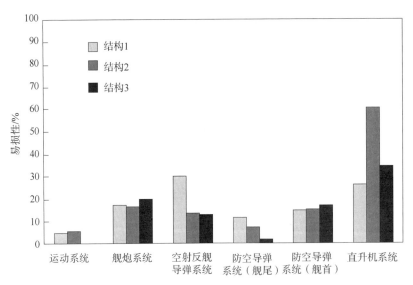

图 9.5.10 三种结构舰船系统的易损性计算结果

(1) 运动系统

结构 1 和结构 2 舰船的运动系统设备布置基本一致,因此,两种结构舰船运动系统的易损性基本相同;结构 3 舰船采用前后分离式推进器,其运动系统最不易损。三种结构舰船的动力子系统(包括所有并联的发动机)的易损性较低,说明采用发电单元之间有较大距离的综合全电力推进系统,并将推进器前后分开,能显著降低运动系统的易损性。

(2) 舰炮系统

三种结构舰船的舰炮系统设备分布位置类似,弹药舱、火炮动力室、炮舱及 155 mm 火炮位于舱段 C,光电器件和监视雷达位于舱段 G,因此舰炮系统易损性相差不大。结构 3 舰船的舰炮系统大部分设备位于舰首的狭窄部分,因此结构 3 舰船的舰炮系统易损性最高;但由于结构 3 舰船吃水较深,当弹药从水面以上攻击时,位于船体底部的弹药舱不易损。

(3) 空射反舰导弹系统

由于弹药的命中位置沿舰身呈正态分布,因此,弹药命中舰中间部位的概率较大,而命中舰首和舰尾的概率较小。结构 1 舰船的反舰导弹发射器和动力控制室位于舰中的舱段 H,而结构 2 舰船的反舰导弹设备分布在舰中(操作室)和舰尾(反舰导弹发射器和动力控制室),因此,结构 2 舰船的反舰导弹系统易损性小于结构 1 舰船。对于结构 1 和结构 2 舰船,当命中位置位于操作室所在舱段及其相邻的两个舱段时，反舰导弹系统易损性增大；对于结构3舰船，当命中位置位于操作室靠近舰首一侧的相邻舱段时，侧面船体的遮挡作用降低了操作室的易损性。

（4）防空导弹系统

舰尾防空导弹系统的情况与反舰导弹系统的类似，结构1舰船中对舰尾防空导弹系统易损性影响最大的垂直发射系统和控制室位于被命中概率高的舰中附近舱段，而这些设备在结构2和结构3舰船中位于被命中概率较低的舰尾，因此，结构2和结构3舰船的舰尾防空导弹系统易损性相较结构1舰船分别降低了约40%和80%。对于舰首防空导弹系统，结构1和结构2舰船的垂直发射系统和控制室位于D舱段，而结构3舰船的关键设备位置靠近舰中，被命中的概率更高，因此结构3舰船的舰首防空导弹系统易损性略有增大。

（5）直升机系统

直升机系统是包含设备最多的系统，呈现面积最大。结构1舰船的直升机系统的易损设备和舱段位于舱段C~G和舱段J~M，其中，舱段C~G包含操作室和声呐仪器室等；舱段J~M包含油箱、弹药舱和武器升降机、声呐浮标、直升机和飞行甲板等相互串联的设备，所以舱段J~M中任一舱段被命中均导致系统易损性超过50%。大部分更易损的设备位于舰尾，因此系统易损性较低。结构2舰船的设备分布、舱段C和F被命中时系统的易损性均与结构1舰船相同，而其油箱、弹药舱和武器升降机、声呐浮标、直升机和飞行甲板位于舰尾和舰中的舱段H~J，比结构1舰船更靠近舰中，因此系统易损性比结构1舰船大2倍左右。结构3舰船直升机系统的设备分布与结构2的相似，所有易损设备均位于舱段D和L，飞行甲板则靠近舰中，但系统易损性只比结构1舰船增加了约35%。这是由于侧面船体遮挡了舰中附近的设备（如操作室和武器升降机），进而降低了设备的易损性。此外，当弹药从水面以上打击时，位于船体内部的设备（如声呐仪器、弹药舱和油箱）不易损。

为对比三种结构舰船的整体易损性，定义表9.5.4所示的各分系统的权重因子（取值范围为0~10），表征舰船各分系统对舰船整体功能的贡献，权重因子为0表示系统无关紧要，为10表示系统非常重要。根据权重因子得到舰船的整体易损性后，以结构1舰船的易损性为基准，得到三种结构舰船的相对易损性，如图9.5.11所示。由于运动系统的权重大于其余系统权重之和，结构3舰船的整体易损性远小于其余两种结构。由于结构2舰船的直升机系统易损性较高，其整体易损性高于结构1舰船。

表 9.5.4　舰船各分系统的权重因子

分系统	权重
运动系统	9
中口径航炮系统	2
空射反舰导弹系统	2
防空导弹系统（舰尾）	1
防空导弹系统（舰首）	1
直升机系统	2

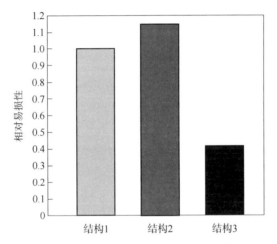

图 9.5.11　三种结构舰船的相对易损性

综上，舰船各系统中子系统的冗余程度和分离程度对系统易损性的影响较大，而采用三体船结构能显著降低舰船的整体易损性。一方面，是由于三体船结构的侧舷船体可以保护位于船体中部的设备，进而降低设备所属系统的易损性；另一方面，三体船的甲板面积比其余两类结构的大，反舰导弹发射器可以布置在舰船左右舷，大大降低了弹药沿垂直舷侧方向攻击时舰船的易损性。

上述目标易损性计算结果有助于在目标设计早期阶段优化目标结构及布局。此外，目标易损性分析还可应用于目标设计早期阶段的尺寸设计、不同部位的防护设计、各子系统的易损性设计和子系统的冗余设计等方面。

9.5.4　在目标防护设计方面的应用

战场目标面临各种各样弹药的威胁，为了提高目标的战场生存能力，需要对目标的关键部位进行防护,而战场的目标(尤其使运动目标)由于受到重量、机动性的限制,防护附加质量相应地受到约束,优先防护部位、防护厚度的确定是防护设计需要解决的问题,这与防护前目标的易损性相关。本节以某武装直升机抗 23 mm 杀爆弹防护策略设计为例,介绍目标易损性在防护设计方面的应用[7]。

9.5.4.1 弹药及目标易损性

23 mm 杀爆弹静爆时形成破片的平均初速为 860 m/s,平均质量约为 0.4 g,其中 0.1 g 以上的破片共 210 枚,破片散布中心角为 94.4°,弹丸爆炸后各静态飞散区内的破片数目如图 9.5.12 所示。假设弹丸在典型交战距离上的终点速度为 400 m/s。

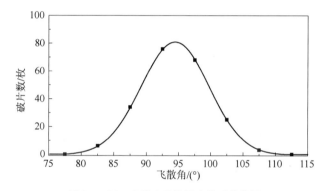

图 9.5.12　各静态飞散区内的破片数目

直升机的外形及关键部件布置如图 9.5.13 所示。用相对于目标的高低角 η 和方位角 φ 描述射弹攻击方向,由于武装直升机遭受小口径杀爆弹药的打击多来自地面,因此只计算武装直升机下半部受攻击时的易损性,计算了 17 个典型受攻击方向直升机的易损面积 A_V,结果见表 9.5.5。

经统计,武装直升机在三个高低角下易损面积的平均值分别为 4.71 m²、6.05 m² 和 5.73 m²,可以看出,直升机斜下方遭受攻击时($\eta = -45°$)较为易损,而在同一高低角中,直升机的右后侧方($\varphi = 225°$)较为易损。当右后下方($-45°$, $225°$)遭受攻击时,武装直升机的易损面积最大(为 6.97 m²),这是因为目标受该攻击方向弹药打击时,布置于武装直升机主机身底部的前、后燃油箱以及布置于机尾的多个传动系统部件均能够被杀爆弹形成的破片所毁伤;弹丸命中主机身后部的情况下,直升机的两台发动机也可能同时被破片命中。

图 9.5.13 某武装直升机外形及关键部件分布
（a）目标外形；（b）结构及部件分布

表 9.5.5 典型受攻击方向直升机的易损面积 A_V　　　　m²

方位角 $\varphi/(°)$	高低角 $\eta/(°)$		
	0	-45	-90
0	0.81	5.00	5.73
45	4.65	5.53	—
90	6.10	6.27	—
135	6.52	6.50	—
180	1.92	6.28	—
225	6.76	6.97	—
270	6.16	6.25	—
315	4.78	5.58	—

考虑到武装直升机的外形特征，对底面和侧面进行防护后，其遭受小口径杀爆弹药从侧下方打击时的易损面积能相应减小，因此，首选对该武装直升机的底面加装防护，其次需防护直升机的两个侧面。

9.5.4.2 直升机目标的防护设计

在同一个方向上,对武装直升机不同部位防护具有不同的防护效果。为找出最需要防护的部位,定义区域防护效率 D,用于衡量武装直升机不同部位加装同等抗弹能力的装甲(如厚度相同,材料相同)时防护的有效性,其计算公式如下:

$$D = \frac{A_V - A_V'}{A} \times 100\% \qquad (9.5.11)$$

式中,A_V' 为武装直升机在某个区域加装防护之后的易损面积;A 为该区域加装防护的面积。

结合武装直升机的几何外形和关键部件分布,将直升机底面划分成如图 9.5.14 所示的 13 个区域。为有效防御 23 mm 杀爆弹,根据弹药爆炸形成破片的侵彻能力,分别为各区域加装厚度为 8 mm 的铝合金(2A12)防护板,计算各区域的防护效率,其结果如图 9.5.15 所示。

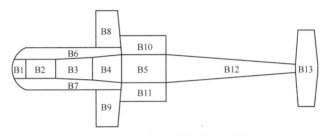

图 9.5.14 直升机区域划分(底面)

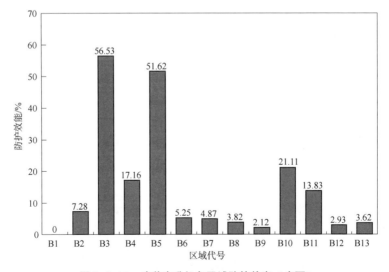

图 9.5.15 武装直升机各区域防护效率(底面)

■ 目标易损性评估及应用

计算结果表明，防护效率最高的区域为 B3 和 B5 区，其防护效率值达到 50% 以上，这两个区域覆盖的关键部件主要为武装直升机的前燃油箱和后燃油箱，防护这些区域能够有效减小武装直升机的易损面积。而 B4、B10 及 B11 区的防护效率介于 10% 和 25% 之间，防护效率值居中。其余区域的防护效率较低，防护效率值均低于 10%。当进行武装直升机防护设计时，尤其是防护装甲重量受限的条件下，可以考虑优先为防护效率高的区域布置装甲。

另外，在底面各区域的防护效率计算中发现，B12 区域的防护效率相对较低，该区域中包含的关键部件仅有直升机的尾桨传动轴，而直接防护此区域时需要的装甲面积却非常大，因此防护效率低。由武装直升机防护前的毁伤概率分布可知，B12 区域的毁伤概率分布集中于靠近武装直升机主机身一端，这是因为弹药命中此区域后爆炸形成的破片横向飞散，对主机身内的关键部件造成了毁伤。

为防护破片的横向飞散毁伤，在 B12 与 B5 区域间设置装甲隔板，以隔离机尾和主机身，此处横向布置较小面积的装甲便能对关键部件进行保护。为验证这种防护方法的有效性，对布置装甲隔板的直升机进行了防护效率计算，结果表明，该方法的防护效率为 11.07%，相比于直接为机尾 B12 区布置装甲，其防护效率提高了约 2.75 倍。布置装甲隔板前、后直升机的毁伤概率分布如图 9.5.16 所示。

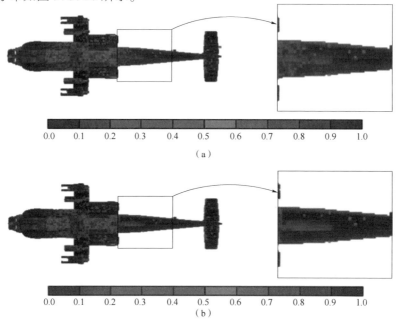

图 9.5.16　关键部位增加装甲隔板前、后直升机毁伤概率分布对比
(a) 布置隔板前；(b) 布置隔板后

综上，武装直升机底面不同区域的防护效率不同，其中燃油箱所处区域的防护效率较高，应优先为该区域布置装甲。在武装直升机主机身与机尾之间添加横向装甲隔板的防护效率比直接在机尾布置装甲提高了约 2.75 倍。

9.5.5 在目标战场生存力评估方面的应用

目标战场生存力是目标在战场环境中避免和承受损伤而保持执行任务的能力。为保证目标生存，需实现以下目标：如果被敌方瞄准且开火打击，避免被击中；如果被击中，避免目标及其系统被毁伤；如果被击中而未被完全毁伤，可在一定时间内修复损伤。因此，生存力由以下三要素构成：

①敏感性（战术易损性）：目标被探测装置探测到、被威胁物体命中的概率。

②易损性（结构易损性）：目标被威胁命中的条件下，被毁伤的可能性。

③可修复性：目标被命中后，修复被毁伤的系统及恢复执行任务的能力。

生存力三要素的层次关系可用图 9.5.17 所示的生存力"洋葱"表示[8]。为了提高目标的生存能力，可通过降低敏感性、易损性或提高可修复性实现，三要素没有明确的优先次序，取决于目标的特点和功能。潜艇和飞机的生存力设计通常优先考虑敏感性；主战坦克通过加装重型装甲降低易损性而提高生存力；水面舰船生存力设计倾向于综合考虑三要素。

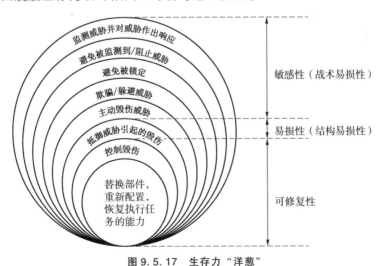

图 9.5.17　生存力"洋葱"

生存力评估指目标在遭遇敌方威胁时，对其生存力进行系统描述、量化和统计的过程。以水面舰船为例，常用的生存力评估方法如下：

① Ball 提出用生存概率 P_s 描述舰船生存力，其表达式为

$$P_s = 1 - P_H \cdot P_{K/H} \quad (9.5.12)$$

式中，$P_H = P_{DCT} P_{LF} P_I$ 为舰船被威胁命中的概率，即舰船的敏感性，P_{DCT}、P_{LF}、P_I 分别为威胁探测到舰船、瞄准舰船并发射弹药，弹药飞行、突防和命中舰船的概率；$P_{K/H}$ 为舰船的结构易损性。

② 对于航母遭潜艇攻击时的生存力量化评价，可以将生存力看作一个平稳的随机过程加以分析。此时，生存力用下式计算[9]

$$P_s(t) = 1 - P_{acm} \cdot P_b(t) \cdot P_t(t) \cdot P_a(t) \cdot P_H(t) \cdot P_{K/H}(t) \cdot P_R(t) \quad (9.5.13)$$

式中，$P_s(t)$ 为航母的生存力；P_{acm} 为航母未发现敌潜艇的概率；$P_b(t)$ 为潜艇有效搜索航母的概率；$P_t(t)$ 为潜艇有效占领攻击位置的概率；$P_a(t)$ 为潜艇成功接近攻击目标的概率；$P_H(t)$ 为发射鱼雷命中目标的概率；$P_{K/H}(t)$ 为对航母的毁伤概率；$P_R(t)$ 为潜艇武器系统的可靠性；t 为过程的时间参数。

有学者认为上述模型并没有体现三要素的相互关系，也没有考虑可修复性对生存力的影响，生存力的形式应为

$$P_s = f(敏感性, 易损性, 可修复性) \quad (9.5.14)$$

目标生存力的评估过程涉及的学科领域较多，受篇幅限制，这里仅介绍了目标生存力与目标易损性的关系，以及生存力的简单评估方法。

参考文献

[1] Driels M R. Weaponeering: conventional weapon system effectiveness [M]. Reston, Virginia: American Institute of Aeronautics and Astronautics, Inc, 2004.

[2] Hachida H M. A computer model to aid the planning of runway attacks [D]. Air Force Institute of Technology, 1982.

[3] 曾涛, 胡昆, 罗三定. 战术导弹打击机场跑道毁伤概率 [J]. 火力与指挥控制, 2009, 34 (04): 156-159+162.

[4] 王树山. 终点效应学 (第二版) [M]. 北京: 科学出版社, 2019.

[5] Brownlow L C, Goodrum C J, Sypniewski M J, et al. A multilayer network approach to vulnerability assessment for early-stage naval ship design programs [J]. Ocean Engineering, 2021 (225): 108731.

[6] Piperakis A S. An integrated approach to naval ship survivability in preliminary ship design [D]. University College London, 2013.

[7] 胡诤哲,李向东,周兰伟,等. 武装直升机在杀爆弹打击下的易损性及防护策略 [J]. 北京航空航天大学学报,2020,46(06):1214-1220.

[8] Woolley A, Ewer J, Lawrence P, et al. A modelling and simulation framework to assess naval platform integrated survivability [J]. Maritime/Air Systems & Technologies, 2016: 21-23.

[9] 李典庆,张圣坤. 水面舰船生命力研究现状及方向概述 [J]. 造船技术, 2003(05):3-6+10.

索　　引

A~Z、λ

AJEM　12、13
　　弹目交会可视化模块（图）　13
　　软件　12
Baker 模型　279
Bernard 公式　320
BRL 经验公式　163
BRL-CAD　6
　　建立的坦克外部和内部部件（图）　7
　　目标建模的多层体系结构（图）　7
B 和 n 的取值（表）　236
C_E 与 L_W/L 之间的关系（图）　343
CEP 的定义（图）　369
C_j 不同时加强筋对板架破口范围的影响程度（表）　290
Cole 公式　265
ComputerMan　84

ConWep　9
COVART 计算得到的 F-4E 战斗机的毁伤概率云图　11
D 的取值与构件毁伤程度对应关系（表）　330
DZIEMIAN 准则　81
$E(F_C)$ 的计算　384
F107-WR 涡扇发动机结构示意图　210
FASTGEN　8
　　程序生成的破片射线（图）　8
FATEPEN 程序　8
　　计算结果和试验的对比（图）　9
FragPen 程序　8
Geer　269
　　模型与 Cole 模型和试验结果的对比（图）　270
Henrych 公式　269
Hopkinson-Cranz 缩放定律　220

Hopkinson 相似定律示意图　221

INTAVAL　13

Jacobs-Roslund　244、245

　　常数（表）　245

　　冲击起爆方程　244

Keil　288

MOTISS 模型　281

MUVES 软件　11~12

　　易损性评估结果界面（图）　12

　　特点　12

NATO 的人员杀伤准则　82

P_{CD} 的计算　384

Petry 公式　317

Picatinny 兵工厂　248

$P_{l/H}-mv^{\frac{1}{2}}$ 曲线　81

$P_{k/h}$ 函数　47

Poncelet 公式　317

ProjPen 程序　9

Rajendran　289

REP 和 DEP 的定义（图）　369

Rosenberg　110

Sachs 缩放定律　220

SURVIVE 软件　13、14

　　建立的典型舰船内部设备布局图　14

Tate 经验公式　162

Taylor 平板理论　21、21（图）

THOR 方程　226、227

　　常数（表）　226

　　适用范围（表）　227

Thor 计划　5

THOR 侵彻方程　225

TurboPK 程序的计算结果（图）　18

VTK　12、13

　　软件组成（图）　13

Young 公式　315、318、319

Zamyshlyaev　266、273

　　公式　266

λ 与 D 的关系曲线（图）　331

B

靶板强度与硬度的关系曲线（图）　161

靶后二次碎片　232

靶后破片　157、169、170、174、179

　　分布特性　169

　　空间和速度分布规律　180

　　数目密度随穿孔直径的变化曲线（图）　157

　　云相关定义及假设　170

　　总数量　179

　　总质量　174

板的加筋形式（图）　307

板架的变形　286

板架破口尺寸计算　88

爆破弹　28

爆破战斗部水下爆炸载荷分析　263

爆炸成型弹丸对装甲的侵彻能力　168

爆炸冲击波　72、237

　　对导弹结构的毁伤　237

爆炸相似定律　220

爆炸载荷作用下残余变形与柱深度示意图　330

爆炸载荷作用下钢筋混凝土梁的等效（图）　333

比冲量　223

壁面处测得的内爆压力-时间曲线（图）　278

边界规则的"0-1"函数（图）　367

变换放大装置　213

标准铝导线　49

标准铜导线　49

表征岩石质量的指标 Q（表）　320

别列赞公式　319

不同材料的 C_D 数据（表）　67

不同超压峰值作用下舰船的毁伤程度（表）　293

不同冲击因子时舰船的毁伤程度（表） 296
不同海拔高度处爆炸冲击波超压与比例距离关系曲线（图） 221
不同距离和船体厚度时能破坏船体的装药质量（表） 295
不同类型装药的冲击波相关参数（表） 267、268
不同龙骨冲击因子时舰船的毁伤程度（表） 297
不同碰撞条件下战斗部反应示意图 242
不同水底介质类型时 δ_1 和 δ_2 的取值（表） 272
不同炸药类型对应的气泡相关参数（表） 273
不同质量 Pentolite 炸药爆炸产生的冲击波作用下飞机毁伤包络线（图） 136
不同质量破片的临界撞击速度与油箱壁面厚度的关系（图） 113
不同组织类型对应的系数 α 和 β（表） 88
"捕鲸叉"反舰导弹示意图 261
部分金属材料的单位体积破坏功（表） 295
部分鱼雷战斗部的装药质量（表） 262
部分炸药的感度常数 K_f（表） 249
部件材料的描述 56
部件的材料（图） 57
部件毁伤准则的建立方法和过程 50
部件形状的描述（图） 56
部件易损 52、57
　　区域和攻击方向（图） 52
　　特性的描述 57
部件之间 43、44
　　是"表决"关系（图） 44
　　是"或"关系（图） 43
　　是"与"关系（图） 44

舱室内爆炸 277
　　分类 277
　　载荷分析 277
常见 T 形梁公路桥组成形式（图） 313
常见类型土壤的 S 取值（表） 318
常见炸药的 TNT 当量系数（表） 225
超压峰值 222
车辆目标 142、143
　　类型 143
　　易损性 142
车辆受损状态的概率 195
承力构件毁伤后受力重新分配（图） 348
乘员舱的毁伤 158
冲击波 30、71、72、75、76、215～223、239、271、293、340～363
　　超压峰值标准 293
　　到达时间 222
　　第三杀伤标准（表） 75
　　第三杀伤作用 75
　　第三伤害标准（表） 75
　　对不同区域内目标的毁伤能力（图） 363
　　对目标的毁伤概率 362
　　对人耳的伤害 76
　　和破片对目标的毁伤形式（图） 239
　　后状态参数 223
　　间接作用 72
　　截断示意图 271
　　近场特性 216
　　入射角示意图 340
　　杀伤作用 71
　　特性 215
　　特性参数 219
　　远场特性 217
　　直接杀伤作用 72
　　直接作用 71
冲击波参量与人员生存概率的关系曲线（图） 74

C

参考文献 20、60、90、140、249、300、354、406

索　引

冲击波场　374
　　对空中目标的毁伤关系示意图　374
　　对目标的毁伤　374
冲击波毁伤　50
　　p-I 准则（图）　50
　　准则　50
冲击波载荷　265、327~346
　　特性　346
　　作用于结构背面　344
　　作用于屋顶或侧墙　342
　　作用于迎爆面　340、342（图）
冲击起爆模型　242
冲击因子毁伤标准　295
冲量破坏标准　294、295
　　变量示意图　295
充液容器壁面在液压水锤载荷作用下的变形过程（图）　110
穿甲弹　150
穿透能力等效准则　78
传动装置　155
　　部件毁伤概率随聚能装药直径的变化曲线（图）　155
　　毁伤　155
粗略估算柱截面面积的计算公式（表）　306

D

大、中、小桥划分标准（表）312
带有重叠部件的飞机易损面积（表）118
带有重叠部件和发动机毁伤的飞机易损面积（表）　119
单发弹药　370、383
　　对楼房建筑物目标的毁伤效能计算　383
　　对目标的毁伤效能　370
单个单元每次计算的受损状态（表）201
单个单元受损状态概率计算结果（表）202
单个动能侵彻体打击下的易损性评估　114

单壳体和双壳体耐压艇体结构图　260
弹道分布概率密度函数　375
弹径修正系数（表）　162
弹目关系　358
弹目交会关系及坐标系示意图　359
弹目位置及目标周围空间的离散化（图）　376
弹性阶段弹簧刚度　335
弹药舱的毁伤　155
弹药　349、351、353、363、375、377、382、379、394
　　对地面装备目标的杀伤面积　358
　　对楼房建筑物杀伤区域　382
　　对目标的杀伤面积　363
　　对目标的条件毁伤概率　360
　　对目标毁伤概率的数值求解方法　375
　　对桥梁的攻击方向（图）　386
　　及目标易损性　401
　　可能命中桥梁的位置（图）　351
　　瞄准点及命中点分布规律示意图　377
弹药穿透乘员舱时使坦克造成的 M 和 F 级毁伤概率与穿孔直径的关系曲线（图）158、159
弹药散布误差　368
　　表征　368
弹药杀伤区域　368、384、385
　　不能覆盖建筑物的边界位置（图）385
　　与建筑物的位置关系示意图　384
　　与虚拟目标（图）　368
弹药数目计算　372
弹药以不同落角、落速打击时跑道的爆坑直径（表）　350
弹药战斗部　359、390
　　对某目标的毁伤效能　390
　　威力分析　359
弹药终点　360、370
　　速度和战斗部静爆时破片初速的叠加（图）360

条件　373
导弹控制系统　213
导弹是否直接命中目标示意图　373
导弹受载情况示意图　240
导引舱段　212
地面楼房易损性评估方法　339
地面网格划分示意图　364
地形匹配　212
等效单自由度分析方法　332
等效单自由度系统　332、333（图）
等效载荷、质量与载荷质量系数（表）　334
典型半穿甲战斗部结构示意图　262
典型导弹目标的 P-I 曲线（图）　238
典型钢筋混凝土楼房建筑物及构件（图）　305
典型建筑物目标特性分析　304~311
　　地面楼房　304
　　机场跑道　309
　　桥梁　311
典型受攻击方向直升机的易损面积 A_V（表）　402
典型装甲战斗车辆系统组成　144~147、145（图）
　　舱室布局　147
　　电气系统　147
　　防护系统　146
　　通信系统　146
　　推进系统　144
　　武器系统　144
点爆炸方法（图）　139
电磁装甲　149
电气系统毁伤模式　101
电源毁伤　215
顶事件　42
动力线路和旋翼桨叶/螺旋桨系统毁伤模式　100
动能弹　27
动能弹丸　30

钝头破片对靶板的侵彻过程（图）　227
钝头柱形破片侵彻靶板机理　227
多导体电缆（25根导线）的毁伤概率与破片法向分速度的关系（图）　49
多射线模式的射线分布（图）　86

E ~ F

二次碎片数目分布（图）　233
二次碎片速度和破片初速的关系曲线（图）　232
发动机舱的毁伤　157
发动机的子部件及其 $P_{k/h}$ 值（图）　48
反车辆目标　150、153
　　弹药　150
　　地雷　153
反舰船弹药特性分析　260
反舰导弹战斗部　261
反舰导弹战斗部（表）　261
反射冲击波压力　278
反射系数 $C_{r\alpha}$ 与入射角 α、入射超压峰值之间的关系（图）　341
反应装甲　148
飞机　93、131、132
　　一般特征　93
　　易损面积　131
　　易损面积随击中次数的变化规律（图）　132
飞机构造　93
飞机毁伤概率与击中次数的关系（图）　130
飞机目标　92、133、134
　　暴露概率（表）　134
　　易损面积（表）　133
　　易损性　92
飞机易损性　113、121、130~135
　　包络面（或线）　135
　　简易评估方法　130

相对于动能侵彻体 113
　　易损性表征 132
　　易损性计算步骤 134
　　易损性评估 121
飞机在外爆冲击波作用下的易损性（毁伤半径
　　－装药质量曲线）138
飞控系统毁伤模式 100
飞行操纵杆的 $P_{k/h}$ 函数曲线（图）47
飞行员系统毁伤模式 101
非稳定破片的 a、b、n 值（表）79
非装甲车辆的毁伤级别（表）154
非自导鱼雷战斗部示意图 263
分析楼房建筑物连续倒塌步骤 348
峰值超压和鼓膜破裂关系曲线（图）77
复合装甲 148

G

杆式穿甲弹 159
　　对装甲的侵彻能力 159
杆式弹斜穿透有限厚装甲过程示意图 160
杆条 234~237
　　对薄靶板的切口长度 236
　　和目标靶之间的关系示意图 237
　　侵彻靶板的极限穿透速度 234
　　侵彻机理 234
钢筋混凝土板 307、332
　　毁伤准则（表）332
　　截面形式（图）307
钢筋混凝土构件 329
　　不同毁伤模式（图）329
钢筋混凝土梁 337
　　抗力函数（图）337
钢破片形状系数（表）104
各单元区造成目标的毁伤概率及易损面积
　　（表）192
各静态飞散区内的破片数目（图）401

各能力受损级别的概率表 203
各切面易损性包络线的计算方法 135
工程兵三所提出的侵彻模型 316
攻击方向（x 方向）上弹药杀伤区域对建筑物
　　覆盖率（图）385
拱桥的构造示意图 313
拱式桥 313
构件 328、337
　　P-I 毁伤准则 337
　　毁伤模式 328
构件毁伤 329、332
　　判据 329
　　准则建立方法 332
构件弯曲和剪切毁伤判据（表）331
固定翼飞机 94~98
　　常规布局 94
　　飞行控制系统 95
　　结构系统 94
　　其余系统 98
　　燃油系统 97
　　推进系统 95
关键部位 39、404
　　增加装甲隔板前、后直升机毁伤概率分布
　　对比（图）404
惯性制导系统 212

H

航空电子系统毁伤模式 101
航空母舰 254~258
　　电力系统的组成（图）258
　　动力系统的组成（图）256
　　动力系统武器系统 256
　　结构 254
　　作战保障系统的组成（图）257
航空母舰系统组成 256~258
　　电力系统 258

动力系统 256
其他系统 258
通信系统 258
核弹药 28
核辐射 30
毁伤半径的计算 136
毁伤表达式 45
毁伤场 31
毁伤概率 3、365
　　等值线及分布（图） 365
毁伤构件位置对楼房整体毁伤的影响（图）
　　348
毁伤机理 40
毁伤级别划分原则 37
毁伤矩阵（表） 364
毁伤壳体厚度 298
毁伤模式及影响分析 41
毁伤区域法 298
毁伤树 42~45
　　符号说明 42
　　具体建立过程 45
　　逻辑门符号（图） 43
　　事件符号（图） 42
　　有关概念 42
毁伤树分析法 41
　　逻辑图 41
毁伤树图（图） 123
毁伤树图法 122
毁伤树图及毁伤概率（图） 124~126
毁伤效能计算模型 365
毁伤效能评估 358、372
毁伤效能评估方法 378
毁伤效应 40
毁伤元 28~30
　　毁伤参量 29
　　特征度的分布 30
　　作用域 30

毁伤元素参数（速度、入射角和质量）决定易
　　损面积（图） 53
毁伤准则 46、328
　　定义和形式 46
绘制飞机易损性包络线的几个典型切面（图）
　　135
混凝土层破坏 326、327
　　条件 326
　　示意图 327
混凝土机场跑道断面图 310
混凝土介质中爆坑特性方程拟合系数（表）
　　324

J

机场跑道 350、387、388
　　等效起降窗口示意图 387
　　截断最少次数（图） 387
　　宽度方向上的分解示意图 388
　　易损性评估方法 350
肌肉系统创伤与四肢功能之间的关系（表）
　　83
基本体参数表（图） 55
计算机模拟方法 6、16
　　特点 6
简化的水射流载荷曲线（图） 277
简化后的反射冲击波压力（图） 279
简化后的压力分布（图） 337
简化气泡射流的方法（图） 275
建立部件毁伤准则 50
建立目标毁伤树 44
　　主要依据 44
建筑物的易损性 303
建筑物高度对弹药杀伤区域的影响示意图
　　382
建筑物构件不同毁伤级别的毁伤临界条件
　　（表） 332

索 引

建筑物构件毁伤模式划分示意图 329
舰船各分系统的权重因子（表） 400
舰船构件的毁伤 285
舰船目标 33、253、281
　　毁伤级别 281
　　易损性 253
接触爆炸 282
结构毁伤 215
结构孔对冲击波载荷的影响 344
结构系统毁伤模式 101
结构易损性 2
结果事件 42
界面对冲击波载荷的影响 270~272
　　水底 271
　　水面 270
　　水面和水底 272
金属板的响应 288
金属板架的损伤 285
金属平板在冲击载荷作用下的损伤模式（表） 285
近场爆炸 282
近场的冲击波压力分布（图） 216
经验系数 K（表） 318
经验系数 K_1 的取值（表） 289
具有攻角杆条垂直撞击靶板关系示意图 234
距离-装药质量曲线 136
距炸点 $5R$ 处的温度、质点速度和密度（图） 217
聚能破甲弹 28
军械系统毁伤模式 101
均质装甲 148

K~L

卡尔顿毁伤函数（图） 366
抗力函数求解 333
壳板冲击因子 295

控制舱段 213
快速毁伤效能评估方法 379
扩展面积方法（图） 139
理论分析方法 16
理想刚塑形梁的受力及变形示意图 335
立方体钢破片致伤眼睛的临界速度和能量（表） 71
立方体和锥形头部破片撞击靶板的角度关系（图） 246
梁 308、352
　　毁伤（图） 352
　　加筋形式（图） 308
　　截面形式（图） 308
梁式桥 312（图）
两类冲击因子示意图 296
两种方法计算结果的比较（表） 130
两种毁伤效能计算方法结果对比（表） 379
列表法 186
临界冲量计算 287
临界攻角的几何关系示意图 235
临界能量准则 78
临界速度 48、66、70
　　公式 66
　　和能量 70
　　准则 48
龙骨冲击因子 295
楼房建筑物 349、350、381
　　目标 EMD 的示意图 381
　　投影及网格划分（图） 349
　　易损性（表） 350
楼房坍塌分析 347
楼房易损性评估 349
逻辑门及其符号 43
逻辑门输入、输出事件之间的运算关系 43
履带式装甲输送车的简易结构框图 36

M

美、俄典型军用机场跑道参数（表） 310
美国不同级别跑道主要的尺寸（表） 310
美国陆军弹道实验室 12
美国陆军研究实验室 11
蒙特卡洛抽样法 378
面积消除准则 48
敏感装置 213
命中精度 377
某步兵战车易损面积（表） 391
某部件的毁伤准则曲线（图） 54
某大型航空母舰结构示意图 255
某舰船在水面弹药打击下的易损区域（图） 17
某双发战斗机的 B 级毁伤树图 102
某坦克的毁伤程度评价表 189、191
某坦克各单元内弹药贯穿部件表 188
某坦克毁伤程度评价表 190
某坦克某毁伤级别各方向的易损面积（表） 194
某坦克目标各级别毁伤概率分布（图） 192
某武装直升机外形及关键部件分布（图） 402
某型火炮身管毁伤标准（图） 158
某装甲车辆各受损级别的毁伤树（图） 197~201
某装甲车辆目标的几何描述（图） 58
目标 38、45、54、57、188、380、395
 不同设计阶段时修复易损性漏洞所需成本（图） 395
 呈现面的单元划分（图） 188
 关键部件 45
 关键部件分析 38
 毁伤 38
 数字化描述 54、57
 在垂直弹药打击平面上的投影及网格划分示意图 380
目标毁伤 362、365
 概率与超压的关系（图） 362
 函数 365
目标毁伤树 57
 描述 57
目标模型 7
 精细程度的发展（图） 7
目标易损性 2~6、15~17、195、357、389~405
 度量指标 4
 分析前处理程序 6
 概念 2
 评估相关的 4 个空间及评估方法（图） 195
 研究方法 15
 应用 357
 应用范围示意图 17
 应用及意义 16
 在弹药战斗部设计方面的应用 389
 在目标防护设计方面的应用 400
 在目标设计早期阶段的应用 395
 在目标战场生存力评估方面的应用 405
 在其他方面的应用 389
 在引战配合设计与优化方面的应用 393
目标易损性评估 26、58
 层次 58
 理论 26
目标易损性研究 4、14、15
 发展趋势 15
 国内 14
 国外 4
目联相对速度坐标系示意图 372

N~P

脑壳结构撞击速度与冲击波参量之间的关系曲线（图） 76
内爆 277、346
 冲击波理想载荷曲线（图） 346

索 引

　　分类（图） 277
　内爆毁伤半径 299
　　参数（表） 300
能量密度准则 48
能量守恒法 338
炮管的毁伤 157
偏心受力构件 308
片空化 264
贫铀装甲 149
迫降毁伤 38
破坏半径 298
破甲战斗部 151
破片 29、51、64～70、84、87、88、103～108、
　169～179、225～230、242～248、360、393
　　冲击起爆带壳炸药的过程（图） 243
　　穿透作用 104
　　对弹药的引爆作用 105
　　对飞机要害部件的毁伤 103
　　对骨骼的侵彻深度 70
　　对骨骼的致伤作用 69
　　对肌肉组织的致伤作用 66
　　对皮肤的致伤作用 65
　　对人员目标的杀伤机理 64
　　对眼睛的致伤作用 70
　　对油箱的引燃作用 104
　对整体式和内置式战斗部撞击侵彻作用过程
　　示意图 248
　　飞散锥和目标的关系示意图 393
　　分布特性 180
　　静态威力场数据表 360
　　空间分布 179
　　偏转角和剩余速度 229
　　侵彻靶板的计算模型 225
　　侵彻深度方程 68
　　速度分布 180
　　速度和空泡半径随时间的变化曲线（图）
　　　108

　　特征分布计算模型 184
　　斜侵彻靶板的过程（图） 230
　　形成过程的高速摄影照片（图） 170
　　形成机理 169、180
　　形状系数（表） 88
　　以任意方向撞击部件（图） 51
　　云描述模型 171、183
　　云描述图 171
　　云照片及形状分析图 182
　　在不同组织中的衰减系数（表） 87
　　在液体中的速度衰减及空泡半径随时间
　　变化 106
　　正撞击靶板时的剩余速度 228
　　质量分布 174
　　撞击起爆战斗部示意图 242
　　总数量 179
　　作用下人员易损性评估过程 84
破片式弹药 27
破片场 374、375
　　与目标交会示意图 375
破片分布特性 169
　　斜撞击靶后 180
　　正撞击靶后 169
破片毁伤元对目标的毁伤概率 361
破片质量损失 231

Q

期望命中点与虚拟目标的关系（图） 371
气泡 273～276
　　变化 273
　　溃灭时间 275
　　射流压力及时间 276
　　射流载荷 274
　　振荡阶段 273
　　振荡载荷 273
气体产物云团 218、219

运动速度随时间的变化曲线（图） 219
　　直径随时间的变化曲线（图） 218
潜艇 258、259
　　舱段分布 258、259（图）
　　舱室分布（表） 259
　　结构 258
　　壳体结构 259
枪弹侵入骨骼的临界能量和临界能量密度
　　（表） 70
枪弹在人体不同部位创伤弹道深度的概率分
　　布曲线（图） 82
桥梁的易损性（表） 353
桥梁易损性评估方法 351
桥面毁伤形成的孔洞（图） 352
侵爆类弹药 381~386
　　对机场跑道毁伤效能评估 386
　　对建筑物目标毁伤效能评估 381
　　对楼房建筑物毁伤效能评估 381
　　对桥梁的毁伤效能评估 386
侵爆战斗部对建筑类介质的侵彻 315~319
　　混凝土 315
　　土壤 317
　　岩石 319
侵爆战斗部对舰船甲板及侧弦的侵彻能力
　　292
侵爆作用 283
侵彻体在肌肉中的运动方程 68
球形钢破片致伤眼睛（兔）的临界速度和能
　　量（表） 71

R

燃料箱的毁伤 155、214
燃烧弹 28
燃油系统毁伤模式 99
热辐射 30
人耳损伤与冲击波参量的关系曲线（图）

　　77
人体不同部位皮肤的平均能量密度临界值
　　（表） 66
人体主要躯段划分示意图 85
人员目标丧失战斗力的准则 77
人员目标易损性 62、85
　　评估过程步骤 85
人员丧失战斗力 63
　　影响因素 63
人员杀伤采用的四种标准情况（表） 79
人员生存概率与冲击波阵面超压 Δp_m、冲击
　　波压力作用时间 T 以及冲击波作用时刻阵
　　面相对人员方向的关系（图） 74
人员胸部位置的切片（图） 85
任务放弃毁伤 38
冗余部件重叠的飞机模型（图） 121
入射角的影响 236、247（图）
入射角对整体式和内置式战斗部起爆的影响
　　（图） 247

S

三种护卫舰结构（图） 396
三种结构护卫舰的舱段划分（图） 396
三种结构舰船 397~400
　　各分系统易损性的区别 397
　　系统的易损性计算结果（图） 398
　　系统分布（表） 397
　　相对易损性（图） 400
杀伤爆破战斗部 153
伤残等级准则 83
伤道的几何形状 67
射流 30、163~167
　　从虚拟原点的线性拉伸过程（图） 164
　　对靶板的侵彻过程示意图 165
　　对装甲的侵彻能力 163
　　侵彻孔的半径 167

自由运动及对均质装甲的侵彻深度　164
射线对应的微元（图）　89
身体撞击速度与冲击波参量之间的关系曲线
　　（图）　76
渗透压力系数 C_L 与压力增量之间的关系
　　（图）　345
生存力"洋葱"（图）　405
失效模式　39
　　及影响分析（FMEA）示例（表）　40
实心铝导线　49
实心铜导线　48
试验方法　16
受扭构件　309
受损状态　196
　　毁伤树　196
受损状态分析法　194、195
　　核心　195
　　对装甲车辆目标的评估过程　195
受损状态概率　202
　　分布表　202
　　分布图　203
受弯构件　307
数字景像匹配制导系统　213
水锤压力　276
水锤载荷　264
水面舰船　282、285、293
　　毁伤模式　282
水射流速度　275
水射流直径　275
水下爆炸冲击波　264
水下爆炸形成的典型载荷（图）　264
水下爆炸作用　282
水下爆炸作用下潜艇的毁伤模式　284
水下非接触爆炸对舰船的毁伤判据　293~297
　　潜艇　297
　　水面舰船　293
水下接触爆炸对舰船目标的毁伤判据　297

水面舰船　297
潜艇　298
水下近场爆炸对舰船的毁伤过程（图）
　　283
四类飞机对应的毁伤半径-装药质量曲线参
　　数（表）　137
四肢功能与丧失战斗力的关系（表）　84
损耗毁伤　38
　　等级　38

T

坦克被攻击方向（图）　187
坦克的毁伤级别　36
坦克装甲的防护水平（表）　146
提高目标生存力的措施（表）　3
条件毁伤概率　373
条件杀伤概率准则　78
同轴电缆　49
土壤介质的阻力系数表　318
土壤介质中爆坑特性方程拟合系数（表）　324
土壤抗力常数表　317
推进系统毁伤模式　99
椭球体形的毁伤区域（图）　297

W

外部爆炸冲击波作用下飞机的易损性评估
　　135
网格扫描法　378
网格射线的生成方法（图）　11
稳定箭形破片的 a、b、n 值（表）　80
无部件重叠的非冗余飞机模型（图）　115
无冗余部件飞机模型　123
无冗余关键部件飞机的易损面积和毁伤概率
　　（表）　116
无冗余且无重叠部件飞机的易损性评估

115

无装甲车辆 144

武装直升机各区域防护效率（图） 403

X

系数 n 随 α 的变化（表） 162

线性拉伸射流的速度分布（图） 164

详细目标易损性分析需要考虑的目标方位（图） 59

斜撞击靶板典型弹坑示意图 181

修正的德马尔公式 162

绪论 1

悬索桥 314

 组成（图） 314

Y

岩石质量指标取值表 320

液体内不同位置的阻滞压力（图） 109

液体内的阻滞压力 108

液压水锤效应 105~107

 不同阶段 106、106（图）

 中的空泡扩展过程（图） 107

易损面积 9、10、187、380

 概念 186

 计算步骤 187

 计算过程（图） 10

 等效易损区域示意图 380

 计算程序 9

易损性/杀伤力工具 18、19

 功能模块和分析流程（图） 19

易损性度量指标 4

 计算方法 58

易损性评估变量的定义（表） 113

易损性评估考虑的 6 个目标（飞机）方位（图） 59

因侵蚀和剪切损失的破片质量（图） 231

阴影长度 L_{SH} 示意图 383

引爆弹药的碰撞弹道 241

引燃坦克弹药发射药的概率 156、157

 随穿孔直径的变化曲线（图） 157

 随穿透破片数的变化曲线（图） 156

引燃坦克燃料箱的概率随穿孔直径的变化曲线（图） 156

引信 138、393

 最佳延迟时间 393

引信延迟 394、395

 函数拟合曲线（图） 395

 时间函数 394

应力强度因子与裂纹和孔大小的关系（图） 111

影响穿甲弹侵彻能力的主要因素 150

影响破甲作用的因素 151

用六面体模拟部件单元的呈现面（图） 52

油箱壁面的损伤判据 110

有冗余部件飞机模型 120、125

 易损性（表） 120

有冗余且无重叠部件飞机 119

 易损性评估 119

有冗余且重叠部件飞机 120

 易损性评估 120

有冗余无重叠部件的飞机模型（图） 119

有效脱靶距离 381

有重叠无冗余部件飞机 117

 易损性评估 117

鱼雷战斗部 262

预制破片战斗部结构示意图 390

原因事件 42

圆概率误差 369

远场的冲击波压力分布（图） 217

Z

再入控制失效模式 214

索　引

在不同位置和时刻破片和冲击波位置关系
　　（图）　218
在舱段内垂直攻击方向的网格划分（图）
　　397
载荷部分　215
炸药爆炸形成冲击波的典型压力-时间曲线
　　（图）　219
炸药类型的影响　224
炸药在混凝土介质中爆炸产生的爆坑特性参
　　数与侵彻相对深度的关系（图）　325
　　拟合曲线（图）　325
炸药在土壤介质中爆炸产生的爆坑特性参数
　　与侵彻相对深度的关系（图）　323、324
　　拟合曲线（图）　324
炸药质量和毁伤体积的关系（图）　299
战场目标分析　32
战斗部　224、225、264、321～326、339、
　　389～392
　　采用不同质量破片时对目标杀伤面积
　　（表）　392
　　对某步兵战车的杀伤面积与破片质量、
　　数目的关系曲线（图）　392
　　结构　389
　　壳体的影响　225
　　破片飞散角度示意图　391
　　水下爆炸载荷（图）　264
　　在单层介质中爆炸形成的爆坑（图）
　　322
　　在多层介质中爆炸形成爆坑的表征　326
　　在混凝土跑道不同深度处爆炸形成的破
　　坏形态（图）　326
　　在混凝土中爆炸形成的冲击波及爆坑
　　324
　　在建筑类介质内的爆炸　321
　　在建筑物外爆炸时冲击波传播示意图
　　339
　　在土壤中爆炸形成的冲击波及爆坑　322

装药的 TNT 当量质量　224
"战斧"巡航导弹　210
　　燃料参数表　212
战术导弹　207～210、214
　　动力舱段　210
　　关键部件及失效模式　214
　　结构　208
　　类型　208
　　易损性　207
　　载荷　208
战术易损性　2
长杆弹斜穿透中厚装甲靶的半经验公式
　　159
整体式和内置式高能炸药战斗部的结构示意
　　图　209
整体式战斗部　208
正压持续时间　223
执行机构　213
直接命中毁伤　373
直升机目标的防护设计　403
直升机区域划分（图）　403
中间事件　42
中间误差计算　369
终点效应计算程序　8
重叠无冗余部件飞机模型（图）　117
轴心受力构件　305
轴心受压柱的破坏形式（图）　306
主箱梁的毁伤（图）　353
驻点及速度为 v 的射流材料运动轨迹（图）
　　166
柱及配筋形式（图）　306
装甲车的作战功能框图　34
装甲车毁伤级别划分图　37
装甲车辆　14、143～147、154、189
　　电气系统的组成（图）　147
　　毁伤级别（表）　154
　　能力受损类型及级别划分（表）　196

轻型　144
　　通信系统的组成（图）　147
　　易损性研究　14
　　重型　143
装甲车辆目标　154、186、195
　　毁伤机理　154
　　毁伤级别　154
　　受损状态　195
　　易损性的评估方法　186
装甲类型　147
装甲输送车　34~37、46
　　M级毁伤树图　46
　　车上设置　35
　　毁伤级别划分图　37
装甲战斗车辆武器系统的组成（图）　145
状态转换矩阵　128
　　建立（表）　128
状态转换矩阵法　126

撞击能量与破片断面密度及入口直径的关系
　　（图）　68
准静态压力　279
准静态压力随时间的变化（图）　280
子母弹药相对破片的易损性　248
子母战斗部　209
　　示意图　209
自导鱼雷战斗部示意图　263
自由场爆炸冲击波载荷　265
阻力系数 K 的取值表　319
阻力系数取值（表）　342
阻滞阶段液体中空泡示意图　107
阻滞压力波传播示意图　109
作用于屋顶或侧墙的冲击波载荷（图）　343
作用于迎爆面的冲击波载荷（图）　342
作用在混凝土层的冲击波载荷示意图　327
作用在结构背面的冲击波载荷（图）　344
坐标系建立　358